Les hommes dans les mouvements féministes

Collection « Archives du féminisme »

Dirigée par Christine Bard

La collection « Archives du féminisme », en lien avec l'association du même nom, propose des ouvrages collectifs ou individuels sur les mouvements d'émancipation et de libération des femmes et s'interroge sur leurs effets politiques, sociaux et culturels. Elle souhaite encourager les recherches en sciences humaines dans ce domaine et incite au renouvellement de l'historiographie grâce à une meilleure connaissance des sources archivistiques, imprimées, orales ou audiovisuelles.

Cécile Formaglio,
« Féministe d'abord » : Cécile Brunschvicg (1877-1946), 2014, 336 p.

Fabienne Dumont,
Des sorcières comme les autres. Artistes et féministes dans la France des années 1970, 2014, 570 p.

Christine Lévy (dir.),
Genre et modernité au Japon. La revue Seitô *et la femme nouvelle*, 2014, 354 p.

Anne-Sarah Bouglé-Moalic,
Le vote des Françaises. Cent ans de débats, 1848-1944, 2012, 364 p.

Karen Offen,
Les féminismes en Europe, 1700-1950, trad. Geneviève Knibiehler, 2012, 544 p.

Bibia Pavard,
Si je veux, quand je veux. Contraception et avortement dans la société française (1956-1979), 2012, 360 p.

Christine Bard (dir.),
Les féministes de la deuxième vague, 2012, 262 p.

Geneviève Lefort,
L'éducation des mères. Olympe Gevin-Cassal, inspectrice générale de l'enfance (1859-1945), 2011, 290 p.

Séverine Liatard,
Colette Audry, 1906-1990. Engagements et identités d'une intellectuelle, 2011, 396 p.

Sandrine Dauphin,
L'État et les droits des femmes. Des institutions au service de l'égalité ?, 2010, 136 p.

Alice Primi,
Femmes de progrès. Françaises et Allemandes engagées dans leur siècle, 1848-1870, 2010, 318 p.

Colette Cosnier,
Les Dames de Femina. *Un féminisme mystifié*, 2009, 310 p.

François Chaignaud,
L'affaire Berger-Levrault : le féminisme à l'épreuve (1897-1905), 2009, 268 p.

Françoise Flamant,
À tire d'elles. Itinéraires de féministes radicales des années 1970, 2007, 176 p.

Christine Bard et Janine Mossuz-Lavau (dir.),
Le Planning familial. Histoire et mémoire (1956-2006), 2007, 216 p.

Christine Bard, Annie Metz et Valérie Neveu (dir.),
Guide des sources de l'histoire du féminisme, 2006, 448 p.

Alban Jacquemart

Les hommes dans les mouvements féministes

Socio-histoire d'un engagement improbable

archives du Féminisme

PRESSES UNIVERSITAIRES DE RENNES

UHB Rennes 2 – Campus de La Harpe
2, rue du doyen Denis-Leroy
35044 Rennes Cedex
Mise en page : Marie Bobin pour le compte des PUR
www.pur-editions.fr

Dépôt légal : 1er semestre 2015
ISBN 978-2-7535-3566-4
ISSN 1955-4079

Remerciements

Mes premiers remerciements s'adressent aux militants qui ont accepté de m'accorder du temps, de me livrer une partie de leur vie et, parfois, de me donner de précieux documents d'archives.

Je tiens aussi à remercier toutes les personnes qui m'ont accompagné et soutenu dans mon travail de thèse, à l'origine de ce livre, puis dans la réalisation de ce livre. Ma gratitude va d'abord à Rose-Marie Lagrave qui a dirigé ma thèse avec une rigueur intellectuelle et une chaleur humaine sans faille. Pour leur amical soutien pendant et/ou après la thèse, je remercie sincèrement Catherine Achin, Christine Bard, Pascal Bonnard, Lénaïg Bredoux, Coline Cardi, Sylvie Chaperon, Magali Della Sudda, Elsa Dorlin, Wassim El Golli, Michèle Ferrand, Olivier Fillieule, Liane Henneron, Delphine Lacombe, Catherine Marry, Camille Masclet, Amy G. Mazur, Sophie Pochic, Florence Rochefort, Olivier Schwartz et Michelle Zancarini-Fournel.

Ma thèse a bénéficié de l'émulation intellectuelle, de la solidarité et de la joviale convivialité que j'ai trouvées au sein d'EFiGiES (association de jeunes chercheuses et chercheurs en études féministes, sur le genre et les sexualités). Je remercie particulièrement Peggy Bette, Fanny Bugnon, Béatrice de Gasquet, Christelle Hamel, Anna Jarry, Emmanuelle Latour, Delphine Naudier, Geneviève Pruvost et Odile Steinauer. Merci également à celles et ceux qui ont partagé de nombreuses journées avec moi à la BNF pour la rédaction de la thèse. Je remercie aussi celles et ceux qui m'ont si bien accueilli au Centre d'études de l'emploi et ont accompagné la finalisation du livre, et en particulier Alexandra Garabige, François Sarfati et Jules Simha.

Ce travail m'a permis de nouer de précieuses amitiés avec des collègues que je remercie chaleureusement pour leur indéfectible soutien : Viviane Albenga (et nos échanges), Soline Blanchard (et son jeu de tennis), Marion Charpenel (et ses fous rires), Milena Jakšić (et notre équipe Jac & Jak), Mathieu Trachman (et son humour). Un grand merci à Laure Bereni pour son redoutable perfectionnisme, sa vivacité intellectuelle et son soutien ; à Bibia Pavard pour son incroyable enthousiasme, son aide et sa générosité intellectuelle ; à Anne Revillard pour sa disponibilité, sa rigueur et ses encouragements.

Je dois également beaucoup à mes ami-e-s que je remercie vivement, et en particulier Jorge Ferreira, Anne-Cécile Hascoët, Marouane Jmaguer, la famille Logothetou-Seguin (Alexandra, Christophe, Nepheli, Hadrien et Iason), Sandrine Nebout, Ioanna Savvidou, Alexis Schmerber-Savvidis, Hugo Tornero-Hascoët. Un remerciement tout spécial à Florian Prussak pour sa présence et à mes ami-e-s grecs-ques : Aggeliki Chliova, Eleni Chliova-Bitzani, Ismini Chliova-Bitzani, Kostis Kornetis, Eleni Koutsomitrou, Lia Lazaridou, Dimitra Papastavrou, Nafsika Tsara.

Merci à toute ma famille de m'avoir toujours soutenu, et spécialement à ma mère, Colette Lagarde, et à : Camille Jacquemart, Guillaume Favreau, Gaspard et Charlotte Favreau-Jacquemart ; Jean Jacquemart, Solenne Froc et Maïa Jacquemart-Froc ; mon père, Claude Jacquemart, Ülkü Sankaya, Atlas et Nil Jacquemart-Sankaya. Ευχαριστώ πολύ à ma famille grecque pour son soutien infaillible : Maria Andronikou, Apostolis Ververidis, Soulitsa Kefala, Nikos Hatzipetrou et Elsa Paploudi.

Enfin, un immense merci à Reguina Hatzipetrou-Andronikou pour tout, et tout le reste.

À mes grands-mères.

Sigles et acronymes

ACA : Assistant-e conseiller-ère animateur-trice
ADF : Association pour le droit des femmes
ADAM : Association pour la déconstruction des archétypes masculins
AIF : Association internationale des femmes
AMR : Alliance marxiste révolutionnaire
ARDECOM : Association pour la recherche et le développement de la contraception masculine
CA : Conseil d'administration
CADAC : Coordination des associations pour le droit à l'avortement et à la contraception
CCP : Collectif contre le publisexisme
CFDT : Confédération française démocratique du travail
CGT : Confédération générale du travail
CIF : Conseil international des femmes
CLEF : Coordination française pour le lobby européen des femmes
CNDF : Collectif national pour les droits des femmes
CNFF : Conseil national des femmes françaises
EFiGiES : Association de jeunes chercheuses et chercheurs en études féministes, genre et sexualités
FFU : Fédération féministe universitaire
FGDS : Fédération de la gauche démocrate et socialiste
FHAR : Front homosexuel d'action révolutionnaire
FMA : Féminin, masculin, avenir / Féminisme, marxisme, avenir
GIS : Groupe information santé
IVG : Interruption volontaire de grossesse
JCR : Jeunesse communiste révolutionnaire
LCR : Ligue communiste révolutionnaire
LDF : Ligue du droit des femmes
LDH : Ligue des droits de l'Homme et du citoyen
LESF : Ligue d'électeurs pour le suffrage des femmes
LFDF : Ligue française pour le droit des femmes
LIPL : Ligue internationale de la paix et de la liberté
LIPP : Ligue internationale et permanente de la paix
MDF : Mouvement démocrate féminin
MFPF : Mouvement français pour le planning familial
MLA : Mouvement pour la liberté de l'avortement

MLAC : Mouvement pour la libération de l'avortement et de la contraception
MLF : Mouvement de libération des femmes
MLH : Mouvement de libération des hommes
NPA : Nouveau parti anticapitaliste
NPNS : Ni putes ni soumises
OLF : Osez le féminisme !
PCF : Parti communiste français
PS : Parti socialiste
PSU : Parti socialiste unifié
SASF : Société pour l'amélioration du sort de la femme
SASFRD : Société pour l'amélioration du sort de la femme et de la revendication de ses droits
SFIO : Section française de l'internationale ouvrière
SPSR : Les sciences potiches se rebellent
UEC : Union des étudiants communistes
UFCS : Union féminine civique et sociale
UFE : Union française des électrices
UFSF : Union française pour le suffrage des femmes
UNEF : Union nationale des étudiants de France

Préface

La fabrique du militant. Logiques situationnelles et approche configurationnelle

Olivier Fillieule[1]

Depuis maintenant une petite décennie et au terme de longs et patients efforts, les travaux français de sciences humaines consacrés à l'objet « féminisme » sont de plus en plus nombreux, de plus en plus visibles, et la disqualification académique longtemps attachée à cet objet s'estompe. Le livre d'Alban Jacquemart fait fond sur ce savoir accumulé, tant sur les féminismes dits de la première vague que sur la mouvance de la seconde vague, définie par Laure Bereni comme « l'ensemble des collectifs ayant émergé ou ayant substantiellement redéfini leurs objectifs militants au début des années 1970[2] », notamment autour de la politisation des questions sexuelles, de la remise en cause de la séparation entre public et privé, de la mixité au sein des collectifs militants et *in fine* du patriarcat.

Mais en même temps il aborde cette histoire des féminismes *via* un angle d'attaque original, inédit en France et encore fort rare ailleurs (essentiellement aux USA au Danemark et en Suède)[3], celui de l'engagement des hommes dans les mouvements féministes, plus précisément des « hommes qui appartiennent à un groupe autonome, formel ou informel, qui lutte (quasi) exclusivement et explicitement pour les droits des femmes et/ou contre tout ou partie du système de genre ». Des engagements qui, du fait même de leur rareté, permettent d'éclairer d'un jour nouveau la manière dont le sujet politique du féminisme s'est progressivement construit, au prix d'une profonde transformation de ses revendications et de son idéologie (autour notamment de l'abandon d'un registre humaniste asexué à un registre identitaire et sexué), de ses modes d'organisa-

1. Université de Lausanne, IEPI-CRAPUL, CNRS, CESSP-CRSP, Paris 1-Sorbonne.

2. Bereni L., *De la cause à la loi. Les mobilisations pour la parité politique en France (1992-2000)*, Thèse de Doctorat en sociologie, université Paris 1, 2007, p. 27.

3. Comme le soulignent encore récemment Robert Gildea et ses collègues dans un ouvrage consacré au devenir des soixante-huitards en Europe. Gildea R., Mark J. et Warring A. (dir.), *Europe's 1968. Voices of Revolt*, Oxford, Oxford University Press, 2013, p. 248 pour des références sur la Suède et le Danemark.

tion (autour de la question de la non-mixité et du séparatisme) et de ses modes d'action (cibles visées et répertoires tactiques).

L'exploration des configurations sociales et historiques dans lesquelles des hommes se sont investis dans les mobilisations féministes repose sur un ensemble de partis pris particulièrement heureux : le choix de s'attacher à des cas minoritaires, dans une perspective proche des travaux sur l'analyse des « transfuges de sexe[4] » ; le recours à une approche socio-historique couvrant les années 1870-2010 et autorisant le développement d'une perspective configurationnelle et multi niveau, particulièrement à même d'articuler les déterminants des conduites individuelles au niveau meso des organisations et macro des contextes historiques ; une approche par les individus, au moyen d'une analyse biographique adossée largement à une perspective en terme de « carrière militante », laquelle permet d'échapper à une commune erreur de la sociologie des mouvements sociaux qui définit ceux-ci par les organisations qui les portent[5] ; une hypothèse centrale enfin, autour de la question des conditions de possibilité de l'engagement féministe des hommes : ne pas avoir à se mobiliser pour et au nom des femmes, participer à une lutte qui ne se limite pas à la politisation de l'expérience des femmes. Le tout s'appuyant sur un vaste matériau d'archives dont il faut saluer la richesse et l'analyse approfondie de 36 entretiens biographiques.

La première partie de l'ouvrage qui se propose de revenir dans une perspective socio-historique sur l'histoire des féminismes au prisme de l'engagement des hommes, permet de poser à nouveaux frais un certain nombre de questions jusqu'alors laissées dans l'ombre ou peu explorées. Alban Jacquemart reconstitue avec finesse une succession de configurations historiques dont les propriétés autorisent tels ou tels types d'engagement masculins. Il donne à voir en quelque sorte de l'intérieur la manière dont se nouent et se dénouent les conflits internes, au prix de quels aménagements la coexistence d'individu.e.s aux propriétés hétérogènes permet malgré tout de construire du commun. Ce faisant l'on comprend mieux, parce que de l'intérieur, l'histoire de groupements mixtes comme le Planning familial ou le MLAC, la portée du coup de force symbolique d'un « féminisme sexué[6] » porté par les diverses tendances du MLF, mais aussi les ressorts des lignes de fractures et des points de convergence entre militantisme homosexuel et militantisme féministe, entre militantisme homosexuel et militantisme lesbien au mitan des années 1970.

La seconde partie du livre approfondit les ressorts individuels de l'engagement féministe et leur articulation avec ces contextes, à partir d'une approche

4. Daune-Richard A.-M. et Marry C., « Autres histoires de transfuges ? Le cas de jeunes filles inscrites dans des formations "masculines" de BTS et DUT industriels », *Formation emploi*, n° 29, 1990, p. 35-50.

5. Fillieule O., « De l'objet de la définition à la définition de l'objet. De quoi traite finalement la sociologie des mouvements sociaux ? », *Politique et sociétés*, vol. 28, n° 1, 2009 (a), p. 15-36 ; Bereni L. et Revillard A., « Un mouvement social paradigmatique ? Ce que le mouvement des femmes fait à la sociologie des mouvements sociaux », *Sociétés contemporaines*, n° 85, 2012, p. 17-41.

6. Feldman J., « Au risque de les perdre… dénouer les fils qui ont entrecroisé l'aventure personnelle et la trame sociale mouvante », Le Coadic M., De Vilaine A.-M. et Gavarini L. (dir.), *Maternité en mouvement*, Grenoble, Presses Universitaires de Grenoble, 1986, p. 32-36, p. 35.

en termes de carrière militante. Une telle posture théorique implique, du point de vue de la méthode, d'articuler la dimension individuelle de l'enquête (au moyen de l'analyse biographique, qu'elle repose sur du matériau d'entretien ou des documents d'archives) à ses dimensions contextuelles (offre d'engagement et opportunités de désengagement, travail de sélection et d'homogénéisation par les organisations), à partir d'une conception du militantisme comme activité sociale inscrite dans le temps et qui articule des phases d'enrôlement, de maintien de l'engagement et de défection.

Le résultat est probant: Alban Jacquemart décortique avec subtilité ce qui se passe *effectivement* dans les organisations/mobilisations féministes (sélection des personnes, orientation vers tels ou tels types de tâche et division du travail militant, promotion et mise à l'écart, prises de rôle, etc.) et tente de comprendre comment les personnes concernées vivent *effectivement* leur engagement, à partir de l'analyse documentaire pour les mobilisations les plus anciennes et des entretiens pour les militants des deuxième et troisième vagues. Le tout en manifestant une certaine attention à ce que les institutions font aux individus qui les peuplent et aux effets en retour de l'action des un.e.s ou des autres sur la définition des activités au sein de ces institutions. Si les chapitres 5 à 7 épousent une structuration classique en explorant les facteurs de l'engagement, de son maintien et enfin du retrait, le chapitre 8 en revanche permet de tenir les exigences d'une approche en terme de carrière en proposant des parcours de vie dans leur complexité, seul moyen de mettre en évidence comment se déroule, étape par étape, le processus d'engagement individuel[7].

La perspective est ici clairement articulée à une épistémologie interactionniste, qui place au cœur de l'analyse l'élucidation de l'action des individus en se tenant à égale distance d'une explication externaliste et objectivante (pour laquelle les acteurs sont agis par des forces extérieures qui les déterminent, qu'il s'agisse de déterminants micro sociaux ou macro structurels) et du modèle du choix rationnel, dans lequel les calculs précèdent et expliquent toujours l'action. En s'attachant à décrire de la manière la plus précise possible les « logiques situationnelles[8] » dans lesquelles les acteurs sont pris à chaque moment du temps, en tâchant de reconstruire leurs motifs au plus près de ce qu'ils font et de ce qu'ils pensent, cette approche permet de replacer au centre de l'explication le « troisième homme » qui manque généralement à l'appel[9], l'acteur qui s'engage pour de « bonnes raisons », que ces raisons soient rationnelles ou pas aux yeux du chercheur et du monde, qu'elles soient peu liées, voire éloignées ou contradictoires des causes qu'elles contribuent à servir.

Au-delà des profits de connaissance immédiats qu'il génère, ce mode d'analyse offre un moyen intéressant de résoudre le problème du lien entre structure, événement et action, à la fois sur le plan de l'exigence nomologique et du point

7. Strauss A. L., *Continual permutations of action*, New York, Aldine de Gruyter, 1993; Becker H., *Outsiders*, Paris, Métailié, 1985 [1963]; Gerth H. et Mills Ch. W., *Character and social structure. The psychology of social institutions*, London, Routledge, 1954.
8. Schelling T., *Micromotives and macro behavior*, New York, Norton, 1978.
9. Aya R., « The third man; or, agency in history; or, rationality in revolution », *History and theory*, vol. 40, n° 4, 2001, p. 143-152.

de vue de l'articulation entre micro et macro : d'une part, le décryptage des logiques situationnelles s'appuie sur une conception cumulative et dynamique de la causalité qui n'est pas éloignée de la notion d'intrigue chez Paul Veyne[10] ; d'autre part, les faits macro sociaux et les événements historiques entrent dans l'explication comme contraintes posées sur les choix et comme actions agrégées devant être expliquées. Ils sont pensés comme les conséquences émergentes des actions individuelles, dans une logique finalement weberienne[11]. De ce point de vue la lecture de la seconde partie du livre ne prend tout son sens qu'en lien avec l'analyse configurationnelle de la première partie.

Que les parcours présentés au dernier chapitre soient des parcours fictionnels, en ce sens qu'ils ne retracent pas la vie de personnes réelles, mérite que l'on s'y arrête tant cela est encore rare dans la littérature. En premier lieu bien entendu, ce choix correspond à la nécessité de préserver l'anonymat garanti aux enquêtés. Dès lors que l'on s'attache à restituer l'épaisseur des expériences vécues à travers l'analyse de trajectoires, il devient difficile d'anonymiser les parcours, surtout lorsque un des enjeux de l'analyse consiste à articuler chaque étape des existences étudiées à leur contexte (rendant dès lors délicat de modifier les dates, les rôles et les statuts occupés). Mais les avantages d'une telle stratégie de restitution des éléments de l'enquête vont au delà de cette seule contrainte de l'anonymat. La construction de personnages fictifs à partir d'éléments récurrents observables dans les récits biographiques permet aussi de se tenir à égale distance d'un traitement des données qui ignore les trajectoires singulières (par l'agrégation statistique ou par l'analyse thématique d'un nombre donné d'entretiens dans lesquels on puise des extraits illustratifs) et d'une focalisation sur un petit nombre de trajectoires singulières dont il est toujours difficile d'établir la valeur typique tant chaque vie est aussi dépendante d'une irréductible idiosyncrasie. Construits de toutes pièces, les portraits offerts dans ce livre proposent des parcours moyens, tout à la fois vraisemblables (c'est-à-dire cohérents) et proches de la manière dont sans doute de nombreux hommes militants féministes ont vécu les étapes de leur engagement. À travers leur histoire, il est possible d'insister sur la singularité de chaque trajectoire tout en construisant des articulations, des étapes, considérées comme typiques. Se pose alors le problème, souvent abordé dans les travaux sur l'entretien, de la part de subjectivité dans la définition de ce qui justement constitue les éléments typiques des trajectoires. Sans entrer dans une discussion des implications qu'emporte de ce point de vue le recours à la biographie fictionnelle, on dira simplement ici qu'il repose sur le pari d'une valeur heuristique de la subjectivité, pour peu que l'on accepte la part d'intuition qui est au principe de toute restitution. Et de cela, Alban Jacquemart nous convainc avec talent en alliant une analyse sociologique scrupuleuse à un certain talent littéraire.

10. Veyne P., *Comment on écrit l'histoire*, Paris, Points Seuil, 1971, p. 51-53.

11. Aya R., *op. cit.* ; Sewell W., « Three temporalities : toward an eventfull sociology », McDonald Y. J. (dir), *The historic turn in the human sciences*, Ann Arbor, University of Michigan Press, 1996, p. 245-280.

Introduction
Au-delà du paradoxe

Dans son édition du 11 mars 1977, le quotidien *Le Monde* publie un article au sujet du procès de six militantes du Mouvement pour la liberté de l'avortement et de la contraception (MLAC) d'Aix-en-Provence, poursuivies pour avoir pratiqué des avortements[1]. Cet article mentionne la présence de « Madame Claude Magistry, membre du bureau national » de la Confédération française démocratique du travail (CFDT) pour témoigner à la barre et manifester ainsi le soutien de la centrale syndicale aux inculpées. Le rédacteur en chef du journal reçoit alors un courrier de Claude Magistry qui indique qu'« il se trouve que par un de ces "hasards" de la nature, [s]a mère ait enfanté d'un garçon qui fût prénommé CLAUDE ». Le syndicaliste tient également à préciser qu'il est un homme au rédacteur en chef du *Matin de Paris*, journal qui a couvert le procès d'Aix-en-Provence mais qui a omis de signaler la présence d'un homme parmi les témoins[2].

Cette anecdote témoigne du coup de force symbolique réussi par les militantes féministes du Mouvement de libération des femmes (MLF) : faire de la lutte *pour* les droits des femmes une lutte *de* femmes, de sorte que l'engagement d'un homme pour les droits des femmes ne soit plus pensable. Coup de force, en effet, puisque les mobilisations féministes précédentes, principalement sous la IIIe République[3], réunissaient femmes et hommes et que, malgré l'existence d'associations non mixtes, le féminisme n'était pas considéré comme un lieu militant exclusivement féminin. Aussi, lorsque le MLF apparaît sur la scène politique et médiatique française à la fin de l'été 1970 en déposant une gerbe sur la tombe du Soldat inconnu avec l'inscription « plus inconnu encore que le soldat : sa femme[4] », sa non-mixité retient aussitôt l'attention et devient rapidement le symbole du féminisme des années 1970. Mais précisément, ce coup de force est symbolique car il transforme, dans l'imaginaire collectif, la réalité de mobilisations protéiformes et diverses, notamment du point de vue de la mixité,

1. Au sujet du procès, voir Pavard B., *Si je veux, quand je veux. Contraception et avortement dans la société française (1956-1979)*, Rennes, Presses universitaires de Rennes, 2012 (a), p. 290-294.
2. Archives CFDT, Secteur Action sociale et cadre de vie, Dossier CFDT et MLAC (1973-1977), 8 H 1424, Lettre de Claude Magistry à Messieurs les rédacteurs en chef du *Matin de Paris* et du *Monde*, 16 mars 1977. Je remercie Bibia Pavard de m'avoir informé de l'existence de ce document.
3. Klejman L. et Rochefort F., *L'égalité en marche : le féminisme sous la Troisième République*, Paris, Presses de la FNSP, 1989 et Bard Ch., *Les filles de Marianne. Histoire des féminismes : 1914-1940*, Paris, Fayard, 1995 (a).
4. Picq F., *Libération des femmes, les années-mouvement*, Paris, Le Seuil, 1993, p. 16-17.

en une image d'Épinal d'un mouvement unifié de femmes luttant pour leur libération et leurs droits. Depuis lors, les cadres d'interprétation ont peu changé et le féminisme demeure généralement assimilé à un engagement de femmes. Pourtant, il a connu de profondes transformations ces trente dernières années, en particulier avec l'émergence, depuis le milieu des années 1990, d'associations qui mettent en avant la mixité. Cette nouvelle réalité est toutefois bien souvent analysée au prisme du postulat d'un engagement féministe uniquement féminin et les militants féministes ne sont alors que les exceptions qui confirment la règle. De ce point de vue, la bienveillance et l'intérêt des médias envers les hommes engagés dans une association féministe[5] témoignent de ce statut d'exceptionnalité qui leur est accordé.

Faire une sociologie de l'engagement féministe des hommes exige au contraire de se détacher de ces points de vue pour à la fois restituer une dynamique historique qui ne se réduit pas à l'histoire d'une exclusion et pour rendre compte des logiques historiques, politiques, sociales et militantes qui permettent de comprendre de tels engagements.

Un objet sous-étudié

La question de la participation des hommes aux luttes féministes a principalement été traitée de deux manières par les sciences sociales, en France et dans les pays anglophones, principalement aux États-Unis[6]. La première, surtout retenue par des travaux historiques et, plus récemment, sociologiques, a consisté à restituer l'engagement d'hommes dans les différents combats politiques qui ont émaillé les histoires des féminismes occidentaux et/ou à interroger les effets de la mixité sur les collectifs militants. Ce premier ensemble de travaux est cependant faiblement développé, particulièrement en France. En effet, c'est une seconde approche, très majoritairement mise en œuvre dans les contextes anglo-saxons et dans des disciplines telles que la philosophie, la sociologie, la littérature ou l'étude des civilisations, qui a donné matière au plus grand nombre de publications sur le sujet. Ces travaux se donnent pour objectif d'interroger la possibilité ou l'impossibilité de l'appropriation de la critique féministe par les hommes et/ou de prescrire les « bonnes » modalités de participation pour les hommes.

Une prise en compte tardive et partielle de la mixité

Ce n'est qu'à la fin des années 1980, à la faveur d'un processus d'institutionnalisation des études féministes ou sur les femmes[7], que les premières

5. Voir Schütz G., *La mixité dans les associations féministes*, Mémoire de Maîtrise en sociologie, université Paris X Nanterre, 2004, p. 79-88. La bienveillance journalistique envers les « hommes féministes » est symbolisée par la publication d'un ouvrage qui leur est consacré (Barbaras E. et Devers M., *L'homme féministe: un mâle à part?*, Paris, Les points sur les i, 2011).
6. Pour des raisons d'accès à la langue, mais aussi de domination culturelle et scientifique, cette revue de littérature se réfère uniquement à des travaux en français et en anglais.
7. Voir Lagrave R.-M., « Recherche féministe ou recherche sur les femmes ? », *Actes de la recherche en sciences sociales*, n° 83, 1990, p. 27-39, Zaidman Cl., « Institutionnalisation des études féministes »,

recherches historiques centrées sur les mouvements féministes apparaissent en France. Le regard est alors principalement porté sur l'engagement des femmes et ce présupposé d'un féminisme quasi uniquement féminin se retrouve dans les synthèses sur l'histoire des féminismes proposées au début des années 2000[8]. Comment comprendre cette marginalisation de la question de la participation des hommes? D'abord, et il faut clairement le souligner, les hommes sont minoritaires, voire très largement minoritaires, comme nous le verrons par la suite. Ensuite, développés en partie dans le sillage de l'histoire des femmes, les premiers travaux d'histoire des féminismes se sont inscrits dans « un projet de remémoration » dont le but était de rendre visibles des mobilisations collectives, mais aussi des femmes, que l'histoire avait oubliées[9].

Ce n'est donc qu'à la faveur des avancées de ces premiers travaux que de nouvelles questions peuvent être adressées par les chercheurs-euses[10] aux mouvements féministes et que la participation des hommes peut être désormais abordée sans qu'elle paraisse une opération savante d'invisibilisation des femmes, la participation massive de ces dernières étant dorénavant un acquis. De plus, le nouveau contexte militant, qui réinterroge la mixité, et l'avènement des études genre, notamment en sociologie et en histoire[11], qui insistent sur la dimension relationnelle de la construction des catégories de sexe, permettent d'explorer la dimension genrée des mobilisations féministes. La littérature sur le militantisme féministe des hommes est néanmoins plus conséquente dans les contextes anglo-saxons[12]

Cahiers du CEDREF, n° 4-5, 1995, p. 131-137 et Bard Ch., « Jalons pour une histoire des études féministes en France (1970-2002) », *Nouvelles questions féministes*, vol. 22, n° 1, 2003, p. 14-30.

8. Riot-Sarcey M., *Histoire du féminisme*, Paris, La Découverte, 2002, Gubin É., Jacques C., Rochefort F., Studer B., Thébaud F. et Zancarini-Fournel M. (dir.), *Le siècle des féminismes*, Paris, Les éditions de l'atelier/Éditions ouvrières, 2004.
9. Thébaud F., *Écrire l'histoire des femmes*, Lyon, ENS éditions, 1998, p. 66-68. Voir également Perrot M., « Genre et histoire du féminisme en France », Bard Ch., Baudelot Ch. et Mossuz-Lavau J. (dir.), *Quand les femmes s'en mêlent. Genre et pouvoir*, Paris, Éditions de La Martinière, 2004, p. 215-229.
10. Quand un terme désignera un (des) homme(s) et une (des) femme(s), nous le signalerons en rajoutant un tiret et la terminaison féminisée. Par ailleurs, nous féminiserons l'ensemble des noms de métier, grade ou fonction mentionnés.
11. Pour une présentation de ce champ de recherche en France, voir Bereni L., Chauvin S., Jaunait A. et Revillard A., *Introduction aux études sur le genre*, Bruxelles, De Boeck, 2012. En sociologie, se reporter à Clair I., *Sociologie du genre*, Paris, Armand Colin, 2012. Pour l'histoire, voir la quatrième partie, intitulée « Le temps du genre et de la reconnaissance », insérée pour la réédition du livre de Françoise Thébaud, dont le titre s'est lui aussi vu ajouter le terme genre (Thébaud F., *Écrire l'histoire des femmes et du genre*, Lyon, ENS éditions, 2007). Concernant la science politique, voir Achin C. et Bereni L. (dir.), *Dictionnaire genre et science politique*, Paris, Presses de Sciences po, 2013.
12. Voir notamment Strauss S., *« Traitors to the masculine cause ». The men's campaigns for women's rights*, Westport, Greenwood press, 1982; Kimmel M. S. et Mosmiller T. E. (dir.), *Against the tide: pro-feminist men in the United-States, 1776-1990*, Boston, Beacon press, 1992; Christian H., *The making of anti-sexist men*, Londres et New York, Routledge, 1994; John A. V. et Eustance C. (dir.), *The men's share? Masculinities, male support and women's suffrage in Britain, 1890-1920*, Londres et New York, Routledge, 1997; Messner M. A., *Politics of masculinities. Men in movements*, Oxford, Altamira press, 2000; Goldrick-Jones A., *Men who believe in feminism*, Westport, Praeger, 2002 (a); Flood M., « Men's collective struggles for gender justice. The case of antiviolence activism », Kimmel M. S., Hearn J. et Connell R. W. (dir.), *Handbook of studies on men and masculinities*, Thousand Oaks, Londres et New Delhi, Sage, 2004, p. 458-466; « Le féminisme américain à l'épreuve des hommes », *Revue française d'études américaines*, n° 114, 2007; Taylor J., « Les tactiques féministes confrontées aux "tirs amis"dans le mouvement des femmes en Irlande », *Politix*, n° 78, 2007 [1998], p. 65-86; Monacelli M. et Prum M. (dir.), *Ces hommes qui épousèrent la cause des femmes. Dix pionniers britanniques*, Paris, Les éditions de l'atelier, 2010.

que pour le cas français[13], à tel point qu'en 2009 est publié un ouvrage de synthèse intitulé *Men and feminism*[14]. Cependant, l'ensemble de ces travaux laisse de côté de nombreuses questions concernant tant le passé que le présent de la participation des hommes aux mouvements féministes, en France ou ailleurs. En outre, ils comportent deux principales limites dans l'analyse de l'engagement féministe des hommes. En premier lieu, on constate fréquemment une difficulté pour les auteur-e-s à circonscrire clairement leur objet d'étude. En effet, l'étiquette « hommes féministes » souvent attribuée cache en réalité indistinctement des penseurs de l'égalité des sexes, des militants, des soutiens ou simplement des hommes favorables à l'égalité entre femmes et hommes. Pourtant, toutes ces configurations ne constituent pas la même expérience ni ne traduisent les mêmes logiques sociales : si, par exemple, l'histoire des idées féministes ne peut pas être séparée de l'histoire des mouvements féministes, une histoire et une sociologie des acteurs et actrices imposent de ne pas confondre les personnes agissant dans l'un et/ou l'autre domaine.

Deuxièmement, certains travaux entendent inverser la perspective de l'histoire des femmes en concevant leur travail de mise au jour de l'engagement des hommes comme un nouveau « projet de remémoration ». Ainsi, Sylvia Strauss feint de s'interroger dès la première phrase de son livre : « Où sont les hommes dans l'histoire des femmes ? Est-ce que les historiennes perpétuent les mêmes sortes de distorsions perpétrées par ces historiens qui écrivaient l'histoire sans les femmes[15] ? » Dès lors, ces hommes tendent à être considérés comme des héros oubliés qu'il s'agirait de réhabiliter. Michael S. Kimmel évoque ainsi des « héros possibles[16] » quand Michel Prum et Martine Monacelli entendent rendre « hommage[17] » aux militants étudiés dans l'ouvrage collectif qu'ils dirigent et affirment qu'« il est temps que les femmes reconnaissent leur dette envers ces champions et leur rendent leur part d'héritage[18] ». De telles postures nous semblent non seulement doublement aveugles mais aussi aveuglantes. D'abord, si l'histoire des femmes a dans un premier temps cherché à rendre visibles des femmes, c'est parce que les femmes avaient jusque-là été écartées du regard

13. On peut se référer à Henneron L., *Les recompositions du mouvement féministe, 1981-2002*, Mémoire de DEA en sociologie, EHESS, 2002 ; Schütz G., *op. cit.* ; Garcia S., « Expertise scientifique et capital militant. Le rôle des médecins dans la lutte pour la légalisation de l'avortement », *Actes de la recherche en sciences sociales*, n° 158, 2005, p. 96-115 ; Pavard B., *op. cit.*, 2012 (a) ; Rameau P., *S'engager pour les droits des femmes. Approches genrées du féminisme de la deuxième vague. Dijon – Saint-Étienne*, Mémoire de Master 2 recherche en histoire, université de Bourgogne, 2010 ; De Wolf Ph., « L'engagement des hommes pour l'émancipation des femmes et les représentations féministes de la masculinité en France (1967-1988) », Mémoire de Master 2 d'histoire, université Paris 8, 2011 ; Rochefort F. et Viennot É. (dir.), *L'engagement des hommes pour l'égalité des sexes*, St-Etienne, Publications de l'université de St-Etienne, 2013 ; Dussuet A., Flahaut É. et Loiseau D. (dir.), « Associations féministes. Reproduction ou subversion du genre ? », *Cahiers du genre*, n° 55, 2013 ; Pipon C., *Et on tuera tous les affreux. Le féminisme au risque de la misandrie (1970-1980)*, Rennes, Presses universitaires de Rennes, 2014.
14. Tarrant S., *Men and feminism*, Berkeley, Seal press, 2009.
15. Strauss S., *op. cit.*, p. XV. Toutes les traductions sont celles de l'auteur.
16. Kimmel M. S., « Introduction », Kimmel M. S. et Mosmiller T. E. (dir.), *op. cit.*, p. 1-51, p. 45.
17. Prum M., « Présentation de l'ouvrage. Dix hommes en colère », Monacelli M. et Prum M. (dir.), *op. cit.*, p. 13-24, p. 13.
18. Monacelli M., « Introduction. Des hommes féministes ? », Monacelli M. et Prum M. (dir.), *op. cit.*, p. 25-50, p. 30.

androcentré de la science, en raison d'une position de domination des hommes qui avaient, sous couvert d'universalité, institué en réalité une science sur les hommes[19]. Dans ce sens, le processus d'invisibilisation des femmes dans l'histoire ne peut être mis en équivalence avec le silence fait sur quelques hommes. De plus, ces points de vue ignorent, ou feignent d'ignorer, la disqualification académique, encore prégnante aujourd'hui, de l'objet « féminisme », particulièrement en France. Or, en raison de cette disqualification, l'étude des mouvements féministes a été tardive et demeure encore largement incomplète[20]. L'analyse de l'engagement féministe des hommes proposée dans ce livre s'inscrit donc dans le prolongement de ces travaux pionniers, à l'écart d'une volonté de réparation d'un oubli qui serait engendré par le « fossé creusé entre les sexes par certaines militantes radicales[21] ». Enfin, en adoptant cette posture, les chercheurs-euses retirent toute possibilité d'appréhender les conflits générés par la mixité dans les collectifs militants, d'autant que l'héroïsation est majoritairement exprimée à travers le procédé biographique. Dès lors, en idéalisant ces hommes, de surcroît « victimes de l'oubli », ces travaux ne permettent pas de réinsérer les parcours militants dans leur contexte politique.

Des approches normatives

À côté de ces premières recherches, fondées sur des enquêtes documentées par des archives, des entretiens et/ou des observations, tout un ensemble d'écrits académiques aborde la question des hommes et des féminismes sous un angle plus théorique. Ces travaux, principalement réalisés par des chercheurs-euses anglo-saxon-ne-s[22], se concentrent alors davantage sur la possibilité, tant politique que pratique, de la participation d'hommes aux mouvements féministes. Après quelques premiers travaux dans les années 1970 et 1980[23], c'est surtout à partir des années 1990 que différent-e-s auteur-e-s interrogent les conditions de la participation des hommes aux mobilisations féministes[24].

19. À propos de l'histoire, Georges Duby et Michelle Perrot soulignent ainsi en préface de l'*histoire des femmes en Occident* qu'elle est « un métier d'hommes qui écrivent l'histoire des hommes, présentée comme universelle » (Duby G. et Perrot M. (dir.), *Histoire des femmes en Occident* (5 tomes), Paris, Plon, 1991/1992).

20. À ce titre, le faible nombre de spécialistes des mobilisations féministes en France, notamment au regard de l'importance historique, politique et culturelle de ces mouvements, semble significatif.

21. Monacelli M., *op. cit.*, p. 25.

22. On peut néanmoins signaler quelques travaux francophones : Dupuis-Déri F., « Le féminisme au masculin », *Conjonctures*, n° 29, 1999, p. 59-65 ; Thiers-Vidal L., « De la masculinité à l'anti-masculinisme : penser les rapports sociaux de sexe à partir d'une position sociale oppressive », *Nouvelles questions féministes*, vol. 21, n° 3, 2002, p. 71-83 ; Dupuis-Déri F., « Les hommes proféministes : compagnons de route ou faux amis ? », *Recherches féministes*, vol. 21, n° 1, 2008, p. 149-169.

23. Adams E. et Briscoe M. L., « Man's role in women's liberation », Adams E. et Briscoe M. L. (dir.), *Up against the wall, mother… On women's liberation*, Beverly Hills, Glencoe press, 1974 [1971], p. 375-383 ; hooks b., *Feminist theory: from margin to center*, Cambridge MA, South end press, 2000 [1984], p. 68-83 ; Jardine A. et Smith P. (dir.), *Men in feminism*, Londres et New York, Routledge, 1987.

24. Porter D. (dir.), *Between men and feminism*, Londres et New York, Routledge, 1992 ; Connell R. W., « Men and women's movement », *Social policy*, vol. 23, n° 4, 1993, p. 72-78 ; Ewing D. W. et Schacht S. P. (dir.), « Feminism and men : towards a relational understanding of patriarchy and

Si l'ensemble de ces travaux permet de réévaluer l'appréhension de la relation entre hommes et féminismes, en soulevant les nombreux problèmes posés, ils se révèlent cependant insatisfaisants à plusieurs égards. D'abord, ces recherches ne s'appuient que très rarement sur un terrain, ni même sur des travaux historiques et/ou sociologiques existants. Ils développent alors bien souvent une analyse a-historique et a-sociologique qui ne se fonde généralement que sur l'expérience personnelle des auteur-e-s. Ceci conduit d'ailleurs les auteur-e-s, comme dans les travaux précédemment mentionnés, à ne jamais définir précisément ce qu'ils-elles désignent sous le terme d'« hommes féministes ». De plus, cette perspective désincarnée conduit à produire un discours doublement homogénéisant. En effet, en interrogeant les liens entre « les hommes » et « le féminisme », ces écrits postulent l'existence de deux entités homogènes qu'il s'agit de confronter : le groupe des hommes serait alors irrémédiablement dans une relation conflictuelle avec le féminisme. Or, l'existence d'une structure de domination des hommes sur les femmes n'implique ni l'uniformité du groupe des hommes ni une seule définition de la lutte contre cette domination. En conséquence, les relations entre féminismes et hommes ne peuvent être postulées, mais doivent être identifiées à travers des configurations spécifiques dans lesquelles les termes féminisme et homme prennent des significations particulières. Ces approches tendent donc à réifier le féminisme dans une définition unique et à passer sous silence la diversité du groupe des hommes. De surcroît, cette posture essentialise également les femmes en posant comme évidente, si ce n'est naturelle, la relation entre femmes et féminisme.

Enfin, la plupart de ces travaux développent une visée fortement normative de l'engagement féministe des hommes. Les textes cherchent en effet à définir ce que doivent ou devraient faire les hommes pour être réellement féministes et se révèlent prescripteurs de « bonnes conduites ». Ainsi, Steven P. Schacht et Doris W. Ewing, par exemple, considèrent que les hommes doivent appliquer six principes : abandonner leurs privilèges ; être prêts à appliquer les principes féministes à leurs vies ; affirmer que la fin de l'oppression des femmes est une priorité ; s'impliquer dans la promotion de l'égalité ; apprendre des formes de communication non hiérarchiques ; démontrer du respect envers les femmes[25]. Mais en posant une définition *a priori* des « hommes féministes », ces perspectives s'interdisent d'explorer la complexité des différentes configurations sociales et historiques où des hommes se sont investis dans les mobilisations féministes.

Une sociologie de militants improbables

À rebours de cette posture, ce travail entend saisir les logiques sociales du militantisme féministe des hommes depuis 1870, période d'émergence des

cooperative social change », *International journal of sociology and social policy*, vol. 17, n° 1-2, 1997 ; Ewing D. et Schacht S. P. (dir.), *Feminism and men : reconstructing gender relations*, New York, New York university press, 1998 ; Digby T. (dir.), *Men doing feminism*, Londres et New York, Routledge, 1998 ; Ewing D. et Schacht S. P., *Feminism with men. Bridging the gender gap*, Lanham, Rowman and Littlefield, 2004.

25. Ewing D. et Schacht S. P., *op. cit.*, 2004, p. 161.

mouvements féministes français. Cette perspective socio-historique suppose alors de préciser certains termes et de spécifier la démarche théorique qui guide cette recherche en relation avec les apports des recherches sur l'engagement militant.

Des « hommes féministes » aux « militants féministes »

Proposer d'étudier les militants féministes impose de clarifier ce que l'on entend par « militants » et « féministes » dans la mesure où ces deux termes soulèvent de nombreuses difficultés pour la recherche.

En effet, la notion de militant-e recouvre une telle variété de situations que l'on peut affirmer qu'« il n'est guère d'activité sociale qui n'ait ses militants dès lors qu'elle tend à devenir une cause pour celui qui l'exerce[26] ». Les recherches sur les mouvements féministes en particulier invitent à décloisonner l'appréhension du militantisme en prenant en compte les actions militantes à partir de sphères sociales traditionnellement exclues du cadre des mouvements sociaux[27]. La notion d'« espace de la cause des femmes » met ainsi en évidence la multiplicité des actrices (institutions étatiques, associations non politiques, universitaires, partis politiques, groupes religieux, presse, etc.) potentiellement investies dans les luttes féministes[28]. Dès lors, le militantisme ne peut être défini par les répertoires d'action, par les objectifs de lutte, par le degré de « radicalité » ou d'« institutionnalisation » ou par les formes organisationnelles, et se donner pour objectif l'étude des militants féministes depuis 1870 conduit potentiellement à étudier un nombre et une variété considérables d'acteurs. Pour cette raison, j'ai opté pour une définition stricte : « militants féministes » désignera l'ensemble des hommes qui appartiennent à un groupe, formel ou informel, participant de fait, à un titre ou à un autre, aux mouvements féministes.

Cette acceptation du terme de « militant » appelle plusieurs remarques. D'abord, « appartenir à un groupe » désigne, au-delà de l'adhésion, la participation à une ou différentes activités du groupe. En effet, l'adhésion n'existe pas pour les groupes informels, la simple adhésion n'est pas nécessairement synonyme de participation, et la participation à la vie d'un groupe ne s'accompagne pas automatiquement d'une adhésion. De plus, la nécessité de participation aux activités d'un groupe féministe n'implique pas de critère de durée car il est impossible de définir une période qui permette d'établir une frontière entre militantisme et non-militantisme. Enfin, il s'agit de privilégier les démarches

26. Fillieule O. et Pudal B., « Sociologie du militantisme. Problématisations et déplacement des méthodes d'enquête », Fillieule O., Agrikoliansky É. et Sommier I. (dir.), *Penser les mouvements sociaux*, Paris, La Découverte, 2010, p. 163-184, p. 163-164.

27. Pour une synthèse, voir Bereni L. et Revillard A., « Un mouvement social paradigmatique ? Ce que le mouvement des femmes fait à la sociologie des mouvements sociaux », *Sociétés contemporaines*, n° 85, 2012, p. 17-41 et Charpenel M. et Pavard B., « Féminisme », Achin C. et Bereni L. (dir.), *op. cit.*, p. 263-273. Pour une discussion des enjeux de définition des mouvements sociaux, voir Fillieule O., « De l'objet de la définition à la définition de l'objet. De quoi traite finalement la sociologie des mouvements sociaux ? », *Politique et sociétés*, vol. 28, n° 1, 2009 (a), p. 15-36.

28. Bereni L., « Penser la transversalité des mobilisations féministes : l'espace de la cause des femmes », Bard Ch. (dir.), *Les féministes de la deuxième vague*, Rennes, Presses Universitaires de Rennes, 2012, p. 27-42.

collectives aux prises de positions et actions individuelles. Sans nier la possibilité d'un militantisme féministe individuel, à travers par exemple l'exercice d'une profession, se focaliser sur les groupes offre deux avantages. Premièrement, cela permet d'analyser conjointement des expériences sociales proches, puisque tous ces hommes ont été ou sont en relation avec des militantes féministes, ce qui n'est pas nécessairement le cas, par exemple, d'un écrivain ou d'un homme politique en faveur de telle revendication ou de telle autre. Or, l'un des enjeux de l'analyse du militantisme féministe masculin est précisément de saisir le cadre relationnel dans lequel celui-ci peut s'exercer. Deuxièmement, l'entrée par les collectifs permet d'atténuer la dimension toujours normative de la « labellisation », d'autant que le mot « féminisme » est particulièrement l'objet de controverses et de luttes de définition dans l'espace militant comme scientifique. En effet, alors que l'appartenance ou non d'un groupe aux mouvements féministes peut être déterminée à partir des revendications politiques formulées par le collectif, classer des individus en dehors de toute participation à des collectifs organisés suppose d'évaluer et de labelliser des pratiques selon des principes normatifs. Aussi, il est probable que les lectrices et lecteurs, comme moi-même, et à partir de leur propre définition du féminisme, jugeront non féministes, voire anti-féministes, certaines citations des hommes rencontrés. Ce qui fait l'unité de notre objet d'étude n'est donc pas une idéologie, des croyances ou le recours à des pratiques singulières, mais l'appartenance attestée, à un moment donné, à un collectif féministe, c'est-à-dire la position de militant. C'est dans ce sens que ce travail étudie des militants féministes et non des hommes féministes.

Reste toutefois à spécifier ce que j'entends par mouvements féministes. En effet, la longue histoire des mobilisations féministes et la diversité des groupes en présence interdisent de poser des frontières et invitent à penser les féminismes au pluriel. Il importe néanmoins d'expliciter les disctinctions qu'il a été nécessaire d'établir pour circonscrire l'objet de recherche. Il ne s'agit donc pas de proposer une nouvelle définition des mouvements féministes mais bien d'éclairer la manière dont différents groupes ont été inclus et exclus, en confrontant les travaux existants aux matériaux d'enquête, dans ce qui est appelé pour cette recherche « mouvements féministes ».

D'abord, l'auto-appellation ne constitue pas un critère satisfaisant : le terme féministe peut être utilisé par des groupes anti-féministes quand il existe des « féminismes silencieux, non revendiqués comme tels[29] ». Dès lors, je serai amené à qualifier de féministes des groupes ou des individus qui ne s'approprient pas ce terme. Il ne s'agit pas d'ignorer le discours des acteurs, et ce travail reviendra sur les enjeux liés au terme choisi, mais de rendre compte des positions sinon semblables, du moins proches, que ces hommes occupent.

Sur quels critères alors déterminer si des collectifs appartiennent ou non aux mouvements féministes ? La plupart des recherches menées sur les mobilisations féministes s'accordent pour considérer que « les mouvements féministes

29. Lagrave R.-M., « Introduction », Lagrave R.-M. (dir.), *Celles de la terre. Agricultrice, l'invention politique d'un métier*, Paris, Éditions de l'EHESS, 1987, p. 11-29, p. 12.

sont une sous-catégorie des mouvements des femmes[30] » qui se distinguent par la revendication d'un changement du statut des femmes et des hiérarchies de genre. Autrement dit, les groupes féministes s'expriment au nom des femmes (c'est-à-dire qu'ils visent à défendre les femmes perçues comme un groupe social construit et mu par des intérêts communs) et pour les femmes (c'est-à-dire prioritairement en faveur d'une amélioration du statut des femmes). Mais cette acception paraît fortement marquée par la conception majoritaire des mouvements féministes des années 1970, incarnée par la quête de « sororité » (équivalent féminin de la fraternité), et empêche d'intégrer des formes de mobilisations féministes qui s'appuient sur un autre sujet politique des luttes féministes. Ainsi, sont exclus de l'analyse, entre autres, des groupes de la fin du XIXe siècle qui revendiquent les droits des femmes pour la démocratie et au nom de l'humanité, des groupes exclusivement composés d'hommes qui ne prétendent pas représenter les femmes, ou un collectif tel Les Panthères roses qui, s'appuyant sur les reformulations politiques et théoriques élaborées à partir de la notion de genre, refusent les dénominations « hommes » et « femmes ». Si ce point sera abordé plus amplement ultérieurement, on peut cependant déjà en conclure que les mouvements féministes ne sont pas seulement une sous-catégorie des mouvements des femmes, mais qu'ils sont constitués de groupes à la fois à l'intérieur et à l'extérieur des mouvements des femmes.

On peut donc désigner les mouvements féministes comme l'ensemble des groupes qui luttent pour les droits des femmes et/ou contre tout ou partie du système de genre, compris comme la structure sociale de construction de différences, matérielles et symboliques, hiérarchisées entre femmes et hommes. Mais le nombre de groupes qui peuvent, conjoncturellement ou structurellement, afficher ces objectifs est potentiellement conséquent, surtout au regard de la période historique étudiée. Aussi, j'ai choisi de resserrer l'objet étudié autour des seuls groupes dotés d'une autonomie structurelle et organisationnelle par rapport à des partis politiques, des syndicats, des associations ou des structures étatiques. Invoquer l'autonomie n'induit pas qu'une commission femmes ou qu'une mission pour les droits des femmes ne fasse pas potentiellement partie des mouvements féministes, pas plus que cela ne signifie qu'aucun lien n'existe entre groupes féministes, partis politiques, syndicats, associations ou structures étatiques. Cependant, l'engagement féministe d'un homme au sein d'un parti ou d'une administration est largement contraint par ce cadre organisationnel spécifique et semble difficilement comparable avec l'engagement d'un homme dans une association autonome.

Enfin, il faut préciser que ne sont retenus pour cette étude que les collectifs qui font de la lutte pour les droits des femmes et/ou contre tout ou partie du système de genre le but affiché et (quasi) exclusif des collectifs. Là encore, c'est le parti pris d'une approche par les trajectoires militantes qui guide ce choix. En effet, la démarche d'engagement d'un homme dans un groupe explicitement dédié à la lutte pour les droits des femmes et/ou contre tout ou partie du système de genre est difficilement comparable avec l'engagement d'un homme au sein

30. McBride D. E. et Mazur A. G. (dir.), *The politics of State feminism: innovation in comparative research*, Philadelphie, Temple university press, 2010, p. 33.

d'un collectif qui peut, occasionnellement et/ou involontairement, participer à améliorer les droits des femmes et/ou fragiliser le système de genre.

En conséquence, l'expression *militants féministes* renverra dans la suite de ce travail aux *hommes qui appartiennent à un groupe autonome, formel ou informel, qui lutte (quasi) exclusivement et explicitement pour les droits des femmes et/ou contre tout ou partie du système de genre.* Dans ce sens, les hommes qui ont pu formuler des théories sur l'égalité des sexes, prendre position pour une revendication féministe, participer à l'élaboration de lois favorables à l'égalité entre les femmes et les hommes, soutenir des combats féministes à l'intérieur de leur parti, syndicat ou association ou mettre en pratique l'égalité hommes/femmes dans leur profession ou vie personnelle ne font pas partie du périmètre de cette étude. De même, les membres des mouvements homosexuels seront considérés comme militants féministes uniquement si leur collectif lutte (quasi) exclusivement et explicitement contre les hiérarchies entre hommes et femmes. Autrement dit, un groupe qui combat les hiérarchies entre les sexualités ne sera pas automatiquement considéré comme appartenant aux mouvements féministes. Encore une fois, il ne s'agit pas de trancher le débat pour savoir si ces hommes ou ces groupes peuvent ou non être considérés comme féministes, mais d'élaborer une définition opérationnelle dans le cadre d'une étude qui a choisi une perspective historique et une démarche centrée sur les trajectoires individuelles.

Des dominants contre la domination : surmonter le paradoxe

Ce livre se propose donc d'étudier, à partir d'une approche interdisciplinaire, des recherches sur le genre[31] et de la sociologie des mouvements sociaux[32], des hommes[33] qui, depuis 1870, ont appartenu ou appartiennent à un groupe autonome, formel ou informel, qui lutte (quasi) exclusivement et explicitement pour les droits des femmes et/ou contre tout ou partie du système de genre. Il s'agit alors d'interroger les logiques sociales qui amènent ces hommes à s'engager au sein d'un collectif féministe. Autrement dit, comment des hommes peuvent-ils devenir des militants participant à des mobilisations féministes ? De cette question centrale, de nombreuses autres questions découlent : quels contextes

31. Le genre désigne la différenciation hiérarchisée qui attribue des rôles spécifiques aux hommes et aux femmes, impose aux individus de se plier aux normes de genre, et contient une dimension symbolique, attachant certaines valeurs et représentations à l'un et l'autre sexe. Le genre est donc un principe hiérarchisant tant les dimensions matérielles que symboliques de la vie sociale qui instaure un rapport de pouvoir entre les hommes, en position de dominants, et les femmes, en position de dominées. Voir notamment Bereni L. *et al.*, *op. cit.*, 2012.

32. Pour une présentation des théories des mobilisations, voir Snow D. A., Soule S. A. et Kriesi H. (dir.), *The Blackwell companion to social movements*, Malden, Oxford et Victoria, Blackwell publishing, 2004 ; Neveu É., *Sociologie des mouvements sociaux*, Paris, La Découverte, 2005 [1996] ; Cefaï D., *Pourquoi se mobilise-t-on ? Théories de l'action collective*, Paris, La Découverte, 2007 ; Fillieule O., Mathieu L. et Péchu C. (dir.), *Dictionnaire des mouvements sociaux*, Paris, Presses de Sciences po, 2009. Pour une synthèse sur les recherches menées en France ces vingt dernières années, se référer à Sawicki F. et Siméant J., « Décloisonner la sociologie de l'engagement militant. Note critique sur quelques tendances récentes des travaux français », *Sociologie du travail*, n° 51, 2009, p. 97-125.

33. Conformément à l'approche par le genre adoptée, le terme « homme » n'est pas entendu ici comme une catégorie « naturelle », mais comme une catégorie politiquement et socialement construite.

historiques, sociaux et politiques permettent de tels engagements? Quelles configurations sociales expliquent ces choix militants? Quelles trajectoires sociales favorisent l'engagement féministe? Par quelles modalités le militantisme féministe masculin peut-il s'exprimer?

Ces questions se posent d'une manière spécifique pour les militants étudiés car leur engagement vise la défense d'intérêts d'une catégorie à laquelle ils n'appartiennent pas et qu'ils ne sont donc pas les bénéficiaires des résultats des mobilisations auxquelles ils participent. En effet, ils ne tirent aucun profit, tout du moins direct, de l'accès des femmes au droit de vote ou à la contraception et à l'avortement ou de la mise en place de la parité. Dans ce sens, ils se rapprochent de ceux et celles que la sociologie du militantisme a désigné comme « militant-e-s par conscience[34] », « militant-e-s de solidarité[35] », « militant-e-s moraux-ales[36] » ou « militant-e-s altruistes[37] ». Mais ils s'en distinguent également dans la mesure où, plus que de lutter pour les intérêts d'autrui, ces hommes militent *a priori* contre leurs propres intérêts. En effet, au regard de la prise en compte des rapports sociaux de sexe, qui donnent aux hommes une position de dominants, leur participation à des combats politiques contre la domination masculine peut apparaître paradoxale. Ainsi, ces hommes se sont engagés ou s'engagent contre un système d'organisation de la vie sociale qui leur est largement favorable. En militant pour le travail des femmes, pour une répartition égalitaire des tâches domestiques ou pour la parité en politique, c'est en réalité contre une partie de leur pouvoir sur les femmes qu'ils luttent. Autrement dit, « l'égalité suppose que les hommes perdent leurs privilèges, leur position de dominant et les possibilités d'exploiter des femmes individuellement et collectivement. C'est certainement pour cela qu'il y a si peu d'hommes proféministes, même parmi ceux qui se disent "progressistes"[38] ». Le militantisme féministe des hommes est alors non seulement paradoxal, mais aussi socialement improbable[39] puisque les hommes, qui ont à perdre dans la réussite des luttes féministes, seraient davantage attendus dans les mobilisations anti-féministes.

34. McCarthy J. D. et Zald M. N., « Ressource mobilization and social movements: a partial theory », *American journal of sociology*, vol. 82, n° 6, 1977, p. 1212-1241.

35. Siméant J., *La cause des sans-papiers*, Paris, Presses de Sciences po, 1998 et Agrikoliansky É., *La Ligue française des droits de l'Homme et du citoyen depuis 1945. Sociologie d'un engagement civique*, Paris, L'Harmattan, 2002.

36. Reynaud E., « Le militantisme moral », Mendras H. (dir.), *La sagesse et le désordre*, Paris, Gallimard, 1980, p. 271-286.

37. Passy F., *L'action altruiste. Contraintes et opportunités de l'engagement dans les mouvements sociaux*, Genève, Librairie Droz S.A., 1998.

38. Dupuis-Déri F., *op. cit.*, 2008, p. 164.

39. Le terme « improbable » renvoie ici aux travaux s'attachant à comprendre les trajectoires sociales qui semblent les moins prévisibles au regard des propriétés sociales des individus (classe et sexe principalement) et des rapports sociaux. Voir par exemple Terrail J.-P., « De quelques histoires de transfuges », *Cahiers du LASA*, n° 2, 1984, p. 35-76, Lahire B., « Les raisons de l'improbable: les formes populaires de la "réussite" à l'école élémentaire », Vincent G. (dir.), *L'éducation prisonnière de la forme scolaire*, Lyon, Presses universitaires de Lyon, 1994, p. 73-106, Daune-Richard A.-M. et Marry C., « Autres histoires de transfuges? Le cas de jeunes filles inscrites dans des formations "masculines" de BTS et DUT industriels », *Formation emploi*, n° 29, 1990, p. 35-50 et Ferrand M., Imbert F. et Marry C., « Normaliennes scientifiques et polytechniciennes: des destins improbables? », *Regards sociologiques*, n° 9/10, 1995, p. 101-108.

Pour autant, à contre-pied d'une démarche qui se focaliserait sur ce paradoxe, c'est-à-dire qui mobiliserait divers outils conceptuels et/ou sources empiriques pour interroger le bien-fondé de ce postulat, nous proposons de prendre acte de cette situation, y compris dans sa dimension paradoxale, pour étudier les mécanismes sociaux qui la produisent. Il s'agit donc de surmonter ce paradoxe dans la mesure où nous cherchons davantage à saisir les configurations sociales qui permettent à des hommes de devenir des militants féministes qu'à interroger la nature, paradoxale ou non, de ces engagements.

Pour répondre à ces multiples interrogations, ce travail déploie une socio-histoire des militants féministes à partir de l'étude de carrières militantes ajustées aux contextes historiques et organisationnels[40]. La première partie, organisée en quatre chapitres, étudie ainsi l'effet des contextes militants sur les flux et reflux de l'engagement masculin. Après trois chapitres consacrés à chacune des trois « vagues » de mobilisations féministes (la période 1870-1940, les années 1970 et depuis 1990[41]), le chapitre 4 revient sur l'ensemble de la période étudiée et montre comment l'engagement féministe des hommes est rendu possible par l'émergence de sujets politiques alternatifs au seul sujet femmes. Les quatre chapitres de la seconde partie déploient ensuite une analyse des carrières militantes qui interroge les ressorts individuels de l'engagement féministe en les resituant dans les contextes historiques et organisationnels. Ainsi, le chapitre 5 s'attache à identifier les dispositions et positions sociales qui rendent possible le militantisme féministe masculin et le sixième chapitre analyse les processus de maintien de l'engagement féministe. Le chapitre 7 interroge pour sa part les mécanismes de sortie du militantisme mais aussi de maintien de l'attachement au féminisme. Enfin, le dernier chapitre s'attache à reconstituer quatre trajectoires sociales complètes. Il s'agit alors de comprendre finement l'articulation des contextes historiques, des caractéristiques organisationnelles et des trajectoires individuelles dans le processus d'engagement, de son maintien puis de son abandon.

40. Sur ce point voir Fillieule O. et Pudal B., *op. cit.*, p. 173-174 et Combes H., Hmed Ch., Mathieu L., Siméant J. et Sommier I., « Observer les mobilisations. Retour sur les ficelles du métier de sociologue des mouvements sociaux », *Politix*, n° 93, 2011, p. 9-27.

41. Le terme de vague est couramment utilisé pour désigner les successives périodes de mobilisations féministes intenses. Cette métaphore est contestée, notamment pour ses effets homogénéisants de périodes parfois longues de plusieurs décennies (comme pour la « première vague », entre 1870 et 1940) et pour l'invisibilisation des périodes qui séparent chaque vague. Elle est néanmoins utilisée dans ce travail, par facilité de langage mais aussi parce que l'image de la vague, qui se nourrit des vagues précédentes, permet de rendre compte des processus permettant une succession de pics de mobilisations. De ce point de vue, l'utilisation du terme vague n'empêche en rien d'être attentif-ve à la diversité et à la continuité des mobilisations féministes.

42. Pour le détail des archives consultées, voir la présentation des sources en fin d'ouvrage. Pour les sources d'archives relatives à l'histoire des féminismes, se reporter à Bard Ch., Metz A. et Neveu V. (dir.), *Guide des sources de l'histoire du féminisme*, Rennes, Presses universitaires de Rennes, 2006.

43. Voir la liste de ces militants en Annexe 2.

Enquête et méthode

Ce travail s'appuie d'une part sur le dépouillement de diverses archives[42], d'autre part sur des entretiens biographiques avec des militants.
L'analyse de fonds d'archives et des revues militantes avait pour but de reconstituer des trajectoires pour les militants de la fin du XIXe siècle et du début du XXe siècle, et de saisir les contextes organisationnels de ces engagements. Au total, ces sources ont permis de reconstituer quatre-vingt-deux trajectoires militantes pour la période 1870-1940[43]. D'autres archives et revues militantes sont venues éclairer les années 1970 et la période plus récente. Si toutes ces informations ont été d'une importance capitale, la démarche historique s'est confrontée à des difficultés qui ont eu des conséquences sur la recherche. Ainsi, les classements des fonds n'ont généralement pas d'entrée « hommes », ce qui a imposé de faire des choix plus ou moins arbitraires devant la masse de documents. J'ai donc privilégié les documents portant sur le fonctionnement des associations et sur les activités militantes. De plus, si le traitement des archives a fait apparaître de nombreux noms de militants pour la période 1870-1940, le manque d'information pour des militants en province ou dans les colonies constitue un biais concernant la population retenue pour l'analyse. Enfin, nous avons dû faire face à un manque d'archives évident pour les collectifs les plus récents, que les associations n'en aient simplement pas ou qu'elles refusent de les ouvrir au public.
Trente-six entretiens biographiques avec des militants dans les mouvements féministes depuis les années 1960 ont en outre été réalisés et ont permis de reconstituer des trajectoires militantes, mais aussi familiales, professionnelles et amoureuses. Pour garantir l'anonymat, les prénoms ont été changés. De même, la faible taille et la grande interconnaissance du milieu féministe m'ont conduit à préférer les identifier selon des tranches d'âge ou des appartenances sociales plutôt que de mentionner l'année de naissance exacte ou le métier. Si je n'ai pas cherché à constituer un échantillon représentatif de la diversité des lieux d'engagement féministe, la répartition des enquêtés selon leur groupe militant témoigne assez largement de la variation de la part masculine dans les collectifs (Annexe 1). En effet, c'est dans les lieux militants les plus investis par les hommes que se trouve le plus grand nombre de mes interviewés. Au total, des entretiens ont été réalisés avec douze militants des années 1970, vingt-et-un militants depuis les années 1990 et trois hommes qui se sont engagés dans les années 1970 puis dans les années 1990 et/ou 2000.

Partie I

Socio-histoire du militantisme féministe des hommes

Chapitre I
Engagements masculins pour les droits des femmes (1870-1940)

Après des premières tentatives de structurations d'un mouvement féministe (même si l'usage du terme est anachronique[1]) tout au long du XIXe siècle[2], ce n'est que dans le dernier quart du siècle qu'émerge un mouvement féministe organisé, doté de ses associations et de sa presse militante. Cependant, à la fin du Second Empire et à l'aube de la IIIe République, les droits des femmes sont largement restreints, le Code napoléonien les maintenant sous l'autorité du père ou du mari et les différents régimes leur ayant successivement refusé leurs droits politiques. De plus, interdites d'accès aux fonctions et métiers les plus reconnus dans la hiérarchie sociale, l'accès à la parole publique leur est quasi impossible[3] et relève « d'un acte de courage indéniable[4] ». L'engagement d'hommes apparaît donc comme une condition incontournable. Ainsi, le groupe féministe initié en 1868 par André Léo[5], la Ligue pour les droits des femmes, qui réapparaît en 1869 comme Société de revendication des droits de la femme, mobilise des femmes et des hommes[6]. Mais rapidement, l'initiative est concurrencée[7] et le

1. Terme au départ médical désignant la présence de caractéristiques féminines chez un homme, Alexandre Dumas fils utilise l'adjectif en 1872 pour désigner des hommes qui prennent le parti des femmes. Enfin, le sens de féminisme comme revendication de l'émancipation des femmes est dû à Hubertine Auclert, première militante à se l'attribuer en 1882. Son usage se généralise à partir des années 1890 (Offen K., « Sur l'origine des mots "féminisme"et "féministe" », *Revue d'histoire moderne et contemporaine*, vol. 34, n° 3, 1987, p. 492-496).
2. Comme les mouvements saint-simoniens des années 1830 (Planté Ch., « Les féministes saint-simoniennes. Possibilités et limites d'un mouvement féministe en France au lendemain de 1830 », Derré J.-R. (dir.), *Regards sur le saint-simonisme et les saint-simoniens*, Lyon, Presses universitaires de Lyon, 1986, p. 73-102) ou les tentatives de 1848 (Fraisse G., « Les femmes libres de 1848 », Fraisse G. (dir.), *Les femmes et leur histoire*, Paris, Gallimard, 1998, p. 333-380).
3. La parole politique leur était particulièrement restreinte (pour les années avant la IIIe République, voir Primi A., *Femmes de progrès. Françaises et Allemandes engagées dans leur siècle 1848-1870*, Rennes, Presses universitaires de Rennes, 2010, particulièrement p. 152-156).
4. Klejman L. et Rochefort F., *op. cit.*, 1989, p. 33.
5. Militante féministe de la deuxième moitié du XIXe siècle. Voir Chauvaud F., Dubasque F., Rossignol P. et Vibrac L. (dir.), *Les vies d'André Léo*, Rennes, Presses universitaires de Rennes, 2015 (à paraître).
6. Les statuts de la société déposés en septembre 1869 sont signés par 7 femmes et 7 hommes (BNF, Recueil La revendication des droits de la femme, 8-WZ-5861, Statuts de la Société de revendication des droits de la femme, 1869). Pour l'histoire du groupe, voir Primi A., *op. cit.*, 2010, p. 210-215.
7. La société se consacre alors à la création d'écoles pour jeunes filles.

mouvement féministe naissant se constitue dans un premier temps autour d'un homme, Léon Richer[8].

Des hommes à la tête du combat (1870-1890)

Léon Richer, « le père du féminisme français »

Né en 1824 dans l'Orne, Léon Richer est clerc de notaire avant de débuter dans le journalisme en 1849. Franc-maçon à partir de 1850, il se fait remarquer des milieux républicains par la publication d'une chronique hebdomadaire fortement anticléricale, « Lettres d'un libre penseur à un curé de village », dans *L'opinion nationale* à partir de 1865[9]. Il y présente déjà ses positions en faveur de l'émancipation des femmes et commence à partir de 1866 à donner des conférences au Grand-Orient de France sur le thème de l'émancipation féminine. Mais désireux de mettre la question de « l'émancipation morale, intellectuelle et civile de la femme[10] » au centre de la scène publique, il publie le 10 avril 1869 le premier numéro d'un journal entièrement consacré à cette question, *Le droit des femmes*. Dans cette entreprise, il s'entoure de 16 collaborateurs et 7 collaboratrices et s'appuie sur la parution du journal pour organiser un « banquet du droit des femmes » le 11 juillet 1869. Réunissant une soixantaine de personnes, dont des journalistes républicains tels Adolphe Guéroult[11] et Charles Fauvéty[12], Léon Richer se félicite de ce succès : « c'est la première fois qu'en France, le droit de la femme est solennellement et publiquement affirmé ; c'est la première fois que des hommes et des femmes, appartenant aux diverses classes de la société, se sont groupés et entendus pour proclamer d'un commun accord, sans fausse honte, sans défaillance, à la face même du préjugé qui rit et qui raille, la nécessité d'arracher promptement la femme à toutes les servitudes qui pèsent sur elle – servitude du corps et servitude de l'intelligence[13] ! ». Fort de cet élan, il fonde un an plus tard, le 16 avril 1870, l'Association pour le droit des femmes (ADF). L'association compte déjà 104 membres en septembre 1870, encore 103 membres un an plus tard[14] et voit ses adhésions passer à près de 150 en 1872[15].

8. Voir JACQUEMART A., « Engagements féministes masculins dans le dernier XIXe siècle (1869-1900) : de la centralité à la marginalité », CHAUVAUD F., DUBASQUE F., ROSSIGNOL P. et VIBRAC L. (dir.), *op. cit.*, 2015 (a).
9. Ces chroniques donneront lieu à une publication : RICHER L., *Lettres d'un libre-penseur à un curé de village*, Paris, Armand Le Chevalier, 1868.
10. RICHER L., « Lettre seizième : Les grands problèmes, 4 août 1867 », RICHER L., *op. cit.*, 1868, p. 252-267, p. 263.
11. Ancien saint-simonien, il est rédacteur en chef de *L'Opinion nationale.*
12. Proche des saint-simoniens et des fouriéristes dans les années 1830, il est rédacteur en chef de *La solidarité.*
13. *Le droit des femmes*, n° 15, 17 juillet 1869.
14. *L'avenir des femmes*, n° 69, 24 septembre 1871.
15. *L'avenir des femmes*, n° 92, 6 octobre 1872.

Cependant, la guerre de 1870 puis les débuts instables de la République vont fragiliser la tentative de Léon Richer de structurer le mouvement féministe. Le journal cesse de paraître en août 1870 et doit changer de titre quand il reparaît en septembre 1871, devenant *L'avenir des femmes*. L'association est également contrainte de changer de nom et devient en juin 1874 la Société pour l'amélioration du sort de la femme (SASF)[16], avant d'être dissoute par le ministre de l'Intérieur en janvier 1876[17]. Pour autant, Léon Richer continue son engagement: il reste le rédacteur en chef du journal, redevenu *Le droit des femmes* en 1879[18], il est le principal organisateur du congrès international du droit des femmes en juillet 1878 et fonde une nouvelle association en 1882, la Ligue française pour le droit des femmes (LFDF)[19], de sorte qu'il peut être considéré comme « le représentant pour ainsi dire officiel de l'émancipation civile des femmes[20] ». Il est à nouveau à l'origine du congrès international du droit des femmes lors de l'exposition internationale de 1889 mais, affaibli par la maladie, l'intensité de son engagement diminue, jusqu'à ce qu'il quitte la Ligue et le journal à la fin de l'année 1891. Il meurt en juin 1911.

Léon Richer occupe donc une place centrale dans les premiers moments de la structuration du mouvement féministe. D'ailleurs, les nombreux articles retraçant sa vie ne manquent pas de souligner cette place de précurseur. « Des Américains parlant ces jours-ci de Léon Richer l'appelaient: 'le père du féminisme français' ; c'est en effet ce nom que portera dans l'histoire celui qui mit les femmes en marche pour l'affranchissement et qui força la main aux législateurs », écrit par exemple Hubertine Auclert[21]. *La Française* souligne en 1906 qu'« on peut, du reste, dire que ce qui, jusqu'à ce jour a été obtenu pour la femme vient de lui[22] » et, à sa mort, les féministes saluent son œuvre militante[23]. Près de 40 ans plus tard, Simone de Beauvoir en fait « le véritable fondateur du féminisme[24] ».

Mobiliser des hommes éclairés

Instigateur du mouvement féministe, Léon Richer a donc été celui qui a défini, tout du moins dans un premier temps, les orientations stratégiques du mouvement. Fervent républicain, il espère imposer rapidement des changements législatifs en activant ses réseaux politiques et intellectuels: « nous avons à la Chambre des députés, particulièrement au sein de la gauche, quelques amis qui défendront vaillamment les réformes proposées par nous », notamment parce

16. *L'avenir des femmes*, n° 115, 7 juin 1874.
17. *L'avenir des femmes*, n° 134, 2 janvier 1876.
18. *Le droit des femmes*, n° 170, 5 janvier 1879.
19. *Le droit des femmes*, n° 216, 5 novembre 1882. Léon Richer a laissé en 1878 la direction de la SASF, autorisée par un décret du 3 août 1878, à Maria Deraismes.
20. Richer L., *Le livre des femmes*, Paris, Bibliothèque démocratique, 1872, présentation de l'auteur par Victor Poupin, directeur de la collection.
21. Auclert H., « L'homme des femmes », *Radical*, 13 novembre 1899.
22. *La Française*, n° 11, 30 décembre 1906.
23. Amélie Hammer publie un texte dans *Les droits de l'Homme* (14 juillet 1911), tout comme *La Française* (n° 206, 25 juin 1911) et *Le droit des femmes* (juillet-octobre 1911), pour lui rendre hommage.
24. Beauvoir S. de, *Le deuxième sexe*, Paris, Gallimard, 1949, p. 205.

que « nous agissons réellement en réformateurs sérieux[25] » explique-t-il. Dès lors, si la participation des femmes à l'association et au journal est importante, particulièrement en vue de créer un mouvement de masse, l'engagement d'hommes influents devient un enjeu crucial pour Léon Richer. Rejetant l'affrontement, il préfère adopter une stratégie de réseaux pour voir aboutir ses revendications. Ainsi, à la suite d'un nouveau banquet qu'il organise en 1872, et auquel participent de nombreux hommes, dont trois députés, Léon Richer explicite sa stratégie : « rien ne vaut, aux yeux du public, sans la consécration de grands noms ; cette consécration nous est enfin donnée[26] ». Par l'intermédiaire du journal, il ne manque d'ailleurs pas de souligner régulièrement les adhésions de conseillers municipaux de Paris ou de députés.

Dans un contexte où les femmes demeurent des mineures juridiques et sont privées du droit de vote, les hommes, détenant des capitaux indispensables au combat politique et dont sont privées les femmes, se révèlent des participants incontournables aux luttes pour les droits des femmes. D'une part, la publication d'un journal politique ne peut se faire que sous la direction d'un homme, car un décret de mai 1868 interdit cette fonction à tous ceux (et surtout toutes celles) privés de leurs droits civils et politiques[27]. En outre, les hommes apportent de la respectabilité et du crédit aux revendications féministes, à l'image du prestigieux parrainage de Victor Hugo qui soutient par l'intermédiaire d'une lettre publique les revendications de l'Association pour le droit des femmes dès 1872[28], avant d'accepter la présidence d'honneur de la LFDF en 1883[29]. De plus, leurs réseaux offrent une plus large diffusion des revendications, notamment à travers la presse généraliste, et une visibilité sur la scène politique[30]. Enfin, les hommes peuvent apporter les fonds financiers nécessaires au fonctionnement d'une association et surtout d'un journal. Ainsi, Hubertine Auclert, qui lance son journal, *La citoyenne*, en 1881, bénéficie d'un soutien financier très important de la part du député Joseph de Gasté, véritable « bailleur de fonds » et « mécène féministe[31] », tout comme *Le droit des femmes* bénéficie du soutien financier mais aussi du prestige d'Arlès-Dufour[32] qui entre au capital de la société du journal en 1869.

Cette volonté de mobiliser les hommes semble dans un premier temps porter ses fruits. La mixité de l'Association pour le droit des femmes, inscrite dans ses statuts[33], est réelle (le premier bureau comporte autant d'hommes que de

25. *Le droit des femmes*, n° 21, 28 août 1869.
26. *Le droit des femmes*, n° 89, 7 juillet 1872.
27. Primi A., *op. cit.*, 2010, p. 138.
28. *L'avenir des femmes*, n° 84, 4 février 1872.
29. *Le droit des femmes*, n° 219, 6 février 1883.
30. Par exemple, dès avril 1870, Léon Richer convainc des amis députés de déposer à la Chambre un projet de réforme du Code civil (*Le droit des femmes*, n° 51, 17 avril 1870).
31. Klejman L. et Rochefort F., *op. cit.*, 1989, p. 76. En effet, le journal publie régulièrement les dons qu'il a reçus pour son fonctionnement et, de juin 1882 à avril 1889, Joseph de Gasté effectue un tiers des plus de 300 dons reçus, mais dont le montant représente une très large partie de la somme totale.
32. Ancien saint-simonien et homme politique, il est aussi un puissant homme d'affaires.
33. L'article 9 des statuts prévoit que « sont admis à faire partie de l'association les hommes et les femmes » (*Le droit des femmes*, n° 52, 24 avril 1870).

femmes[34] et le groupe nantais de l'association est créé en 1872 par une majorité d'hommes[35]) et le comité d'organisation du congrès international de 1878 compte 8 femmes et 7 hommes[36] tandis qu'il mobilise presque autant d'hommes que de femmes[37]. De même, des députés ou des journalistes républicains deviennent des militants (plus ou moins impliqués) au sein du journal ou de l'association de Léon Richer et participent aux banquets ou au congrès international. En outre, les premières associations ou journaux qui se créent sans l'aide de Léon Richer ne peuvent faire l'économie de la participation des hommes : les deux associations que fonde Hubertine Auclert, Le droit des femmes en 1877, puis Le suffrage des femmes en 1883, sont ouvertes aux hommes[38], tout comme la SASF après le départ de Léon Richer et sous la présidence de Maria Deraismes, où les hommes représentent une part non négligeable des militant-e-s[39].

La mobilisation des hommes constitue donc en ce début de construction du mouvement féministe un enjeu de premier ordre, ceux-ci bénéficiant de dispositions sociales et d'atouts matériels dont les femmes sont généralement dépourvues. Cette orientation stratégique, définie en partie par un contexte social et historique spécifique, va durablement marquer la grande majorité des mouvements féministes de la première vague.

L'échec d'un mouvement de masse

Pour autant, si Léon Richer et les féministes réussissent à attirer quelques hommes, parfois prestigieux, au sein de leurs associations, les effectifs demeurent modestes. En effet, les adhésions dépassent rarement la centaine, ce chiffre étant d'autant plus faible que des militant-e-s adhèrent parfois à plusieurs associations. Ainsi, seul-e-s quelques dizaines de militant-e-s s'engagent dans le combat pour les droits des femmes dans les années 1870-1880. Dans ce contexte, les hommes constituent des militants visiblement plus volatiles que les femmes. Très rapidement en effet, ils s'éloignent de la rédaction du journal[40] et du bureau de l'Association pour les droits des femmes, où les hommes représentent la moitié des membres en 1870, un tiers en 1873[41] et à peine un cinquième en 1875[42]. De même, les appuis politiques de Léon Richer se révèlent fragiles et les propositions de loi qu'il soumet sont rarement discutées à la Chambre[43].

34. *Le droit des femmes*, n° 64, 17 juillet 1870.
35. 16 hommes et 11 femmes en sont à l'origine (*L'avenir des femmes*, n° 90, 4 août 1872).
36. *Le droit des femmes*, n° 164, 7 juillet 1878.
37. Sur 220 membres, il y a 113 femmes et 107 hommes (*Le droit des femmes*, n° 165, 4 août 1878).
38. BNF, Recueil Société Le droit des femmes, 8-R-673, Statuts de la Société Le droit des femmes, non datés ; *La citoyenne*, n° 72, 7 mai au 3 juin 1883.
39. Ils représentaient plus d'un tiers (15) des 41 adhérent-e-s pour 1879 et presque la moitié (29) des 62 adhérent-e-s de 1880 (BNF, Recueil Société pour l'amélioration du sort des femmes, 8-WZ-4257, Compte rendu de l'assemblée générale du 22 janvier 1881).
40. Léon Richer semble en réalité le seul homme actif au sein de la rédaction (Primi A., *op. cit.*, 2010, p. 232).
41. *L'avenir des femmes*, n° 96, 2 février 1873.
42. *L'avenir des femmes*, n° 123, 7 février 1875.
43. Une première proposition de loi de révision du Code civil est transmise aux députés proches de Léon Richer en février 1870, mais elle ne sera jamais inscrite à l'ordre du jour de la Chambre. L'histoire se répétera à la fin des années 1880.

Malgré quelques ralliements prestigieux, la stratégie de Léon Richer ne porte donc pas ses fruits. Certes la création de la LFDF en 1882 est un succès et semble un nouveau départ, grâce au travail important de Léon Richer qui active une nouvelle fois ses réseaux. Mais les effectifs sont divisés par deux en dix ans, et la part des hommes y est décroissante[44]. De plus, certains militants mettent en péril la légitimité et la respectabilité de la cause féministe, à l'image du secrétaire général, Paul Bonnetain, membre fondateur de la LFDF, exclu de la Ligue suite à la publication de *Charlot s'amuse*, étude sur la masturbation « en contradiction flagrante avec certaines parties essentielles de notre programme[45] » selon Léon Richer. Devant l'évidence de la faible mobilisation des hommes, Léon Richer, peu avant le terme de sa carrière militante, finit par en appeler à la mobilisation des femmes, usant d'un ton accusateur : « dans le dernier numéro de cette revue [*Le droit des femmes*], j'ai publié un article intitulé : "Femme mariée, femme serve". Quelqu'un s'en est-il ému ? Non. Pas une femme n'a protesté. Pas une n'a manifesté l'indignation que toutes eussent dû ressentir devant les honteuses servitudes que leur impose la loi. Cela est triste. Quoi ! pas un cri ?... Je devrais être, depuis longtemps, habitué à cette indifférence. Les femmes – j'ai plus que personne le droit et le devoir de le dire, depuis vingt ans que je lutte pour les défendre – perpétuent elles-mêmes, par leur insouciance coupable, l'état d'asservissement dans lequel elles croupissent. Si elles sont humiliées, si elles souffrent, – qu'y puis-je ? Est-ce ma faute ? N'ai-je pas tout fait pour éveiller leur attention[46] ? », se lamente-t-il par exemple en 1887. Face à la faiblesse numérique des adhésions, Léon Richer impute aux femmes la responsabilité de cet échec et multiplie les appels à la mobilisation sous forme d'accusations publiques jusqu'à la fin de la revue, en 1891.

Mais ces appels de Léon Richer semblent bien tardifs. Ayant privilégié une stratégie de recrutement auprès des hommes, il ne peut faire qu'un constat d'échec à la fin des années 1880. La baisse des effectifs est telle que le journal ne repose presque que sur lui[47], de sorte que son retrait s'accompagne d'une suspension de la parution du journal[48]. D'autre part, les quelques hommes qui restent autour de la LFDF sont vieillissants, ce qui signifie notamment que beaucoup de ceux qui détenaient un mandat de député le perdent et que les décès sont nombreux. Enfin, l'émergence de nouvelles figures féministes sur la scène publique contribue également à éloigner Léon Richer du centre du mouvement féministe.

44. En septembre 1883, un peu moins d'un an après sa création (novembre 1882), la LFDF compte 191 membres, pour moitié des hommes (*Le droit des femmes*, novembre 1882-septembre 1883). En mai 1892, il n'y a plus que 85 militant-e-s, dont seulement un tiers d'hommes (BMD, Dossier LFDF, DOS 396 LIG, Compte rendu de l'assemblée générale du 22 mai 1892). Voir Annexe 4.

45. *Le droit des femmes*, n° 223, 3 juin 1883.

46. *Le droit des femmes*, n° 295, 3 avril 1887.

47. Il reconnaît ainsi « écrire sous divers noms les trois quarts de chaque numéro » (*Le droit des femmes*, n° 352, 18 août 1889).

48. *Le droit des femmes*, n° 408, 20 décembre 1891. En réalité, le journal ne paraîtra plus.

Des militantes qui s'affirment (1870-1900)

Des premières tensions au début de l'autonomisation (1870-1890)

Si Léon Richer occupe une place centrale dans la constitution du mouvement féministe et dans la définition de ses objectifs et de sa stratégie, il doit rapidement faire face à des dissensions parmi les militantes. Sa volonté d'occuper le premier rôle conduit la militante André Léo à quitter *Le droit des femmes* dès août 1869[49]. De plus, un premier débat, dès 1871, va concerner la question du droit de vote des femmes[50]. Julie Daubié, première bachelière, dont les droits ont été reconnus notamment grâce au concours de Léon Richer, réclame le droit de vote pour les femmes à l'automne 1871. Léon Richer, qui se déclare favorable au principe de l'égalité politique entre les femmes et les hommes, lui oppose une démarche stratégique visant à faire obtenir en priorité les droits civils. Une fois les femmes émancipées de la tutelle maritale et paternelle, le temps sera venu de réclamer le droit de vote et d'éligibilité. Léon Richer compte ainsi garder le contrôle des orientations stratégiques et s'impose en usant de son rôle d'initiateur du mouvement, d'autant plus aisément que le débat se déroule dans le journal qu'il dirige.

Cette place de leader dans le journal et l'association devient précisément l'objet de premières critiques. Ainsi certaines de ses collaboratrices esquissent une critique lors d'un banquet en juin 1872 en posant publiquement la question de la place des hommes[51]. Maria Deraismes souligne que la stratégie des petits pas développée par les hommes vient du fait qu'« ils ne sont point sollicités par des intérêts aussi immédiats, aussi directs que les nôtres ». Elle ajoute, à l'intention de ceux qui réclament de la patience et l'attente du bon moment politique : « je ne répondrai que par un mot : "il y a plus de 6000 ans que nous attendons" ». Angélique Arnaud, membre de la rédaction de *L'avenir des femmes*, renchérit et assigne aux hommes un rôle de soutien, donc de second plan : « dans le monde, les hommes sont souvent nos adversaires, nos antagonistes : ici nous ne voyons en eux que de généreux auxiliaires prêts à soutenir nos revendications de toute la puissance de leur autorité intellectuelle et morale ».

Dans ce contexte, certaines femmes autour de Léon Richer prennent leurs distances et créent leur propre association, à l'image d'Hubertine Auclert. Cette dernière, par l'intermédiaire de son association fondée en 1877, Le droit des femmes, déplace les frontières du mouvement que Léon Richer s'est efforcé de construire en opposant à la prudence et au travail en réseau une radicalité

49. En désaccord politique, elle étant socialiste, lui libre-penseur, concurrents sur le thème de l'émancipation féminine, ils-elles s'opposent sur l'idée du banquet de juillet 1869. L'interprétation de première manifestation publique en faveur des femmes par Léon Richer conduit André Léo, qui revendique l'antériorité de son action, à quitter la rédaction du journal (Primi A., « *Être fille de son siècle* ». *L'engagement politique des femmes dans l'espace public en France et en Allemagne de 1848 à 1870*, Thèse de Doctorat en histoire, université Paris 8, 2006, p. 643-644).

50. *L'avenir des femmes*, n° 72, 15 octobre 1871 ; n° 77, 19 novembre 1871.

51. Le banquet fait l'objet d'un long compte rendu dans *L'avenir des femmes*, n° 89, 7 juillet 1872.

des revendications, en réclamant le droit de vote[52], et des modes d'actions, en appelant par exemple les femmes à une grève des impôts tant qu'elles ne votent pas[53]. De même, Maria Deraismes, qui milite aux côtés de Léon Richer depuis le début, prend la direction de la SASF en 1878, au moment où celui-ci quitte l'association.

Certes, les associations demeurent « amies » et il n'y a pas de réelles ruptures entre les militantes et le « père du féminisme ». Pour autant, leur autonomisation marque un début de prise de conscience de la nécessaire prise en charge des revendications par les femmes. Il ne s'agit pas pour l'heure d'exclure les hommes et de créer un mouvement politique féminin, chose qui paraît presque impossible au regard des nombreuses restrictions légales et morales qui pèsent sur les femmes, mais bien d'affirmer que le combat pour l'émancipation des femmes se doit d'être mené avant tout par des femmes. En d'autres termes, il s'agit de revendiquer que les objectifs et la stratégie du mouvement doivent prioritairement (si ce n'est exclusivement) être définis par des femmes. En ce sens, la SASF révise ses statuts en 1881 et définit clairement la place des femmes et des hommes. Si l'adhésion est ouverte à toute personne indépendamment de son sexe et que le comité reste ouvert aux hommes, les fonctions de direction sont réservées aux femmes[54].

Le congrès français et international du droit des femmes qui se tient à Paris en 1889 est symptomatique de cette évolution en cours. Certes, comme dix ans auparavant, les hommes y sont nombreux, y compris parmi les orateurs-trices, et c'est Léon Richer qui prend en charge l'organisation du congrès. Mais, dans le même temps, Maria Deraismes et son association (la SASF, devenue Société pour l'amélioration du sort de la femme et de la revendication de ses droits – SASFRD) ne laissent pas Léon Richer organiser seul l'événement, et font planer la menace de deux congrès concurrents[55] pour imposer une co-organisation entre la LFDF et la SASFRD. Cette situation se révèle finalement largement au désavantage de Léon Richer qui, ne parvenant pas à mobiliser suffisamment de membres de son association aux réunions préparatoires, se voit imposer des résolutions auxquelles il est opposé, doit céder la présidence du congrès à Maria Deraismes (il est tout de même président d'honneur) et ne peut empêcher que le comité d'organisation comporte plus de membres de la SASFRD que de la LFDF[56]. Maria Martin, militante proche d'Hubertine Auclert, résume la situation ainsi : « nous ne pouvons être accusées de mépriser le concours des hommes. Nous éprouvons au contraire la plus vive reconnaissance pour les hommes d'élite qui ont bien voulu combattre et lutter avec nous, qui n'ont craint ni le ridicule,

52. Sur l'évolution de la question du vote des femmes dans le mouvement féministe français depuis Hubertine Auclert jusqu'en 1914, voir McMillan J. F., « In search of citizenship. Feminists and women's suffrage », McMillan J. F. (dir.), *France and women 1789-1914*, Londres et New York, Routledge, 2000, p. 188-216. Sur la question du vote des femmes, voir plus largement Bouglé-Moalic A.-S., *Le vote des Françaises. Cent ans de débats, 1848-1944*, Rennes, Presses universitaires de Rennes, 2012.

53. *Le droit des femmes*, n° 186, 2 mai 1880.

54. BNF, Recueil Société pour l'amélioration du sort des femmes, 8-WZ-4257, Compte rendu de l'assemblée générale du 22 janvier 1881.

55. *Le droit des femmes*, n° 334, 18 novembre 1888.

56. *Le droit des femmes*, n° 339, 3 février 1889.

ni les animosités quand il s'agissait de proclamer la justice et le droit. Mais, dans ce congrès, nous trouvons que l'élément féminin doit inspirer et guider l'organisation et les délibérations[57] ».

Restructuration et féminisation (1890-1900)

À la suite du congrès, le mouvement féministe entre dans une phase de mutation, caractérisée par une grande effervescence et une atomisation des initiatives. Ce renouveau en marche, sans rompre avec une stratégie de recrutement de militants parmi les hommes des milieux politiques et intellectuels, s'accompagne d'une nette féminisation des effectifs militants.

Après le départ de Léon Richer en 1891, la LFDF, par l'intermédiaire de sa nouvelle présidente, Maria Pognon, se radicalise et s'impose comme une association centrale du mouvement. Ce nouvel élan marque également une large féminisation de l'association comme en témoigne la baisse constante de la part des hommes au sein du bureau (Annexe 4). De plus, les membres de la LFDF entretiennent un rapport ambigu vis-à-vis du fondateur de leur groupe. Lorsque lecture est faite en réunion d'une lettre de Léon Richer officialisant sa démission de la LFDF en 1893, l'assemblée vote des remerciements chaleureux en même temps que deux militantes soulignent « qu'il n'a pas été le fondateur du mouvement féminin en France. Ce mouvement a été commencé bien avant et par des femmes » et que par conséquent c'est « à Maria Deraismes surtout [qu'] appartient le titre de fondateur du mouvement féminin[58] ». À la SASFRD, la disparition de Maria Deraismes en 1894 entraîne un déclin de l'association sur la scène féministe, incapable de renouveler son discours et son action. Dans ce contexte, ses effectifs stagnent autour d'une centaine d'adhésions annuelles et la part des hommes diminue régulièrement[59]. Pour autant, l'une et l'autre des associations conservent des concours masculins, toujours perçus comme indispensables. René Viviani, militant à la LFDF depuis 1882, quitte son poste de vice-président, qu'il occupait depuis 3 ans, en 1892, moment où il débute sa carrière politique (élu député, il sera plusieurs fois réélu et nommé ministre), mais reste un militant très actif. De même, Jules Allix, qui militait déjà avec Hubertine Auclert, poursuit son engagement à la SASFRD, où ce « remarquable pionnier de l'émancipation féministe » sera le « dévoué secrétaire[60] » jusqu'à sa mort en 1903.

57. *La citoyenne*, n° 139, décembre 1888.

58. *Le journal des femmes*, n° 24 bis, novembre 1893. On remarque également que l'usage de « mouvement féminin », et non « féministe » ou « pour les droits des femmes », souligne implicitement la place centrale des femmes.

59. En 1880, les hommes sont presque la moitié des adhérent-e-s (29 sur 62), ils sont moins d'un tiers en 1894 (37 sur 118), puis moins d'un cinquième en 1904 (19 sur 101) (BNF, Recueil Société pour l'amélioration du sort des femmes, 8-WZ-4257, Compte rendu de l'assemblée générale du 22 janvier 1881 ; *Bulletin trimestriel de la société pour l'amélioration du sort de la femme et la revendication de ses droits*).

60. *Bulletin trimestriel de la société pour l'amélioration du sort de la femme et la revendication de ses droits*, n° 15, mars-juin 1904.

Des féministes plus radicales (notamment en ce qu'elles font du droit de vote un objectif prioritaire), héritières en partie d'Hubertine Auclert (qui a quitté la France en 1888), tentent également de s'imposer sur la scène féministe. Elles font généralement le choix d'une association ou d'un journal mixte, mais tiennent cependant à souligner la place centrale des femmes. Astié de Valsayre, ancienne militante auprès d'Hubertine Auclert, par exemple, accepte la présence d'hommes lorsqu'elle crée la Ligue de l'affranchissement des femmes à la fin de l'année 1890, mais leur impose un traitement différencié. Ainsi, les hommes ne peuvent devenir adhérents que s'ils sont présentés par un membre de l'association (les femmes n'ayant pas besoin de parrainage ou marrainage) et leur cotisation est plus élevée que celle des femmes. Enfin, le bureau prévoit de réserver deux postes sur trois à une femme, l'homme étant l'administrateur de la Ligue[61]. Pour autant, la Ligue est créée sous le « patronage » de cinq hommes, dont Joseph de Gasté.

Face à l'éclatement des forces féministes, les militantes s'efforcent toutefois de rendre possible une union. Initiée en 1891 par Eugénie Potonié-Pierre, la Fédération française des sociétés féministes, qui doit réunir les associations féministes et féminines (syndicats de femmes et associations philanthropiques incluses), se matérialise en mai 1892 par la tenue d'un congrès général des sociétés féministes. Là encore, les statuts prévoient de confier les postes de direction à des femmes, mais la Fédération est mixte. Pour autant, le comité d'organisation du congrès qui se constitue est largement féminisé, et les hommes présents tiennent un rôle de second plan[62]. Maria Martin souhaite d'ailleurs faire de ce congrès un moment de prise de conscience de la centralité des femmes dans le mouvement : « il faut d'abord l'union des femmes de toutes les nuances et de toutes les opinions, *l'union des femmes pour revendiquer, pour les femmes*, l'existence civile et politique[63] ». Si ce projet de fédération ne survit pas aux dissensions, il atteste de la volonté de plus en plus affirmée des militantes féministes de réserver la tête des mouvements féministes aux femmes. D'ailleurs, un féminisme exclusivement féminin commence à apparaître dans les années 1890. D'un côté, un mouvement modéré émerge, qui se rapproche des associations féminines philanthropiques et qui se constitue sur la base des qualités féminines[64]. À l'opposé du mouvement, Marguerite Durand fonde à la fin de la décennie (en décembre 1897) un journal pour la première fois entièrement réalisé par des femmes, *La fronde*.

Le retrait de Léon Richer et la mort de Maria Deraismes constituent donc un réel infléchissement : malgré l'éclatement des initiatives, la décennie 1890 constitue une première étape de l'autonomisation des femmes. En effet, si les militantes n'en sont pas à revendiquer la non-mixité des luttes, elles entendent se prémunir de tout contrôle masculin sur le mouvement, bien qu'elles s'organisent pour conserver le concours d'hommes influents. Ainsi, à l'aube du XXe siècle,

61. Articles 1, 2 et 3 des statuts présentés dans *La citoyenne*, n° 164, novembre 1890.

62. *Le journal des femmes*, n° 2, janvier 1892. En effet, Léon Richer, très malade, ne peut guère peser de tout son poids, quand les deux autres hommes représentent des organisations non spécialisées sur la question des femmes (la Fédération de la libre-pensée et la Ligue du bien public), donc moins légitimes au sein de la Fédération.

63. *Le journal des femmes*, n° 8, juillet 1892.

64. Klejman L. et Rochefort F., *op. cit.*, 1989, p. 103-109.

les féministes réussissent à imposer la question de l'égalité entre les hommes et les femmes dans le débat public, grâce notamment aux prestigieux soutiens masculins, qui deviennent parfois militants, de la classe politique, des milieux scientifiques et juridiques, et du journalisme[65].

Les congrès de 1900 : un tournant pour les femmes

Les deux congrès qui se tiennent en 1900 à Paris marquent une nouvelle étape importante dans la structuration du mouvement féministe et dans la prise de contrôle du mouvement par les femmes. Le deuxième congrès international des œuvres et institutions féminines (du 18 au 23 juin), dont les multiples comités d'organisation sont exclusivement féminins, valide l'émergence d'un féminisme féminin. En effet, non seulement ce congrès inscrit durablement les associations féminines philanthropiques dans le mouvement féministe, notamment en ce qu'elles se prononcent pour l'égalité civile entre les femmes et les hommes, mais surtout parce qu'elles revendiquent la non-mixité comme pratique féministe d'émancipation des femmes. Les actes du congrès précisent ainsi que « s'inspirant de la pure doctrine féministe, qui affirme la complète égalité d'intelligence de l'homme et de la femme, le congrès a voulu prouver encore que les femmes jouissaient aussi des mêmes facultés organisatrices. Il n'y a eu que des femmes dans le comité d'initiative, que des femmes dans le comité d'organisation et dans le bureau du congrès, et nous pouvons dire que seul, parmi les 127 congrès officiels de 1900, celui des œuvres et institutions féminines a fait du féminisme intégral[66] ».

Au congrès international de la condition et des droits des femmes (du 5 au 8 septembre 1900), qui réunit plus de 800 personnes, la mixité reste la règle[67], même si le processus amorcé dans la décennie précédente se poursuit. Ainsi, les hommes sont largement minoritaires parmi les membres du comité d'organisation du congrès, les présidences de sessions sont assurées par des femmes et un seul homme, le militant confirmé René Viviani, est nommé rapporteur de session[68]. D'autres signes attestent de la prise en main du mouvement par les femmes. D'abord, alors que plusieurs associations décident d'installer des panneaux de présentation, la LFDF n'évoque pas dans son historique Léon Richer pourtant toujours en vie[69]. En outre, pour la première fois, un homme se justifie lorsqu'il prend la parole lors d'une session : « si je me suis permis de demander la parole dans un congrès qui est spécialement réservé aux questions

65. Voir notamment *ibid.*, p. 117-126.

66. *Congrès international des œuvres et institutions féminines, tenu du 18 au 23 juin 1900*, Paris, Imprimerie typographique Charles Blot, 1902, p. 9.

67. L'article 3 du règlement du congrès précise que « seront membres du congrès les personnes des deux sexes qui auront adressé leur cotisation ».

68. Le comité compte 13 hommes pour 34 femmes et son bureau 5 hommes pour 14 femmes (CAF, Fonds CNFF, 2 AF 2, Document de présentation du congrès international de la condition et des droits des femmes du 5 au 9 septembre 1900).

69. Klejman L. et Rochefort F., *op. cit.*, 1989, p. 140.

qui intéressent les femmes, c'est que précisément je crois que la question actuellement en discussion intéresse particulièrement les hommes[70] ». Cette intervention laisse clairement paraître la transformation en cours : le mouvement féministe se construit de plus en plus sur une identité féminine, ou du moins sur la base d'une expérience féminine, et les hommes ont une place dans la mesure où les questions débattues les « intéressent particulièrement ». De même, le professeur Gabriel, commissaire du gouvernement, commence ainsi son discours lors du banquet de clôture : « Mesdames, je ne dirai pas "et Messieurs", parce que je considère que, dans un banquet à la suite d'un congrès comme celui qui vient d'avoir lieu, les hommes sont quantité négligeable[71] ».

Les deux congrès de 1900 marquent donc un tournant majeur amorcé lors du congrès de 1889 et par l'émergence d'un féminisme féminin dans les années 1890. Ils entérinent la reconfiguration à l'œuvre depuis une décennie en affirmant une répartition du travail militant entre des femmes dirigeantes et des hommes comme « généreux auxiliaires ».

Définir la place des hommes (1900-1914)

Le mouvement réformiste à la recherche d'un équilibre

Grâce aux rapprochements opérés entre les différents courants du mouvement féministe lors des deux congrès concurrents de 1900, et malgré des dissensions[72], les militantes entreprennent de créer une branche française du Conseil international des femmes (CIF), le Conseil national des femmes françaises (CNFF). Ce lieu de coordination des associations féministes sera entièrement féminin[73] puisque « conformément aux options du CIF, l'ambition du CNFF est de fonder un parti de femmes[74] » pour défendre les intérêts féminins sur la scène politique. Le CNFF réunit donc toutes les tendances du féminisme, de la branche philanthropique et modérée à la plus radicale, mais apparaît dominé par la première. Ainsi, le CNFF s'impose petit à petit, par ses choix politiques (attachement à la République) et stratégiques (légalité et modération), comme le leader du féminisme réformiste, devenant au cours de la première décennie du XXe siècle un interlocuteur privilégié de l'État. Mais l'union (relative) au sein du CNFF n'empêche pas la multiplication d'initiatives isolées à Paris comme, fait nouveau, en province. Dans le contexte d'affirmation de l'autonomie des femmes, plusieurs groupes n'acceptent pas les hommes, telle l'Union

70. *Congrès international de la condition et des droits des femmes, tenu les 5, 6, 7 et 8 septembre 1900*, Paris, Imprimerie des Arts et Manufactures, 1901, p. 84.
71. *Ibid.*, p. 308.
72. Cette union est facilitée par le fait que de nombreuses militantes participent aux deux congrès et militent souvent conjointement (Battagliola F., « Rencontres entre philanthropie et féminisme à la fin du XIXe siècle en France », *Chronique féministe*, n° 77-79, 2002, p. 22-25).
73. Les statuts mentionnent que les associations affiliées doivent nommer une déléguée (article 5) et que les adhésions individuelles ne sont possibles que pour « des femmes qui auront rendu des services notoires à la cause féministe » (article 7) (CAF, Fonds CNFF, 2 AF 4, Statuts du CNFF).
74. Klejman L. et Rochefort F., *op. cit.*, 1989, p. 151.

fraternelle des femmes (UFF), fondée en 1901. D'autres, comme le Groupe français d'études féministes qui existe depuis 1898, sont officiellement ouverts aux hommes, tout en réservant les fonctions dirigeantes aux femmes, mais dans les faits sont presque uniquement féminins.

Par conséquent, si certains hommes continuent à agir pour le mouvement féministe en participant régulièrement à des meetings, les discours restant l'outil de propagande privilégié des féministes, le mouvement réformiste en cours de structuration demeure largement féminin. Pour autant, il poursuit la stratégie mise en place par Léon Richer en ménageant des concours masculins, utiles tant par les réseaux mobilisés que pour la respectabilité qu'ils apportent. Jane Misme, rédactrice en chef de *La Française*[75] se félicite des concours masculins au journal[76] et n'hésite pas à défendre plusieurs actionnaires masculins de son journal qui se refusent pourtant à faire entrer une femme dans le comité de la Société des gens de lettres, dont ces hommes sont membres. Dans un long texte publié à la une de son journal et intitulé « Les hommes féministes », Jane Misme réaffirme la sincérité de l'engagement de ces hommes, avant de justifier leur attitude : « Oui ils sont féministes, oui ils ont écarté la femme. Oui d'autres féministes ne jouent peut-être pas suffisamment des coudes, quand vient le moment de faire aux femmes leur place parmi eux, à titre professionnel. J'ai déjà essayé de débrouiller ici cet état d'esprit. On est féministe, et sincèrement féministe, mais on a des habitudes. On a l'habitude d'être entre soi. Et les mauvaises habitudes se perdent difficilement. On *sait* qu'on a tort ; mais on fait encore sa bêtise, encore une fois, plusieurs peut-être, jusqu'à ce que la volonté du bien ait enfin vaincu le "geste héréditaire du mal"[77]. » La volonté et le besoin de ménager des soutiens importants – d'autant plus dans ce cas qu'ils assurent en partie la pérennité financière du journal – n'empêchent cependant pas de laisser transparaître le sentiment de nombreuses féministes réformistes : les hommes sont porteurs du « geste héréditaire du mal » et c'est donc aux femmes qu'il appartient de prendre en charge les revendications féministes.

D'ailleurs, même la LFDF, encore fortement imprégnée de l'héritage de Léon Richer, est traversée par la question de la place des hommes. Ainsi, un compte rendu d'une réunion de 1902 mentionne de « très longs débats » sur l'admission des hommes dans le bureau[78]. Si finalement les statuts ne sont pas modifiés, le bureau se féminise[79] et les hommes occupent une place de moins en moins centrale. Quant à la SASFRD, elle est de plus en plus marginalisée sur la scène féministe et rares sont les hommes qui continuent à y participer. De même, le mouvement féministe français se dote en 1909 d'une organisation exclusivement dédiée à la revendication du droit de vote et d'éligibilité des femmes, l'Union française pour le suffrage des femmes (UFSF), qui réserve les postes de son

75. Fondée en 1906 par Jane Misme, *La Française* est proche du mouvement réformiste.
76. « Nous ne serons jamais trop de gré aux hommes éminents qui acceptent de prendre place dans l'administration de *La Française* », écrit-elle dans le premier numéro (21 octobre 1906).
77. *La Française*, n° 85, 21 juin 1908.
78. *Le journal des femmes*, n° 123, juillet 1902.
79. Les hommes représentent 13 % à 20 % des membres du bureau entre 1905 et 1913 (Source : *Le journal des femmes* ; *Le droit des femmes*).

bureau aux femmes[80]. Lors de la deuxième assemblée générale de l'Union, « avec beaucoup d'humour, Mme Blanche Schweig montre [...] aux femmes qu'elles ne doivent compter que sur elles-mêmes pour obtenir ce qu'elles désirent[81] », affirmant ainsi la place centrale des femmes dans le mouvement féministe.

Pour autant les féministes réformistes ne sont pas hostiles aux hommes. Ainsi, la décision du comité de l'UFSF, lors de l'assemblée générale de l'association en 1912, témoigne de la volonté des militantes de concilier participation des hommes et autonomie des femmes : « Mme Compain, rapporteur du comité, soutient ensuite l'opinion qu'il est préférable que des femmes seules fassent partie du comité. Elle fait observer que les femmes auront ainsi l'occasion de faire la preuve de leur faculté d'organisation et feront plus facilement leur éducation politique. La question est très vivement discutée et il est voté que les hommes et les femmes pourront faire partie du comité mais que le bureau sera exclusivement féminin[82] ». Si dans les faits seuls quelques hommes sont élus au comité[83], les militantes ne peuvent se passer totalement des hommes mais doivent leur définir une place qui assure à la fois l'autonomie des femmes et la présence des hommes. Les comités d'honneur constituent alors une première façon de s'attacher le nom d'hommes prestigieux sans leur confier de pouvoir sur le mouvement[84]. Ces comités, affiliés à une association ou à un événement, se multiplient et sont très majoritairement, si ce n'est exclusivement, composés d'hommes. Universitaires, journalistes, avocats ou hommes politiques prêtent ainsi leurs noms à ces comités, participant alors à donner de la crédibilité au mouvement. Il s'agit enfin pour l'UFSF de militer en faveur du droit de vote des femmes en se distinguant de la radicalité des suffragettes britanniques et en poursuivant la stratégie réformiste auprès des parlementaires. Les militantes soulignent ainsi que « nos efforts seront sans doute moins bruyants et moins provocants que ceux des suffragettes anglaises, mais nous avons la conviction que, dans notre pays, ce serait un désastre que de les imiter ; nous pensons que, selon le proverbe : "Il vaut mieux prendre les parlementaires avec du miel qu'avec du vinaigre"[85] ». De la même manière, le Groupe français d'études féministes transforme ses statuts en 1909 pour permettre au comité, jusqu'alors exclusivement féminin et qui a « donné assez de preuves de capacité », de s'ouvrir aux hommes « sans être soupçonné de se laisser dominer par des influences masculines[86] ». Cet exemple souligne une nouvelle fois que la recherche d'un équilibre entre contrôle du mouvement par les femmes

80. CAF, Fonds Cécile Brunschvicg, 1 AF 1, Statuts de l'UFSF.
81. CAF, Fonds Cécile Brunschvicg, 1 AF 2, Compte rendu de l'assemblée générale de l'UFSF du 13 mars 1910.
82. CAF, Fonds Cécile Brunschvicg, 1 AF 2, Compte rendu de l'assemblée générale de l'UFSF du 2 novembre 1912.
83. Nous ne connaissons pas la composition du comité année par année entre 1909 et 1939. Pour les premières années, il semble cependant que le comité ait été entièrement féminin. En 1913, 3 hommes sont élus au comité, et 2 en 1917 et 1919 (*Bulletin trimestriel de l'UFSF*, n° 2-3, juillet-octobre 1913 ; *Bulletin 1917 de l'UFSF* ; *Bulletin 1918-1919 de l'UFSF*).
84. Depuis longtemps, la LFDF use de cette stratégie en confiant une présidence d'honneur, successivement à Victor Hugo, Victor Schoelcher et René Viviani.
85. *Bulletin trimestriel de l'UFSF*, n° 1, avril 1913.
86. *Le journal des femmes*, n° 196, juin 1909.

et maintien de la participation des hommes constitue une préoccupation centrale qui traverse l'aile réformiste du féminisme en ce début de xxe siècle.

Organiser la mobilisation des militants : la Ligue d'électeurs pour le suffrage des femmes

La marge de manœuvre est donc étroite pour définir les modalités de participation des hommes. D'un côté, le mouvement se constitue de plus en plus autour de l'idée de l'autonomie des femmes tandis que, de l'autre côté, la participation des hommes est toujours perçue comme nécessaire. En d'autres termes, l'enjeu principal est de conserver l'appui et la participation des hommes tout en les écartant de la direction du mouvement.

L'UFSF, qui mène le combat suffragiste, propose aux hommes qui soutiennent la campagne pour le vote des femmes une manière originale de militer : se réunir dans une association exclusivement masculine. La Ligue d'électeurs pour le suffrage des femmes (LESF) est ainsi créée au début de l'année 1911. Son programme est une copie de celui de l'UFSF, visant l'obtention « par étapes successives, [des] droits politiques » par le biais d'une propagande faisant preuve d'« un grand esprit de sagesse et de mesure[87] ».

La Ligue regroupe la plupart des militants et soutiens des associations suffragistes. Son bureau est présidé par le député radical de Paris, Ferdinand Buisson, « apôtre dévoué au suffrage féminin[88] » et les vice-présidents sont le député Républicain Louis Marin, qui « depuis quelques années est sur la brèche dans toutes les manifestations féministes[89] », le philosophe Léon Brunschvicg, mari de Cécile Brunschvicg, présidente de l'UFSF, et le juriste Albert Chenévier. Le bureau enfin est complété par Jean Du Breuil de Saint-Germain, secrétaire général, et Raoul Rebour, rédacteur du bulletin, tous deux militants connus pour leurs engagements en faveur des droits des femmes. Composé de militants engagés mais aussi de soutiens plus distants, le comité de la Ligue a de quoi impressionner – et c'est bien là le but – par sa composition et s'impose comme une source indiscutable de légitimité et de respectabilité pour les féministes. Outre neuf hommes politiques de premier plan (députés et sénateurs, René Viviani pouvant même faire apparaître la mention « ancien ministre »), il compte en effet des hommes de lettres, des juristes, des professeurs d'université ou encore un pasteur.

Le but premier de la LESF est de mener « une action de propagande[90] » en faveur du droit de vote des femmes. En ce sens, elle édite un bulletin visant à diffuser les idées suffragistes, et plus largement les revendications féministes, organise des meetings, publie des brochures ou diffuse des affiches reprenant le slogan « La femme doit voter[91] ». Pour les féministes, dans un contexte où les

87. *Bulletin trimestriel de la Ligue*, n° 1, avril 1911.
88. BHVP, Fonds Marie-Louise Bouglé, Sous-fonds Camille Belilon, dossier n° 7, Texte « Le suffrage des femmes » de Germaine Malaterre-Sellier, non daté (après 1922).
89. *La Française*, n° 157, 17 avril 1910.
90. *La Française*, n° 293, 8 novembre 1913.
91. CAF, Fonds Cécile Brunschvicg, 1 AF 181, Affiche « La femme doit voter », signée Ligue d'électeurs pour le suffrage des femmes, non datée.

femmes sont toujours exclues de la sphère politique, cette propagande masculine en faveur des droits des femmes constitue un engagement de poids dans leur lutte : *La Française* appelle ainsi « tous les hommes qui lisent *La Française* » à s'engager au sein de la Ligue et ajoute que « les femmes doivent aider à la propagande et au recrutement de la Ligue d'électeurs. Actuellement, qu'elle que soit la réforme qui leur paraît souhaitable, elles doivent la demander aux hommes qui sont maîtres de la refuser. Il est donc de bon augure que des hommes se groupent pour défendre les droits des femmes[92] ». D'ailleurs, la LESF, tout comme les militantes, a bien conscience de la valeur socialement supérieure de la parole des hommes[93], d'autant plus qu'ils sont dotés de forts capitaux culturels, sociaux et politiques, et n'hésite pas à l'utiliser pour sa propagande. On peut ainsi lire sur une affiche : « Électeurs, écoutez des électeurs qui vous disent : Au nom de la justice, au nom de l'intérêt National bien compris, la femme DOIT VOTER[94]. »

Cependant, malgré ses prestigieux membres, la Ligue rencontre des difficultés pour mobiliser des militants. Le bulletin du mois d'octobre 1911 annonce bien de nombreuses adhésions[95], mais il ne fournit aucun chiffre. En réalité, la LESF est dans l'incapacité de maintenir la publication du bulletin (qui s'arrête après deux numéros) et les militants ne semblent pas au rendez-vous : lors de l'assemblée générale de 1912, soit un an après sa création, les 250 à 300 personnes qui constituent le public sont très majoritairement des femmes, pour la plupart militantes à l'UFSF[96]. Dans ces conditions, la guerre provoque la disparition de la Ligue d'électeurs, déjà affaiblie[97], et la tentative de l'UFSF pour la reconstituer en 1926 échouera[98].

Mais la disparition de la Ligue n'est certainement pas uniquement imputable à la guerre. D'abord, la faiblesse des effectifs militants la rendait probablement précaire, l'association ne survivant que grâce à l'implication de quelques-uns. En outre, il semble que la formule d'une association réservée aux hommes n'ait pas présenté que des avantages pour les féministes. En effet, si l'association est affiliée à l'UFSF, elle n'en reste pas moins autonome, son bulletin par exemple étant entièrement conçu par des hommes de la LESF. Ce choix implique donc une sorte de mise à l'écart des hommes des associations féministes mais, en contre partie, il offre un espace de parole et d'engagement pour ces hommes qui échappe au regard des féministes. Ainsi, face aux critiques de certaines militantes qui se méfient de l'instauration d'un lieu réservé aux hommes, les militants de la Ligue font remarquer que « s'il est vrai que les femmes sont exclues du suffrage en tant que femme, il ne s'ensuit pas du tout qu'elles aient à le réclamer en tant

92. *La Française*, n° 207, 2 juillet 1911.

93. Jane Misme souligne ainsi, en reprenant les propos « d'un homme d'esprit », que la parole d'un homme « équivaut à celles de 500 femmes » (*La Française*, n° 212, 22 octobre 1911).

94. CAF, Fonds Cécile Brunschvicg, 1 AF 181, Affiche « La femme doit voter », signée Ligue d'électeurs pour le suffrage des femmes, non datée.

95. *Bulletin trimestriel de la Ligue*, n° 2-3, juillet-octobre 1911.

96. *La Française*, n° 229, 25 février 1912.

97. Les ligues anglaises et américaines connaissent un succès bien plus important, créant des antennes locales, mais ne survivent pas non plus à la Première Guerre mondiale (John A. V. et Eustance C., *op. cit.* ; Kimmel M. S., *op. cit.*, 1992, p. 27-28).

98. *La Française*, n° 745, 6 février 1926.

que femmes », mais en tant que citoyennes de la République comme les autres[99]. Pourtant, l'UFSF réclame bien le suffrage des femmes en tant que femmes, développant notamment un discours sur la nécessité de participation des femmes à la vie politique du fait de leurs spécificités et de leurs compétences particulières[100]. Un espace d'engagement comme la Ligue, malgré ses effets positifs en termes de légitimité, comporte donc l'inconvénient de remettre en cause, au moins partiellement, l'autonomie des femmes à définir elles-mêmes les orientations stratégiques et politiques du mouvement. D'ailleurs, le bulletin de la Ligue accueille comme un succès l'entrée des hommes au comité central de l'UFSF, désapprouvant ainsi implicitement la non-mixité des instances dirigeantes de l'Union : « les hommes étant désormais éligibles [au comité central de l'UFSF] – succès masculiniste auquel notre Ligue ne peut qu'applaudir –, trois sont élus[101] ». L'expression « masculiniste », qui constitue un néologisme que l'on ne retrouve dans aucun autre document, semble de plus signifier « défense des droits des hommes », comme l'indiquent le parallélisme de construction avec « féministe » et le sens de la phrase. L'usage de ce terme laisse ainsi penser que les hommes de la Ligue considèrent comme une discrimination envers les hommes la non-mixité féminine des associations féministes, au même titre par exemple que l'interdiction de certains partis politiques aux femmes. Autrement dit, cette expression constitue une manière implicite de nier la valeur politique de la non-mixité féminine. Dans ce contexte, il semble donc probable que les militantes féministes n'aient pas jugé concluante l'expérience de la Ligue d'électeurs qui ne sera pas reconduite au lendemain de la guerre.

La difficile autonomie des radicales

Hubertine Auclert, de retour en France, reconstitue son groupe, Le suffrage des femmes, au cours de l'année 1900 et se positionne toujours dans le camp des radicales avec la revendication de droit de vote intégral pour les femmes. Mais cette radicalité ne l'empêche pas de militer aux côtés d'hommes. Son association est mixte et parmi la quinzaine de militant-e-s qui participe régulièrement aux réunions se trouvent deux hommes, d'autres venant plus épisodiquement[102], et un quart des militant-e-s en 1904 sont des hommes[103]. Si l'on note l'absence des hommes lorsque des militantes ont recours aux méthodes spectaculaires des suffragettes anglaises[104], ces méthodes sont rapidement abandonnées. Les réunions publiques, en présence d'hommes prestigieux, deviennent alors le

99. *Bulletin trimestriel de la Ligue*, n° 2-3, juillet-octobre 1911.
100. Klejman L. et Rochefort F., *op. cit.*,1989, p. 277.
101. *Bulletin trimestriel de la Ligue*, n° 8, juin 1913.
102. BHVP, Fonds Marie-Louise Bouglé, Sous-fonds Hubertine Aulcert, boîte n° 4, Comptes rendus de quatre réunions entre 1900 et 1901.
103. Le groupe « compte 125 membres actifs, dont 30 hommes » (APP, Dossier Vote des femmes, BA 1651, Rapport de police du 22 juillet 1904).
104. Il faut préciser que ces actions ne rassemblent qu'une poignée de militantes et qu'aucun élément n'indique une volonté de non-mixité.

moyen de propagande privilégié de toutes les militantes suffragistes, réformistes comme radicales.

Après le ralliement de la plupart des féministes à la revendication suffragiste, le clivage entre réformistes et radicales se déplace à la fin des années 1900[105] et les féministes radicales se trouvent de plus en plus marginalisées, tant numériquement qu'en termes d'influence sur le mouvement. Ces rares militantes se distinguent également du mouvement réformiste, qui fonde ses revendications sur un discours prônant l'harmonie entre les sexes, en développant parfois des discours nettement plus agressifs et hostiles envers les hommes. Arria Ly par exemple transforme une carte postale représentant une semeuse en ajoutant, à l'endroit indiqué par le bras, une tête d'homme sur un corps de femme, et écrit : « Infernal propagateur du vice ! Va t'en, va t'en, être vicieux ! Âme pourrie, vil garçon ! Race de satyre ennemi de la femme parce qu'elle t'est supérieure en tout ![106] ». De même, Caroline Kauffmann[107] et Madeleine Pelletier[108], successivement dirigeantes de La solidarité des femmes, s'en prennent parfois directement aux hommes et, sous leur direction, l'association se féminise largement.

Pour autant, ces féministes radicales ne font généralement pas le choix de la non-mixité. Sans doute ne peuvent-elles pas plus que les réformistes se passer de la légitimité comme du soutien financier d'hommes. De plus, l'étroitesse de leurs effectifs militants ne leur offre probablement pas la possibilité de se priver des rares militants qui se présentent à elles. Arria Ly qui crée un journal en 1913, *Le combat féministe*, et Caroline Kauffmann, qui en devient la rédactrice en chef, collaborent ainsi avec plusieurs hommes. D'ailleurs, Arria Ly précise sa position à l'égard des hommes dès le premier numéro : « les hommes féministes sont nos frères d'armes, et dans la grande arène, nous combattrons ensemble la main dans la main, eux par réparation et nous par dignité. Nous n'ignorons pas que dans l'un comme dans l'autre sexe nous comptons des amis et des ennemis détermi-

105. La fracture politique se fonde désormais essentiellement sur les questions de sexualité (les radicales revendiquant liberté sexuelle et contraception, les réformistes s'engageant dans « un combat nataliste et moraliste »), le clivage sur les modes d'actions se maintenant (Klejman L. et Rochefort F., *op. cit.*, 1989, p. 340-341).

106. BHVP, Fonds Marie-Louise Bouglé, Sous-fonds Arria Ly, boîte n° 1, Carte postale d'une semeuse avec rajouts manuscrits et collages. Il faut dire qu'Arria Ly peut s'inspirer de sa mère qui en 1906 rédige un texte, non publié, intitulé *Qu'est-ce que l'Homme ?* et qui se termine ainsi : « figurez-vous un abominable monstre, bestial et inachevé, jaloux et vindicatif, fort et méchant, qui soulève le dégoût et choque la raison, qui fait pitié et qui rebute, qui est mal bâti au dehors et corrompu au-dedans, qui est impudique au physique comme au moral, qui a la maladie du vice et veut en vivre, qui rumine toujours des noirceurs. Mettez ensemble la tête d'un serpent, l'odeur du chacal, l'adresse de l'ours, l'inégalité de la lune, les tâches du soleil, la jalousie et l'inconstance, la cruauté et le vice, la ruse et la perfidie ; enveloppez tout cela dans une peau de crapaud rugueuse et jaunâtre, ajoutez-y des bras, des jambes, un poil hirsute et dur dégradant encore la partie inférieure d'un immonde masque, et vous aurez un homme complet » (BHVP, Fonds Marie-Louise Bouglé, Sous-fonds Arria Ly, boîte n° 8, *Qu'est-ce que l'Homme ?*, texte de Fanny Gondon, 18 mai 1906).

107. Laurence Klejman et Florence Rochefort notent qu'elle a « un dégoût violent pour le sexe masculin » (Klejman L. et Rochefort F., *op. cit.*, 1989, p. 164).

108. Christine Bard cite notamment une lettre dans laquelle elle dénonce le manque de sincérité de l'engagement des hommes : « le féminisme n'a comme concours masculins que les très jeunes gens dont on ne veut pas encore ailleurs ou les vieux qui, à tort ou à raison, ont été repoussés des autres partis. Ni les jeunes ni les vieux ne sont sincères, ils veulent seulement se faire connaître pour nous lâcher à leur première réussite ailleurs » (Bard Ch., *op. cit.*, 1995 (a), p. 44).

nés. Nous confondons les premiers dans un même large sentiment de sœurelle[109] sympathie et nous combattrons instinctivement les autres sans parti pris, mais sans faiblesse[110] ». De même, lorsque Madeleine Pelletier fonde elle aussi un journal, *La suffragiste, revue féministe mensuelle*, les hommes sont présents et la liste des collaborateurs indique 16 femmes et 3 hommes, dont l'ex-sénateur Alfred Naquet.

Plus généralement, les féministes radicales, isolées parmi les féministes, recrutent des militantes et militants dans les courants politiques dont elles se rapprochent : les enseignantes féministes socialistes par exemple, qui fondent en 1907 la Fédération féministe universitaire (FFU), militent aux côtés de leurs collègues hommes socialistes du monde enseignant[111]. Mais cette stratégie comporte le risque de voir le féminisme soumis à un autre agenda politique : c'est notamment le cas des mouvements néo-malthusiens[112], où militent Madeleine Pelletier ou Nelly Roussel, qui ne font pas des revendications féministes une priorité militante, ne considérant l'infériorisation des femmes que sous l'angle de la sexualité[113].

La fracture réformiste/radicale est alors faiblement pertinente au regard de la place que les militantes accordent aux hommes. En effet, tout comme les réformistes, l'engagement d'hommes constitue un enjeu de poids pour les féministes radicales, d'autant plus qu'elles sont largement dominées, tant numériquement que symboliquement, dans l'espace féministe. Les discours parfois virulents envers les hommes témoignent ainsi davantage d'un positionnement radical, ou d'un « féminisme intégral » pour reprendre l'expression de Madeleine Pelletier, qui se donne pour objectif de déstabiliser l'ordre patriarcal, que d'une véritable haine envers les hommes et d'un refus de collaboration. Les critiques des hommes engagés auprès des réformistes traduisent de même un clivage politique, et non un clivage mixité/non-mixité, les radicales reprochant bien plus la foi aveugle des réformistes dans la République, les amenant à militer auprès de républicains, que leur collaboration avec des hommes. Madeleine Pelletier souligne ainsi qu'« il y a des députés féministes à la Chambre, mais leur féminisme ne prend pas le mors aux dents[114] ». Finalement, c'est la façon d'organiser la participation des hommes qui distingue les réformistes des radicales. Les réformistes affirment l'autonomie des femmes dans le combat féministe et mettent en place des mécanismes

109. Néologisme créé pour l'occasion, il ne s'est jamais réellement développé.

110. *Le combat féministe*, n° 1, janvier 1913.

111. Précisons qu'avant 1914 la FFU se situe à la frontière entre féminisme réformiste et féminisme radical : clairement socialiste, elle accepte cependant la neutralité politique pour collaborer avec l'UFSF.

112. Né en Angleterre au cours du XIXe siècle, le néo-malthusianisme, qui prône le contrôle des naissances dans la classe ouvrière pour supprimer « l'armée de réserve » qui fait pression sur les salaires, se développe en France à la fin du XIXe siècle, principalement par l'intermédiaire de Paul Robin qui fonde en 1896 la Ligue de la régénération humaine. Sur l'histoire du néo-malthusianisme en France, voir Ronsin F., *La grève des ventres. Propagande néo-malthusienne et baisse de la natalité en France. XIXe-XXe siècles*, Paris, Éditions Aubier Montaigne, 1980.

113. Sur les rapports entre les féministes et les néo-malthusiens voir Le Naour J.-Y. et Valenti C., *Histoire de l'avortement. XIXe-XXe siècles*, Paris, Le Seuil, 2003 (particulièrement le chapitre 2, p. 37-77) et Cova A., *Féminismes et néo-malthusianismes sous la IIIe République : « La liberté de la maternité »*, Paris, L'Harmattan, 2011.

114. *La suffragiste*, n° 25, février 1912.

favorisant le contrôle politique du mouvement par les femmes. Ayant réussi à mobiliser les femmes en nombre suffisant pour les constituer en force politique non négligeable[115], elles sont en capacité de garder le contrôle du mouvement. Au contraire, les radicales, isolées et marginalisées, ne limitent jamais officiellement la place des hommes, pas plus qu'elles ne créent de groupes uniquement féminins. Dans des associations à effectifs restreints, c'est alors par leur charisme et leur esprit d'indépendance que les leaders radicales peuvent garantir l'autonomie des femmes au sein des groupuscules radicaux, cette autonomie étant largement mise à mal dès qu'elles sortent du champ strictement féministe.

Mobiliser d'abord les femmes (1918-1940)

Permanences et reconfigurations de la stratégie réformiste

La Grande Guerre marque un moment de mise en veille partiel des revendications féministes, les militantes réformistes donnant priorité à l'effort de guerre, notamment à travers des œuvres d'aide aux victimes[116]. Par leur dévouement, les féministes réformistes espèrent que la République les récompensera et leur attribuera enfin le droit de vote, revendication qui devient centrale dans l'entre-deux-guerres et qui est portée par l'ensemble du mouvement réformiste. Mais si la guerre a permis une transformation conjoncturelle des rôles féminins et masculins, notamment par le fait que les femmes ont dû compenser l'absence des hommes, la période qui suit l'armistice est caractérisée par une « critique violente de la femme émancipée et du féminisme[117] ». Certes, le travail féminin, pourtant largement contesté, représente toujours plus du tiers de la population active[118], de plus en plus de métiers s'ouvrent à elles malgré les fortes résistances[119] et les filles sont de plus en plus nombreuses à être scolarisées, constituant la moitié des effectifs du primaire et le quart de ceux du secondaire[120]. Mais le Code civil reste toujours en vigueur: si une loi de 1907 autorise les femmes à disposer

115. L'UFSF par exemple déclare 9000 membres et 48 groupes locaux en mars 1913 (*Bulletin trimestriel de l'UFSF*, n° 1, avril 1913).

116. Voir Bard Ch., *op. cit*, 1995 (a), chapitre 2, p. 47-87.

117. Thébaud F., « La Grande Guerre. Le triomphe de la division sexuelle », Thébaud F., Duby G. et Perrot M. (dir.), *Histoire des femmes en Occident. Tome 5, Le XXᵉ siècle*, Paris, Plon, 1992, p. 31-74, p. 69.

118. Voir notamment Battagliola F., *Histoire du travail des femmes*, Paris, La Découverte, 2008 ; Schweitzer S., *Les femmes ont toujours travaillé. Une histoire du travail des femmes aux XIXᵉ et XXᵉ siècles*, Paris, Odile Jacob, 2002.

119. Pour les professions supérieures, elles sont autorisées à être médecin de l'Assistance publique en 1890 ou à devenir avocate en 1900 (Maria Vérone sera la première à plaider en cours d'assises en 1908), mais demeurent par exemple privées d'accès à la magistrature (Voir Rennes J., *Le mérite et la nature. Une controverse républicaine: l'accès des femmes aux professions de prestige, 1880-1940*, Paris, Fayard, 2007, p. 556-557 et Schweitzer S., *Femmes et pouvoir. Une histoire de l'égalité professionnelle en Europe (XIXᵉ-XXIᵉ siècles)*, Paris, Payot, 2010).

120. Voir Lagrave R.-M., « Une émancipation sous tutelle. Éducation et travail des femmes au XXᵉ siècle », Thébaud F., Duby G. et Perrot M. (dir.), *op. cit*, p. 431-463. Les femmes demeurent cependant très rares dans l'enseignement supérieur, qui s'est lentement ouvert à elles à partir des années 1880-1890 (Schweitzer S., *op. cit.*, 2002, p. 244-246).

librement de leurs salaires, elles sont toujours soumises à l'autorisation du mari ou du père pour ouvrir un compte, étudier ou travailler. Le maintien de ces dispositions, comme l'absence de droit de vote, dénote l'infériorisation dont sont toujours l'objet les femmes au lendemain de la guerre. Dans ce contexte, les féministes réformistes reprennent leur stratégie d'avant-guerre consistant à trouver des appuis de poids dans les milieux républicains, particulièrement parmi les députés. Malgré les résistances, les échecs et les faibles avancées que la République concède aux femmes, les réformistes ne dévient pas de leur stratégie durant les années 1920 et 1930.

Le CNFF, l'UFSF et la LFDF, qui sont sans conteste les trois associations à la tête du mouvement réformiste, restent ainsi largement féminisées, particulièrement dans leur direction[121], mais continuent à rechercher des adhésions ou des soutiens masculins. À la LFDF par exemple, dirigée par Maria Vérone depuis 1919, quelques hommes se distinguent par leur engagement intense au sein du groupe. Héritière de Léon Richer, la LFDF élira même Georges Lhermitte[122] à la présidence de l'association après la mort de Maria Vérone en 1938, devenant la première association féministe mixte à être dirigée par un homme depuis le retrait de Léon Richer[123]. En outre, certains hommes politiques multiplient les meetings et les réunions pour défendre le suffrage des femmes et sont des militants investis dans le mouvement. Justin Godart, député puis sénateur radical de Lyon, Louis Marin, député de la droite républicaine, ou le sénateur radical Louis Martin sont des militants de premier plan durant l'entre-deux-guerres. Enfin, le principe des comités d'honneur perdure, avec des listes de plus en plus longues de prestigieux noms d'hommes.

Les années 1920 et 1930 s'inscrivent donc dans la continuité de la stratégie que les réformistes ont construite avant-guerre. Si les femmes dirigent le mouvement, la participation des hommes reste perçue comme indispensable, permettant de mettre à distance les attaques anti-féministes les accusant de guerre des sexes[124], garantissant à la fois respectabilité et modération du mouvement, et enracinant définitivement les féministes réformistes dans la République. À côté des noms d'hommes influents, il semble que des hommes moins connus assistent également aux réunions et meetings, bien qu'il soit peu aisé de définir clairement une répartition sexuée des militant-e-s[125]. En revanche, les hommes paraissent plus réticents à descendre dans la rue pour revendiquer les droits des femmes. Plusieurs rapports de police entre 1928 et 1929 mentionnent, par exemple,

121. Les statuts de ces associations ne changent pas pendant cette période : le CNFF est exclusivement féminin, l'UFSF a son bureau fermé aux hommes et la LFDF est entièrement mixte.

122. Voir Jacquemart A., « Georges Lhermitte, un militant singulier dans le mouvement féministe réformiste du début du xxe siècle », Bard Ch. (dir.), *Les féministes de la première vague (France, fin XIXe-début XXe siècles)*, Rennes, Presses universitaires de Rennes, 2015 (b) (à paraître).

123. *Le droit des femmes*, décembre 1938.

124. Voir Bard Ch. (dir.), *Un siècle d'antiféminisme*, Paris, Fayard, 1999.

125. Les quelques rapports de police laissant apparaître des écarts allant de 50 % d'hommes (600 personnes dont 300 hommes assistent à une réunion sur le suffrage des femmes le 1er mars 1924 – APP, Dossier Vote des femmes, BA 1651, Rapport de police du 1er mars 1924) à très peu d'hommes (seulement 10 hommes, pour 250 femmes, lors d'une réunion des « associations féministes » – APP, Dossier Vote des femmes, BA 1651, Rapport de police du 21 mai 1938).

des manifestations de suffragettes à Paris, regroupant entre 3 et 40 personnes, toujours uniquement composées de femmes[126].

Si le combat suffragiste ou pour la réforme du Code civil demeure largement contrôlé par les féministes, la lutte contre la prostitution, et particulièrement contre le réglementarisme pratiqué par l'État français, dépasse largement le milieu féministe. Certes, les réformistes sont fortement investies, mais la Société pour la répression de la traite des blanches et la Fédération abolitionniste (branche française de la Fédération internationale abolitionniste, fondée par l'Anglaise Joséphine Butler) qui occupent le terrain au sortir de la guerre ne sont pas issues directement des mouvements féministes[127]. Ainsi, lorsque Marcelle Legrand-Falco, militante active au CNFF, fonde en 1926 l'Union temporaire contre la prostitution réglementée[128], appuyée par le CNFF, l'UFSF, la LFDF et la SASFRD, elle en fait un lieu où se rencontre l'ensemble des opposants à la réglementation de la prostitution, quelles que soient leurs positions politiques, religieuses ou féministes[129]. La lutte contre la prostitution réglementée constitue donc un lieu de mobilisation où l'autonomie des femmes n'est pas posée comme principe fondateur par les féministes réformistes. Au contraire, se fixant comme objectif l'éradication de la prostitution, elles font le choix pour cette lutte spécifique de se fondre dans une organisation qui rassemble différents mouvements ayant le même but. La question de la prostitution est alors posée en termes moraux et sanitaires bien plus qu'en termes féministes, de telle sorte que les militant-e-s de cette organisation ne peuvent être considéré-e-s strictement comme des militant-e-s féministes. Le cas des hommes engagés au sein de l'Union constitue ainsi une limite entre engagement féministe, entendu comme participation à des luttes en faveur de l'égalité entre femmes et hommes et/ou contre l'ordre de genre, et engagement avec des féministes, sur des thématiques qui ne sont pas portées par une rhétorique féministe.

La faible marge de manœuvre des radicales

La création par Jeanne Mélin du Comité d'action suffragiste en 1917[130] constitue un premier signe de renouveau du courant radical dans le combat pour le droit de vote en renouant avec l'usage de registres d'actions délaissés par les réformistes et en rompant avec la neutralité politique, le groupe étant ouvertement socialiste et pacifiste. L'association, non déclarée, recrute donc parmi les militantes et militants de la Section française de l'internationale ouvrière (SFIO) notamment, les hommes représentant dans un premier temps une part non

126. APP, Dossier Vote des femmes, BA 1651, Rapports de police.

127. Sur le mouvement abolitionniste en France, voir Mathieu L., *La fin du tapin. Sociologie de la croisade pour l'abolition de la prostitution*, Paris, Éditions François Bourin, 2014.

128. Même si les statuts ne sont officiellement déposés que le 19 mai 1930 (*Bulletin annuel de l'Union temporaire contre la prostitution réglementée*, n° 1, juin 1931).

129. L'Union regroupe ainsi des associations féministes, des associations républicaines comme la Ligue des droits de l'Homme, des associations catholiques, juives ou protestantes et des mouvements de relèvement moral.

130. Voir Vahé I., *Jeanne Mélin (1877-1964), un parcours singulier dans la mouvance féministe et pacifiste en France au XXe siècle*, Thèse de Doctorat en histoire, université Paris 8, 2004, p. 281-302.

négligeable des effectifs. Mais rapidement le groupe se féminise très fortement et un seul homme demeure réellement investi dans la vie du groupe[131]. La lutte pour le droit de vote constitue d'ailleurs la seule mobilisation qui permette réellement aux féministes radicales de s'organiser de manière autonome en proposant des modes d'actions plus spectaculaires que les « timides » réformistes. Le Comité de propagande féministe ouvre ainsi la voie au début des années 1920, mais c'est la Ligue d'action féminine pour le suffrage des femmes, à partir de la deuxième moitié des années 1920, sous l'impulsion de sa présidente, Marthe Bray, qui donne une visibilité médiatique à l'aile radicale du mouvement, en lançant en 1926 une « croisade féministe », véritable tour de France de propagande suffragiste. Les deux associations ne se différencient cependant pas des réformistes quant à la place des hommes : elles en appellent à la mobilisation féminine (la Ligue parle ainsi « d'action féminine » dans son nom) mais recherchent l'engagement d'hommes. Ainsi, des hommes participent aux réunions du Comité[132], les albums photos de la « croisade féministe » laissent entrevoir des militants aux côtés des militantes[133], et le Comité comme la Ligue se constituent des réseaux parlementaires, le député Bracke, un des rares socialistes suffragistes, convaincu depuis les années 1900, représentant leur plus fervent allié. En revanche, on peut noter l'exception de Louise Weiss dans les années 1930 qui s'appuie sur un petit groupe de militantes pour faire des « coups d'éclats » relayés par la presse. Son action suffragiste semble se faire en comités exclusivement féminins, son association, La femme nouvelle, s'appuyant d'ailleurs sur un intitulé supposant une mobilisation féminine[134].

En dehors du combat suffragiste, les féministes radicales ne parviennent pas à constituer des lieux autonomes. Se rapprochant des militant-e-s pacifistes, communistes, néo-malthusien-ne-s ou anti-fascistes, elles restent largement marginalisées dans le mouvement féministe et rencontrent de grandes difficultés à imposer le féminisme comme un enjeu principal au sein de ces mouvements. Ainsi, certaines féministes, pacifistes et socialistes, publient à partir d'octobre 1917 *La voix des femmes*, où collaborent femmes et hommes, féministes ou non. D'ailleurs, le programme spécifie que « désirant vivre en une étroite communion avec l'Homme, le journal n'exclura pas sa collaboration[135] ». Dans ce contexte, bien qu'il constitue une tribune pour des militantes radicales comme

131. La police rédige 8 rapports sur le comité entre le 26 décembre 1917 et le 16 mars 1918. Dans chacun des rapports, le nombre d'hommes est spécifié : presque la moitié des présent-e-s à la réunion du 26 décembre 1917 (70 hommes sur 150 personnes), ils ne sont plus qu'un tiers aux deux réunions suivantes (le 2 janvier et 3 février 1918) et en sont quasi absents aux 5 suivantes (APP, Dossier Vote des femmes, BA 1651, Rapports de police).

132. On peut cependant supposer que les militantes sont majoritaires. Ainsi, une réunion du 18 avril 1926 rassemble 150 femmes et une dizaine d'hommes (APP, Dossier Vote des femmes, BA 1651, Rapport de police du 18 avril 1926).

133. BHVP, Fonds Marie-Louise Bouglé, Sous-fonds Marthe Bray, boîte n° 1, Deux albums photos « Une croisade féministe en 1926 ».

134. Les clichés de la manifestation du groupe à la Bastille en mai 1935 laissent ainsi voir un groupe uniquement composé de femmes (BNF, Collections numérisées, IFN-2700074, Manifestations pour le vote des femmes à Paris, 1935-1936, Louise Weiss à la Bastille en mai 1935).

135. *La voix des femmes*, n° 1, 31 octobre 1917. D'ailleurs, bien que dirigé par Colette Reynaud, l'hebdomadaire mentionne une liste de collaborateurs-trices de 10 femmes et 11 hommes.

Madeleine Pelletier ou Nelly Roussel, le journal, qui inscrit en une à partir de 1919 « féministe, pacifiste, socialiste, internationaliste », ne traite la question féministe qu'à travers le prisme du socialisme et/ou du pacifisme, d'autant que les femmes du journal adhèrent au Parti communiste après le congrès de Tours en 1921[136]. De même, la Fédération féministe universitaire, qui rallie le pacifisme au cours de la guerre, périclite au cours des années 1920, déchirée par des controverses politiques sans rapport avec le féminisme, tout comme les Groupes féministes de l'enseignement laïque[137]. Comme pour ceux de l'Union temporaire contre la prostitution réglementée, les hommes de ces associations ne peuvent donc pas être considérés strictement comme des militants féministes puisque leur engagement ne se fonde pas sur les droits des femmes.

Les années 1920 et 1930 consolident donc la domination des associations réformistes dans l'espace militant féministe. Marginalisées par les puissantes associations réformistes qui revendiquent la neutralité politique, les féministes radicales se tournent vers d'autres univers militants pour tenter de mobiliser mais sont finalement fragilisées par un éclatement de leurs engagements. Toujours contraintes par une base militante restreinte, elles collaborent avec des hommes au sein de leurs associations, mais souvent s'engagent dans des groupes politiques où elles échouent à imposer le féminisme comme une lutte centrale.

Une base militante féminisée

Amorcé avant la guerre, le développement des associations féministes, surtout réformistes, en dehors de Paris s'étend au cours des années 1920 et 1930. L'UFSF par exemple voit de nombreuses antennes locales se créer et déclare 100 000 adhésions[138] durant la période. S'il est difficile d'avoir des données précises pour l'ensemble du mouvement féministe au niveau local, quelques données et certains exemples permettent de rendre compte, bien que partiellement, de la présence des hommes et de leur rôle.

Tout d'abord, il semble que les groupes locaux d'associations nationales reprennent les statuts de l'association à laquelle ils se rattachent. Ainsi, les groupes de l'UFSF sont ouverts aux hommes en même temps que les postes du bureau sont réservés aux femmes[139], et les groupes de la LFDF sont entièrement mixtes, y compris concernant le bureau du comité. Dans la pratique, les groupes locaux des associations adoptent également les mêmes stratégies que

136. Même si le journal s'éloigne du PCF dès 1922, il demeure fortement marqué par les opinions socialistes et pacifistes de ses membres et ne constitue qu'une tribune de faible écho pour les féministes radicales.

137. Sur l'histoire de la FFU et des Groupes féministes de l'enseignement laïque, et notamment sur les problèmes liés à leur indépendance vis-à-vis de la Fédération de l'enseignement, voir SOHN A.-M., *Féminisme et syndicalisme. Les institutrices de la Fédération unitaire de l'enseignement de 1919 à 1935*, Thèse de Doctorat en histoire, Paris X Nanterre, 1973, particulièrement le chapitre 1, p. 37-45.

138. Le CNFF en déclare entre 150 000 et 300 000 dans les années 1920 et 1930, la LFDF 25 000 (BARD CH., *op. cit.*, 1995 (a), p. 235-237).

139. Deux exceptions ont été relevées : le groupe de Toulouse, présidé par un homme en 1924 (*Revue féministe du Sud-Ouest*, juillet-août-septembre 1924) et le groupe de Boulogne, dont un homme est vice-président dans les années 1930 (*Bulletin mensuel du groupe de Boulogne*, n° 8, janvier 1933).

les associations auxquelles ils se rattachent. Les groupes UFSF, tout en appelant aux concours masculins, entendent privilégier la prise de conscience, et donc la participation, des femmes. Les hommes sont certes des adhérents appréciés, que les militantes se plaisent à mettre en avant : le bureau du groupe d'Aix-les-Bains souligne par exemple qu'il « a la bonne fortune d'avoir trouvé une aide masculine très active, dont nous voudrions trouver partout l'équivalent[140] ». Mais souvent les textes des groupes locaux évoquent « les adhérentes » ou les « militantes », comme si seules des femmes participaient au groupe. Cette pratique reflète également l'étroitesse des effectifs militants au niveau local, la vie des groupes ne reposant souvent que sur l'activité d'une ou deux militantes[141]. Ainsi, la vie militante des groupes UFSF semble largement s'appuyer sur l'action des femmes, même si quelques hommes sont impliqués dans différents groupes. Au-delà des noyaux militants des groupes locaux, le dépouillement des listes d'adhérent-e-s aux groupes UFSF, c'est-à-dire de celles et ceux qui ont acquitté une cotisation, révèle également une très forte féminisation. En effet, parmi 14 816 adhésions recensées entre 1912 et 1939, seules 1864 ont été le fait d'hommes, soit 12,6 % de l'ensemble[142]. Si la moyenne cache des disparités, le taux de masculinisation des effectifs adhérents variant de 0 % à près de 40 %, et si la simple adhésion ne rend pas compte de la réalité des engagements, ce résultat permet cependant de mettre en lumière la très faible participation des hommes au niveau local.

À la LFDF, les quelques groupes locaux créés dans l'entre-deux-guerres laissent eux aussi apparaître une large féminisation, sans pour autant que les hommes en soient absents. Ainsi, les comités des groupes locaux mentionnés par le bulletin de l'association, *Le droit des femmes*, sont diversement féminisés : uniquement féminins[143], ils peuvent également compter jusqu'à un tiers d'hommes[144], ou être dirigés par un homme[145]. Plus généralement, les comptes rendus des assemblées générales, également publiés dans le bulletin, font apparaître un effectif militant largement féminisé, même si certains hommes sont régulièrement présents pour représenter les groupes d'Orléans ou d'Angers. Ainsi, lorsque la Ligue fait un appel à souscription entre octobre 1923 et novembre 1924, 261 personnes y répondent, dont seulement un quart d'hommes[146].

140. *Groupes de Savoie de l'UFSF, bulletin annuel*, n° 1, 1932.

141. C'est par exemple le cas du groupe angevin qui est mis en sommeil lorsque sa présidente et sa trésorière sont malades (*Groupe angevin de l'UFSF, bulletin trimestriel*, n° 8, octobre 1933). De même, les rares bulletins des groupes locaux sont entièrement rédigés par très peu de femmes.

142. Le décompte a été réalisé à partir du dépouillement de 108 listes (ou carnets d'adhésion) d'adhérent-e-s des groupes locaux retrouvées au CAF mentionnant le sexe des militant-e-s par la présence de « M. », « Mme » ou « Mlle » ou du prénom (CAF, Fonds Cécile Brunschvicg, 1 AF 45 à 1 AF 133). Certain-e-s ont pu être compté-e-s plusieurs fois, des listes du même groupe pour différentes années ayant parfois été retrouvées. Voir le détail de la part des hommes en Annexe 4.

143. C'est le cas pour le groupe d'Eaubonne (avril 1930), d'Angers (mai 1931) ou de Hyères (mai 1931).

144. C'est vrai pour le groupe de Marseille (juin 1919), d'Orléans (mai 1933) ou d'Oran (août-septembre 1933).

145. M. Jacques est ainsi président du comité de Nîmes et entre au comité national en 1937 (*Le droit des femmes*, septembre-octobre 1937).

146. Parmi les noms publiés, 193 femmes et 68 hommes ont pu être identifié-e-s (*Le droit des femmes*, entre octobre 1923 et novembre 1924). Précisons que si le soutien financier accordé à une association ne signifie pas l'appartenance au noyau militant le plus impliqué, il peut cependant être un indicateur de l'appartenance à un cercle militant plus élargi.

En outre, des groupes féministes universitaires et des groupes suffragistes fondent, sur le modèle des Fédérations du Sud-Est, de l'Est et du Midi initiées par l'UFSF, la Fédération féministe du Sud-Ouest[147]. Cette dernière est constituée à partir de 1914, organisant ainsi la mobilisation des institutrices et instituteurs au niveau régional, et se dote d'un conseil fédéral mixte et d'un bureau statutairement composé de six femmes et un homme, vice-président, et d'un ou une archiviste[148]. Dans les faits, le comité ne compte en 1917 que trois hommes pour vingt femmes, tandis que deux hommes siègent au bureau. Là encore, la mobilisation semble largement féminine, et le bureau de la Fédération insiste auprès de ses membres sur la place centrale des femmes en même temps qu'elle appelle à la mixité : « Nous comptons sur votre ardeur féministe [...] pour encourager toutes les femmes à l'action en constituant des groupements féministes indépendants des groupements féministes universitaires, acceptant parmi les adhérents tous les hommes et toutes les femmes partisans de l'égalité des sexes[149] ». Incitant ainsi les femmes à constituer des groupes, la Fédération reste cependant attachée à la présence d'hommes. Le bulletin souligne régulièrement l'engagement des deux hommes dans les premières années du bureau, rappelant par exemple que M. Persigout fut « un des plus actifs propagandistes de l'idée fédérale et [...] le premier ouvrier de la Fédération[150] ». Les divers groupes locaux de la Fédération[151], dont l'activité est régulièrement mentionnée dans le bulletin puis la revue, semblent eux aussi très féminisés, mais également particulièrement sensibles à l'engagement d'hommes dont on ne manque jamais de souligner le dévouement. Monsieur Carrère par exemple, adjoint à la mairie de Toulouse, président du groupe UFSF de Toulouse, a droit, privilège dont il a l'exclusivité, à un portrait élogieux dans le bulletin lorsqu'il est élu vice-président de la Fédération au congrès du mois d'août 1923[152]. À partir de 1926-1927, la Fédération du Sud-Ouest se radicalise en refusant la neutralité politique et s'inscrit clairement dans le camp des socialistes. Les groupes constituent ainsi des lieux de militantisme pour la gauche où les hommes semblent plus présents qu'auparavant[153], mais la Fédération s'éloigne dans le même temps du mouvement féministe, comme la FFU au niveau national, et disparaît.

Enfin, les rares témoignages de groupes féministes radicaux au niveau local laissent transparaître les mêmes difficultés que les radicales au niveau national : marginalisées par les féministes réformistes, elles investissent d'autres lieux de

147. Cette dernière reste autonome mais est proche de l'UFSF jusqu'en 1926, date à laquelle un conflit éclate, l'UFSF reprochant à la Fédération de ne pas respecter la neutralité politique (*Revue féministe du Sud-Ouest*, mai 1926).

148. *Le droit humain, bulletin officiel de la Fédération féministe du Sud-Ouest*, n° 1, août 1917.

149. *Le droit humain, bulletin officiel de la Fédération féministe du Sud-Ouest*, n° 7, octobre 1921-février 1922.

150. *Le droit humain, bulletin officiel de la Fédération féministe du Sud-Ouest*, n° 8, avril 1922.

151. La Fédération regroupe jusqu'à 22 groupes locaux (*Revue féministe du Sud-Ouest*, avril 1926).

152. *Revue féministe du Sud-Ouest*, juillet-août-septembre 1923. Le texte précise notamment : « Peut faire beaucoup de bien étant donnée sa situation administrative et sociale et veut faire beaucoup de bien. Saluons avec respect ce nouvel apôtre du féminisme ».

153. Le groupe féministe du Gers devient ainsi le Groupe féministe républicain et laïque du Gers et est dirigé par un comité de 20 femmes et 12 hommes (*Revue féministe du Sud-Ouest*, novembre 1926).

militantisme où le féminisme est souvent relégué en préoccupation secondaire. Le groupe féministe du Loiret, obligé de partager son bulletin avec un « groupe des jeunes », affirme ainsi que « nous savons que l'émancipation de la femme ne se fera pas à coups de bulletins de vote, mais par la suppression du régime capitaliste lui-même[154] ». De même, si l'éphémère Ligue féministe de la région Nord, créée en octobre 1931, semble très féminisée[155], son orientation socialiste et pacifiste prend rapidement le pas sur son positionnement féministe.

Ces différents exemples indiquent que les démarches des groupes locaux sont généralement peu éloignées de celles des associations nationales ou parisiennes. De même, lorsque des associations locales émergent indépendamment d'une structure nationale, la forte féminisation semble identique. Ainsi, la Ligue des suffragettes françaises par exemple, fondée à Alger en 1931, est implicitement uniquement féminine[156]. Le combat féministe, et notamment suffragiste, est donc envisagé par les associations réformistes locales comme une action prioritairement féminine pour laquelle les concours masculins sont recherchés en raison du crédit, de la respectabilité et, parfois, des réseaux qu'ils apportent. Dans ce sens, tout porte à penser que l'engagement à l'échelon local est largement féminin, les hommes constituant une minorité. Ainsi, l'usage quasi généralisé du féminin pluriel souligne à la fois la volonté de mobiliser prioritairement les femmes et la grande féminisation des effectifs militants. De même, les militantes soulignent elles-mêmes la rareté des militants : « ils sont assez peu les collègues hommes de l'enseignement public qui sont véritablement féministes ou, du moins, font profession de l'être », notent par exemple les militantes de la Fédération féministe du Sud-Ouest[157]. Cette phrase révèle également l'ambiguïté des réformistes quant à la participation des hommes : en même temps qu'elles l'encouragent, ici en regrettant leur faible nombre, elles laissent entendre l'impossibilité pour un homme d'être féministe. D'ailleurs, le féminisme, défini comme « éveil de la conscience féminine[158] », est bien souvent considéré comme relevant d'abord de la mobilisation des femmes. Du côté des radicales, les militantes sont confrontées à l'échelle locale aux mêmes difficultés qu'au niveau national. Ne pouvant pas assurer leur autonomie, faute de militant-e-s et de moyens, elles s'engagent avec des hommes sur d'autres terrains politiques où le féminisme est souvent relégué à un plan secondaire.

Les hommes sont donc loin d'être absents des mouvements féministes qui s'imposent dans l'espace public à la fin du XIXe siècle et dans la première moitié du XXe siècle. Bien qu'il soit difficile de rendre compte avec précision de la

154. *Bulletin commun au groupe des jeunes et au groupe féministe du Loiret*, n° 33, juin 1932. Dans les faits, le bulletin n'accorde que peu de place au groupe féministe.

155. Le premier comité est constitué de 14 femmes et 1 homme, et le but avéré semble être de regrouper les femmes de gauche : « Liguez-vous, femmes de gauche » peut-on ainsi lire dans le n° 1 de *Le Nord féministe*, octobre 1931.

156. D'après le bulletin du groupe, le comité commence à se réunir en 1930 (*Revue féminine*, n° 2, 1er mars 1931). Les statuts, déposés le 11 avril 1931, utilisent le féminin pluriel, les « ligueuses » (*Revue féminine*, n° 4, 15 avril 1931).

157. *Le droit humain, bulletin officiel de la Fédération féministe du Sud-Ouest*, n° 8, avril 1922.

158. *Revue féministe du Sud-Ouest*, février 1924.

proportion qu'ils représentent, les associations produisant rarement des listes de leurs adhérent-e-s, il semble cependant que la présence des hommes ait diminué au cours du mouvement de la première vague. Il est ainsi possible de distinguer deux périodes : les années entre 1870 et 1905, marquées par une importante mobilisation des hommes, puis la période 1905-1940, qui a connu une diminution sensible de la présence des hommes[159].

Ainsi, les quelques listes trouvées pour la LFDF et la SASF relèvent 598[160] militant-e-s dont 226 hommes, soit presque 38 % entre 1870 et 1904. Les bureaux de l'Association du droit des femmes (1870-1875) puis de la LFDF (1882-1905)[161] comptent eux en moyenne 40 % d'hommes. Ces deux chiffres doivent cependant être pondérés. D'une part, le premier chiffre demeure partiel dans la mesure où il ne concerne que deux associations, même si celles-ci représentent probablement une part non négligeable des militant-e-s à la fin du XIXe siècle. D'autre part, les deux groupes ont été fondés par Léon Richer, dont on a vu l'attachement à la participation des hommes, or il est probable que les quelques autres associations à la même époque aient des effectifs plus fortement féminisés. De même, la part des hommes élus aux bureaux des associations ne reflète que la composition sexuée du noyau militant et non de l'ensemble des effectifs. Ainsi, ces premiers chiffres se doivent d'être corrigés du fait de leur probable surestimation et on peut considérer que les hommes représentent entre un quart et un tiers des militant-e-s des associations mixtes entre 1870 et 1905. Cette relative forte proportion s'explique à la fois par la ferme volonté de Léon Richer de mobiliser les hommes et par la faiblesse des effectifs militants, hommes et femmes confondu-e-s.

Au contraire, la période qui s'ouvre à partir des années 1900 voit disparaître le volontarisme de Léon Richer, même si les hommes continuent d'être des militants particulièrement appréciés, en même temps que se constitue une large base militante. Ainsi, la part des hommes au sein des associations mixtes diminue largement entre 1905 et 1940. Les bureaux se féminisent, soit par la force des statuts, soit par la rareté des engagements masculins. Ainsi celui de la LFDF est composé d'à peine plus d'un cinquième d'hommes (21,3 %) en moyenne sur la période 1908-1937. Or la LFDF est l'association qui recherche le plus l'engagement d'hommes et ceux-ci sont généralement surreprésentés dans les bureaux. De plus, la LFDF rassemble une faible part des effectifs militants des associations mixtes, majoritairement regroupés à l'UFSF. Or l'UFSF s'appuie sur de nombreuses sections locales qui sont largement féminisées. Le dépouillement des listes d'adhérent-e-s entre 1912 et 1930 rend clairement compte non seulement de la faible part des hommes parmi les effectifs militants, mais aussi de la baisse constante de cette part (voir Annexe 4). Entre 1913 et 1918, la proportion d'hommes est en moyenne de 22,5 %[162]. En revanche, elle n'est plus

159. Le bornage précis à 1905 est quelque peu arbitraire puisqu'il correspond à la date pour laquelle nous avons des listes. Cependant, nous avons vu que la décennie 1900 constitue un moment charnière.
160. Certain-e-s militant-e-s ont pu être compté-e-s plusieurs fois.
161. Il manque cependant la composition du bureau entre 1893 et 1904. Voir Annexe 4.
162. Sur 2 168 adhésions dans 9 listes différentes.

que de 13,8 %[163] dans les années 1920 et atteint 6,6 % dans les années 1930[164]. L'UFSF rassemblant une très grande majorité des effectifs militants des associations féministes mixtes, ces chiffres permettent donc d'estimer qu'entre 1905 et 1940 la part moyenne des hommes dans les groupes mixtes se situe très probablement entre 10 % et 15 %.

La présence d'hommes, bien que largement minoritaires, au sein du mouvement féministe de la première vague demeure cependant paradoxale, voire contradictoire, pour un mouvement qui fait de l'identité féminine un enjeu de plus en plus central des luttes à partir des années 1890[165]. Autrement dit, alors que le mouvement se construit autour de l'expérience des femmes, pour quelles raisons accepte-t-il les hommes parmi ses militant-e-s ? D'une part, la mixité militante peut se saisir comme la transposition dans la pratique du « paradoxe » de la rhétorique des féministes, identifié par Joan W. Scott, les féministes affirmant « d'un même souffle la pertinence et la non-pertinence de leur sexe en politique, l'égalité de tous les individus et la différence des femmes[166] ». En effet, tout comme les revendications, contraintes par l'universalisme républicain, sont fondées sur un double discours de l'universel et du particulier, le mouvement valorise la collaboration et l'harmonie entre les sexes refusant d'« instituer un pouvoir féminin parallèle[167] » en même temps qu'il s'organise autour d'un « "nous" femmes et s'affirme comme le mouvement des femmes, le porte-parole de toutes les femmes, du genre féminin[168] ». En outre, cette double définition de l'action féministe a rendu possible une autonomisation des femmes dans le mouvement féministe sans pour autant se couper de la légitimité apportée par les hommes. Les modalités d'émergence du sujet femme comme catégorie politique de mobilisation font ainsi des femmes les leaders légitimes du mouvement, puisqu'elles sont les principales concernées, sans pour autant en exclure les hommes, que le contexte historique rendait presque inévitables.

163. Sur 5 872 adhésions dans 48 listes différentes.

164. Sur 5 517 adhésions dans 44 listes différentes. 7 listes, correspondant à 8,5 % du total des adhésions, n'ont pu être datées.

165. Voir notamment Klejman L. et Rochefort F., *op. cit.*, 1989, chapitre 9, p. 303-337.

166. Scott J. W., *La citoyenne paradoxale. Les féministes françaises et les droits de l'homme*, Paris, Albin Michel, 1998 [1996], p. 29.

167. Rochefort F., « Démocratie féministe contre démocratie exclusive ou les enjeux de la mixité », Riot-Sarcey M. (dir.), *Démocratie et représentation*, Paris, Éditions Kimé, 1995 (a), p. 181-202, p. 189.

168. *Ibid.*, p. 193.

Chapitre 2
La mixité en question (1945-1980)

À la fin de la Seconde Guerre mondiale, les principales revendications des réformistes aboutissent enfin : droit de vote et d'éligibilité des femmes, inscription de l'égalité entre femmes et hommes dans la Constitution, inscription du principe « à salaire égal, travail égal » dans la loi, abolition de la prostitution réglementée. À partir des années 1960, ce sont les inégalités inscrites dans le Code civil qui sont progressivement supprimées. Dès lors, les revendications féministes se transforment et la deuxième vague qui émerge en 1970 ne se contente pas d'une égalité de droit, bien qu'encore incomplète, mais entend renverser le « patriarcat », qui maintient les femmes dans une situation d'infériorité par rapport aux hommes, pour atteindre une égalité de fait.

Les reconfigurations du mouvement féministe et les transformations sociales à l'œuvre dans la période 1945-1980 ont pour conséquence de redéfinir la possibilité d'engagement des hommes dans les mouvements féministes. Perçus comme des relais indispensables jusqu'en 1940, ils le sont de moins en moins au gré des changements législatifs qui permettent aux femmes d'obtenir une plus grande autonomie et légitimité dans l'espace public, et leur participation fait de plus en plus souvent l'objet de contestations. La mise en avant sur la scène publique de la volonté de non-mixité et la théorisation politique de l'exclusion des hommes par une frange du mouvement constituent alors une rupture historique dans la dynamique des féminismes français.

Un lent renouveau par les femmes (1945-1970)

De rares militants dans un mouvement féministe déclinant

Déjà en déclin dans les années 1930[1], le mouvement féministe semble largement affaibli au lendemain de la Seconde Guerre mondiale[2]. Les associations, qui s'étaient auto-dissoutes après la défaite de 1940, rencontrent de grandes difficultés à se reconstituer, en partie du fait du décès de nombre de leurs dirigeant-

1. Bard Ch., « La crise du féminisme en France dans les années trente : l'impossible transmission », *Cahiers du CEDREF*, n° 4-5, 1995 (b), p. 13-27.
2. Pour la période 1945-1970, voir Chaperon S., *Les années Beauvoir (1945-1970)*, Paris, Fayard, 2000. Voir particulièrement les pages 72-80 pour la situation des associations féministes de la première vague dans les années 1940 et 1950.

e-s et militant-e-s[3]. Cécile Brunschvicg, qui reconstitue l'UFSF, meurt en 1946. Germaine Malaterre-Sellier est élue alors présidente et l'association devient en 1947 l'Union française des électrices (UFE), se donnant comme objectif principal de former les femmes à la vie politique. Le CNFF fédère à nouveau associations féministes et féminines et la LFDF est reconstituée par Andrée Lehmann, vice-présidente avant la guerre. Mais les trois principales associations réformistes de l'entre-deux-guerres doivent faire face à un vieillissement de leurs militant-e-s et à une sévère crise du renouvellement militant[4]. En outre, le mouvement peine à mobiliser largement autour d'une revendication centrale après les victoires de la Libération. Dans ce contexte, les hommes demeurent largement minoritaires. La LFDF parvient à mobiliser certains hommes déjà militants dans l'entre-deux-guerres mais fait face à une progressive féminisation de ses équipes dirigeantes comme de ses militant-e-s[5]. Quant à l'UFE, elle se constitue clairement sur la base de l'identité féminine, comme le laisse paraître la mention « hebdomadaire féminin » ajoutée à la une de *La Française* qui paraît à nouveau entre décembre 1945 et juin 1946, et entend désormais mobiliser exclusivement les femmes.

Les associations féministes de la première vague déclinent ainsi progressivement et sont concurrencées par l'Union des femmes françaises (UFF), organisation communiste[6], et la catholique Union féminine civique et sociale (UFCS). Les deux associations, qui parviennent à mobiliser de nombreuses militantes, occupent alors une position dominante dans le discours public sur les femmes et contribuent à la délégitimation des associations féministes : abandonnant le terme même de féministe, elles soutiennent davantage les politiques natalistes et familialistes que les droits des femmes. Ainsi, l'UFE, qui échoue dans sa volonté de mobiliser les électrices, est contrainte à la dissolution en 1956[7], la LFDF, ne regroupant que quelques dizaines d'adhérent-e-s autour d'Andrée Lehmann, ne survit pas au décès de sa présidente en 1971[8] et le CNFF est progressivement écarté de la scène féministe et se transforme en association féminine conservatrice.

La naissance de Maternité heureuse : féminisme et mixité en questions

Les années 1940 et 1950 voient cependant naître les prémices du renouvellement féministe. Sylvie Chaperon a ainsi montré comment la parution

3. La LFDF par exemple perd son président et trois vice-présidentes (*Le droit des femmes*, janvier-février 1946).
4. Sylvie Chaperon relève une moyenne d'âge de 69 ans au bureau et au comité d'honneur de la LFDF et note que les associations ne reposent bientôt plus que sur l'activité de leur présidente (Chaperon S., *op. cit.*, 2000, p. 79).
5. La part des hommes au sein du comité central passe ainsi d'un quart en 1946 à moins d'un dixième 10 ans plus tard.
6. Voir Fayolle S., *L'Union des femmes françaises : une organisation de masse du Parti communiste français (1945-1965)*, Thèse de Doctorat en science politique, université Paris 1, 2005.
7. *Bulletin du CNFF*, avril 1957.
8. Après une dizaine d'années d'inactivité, la LFDF est dissoute et fusionne avec le Comité international de liaison des associations féminines en 1980 (BMD, Dossier LFDF, DOS 396 LIG, Compte rendu de l'assemblée générale du 6 février 1980).

en 1949 du *Deuxième sexe* de Simone de Beauvoir[9] ou l'activité de l'association protestante Jeunes femmes[10] ont participé à l'émergence d'un renouveau féministe qui s'est opéré essentiellement par l'« entre femmes ». Ce mouvement, qui conduit les femmes à une prise de conscience politique à partir du partage de leurs expériences respectives, contribue ainsi à l'émergence de la question de la contraception sur la scène publique. En effet, à la faveur d'un débat engagé dans la presse au sujet de la contraception[11], Marie-Andrée Lagroua Weill-Hallé, gynécologue convertie au *birth control* après un voyage aux États-Unis, et Évelyne Sullerot, professeure de lettres qui n'exerce plus pour éduquer ses quatre enfants, fondent en 1956 une association chargée de promouvoir en France le contrôle des naissances, Maternité heureuse[12]. Si l'association ne se déclare pas féministe et prétend agir pour le bonheur et l'équilibre des familles, elle entend cependant également participer à « l'émancipation des femmes[13] ». Ainsi, dès le premier bulletin, Marie-Andrée Lagroua Weill-Hallé précise qu'« en supposant résolues toutes les difficultés sociales ou économiques de notre pays[14], il ne s'en posera pas moins, et chaque jour davantage, la question de la liberté de la femme au regard de la conception, liberté dont dépend une grande part de son équilibre et de sa dignité et qui conditionne au même degré la dignité et l'équilibre du foyer[15] ». Maternité heureuse impulse donc un changement important en faisant de la liberté des femmes une condition incontournable de l'équilibre familial. Ce changement en cours est incarné par des femmes puisque le premier conseil d'administration, qui compte 23 membres, est uniquement composé de femmes, dont plus de la moitié exerce une profession, souvent à fort capital scolaire et/ou culturel[16]. D'ailleurs, si aucune disposition statutaire quant au sexe des militant-e-s n'apparaît, Évelyne Sullerot mentionne bien un « projet d'une association féminine[17] » et Jacques Dérogy et Emmanuel d'Astier de La Vigerie, respectivement journalise et directeur de *Libération* qui avaient fait une campagne de presse pour le contrôle des naissances, sont présents lors du dépôt des statuts mais « ont souhaité ne pas appartenir au premier conseil d'administration dans une association où le pouvoir leur semble devoir appartenir aux femmes[18] ».

9. BEAUVOIR S. DE, *op. cit.* Sur l'influence du *Deuxième sexe* sur le renouveau féministe voir CHAPERON S., *op. cit.*, 2000, p. 188-201.
10. Fondée en 1946 par les Unions chrétiennes de jeunes filles pour permettre aux participantes d'échanger sur les problèmes qu'elles rencontrent au quotidien, l'association s'autonomise au début des années 1950. Sur le Mouvement jeunes femmes, voir CHAPERON S., *op. cit.*, 2000, p. 214-228.
11. Voir notamment PAVARD B., « Une "guerre de 20 ans" : les luttes du Planning Familial dans *L'Express* et *Le Nouvel observateur* (1955-1975) », BARD CH. et MOSSUZ-LAVAU J. (dir.), *Le Planning Familial, histoire et mémoire (1956-2006)*, Rennes, Presses universitaires de Rennes, 2006, p. 119-126.
12. Sur l'histoire de l'association, voir PAVARD B., *op. cit.*, 2012 (a), p. 43-68.
13. Sylvie Chaperon souligne l'ambiguïté de l'association vis-à-vis du féminisme (CHAPERON S., « Le MFPF face au féminisme (1956-1970) », BARD CH. et MOSSUZ-LAVAU J. (dir.), *op. cit.*, p. 21-25).
14. Qui sont mises en avant pour justifier le contrôle des naissances pour les parents ne pouvant pas assurer l'éducation de leurs enfants, comme par exemple pour les cas de femmes alcooliques ou de maris irresponsables.
15. *La maternité heureuse*, n° 1, 1956.
16. *La maternité heureuse*, n° 2, 1957.
17. SULLEROT É., « Hommage à Marie-Andrée Lagroua Weill-Hallé », *Contraception, fertilité, sexualité*, vol. 24, n° 4, 1996, p. 281-286, p. 283.
18. MOUVEMENT FRANÇAIS POUR LE PLANNING FAMILIAL, *D'une révolte à une lutte, 25 ans d'histoire du Planning Familial*, Paris, Éditions Tierce, 1982, p. 83. Précisons que les deux hommes ne se sont jamais impliqués dans l'association.

Rapidement cependant, des médecins, dont les compétences et la légitimité scientifiques sont recherchées par le groupe, investissent l'association. Maternité heureuse, qui devient Mouvement français pour le planning familial (MFPF) en 1960, connaît alors une rapide et importante masculinisation de ses effectifs et surtout de sa direction. Des gynécologues, qui publient dans la revue depuis 1957-1958, comme Jean Dalsace, déjà engagé pour le contrôle des naissances dans les années 1930[19], Henri Fabre ou Pierre Simon, occupent ainsi rapidement une position centrale. Au début de l'année 1960, « grâce à la persévérance du Dr Fabre[20] », qui exerce en Isère, un premier comité local Maternité heureuse est créé à Grenoble, avant qu'il n'ouvre un centre d'information en 1961. L'année 1961 constitue alors un tournant majeur pour le MFPF : le conseil d'administration, très largement féminisé jusque-là[21], compte en juin 1961 23 femmes et 16 hommes, alors que le bureau, composé jusqu'alors uniquement de femmes, devient presque paritaire en décembre 1961[22]. Signe de la place de plus en plus grande des médecins (et donc des hommes), le MFPF met en place dès le début de l'année 1962 un « comité médical pour l'étude et le contrôle de la fertilité et la lutte contre l'avortement[23] » visant à regrouper les médecins de l'association. En cinq ans, Maternité heureuse, dirigée par des femmes du monde intellectuel, devient MFPF, où hommes et médecins sont désormais les dirigeants. Cette transformation rapide a été favorisée par l'absence de restrictions statutaires quant à la place des hommes, contrairement aux associations réformistes de la IIIe République, qui ont ainsi pu occuper les fonctions dirigeantes et donc contrôler en partie le mouvement[24].

Le MFPF est alors traversé, dans les années 1960, par un double rapport de domination, partiellement superposable, entre hommes et femmes et entre médecins et non médecins. D'abord, les hommes deviennent majoritaires au sein du bureau à partir de 1966[25], un homme occupant même le poste de président entre 1967 et 1973[26], alors que dans le même temps, la base militante,

19. Il est membre du comité de rédaction de *Le problème sexuel*.
20. *La maternité heureuse. Mouvement français pour le planning familial*, n° 12, mars 1960.
21. Seuls le Dr Fabre, entré en juin 1958, et Georges Pascal, professeur de philosophie, militant grenoblois, entré en mars 1960, siégeaient jusque-là au conseil d'administration.
22. *Bulletin trimestriel d'information du Mouvement français pour le planning familial*, n° 19, décembre 1961.
23. *Bulletin trimestriel d'information du Mouvement français pour le planning familial*, n° 20, mars 1962.
24. Bibia Pavard caractérise ce changement par le passage d'une « politique de la salle à manger », marquée par une sociabilité féminine de classes supérieures intellectuelles, à une « politique des salons », particulièrement à partir de 1965, définie comme une activité masculine de lobbying dans les sphères du pouvoir politique (Pavard B., « De la salle à manger aux salons de la République. La place des réseaux féminins et masculins dans l'itinéraire de la cause contraceptive (1956-1967) », *Genre & Histoire* [en ligne], n° 12-13, mis en ligne le 11 janvier 2013, consulté le 30 juin 2014. URL : http://genrehistoire.revues.org/1830). Sur le sujet, voir également Garcia S., *Mères sous influence. De la cause des femmes à la cause des enfants*, Paris, La Découverte, 2011, p. 23-145.
25. En mars 1966, le bureau est composé de 6 hommes et 5 femmes (*Bulletin trimestriel d'information du Mouvement français pour le planning familial*, n° 9, mars 1966) ; en 1969, les hommes représentent presque les trois quarts des membres du bureau (8 sur 11, Archives MFPF, Bureau confédéral et conseil d'administration, D 04 04, Compte rendu de la réunion du conseil d'administration du 9 février 1969). Voir Annexe 4.
26. Le Dr Jean Dalsace est président entre juin 1967 et février 1970, Raoul Palmer assure l'intérim entre février et octobre 1970, et André Lwoff est président entre octobre 1970 et juin 1973.

qui s'est énormément élargie[27], est majoritairement féminine. En effet, les multiples centres, qui accueillent les femmes à la recherche de renseignements, d'une prescription et/ou d'écoute en matière de contraception et de sexualité, fonctionnent grâce au travail des hôtes et hôtesses d'accueil, qui constituent la grande majorité de la masse militante. Or, bien que des chiffres précis et réguliers dans le temps fassent défaut, il apparaît qu'il s'agit quasi exclusivement d'hôtesses d'accueil. Une enquête interne en 1965 fait apparaître une proportion de 10 % d'hommes dans l'ensemble des effectifs du mouvement[28]. Si l'on prend en compte le fait que de nombreux hommes adhèrent au MFPF en tant que médecins autorisés à prescrire des contraceptifs, la part des hommes parmi les hôtes-esses d'accueil est très probablement inférieure. En outre, les médecins entrent de plus en plus massivement dans le mouvement et occupent des positions de pouvoir tant au niveau national qu'au niveau local. Au sein du bureau national, ils et elles représentent plus de la moitié des membres à partir de 1964[29] et la présidence demeure l'exclusivité de médecins. De plus, le comité médical, autonome des instances dirigeantes, acquiert de plus en plus d'importance dans la mesure où il assure la formation des médecins autorisé-e-s par le MFPF à prescrire des contraceptifs[30]. Le savoir médical en matière de contraception, acquis lors de séjours à l'étranger, devient alors une source de pouvoir pour les médecins au sein de l'association puisque ce qui fait le succès de l'association c'est avant tout sa capacité à prendre en charge médicalement les demandes des femmes qui se rendent dans les centres.

Le rapport de pouvoir entre médecins et non médecins se confond en partie seulement avec le rapport de pouvoir entre hommes et femmes puisque si une grande majorité des médecins sont des hommes, certaines femmes médecins participent également aux instances dirigeantes du planning, à commencer par la fondatrice, la Dr Lagroua Weill-Hallé. Ainsi se dessine au sein du MFPF une rupture entre un groupe dominant de médecins, majoritairement mais pas exclusivement masculin, et un groupe dominé, très majoritairement mais pas exclusivement féminisé. Cette transformation de l'association à l'œuvre au cours des

27. Le premier centre a ouvert en juin 1961 à Grenoble, suivi de celui de Paris en septembre 1961. En 1962, il y a 27 centres (*Bulletin trimestriel d'information du Mouvement français pour le planning familial*, n° 22, septembre 1962), en 1965 on en compte 68 (Archives du MFPF, Congrès, B 01 02, Compte rendu du 2e congrès, 8 et 9 mars 1965) et 123 en 1966 (Archives du MFPF, Congrès, B 01 03, 3e congrès, 4 et 5 juin 1966). L'adhésion étant nécessaire pour se voir prescrire des contraceptifs, le MFPF connaît également une très forte croissance de son nombre d'adhérent-e-s : de 6000 à la fin de l'année 1961 (*Bulletin trimestriel d'information du Mouvement français pour le planning familial*, n° 25, juin 1963), ils et elles sont plus de 55000 en 1965 (Archives MFPF, Congrès, B 01 02, Compte rendu du 2e congrès, 8 et 9 mars 1965) et près de 95000 en 1967 (Archives MFPF, Bureau confédéral et conseil d'administration, D 04 04, Compte rendu du 5e congrès, 12 et 13 octobre 1968).

28. Mouvement Français pour le Planning Familal, *op. cit.*, 1982, p. 367.

29. Le bureau est successivement composé de 1 médecin et 8 non médecins en 1956, 3 médecins et 4 non médecins en 1961, 8 médecins et 5 non médecins en 1964 et 7 médecins et 4 non médecins en 1969.

30. Jusqu'en 1967, la loi interdit toujours toute information sur les moyens contraceptifs : l'adhésion de médecins au Planning familial leur offre donc une formation dans un domaine médical qu'ils et elles ignorent en même temps qu'elle les plonge dans l'illégalité. Ces médecins prescripteurs sont au nombre de 118 en juillet 1964 (*Bulletin d'information des médecins du MFPF*, n° 1, juillet 1964), 430 un an plus tard (*Bulletin d'information des médecins du MFPF*, n° 4, juillet 1965) et 1800 en juin 1972 (Archives du MFPF, Congrès, B 01 01, Compte rendu du 9e congrès, 3 et 4 juin 1972).

années 1960 s'accompagne alors d'un changement d'orientation de l'association : d'un engagement pour l'émancipation des femmes et l'harmonie des familles, on passe progressivement à une mobilisation de type professionnel dont l'objectif est de redéfinir l'éthique professionnelle légitime édictée par le Conseil de l'Ordre des médecins[31]. C'est ainsi par exemple que le Collège des médecins du MFPF s'enorgueillit, en 1966, d'avoir été convoqué par la commission parlementaire chargée de l'étude de la régulation des naissances « en une même séance – et sur pied d'égalité – avec l'Ordre des médecins[32] ». La mobilisation s'appuie dorénavant sur des argumentations scientifiques et philosophiques[33] visant à dissocier reproduction et sexualité et relègue au second plan les conceptions émancipatrices pour les femmes. En effet, comme le note Bibia Pavard, l'« objectif particulier de libération des femmes » est remplacé par « un objectif humaniste plus général d'éducation et de bien-être social[34] ». Si certain-e-s militant-e-s posent le contrôle des naissances comme un levier pour l'émancipation des femmes, le mouvement est néanmoins largement dominé par le pôle « paternaliste à l'égard des femmes », qui regroupe principalement des hommes médecins considérant la régulation des naissances comme permettant aux femmes d'exercer leur rôle de mère – auquel elles ne peuvent échapper – dans les meilleures conditions possibles[35]. Dans sa grande majorité, le MFPF n'entend ainsi pas œuvrer pour les droits des femmes, encore moins contre les assignations de genre. À ce titre, bien qu'il soit « au point de départ de la seconde vague du féminisme[36] », notamment en posant publiquement des questions concernant d'abord les femmes et jusque-là absentes de la scène politique et en étant à l'origine de la loi Neuwirth autorisant la contraception en 1967, le MFPF des années 1960, et donc ses militant-e-s, ne peuvent être intégré-e-s aux mouvements féministes.

Les années 1960 : les prémices d'un renouveau avec les hommes

Le Mouvement démocrate féminin (MDF), initié en 1962 au sein de Fédération de la gauche démocrate et socialiste (FGDS)[37], marque un renouveau du féminisme. Pour la première fois en effet depuis 1945, une nouvelle association s'autoproclame féministe et combat pour « débarrasser ces mots du ridicule

31. Pour Sandrine Garcia la création du collège des médecins constitue un véritable « coup de force symbolique » visant à imposer « une instance parallèle et concurrente de l'Ordre des médecins dans la définition de la morale médicale » (Garcia S., « La création du collège des médecins : un coup de force symbolique », Bard Ch. et Mossuz-Lavau J. (dir.), *op. cit.*, p. 109-117, p. 112).
32. *Bulletin d'information des médecins du MFPF*, supplément au *Bulletin trimestriel d'information du Mouvement français pour le planning familial*, n° 11, septembre 1966.
33. Pour Sandrine Garcia, les militants du MFPF sont ainsi des « entrepreneurs de morale » qui constituent un « pôle d'expertise légitime », fondé à la fois sur des savoirs médicaux et sur la psychanalyse, particulièrement les théories psychanalytiques au sujet des enfants (Garcia S., *op. cit.*, 2011, p. 93-145).
34. Pavard B., *op. cit.*, 2012 (a), p. 54.
35. Garcia S., *op. cit.*, 2011, p. 116-124.
36. Picq F., « Le contrôle des naissances : du néo-malthusianisme au féminisme », Bard Ch. et Mossuz-Lavau J. (dir.), *op. cit.*, p. 27-32, p. 28.
37. Union de la gauche parlementaire non communiste fondée par François Mitterrand en 1965.

qu'y ont attaché certains hommes[38] ». En outre, l'association, exclusivement féminine, revendique une non-mixité militante : « seule la solidarité féminine a obtenu des améliorations au sort des femmes ; parce qu'elles n'y jouent pas le rôle de potiches ou de symboles comme dans la plupart des mouvements mixtes mais s'habituent à exercer des responsabilités ; parce que toute collectivité injustement traitée n'a pas trouvé d'autre moyen que de s'unir et d'améliorer sa qualité pour exercer une pression sur ceux qui la briment[39] ». Le MDF ne parvient cependant pas à réunir suffisamment de femmes[40] et tente alors de mobiliser des hommes en créant en 1967 « les amis du MDF » pour leur permettre d'« apporter le concours de leur compétence, et nous appuyer moralement... et, s'ils le peuvent, financièrement[41] ». Mais la structure ne semble pas remporter le succès escompté et le MDF entre en sommeil au lendemain de 1968, ses militantes s'investissant davantage dans la vie politique de leurs partis.

Néanmoins, quelques jeunes militantes qui fréquentent le MDF depuis 1966 décident de former un groupe, initialement rattaché au MDF, à la fin de l'année 1967. Le groupe, qui se nomme Féminin masculin avenir (FMA)[42], réunit, autour d'Anne Zelensky et Jacqueline Feldman-Hogasen, des étudiant-e-s « filles et garçons[43] » et propose « de lutter contre l'inégalité », « d'envisager la sexualité sur des bases entièrement nouvelles » et « de s'attaquer sans répit à l'idéologie aliénante[44] ». Ainsi, si comme le MDF le « point de départ est féministe[45] », les militantes de FMA veulent éviter le « double tort[46] » de leurs aînées : d'une part, elles font le choix de la mixité, et d'autre part, elles entendent privilégier l'action à la discussion. Dans les faits, le groupe n'a pas réellement atteint ce double objectif, limité notamment par la faiblesse de ses effectifs. Les documents attestent en effet que FMA a largement fonctionné comme un groupe de discussions et de réflexions et que ses actions sont restées limitées.

La mixité semble extrêmement importante pour le groupe qui considère que « l'émancipation de la femme intéresse aussi l'homme et ne se fera pas sans lui » puisque l'oppression patriarcale est « aussi aliénante pour eux que pour elles[47] ». Mais concrètement, elle se limite à la présence de quelques hommes.

38. *La femme du XXe siècle*, n° 2, août-septembre 1965. En 1969, elles invitent une nouvelle fois les femmes à oser s'appeler féministes (*La femme du XXe siècle*, n° 14, mars 1969).
39. *Liaison MDF*, n° 2, avril-mai 1968.
40. Le MDF n'aura jamais plus de mille adhérentes (Jenson J. et Sineau M., *Mitterrand et les Françaises. Un rendez-vous manqué*, Paris, Presses de Sciences po, 1995, p. 60).
41. *La femme du XXe siècle*, n° 7, décembre 1966 – janvier 1967.
42. *La femme du XXe siècle*, n° 11, décembre 1967 – janvier 1968. Le groupe « qui existe informellement depuis novembre 1967 » n'est officiellement constitué que le 6 février 1969 (BMD, Fonds FMA, Dossier FMA (début), Courrier annonçant la déclaration au JO, 6 février 1969). Dans la revue, FMA est parfois appelé de « groupe universitaire » ou « section "étudiantes" » du MDF mais Jacqueline Feldman le dénomme « groupe jeunes » (Feldman J., « De FMA au MLF. Un témoignage sur les débuts du mouvement de libération des femmes », *Clio : Histoire, femmes et sociétés*, n° 29, 2009, p. 193-203).
43. *La femme du XXe siècle*, n° 11, décembre 1967 – janvier 1968.
44. BMD, Fonds FMA, Dossier FMA (début), Tract « Pourquoi Féminin Masculin Avenir ? », non daté.
45. BMD, Fonds FMA, Dossier FMA, documentation I, Texte dactylographié « FMA, Féminin Masculin Avenir – Féminisme Marxisme Avenir », non daté.
46. BMD, Fonds FMA, Dossier FMA, documentation I, Texte dactylographié sans titre, non daté.
47. *Ibid.*

À la première réunion, une quinzaine de personnes participe, dont « quelques hommes qui ne sont plus revenus », puis le groupe repose sur quatre militantes[48]. Mais les évènements de mai 1968 vont faire connaître le groupuscule. Les militantes de FMA participent au mouvement et saisissent l'occasion pour organiser des débats sur l'égalité entre hommes et femmes dans les universités occupées[49] et plusieurs dizaines de personnes se rapprochent du groupe[50]. Pour autant, à la rentrée 1968, l'effervescence a disparu : quatre femmes, Christine Delphy et Emmanuelle de Lesseps ayant rejoint les deux fondatrices, et deux hommes forment FMA[51]. Il s'agit du compagnon d'Anne Zelensky-Tristan[52] et d'un homme proche d'Emmanuelle de Lesseps.

Les témoignages des ancien-ne-s membres de FMA et les documents consultés donnent peu d'indications sur la manière dont la collaboration entre femmes et hommes se déroulait. Jacqueline Feldman note que dans les premiers temps, « quelques-uns viennent avec nous [femmes], tout en nous laissant bien volontiers la prépondérance », sans plus de précisions[53]. Il semble cependant que les militantes, au départ convaincues de la mixité, la questionnent de plus en plus, ou tout du moins en fassent un élément de moins en moins central. L'expérience de mai 1968 a radicalisé les militantes en ce qu'elles se revendiquent dès lors marxistes et révolutionnaires, mais aussi par la prise de conscience du sexisme des pratiques des militants d'extrême gauche. À partir de 1969, FMA se transforme en Féminisme marxisme action et rédige un nouveau manifeste qui permet d'observer un déplacement politique. Non seulement le texte ne mentionne plus l'importance de la participation des hommes ni leur aliénation comparable à celle des femmes, mais de surcroît il fait du féminisme une mobilisation intrinsèquement liée à l'appartenance à la catégorie femmes : « voici (cependant) pourquoi nous sommes féministes : nous nous intéressons, parce que femmes, à la place de la femme dans la société. Nous constatons que cette place correspond toujours à l'analyse qu'en a donnée Simone de Beauvoir : l'homme est sujet, la femme objet[54] ». La prise de conscience des inégalités entre femmes et hommes ne peut dans ce sens que découler d'un regard à partir de la position de femme. Cette nouvelle appréhension du féminisme, qui exclut implicitement les hommes, se ressent également dans un texte de présentation d'un débat organisé par FMA, intitulé « Révolution sexuelle ou érotisme bourgeois[55] ? ». Le texte fait

48. Pisan A. de et Tristan A., *Histoires du MLF*, Paris, Calman-Lévy, 1977, p. 48.

49. *La femme du XXe siècle*, n° 13, décembre 1968.

50. Les chiffres varient : une quarantaine (Picq F., *op. cit.*, 1993, p. 12), dont une moitié d'hommes (Delphy Ch., « Les origines du Mouvement de Libération des Femmes », *Nouvelles questions féministes*, n° 16-17-18, 1991, p. 137-148, p. 139), une cinquantaine, dont « une majorité de femmes » (Feldman J., *op. cit.*, 2009, p. 200), voire une centaine (Zelensky-Tristan A., *Histoire de vivre. Mémoires d'une féministe*, Paris, Calman-Lévy, 2005, p. 41).

51. Pisan A. de et Tristan A., *op. cit.*, p. 45.

52. *Ibid.*, p. 42.

53. Feldman J., *op. cit.*, 2009, p. 196.

54. BMD, Fonds FMA, Dossier FMA, documentation I, Texte dactylographié « FMA, Féminin Masculin Avenir – Féminisme Marxisme Avenir », non daté (cependant la mention de la double signification de FMA permet de savoir que le texte a été produit au plus tôt au début de l'année 1969).

55. Le titre sur le document est en fait précédé de la mention « titre provisoire ». Aucune autre trace du débat ne nous permet de connaître le lieu, la date, et le titre retenu (BMD, Fonds FMA, Dossier

d'ailleurs l'objet d'une annotation manuscrite en fin du document qui souligne et conteste cette nouvelle orientation : « et la place de l'homme dans tout ça ? FMA est-il ou non mixte [56] ? ».

L'expérience de FMA, qui revendiquait initialement sa mixité, aboutit finalement à une remise en cause de la mixité à partir de l'année 1969. Dans ce contexte, la rencontre du groupuscule avec d'autres féministes en 1970 entraîne la création du mouvement non mixte, le Mouvement de libération des femmes (MLF [57]).

La non-mixité, principe fondateur du Mouvement de libération des femmes (1970-1973)

Construire un mouvement de femmes

À la fin des années 1960 et au début des années 1970, le contexte politique, marqué par la valorisation de la radicalité et la critique de la « morale bourgeoise », favorise l'émergence de mouvements féministes radicaux dans de nombreux pays occidentaux. En France, c'est au cours de l'année 1970 qu'émerge le Mouvement de libération des femmes (MLF). Au printemps 1970, FMA, qui a obtenu la publication d'un courrier dans *Le Nouvel observateur*[58], et un autre groupe fondé après mai 1968, uniquement composé de femmes[59], qui publie un article dans *L'idiot international*[60], entrent en contact. Elles organisent une rencontre qui réunit les militant-e-s des deux groupes et des femmes qui ont découvert l'un ou l'autre des textes. Confrontées à l'hostilité des hommes présents lors de la réunion[61], les militantes font le choix de la non-mixité, y compris celles de FMA, qui « décide bientôt d'écarter ses membres masculins[62] ». L'entrée de la prochaine réunion publique le 4 juin à l'université de Vincennes est donc réservée aux femmes, mais des hommes, militants d'extrême gauche, entendent empêcher sa tenue et ripostent en proclamant ou en écrivant sur les murs des attaques sexistes[63]. Certains hommes auraient même tenté de grossiers subterfuges : « quelques gauchistes frustrés et paternalistes rêvent de participer aux réunions déguisés en fille. On les éconduit aussi fermement qu'un blanc bien intentionné dans une réunion du *Black Power* » rapportent plusieurs militantes quelques mois

FMA, documentation II, Texte dactylographié avec annotations manuscrites, « Révolution sexuelle ou érotisme bourgeois ? », non daté).

56. *Ibid.* Nous ignorons si les annotations sont le fait d'un homme ou d'une femme.
57. Sur le MLF, voir Garcia Guadilla N., *Libération des femmes. Le MLF*, Paris, PUF, 1981, Duchen C., *Feminism in France from may'68 to Mitterrand*, Londres, Routledge et Kegan Paul, 1986, Picq F., *op. cit.*, 1993 et Garcia S., *Le féminisme, une révolution symbolique ? Étude des luttes symboliques autour de la condition féminine*, Thèse de Doctorat en sociologie, EHESS, 1993, p. 179-236.
58. *Le Nouvel observateur*, 27 avril-4 mai 1970, p. 7.
59. Parmi elles, on retrouve notamment Monique Wittig et Antoinette Fouque.
60. « Combat pour la libération de la femme », *L'idiot international*, n° 6, mai 1970.
61. Garcia Guadilla N., *op. cit.*, p. 30.
62. Picq F., *op. cit.*, 1993, p. 14.
63. La liste complète des attaques, ainsi que les réponses des militantes, figurent dans « Contre le terrorisme mâle », *L'idiot international*, n° 8 et 9, juillet-août 1970.

plus tard[64]. Déjà confrontées pour la plupart au sexisme des camarades militants en mai-juin 1968[65] et/ou par la suite dans les groupes d'extrême gauche[66], cet épisode confirme pour les femmes le sentiment de nécessité de l'entre-femmes.

Durant l'été, quelques-unes d'entre elles publicisent le mouvement naissant en déposant une gerbe à l'Arc de Triomphe à « plus inconnu encore que le soldat : sa femme[67] ». À la rentrée, les militantes publient dans *L'idiot international* et surtout dans un numéro de *Partisans*, entièrement consacré à la « libération des femmes, année 0[68] ». Ce numéro explique ainsi dès l'introduction l'exclusion des hommes : « nous en sommes arrivées à la nécessité de la non-mixité. Nous avons pris conscience qu'à l'exemple de tous les groupes opprimés, c'était à nous de prendre en charge notre propre libération. En effet, si désintéressés soient-ils, les hommes ne sont pas directement concernés et retirent objectivement des avantages de leur situation d'oppresseurs[69] ». Pour Christine Delphy, la non-mixité est nécessaire dans la mesure où les hommes qui entendent participer aux luttes féministes « veulent se substituer à nous ; ils parlent effectivement à notre place ; ils approuvent la libération des femmes, et même la participation des susdites à ce projet, tant que libération *et* femmes les *suivent* et surtout ne les *précèdent* pas ; ils veulent imposer *leur* conception de la libération des femmes, qui induit la participation des hommes, et réciproquement ils veulent imposer cette participation pour contrôler le mouvement et le *sens* : la direction, de la libération des femmes[70] ». De même, pour Christiane Rochefort, « l'oppresseur qui fait le louable effort d'écouter (libéral intellectuel) n'entend pas plus[71] » que n'importe quel oppresseur. La parole et l'entre-femmes deviennent alors les armes privilégiées du mouvement : « il appartient aux femmes qui ressentent leur oppression de prendre en main leur propre sort et de constituer dès maintenant, là où elles se trouvent, des groupes de travail et de réflexion[72] ».

Le mouvement, qui prend vite de l'ampleur mais choisit de rester sans structures officielles et rejette toute hiérarchie, s'organise en divers groupes thématiques,

64. « À bas la société mâle », *Actuel Nova-press*, n° 4, janvier 1971, p. 6-17. Cet évènement n'est cependant relaté que dans ce témoignage.
65. Zancarini-Fournel M., « Genre et politique : les années 68 », *Vingtième siècle*, n° 75, 2002, p. 133-143.
66. « Comme disait l'une d'elles en quittant la Ligue communiste : "Votre révolution n'est pas la mienne. Le steak d'un militant est aussi long à cuire que le steak d'un bourgeois" » rapportent par exemple deux militantes (De Lesseps M. et Hennequin Cl., « 3 ans de MLF », *Actuel Nova-press*, n° 21, juin 1972, p. 6-7). Plus généralement, cinq militantes reviennent sur ces questions plus de 10 ans plus tard (Boons M.-Cl. *et alii*, *C'est terrible quand on y pense*, Paris, Éditions Galilée, 1983).
67. Picq F., *op. cit.*, 1993, p. 16-17.
68. « Libération des femmes. Année 0 », *Partisans*, n° 54-55, juillet-octobre 1970.
69. *Ibid.*, p. 4.
70. Delphy Ch., « Nos amis et nous. Fondements cachés de quelques discours pseudo-féministes », Delphy Ch., *L'ennemi principal, 1. Économie politique du patriarcat*, Paris, Syllepse, 1998, p. 167-215. Texte publié sous le titre « Nos amis et nous, des fondements réels de quelques discours pseudoféministes » dans le n° 1 de *Questions féministes*, 1977.
71. Rochefort Ch., « Définition de l'opprimé », présentation de Solanas V., *SCUM. Le premier manifeste de la libération des femmes*, Paris, La nouvelle société, 1971 [1967], p. 7-8, p. 8.
72. « Contre le terrorisme mâle », *op. cit.*

puis rapidement se structure autour de *tendances*[73]. Pour autant, le fonctionnement non mixte est partout la règle et permet de politiser les expériences des femmes, car « quand 25 millions de femmes ont le même problème, il cesse d'être individuel[74] ». Les groupes de conscience ou de parole constituent des lieux qui « développent les liens entre les femmes[75] » en même temps qu'ils représentent des espaces d'autonomie pour les femmes[76]. Dans le groupe Psychanalyse et politique[77], les femmes cherchent à revaloriser l'identité féminine et développent la sororité, équivalent féminin de la fraternité. L'entre-femmes agit alors pour beaucoup comme « une révélation[78] » et constitue une expérience qui permet de « briser le mur du silence[79] ». Mais la non-mixité est aussi un moyen de luttes pour éviter la reproduction des rapports de pouvoir hommes/femmes au sein du mouvement. Ainsi, le Cercle Élisabeth Dimitriev, qui représente le courant lutte des classes à partir de 1971[80], revendique l'autonomie du mouvement et refuse la participation des hommes, « ces ennemis de notre libération », y compris de leurs camarades d'extrême gauche : « non messieurs les sérieux, nous ne voulons pas de vous au MLF parce que malgré votre bonne volonté vous êtes nos oppresseurs et vous y créeriez un rapport de force qui nous serait encore défavorable[81] ». Même lorsque quelques militantes, dont Annie Sugier et Anne Zelensky, soutenues par Simone de Beauvoir, décident en 1974 de créer une association[82], la Ligue du droit des femmes (LDF), la non-mixité demeure la règle implicite. Posée comme nécessaire à la prise de conscience de l'oppression des femmes, la non-mixité est alors vécue comme une condition essentielle de l'existence même du MLF. En conséquence, l'engagement féministe apparaît comme intrinsèquement conditionné par l'appartenance à la catégorie femmes et le féminisme comme émanant unilatéralement de la parole des femmes.

73. Sur les tendances du MLF, et leurs évolutions, voir le schéma synthétique particulièrement éclairant proposé par Garcia Guardilla N., *op. cit.*, p. 35.
74. « Contre le terrorisme mâle », *op. cit.*
75. Picq F., *op. cit.*, 1993, p. 123.
76. Voir Achin C. et Naudier D., « Les féminismes en pratique », Damamme D., Gobille B., Matonti F. et Pudal B. (dir.), *Mai juin 1968*, Paris, Les éditions de l'atelier, 2008, p. 383-399.
77. Constitué autour d'Antoinette Fouque, ce groupe créera Les éditions des femmes en 1972. À ce sujet, voir Pavard B., *Les éditions des femmes, histoire des premières années, 1972-1979*, Paris, L'Harmattan, 2005. Plus précisément, on peut se reporter aux pages 44-54 qui présentent le groupe, jusque-là très peu étudié.
78. Robveille Y., « La non-mixité, une révélation », *Génération MLF*, Paris, Les éditions des femmes, 2008, p. 59-60.
79. Bernheim C., *Perturbation, ma soeur. Naissance d'un mouvement de femmes*, Paris, Le Seuil, 1983, p. 78. Plus généralement, on peut se reporter aux témoignages contenus par exemple dans *Génération MLF*, *op. cit.* et Flamant F., *À tire d'elles. Itinéraires de féministes radicales des années 1970*, Rennes, Presses universitaires de Rennes, 2007.
80. Né au sein du groupe trotskiste AMR (Alliance marxiste révolutionnaire), le cercle É. Dimitriev lie luttes contre le patriarcat et contre le capitalisme. Sur l'histoire du courant lutte des classes, voir Trat J., « L'histoire oubliée du courant "féministe lutte des classes" », Collectif (dir.), *Femmes, genre, féminisme*, Paris, Syllepse, 2007, p. 9-32.
81. « Sortir de l'ombre », Plateforme du Cercle É. Dimitriev, mai 1972. Reproduit dans *Brève histoire du MLF. Pour un féminisme autogestionnaire*, Rome, Savelli, 1976, p. 38-64.
82. En opposition avec les normes du MLF qui refuse toute hiérarchie et tout rapport officiel avec l'État, la création d'une association loi 1901 a été l'objet de vives polémiques parmi les militantes.

Des hommes à l'intérieur du MLF

Mais en prononçant l'exclusion des hommes du mouvement, les militantes ambitionnent davantage de s'assurer un total contrôle sur celui-ci que de se couper toujours et partout de la participation des hommes. Elles revendiquent la non-mixité pour les moments de partage des expériences et de libération de la parole au sein des groupes du MLF comme pour définir les orientations politiques et choisir les actions à l'occasion des assemblées générales (AG). Ces deux lieux, groupes et AG, constituent le cœur du mouvement et se doivent de demeurer non mixtes. De même, contrairement aux militantes de la IIIe République, les féministes des années 1970 réservent le terme féministe aux femmes puisqu'il désigne la prise de conscience de sa position de subordination en tant que femme. Pour autant, les hommes ont la possibilité de participer au MLF s'ils acceptent la double contrainte de ne pas pouvoir le faire partout et tout le temps et de se plier aux conditions imposées par les militantes. Si le premier point semble ne pas avoir soulevé de problèmes majeurs, parmi évidemment les quelques hommes prêts à s'engager avec les féministes, le second se révèle source de nombreuses tensions.

Les manifestations constituent ainsi un premier lieu d'engagement possible pour les hommes. Aucun document ne donne trace de débats à ce sujet aux débuts du mouvement. Peut-être ce choix des militantes obéit-il à une double contrainte : il semble matériellement difficile d'interdire à un nombre conséquent de personnes l'accès à une manifestation ; et, au moins dans un premier temps, la participation du plus grand nombre de personnes constitue un enjeu important. Pour autant, leur présence était conditionnée à leur relégation en fin du cortège, ce qui n'était pas toujours respecté : « il y avait des mecs disciplinés qui occupaient le dernier tiers du cortège. Quelques-uns cherchaient à être devant. Un souvenir de cette manif, c'est que j'ai passé mon temps à dire "les mecs, poussez-vous"[83] ! » évoque par exemple une militante qui participe à la manifestation organisée par le MLF pour l'avortement libre et gratuit le 20 novembre 1971. S'ils ne sont pas tous « disciplinés » donc, ils sont cependant nombreux : un tiers pour cette militante, 800 sur 4000 pour d'autres[84]. Cette participation significative s'explique en partie par la multi-appartenance des militantes féministes qui sont engagées au même moment au sein de groupes ou groupuscules d'extrême gauche et qui parviennent à mobiliser leurs camarades pour des actions ciblées telles que les manifestations. Pour autant, cette situation se révèle problématique. Pour une militante présente le 20 novembre 1971, « nous n'avons pas réussi à conserver la conduite de la manifestation bien qu'il ait

83. La Gaffiche, *Les femmes s'affichent : affiches du mouvement de libération des femmes en France depuis 1970*, Paris, Syros, 1984, p. 17. Pour Christine Delphy, « si un tiers des hommes étaient derrière, comme convenu, les deux autres tiers étaient devant, cachant les femmes, laissant croire qu'il s'agissait d'une manifestation usuelle, c'est-à-dire d'hommes » (Delphy Ch., *op. cit.*, 1998 [1977], p. 171).

84. *Le torchon brûle*, n° 3, non daté (début 1972). Ce journal est édité par des femmes du MLF à partir de mai 1971 et jusqu'en 1973, soit 6 numéros. Si chaque numéro n'est pas daté, les événements rapportés permettent cependant d'évaluer le moment de diffusion, qui figurera entre parenthèses par la suite.

été entendu que les hommes manifesteraient derrière nous afin que les femmes forment une masse, ce qui aurait d'autant plus d'impact sur les femmes. Les chaînes improvisées n'ont eu aucune efficacité. Cela pose deux problèmes : il était prévisible que les hommes ne resteraient pas derrière : ils n'ont pas l'habitude ! Mais certaines filles étaient opposées à toute forme d'organisation de la manif. On a vu les résultats de l'improvisation… Que penser d'"alliés" qui ne respectent pas les décisions des intéressées qu'ils prétendent soutenir ? (Méfions-nous des souteneurs !)[85] ». Lors d'une nouvelle manifestation du MLF le 25 novembre 1972, des hommes ont beau brandir une banderole sur laquelle est inscrit « Nous ne penserons plus pour elles[86] », certaines militantes remettent en cause la participation des hommes. Dans un texte intitulé « Ne soutenons plus les souteneurs mes sœurs ! », une d'elles exprime clairement son opposition : « plus de mecs dans nos manifs car ils n'y sont qu'en voyeurs, souteneurs, maquereaux politiques, récupérateurs. Et cela parce qu'ils s'obstinent dans le crétinisme qui consiste à militer sur les problèmes des autres au lieu des leurs : autogestion et se prendre en mains soi-même sont pour eux lettres mortes. Mais diront nos sœurs pro-mecs "Les mecs aussi sont concernés par l'avortement" ! J'en suis bien d'accord, mais alors qu'ils manifestent en tant qu'hommes dans leur rapport d'hommes à l'avortement et non plus en se contentant de nous voler nos slogans à nous les femmes dont le rapport à l'avortement est différent du leur, ô combien ! Assez du grotesque blessant d'hommes criant "Nous sommes toutes des avortées" ou comme à Bobigny, faisant une monumentale gaffe du genre "Elles ont avorté, jugez-les", en réponse "soutien" à notre "Nous avons avorté, jugez-nous"[87] ». Ces derniers exemples soulignent les limites posées à la participation des hommes dans un mouvement qui assoit son action sur l'expérience des femmes. Mais plus largement, l'argumentaire déployé démontre implicitement que la question des hommes agit comme un révélateur des tensions entre les tendances du mouvement. Ainsi, s'opposent sur ce thème les féministes révolutionnaires – l'auteure de l'article signe sous ce nom – qui font du patriarcat « l'ennemi principal[88] », revendiquant la non-mixité des manifestations, et les féministes dites lutte des classes qui lient inextricablement luttes anti-capitaliste et anti-patriarcale et sont donc favorables à la présence des militants d'extrême gauche[89].

Outre les manifestations, certaines actions du MLF étaient ouvertes aux hommes. Ce fut le cas notamment des « journées de dénonciation des crimes contre les femmes » à la Mutualité les 13 et 14 mai 1972. La présence des hommes fait l'objet de débats lors de la préparation des rencontres et « tacitement, c'est la mixité qui l'emporta[90] ». Mais là encore la participation était largement conditionnée. Alors que l'entrée est gratuite pour les femmes, elle aurait

85. *Le torchon brûle*, n° 3, non daté (début 1972).
86. *Le torchon brûle*, n° 5, non daté (début 1973). Voir illustration en couverture.
87. *Le torchon brûle*, n° 5, non daté (début 1973).
88. Delphy Ch., *op. cit.*, 1998 et Delphy Ch., *L'ennemi principal, 2. Penser le genre*, Paris, Syllepse, 2001.
89. Sur ce point, voir notamment Picq F., *op. cit.*, 1993, p. 224-233, « Lutte des femmes et lutte des classes ». Cette question de la mixité ne se pose en ces termes que pour les manifestations, la tendance lutte des classes militant par ailleurs pour un mouvement autonome de femmes.
90. Pisan A. de et Tristan A., *op. cit.*, p. 91.

été payante pour les hommes[91], qui de plus doivent accepter de ne pas prendre la parole pour laisser les femmes s'exprimer et sont invités à prendre en charge la crèche qui s'organise pour accueillir les enfants de certaines militantes[92]. En bref, « les femmes parlent, les hommes à la crèche[93] ». Les récits *a posteriori* de cet évènement soulignent que les hommes « étaient remarquablement discrets[94] » ou ne mentionnent rien à propos de la mixité. Pourtant, quelques documents laissent supposer que certains des participants n'aient pas si facilement accepté de telles conditions de participation. D'une part, un reportage télévisé consacré à l'évènement montre Anne Zelensky-Tristan à la tribune qui déclare : « ce qu'on aurait voulu, c'est que les mecs comprennent que leur place n'était pas là. [...][95] Dans ce premier temps de lutte pour la libération des femmes, la place des mecs est à la crèche ou en dehors[96] ! ». De plus, un témoignage publié par *Actuel nova-press* en juin 1972 rapporte que « les mecs, très nombreux également et pour la première fois admis à une manifestation du MLF, en ont pris pour leur grade. Leur seul droit ce jour-là : ouvrir très grands leurs yeux et leurs oreilles. Au bout de quelques heures, un type a créé la confusion en voulant prendre la parole. Salle divisée ; les non l'ont emporté. Les filles voulaient mener la discussion du début à la fin, sans être interrompues par des arguments masculins[97] ». La mixité telle que définie par le MLF reste donc toujours fragile et nécessite un rappel régulier de la *règle*. Lors de ces journées, les hommes s'y plient finalement et assument le rôle qui leur est attribué, à la crèche. Mais si les témoignages divergent sur leur nombre[98], le reportage télévisé laisse plutôt penser qu'une poignée d'hommes seulement participèrent à ces journées[99].

Enfin, un groupe du MLF a fait l'expérience de la mixité. À partir de septembre-octobre 1970 quelques femmes du mouvement se réunissent pour évoquer l'avortement. Initialement non mixte, il s'ouvre aux hommes et devient Mouvement pour la liberté de l'avortement (MLA) à partir de janvier 1971 ou d'avril 1971[100]. Le groupe est à l'origine du Manifeste des 343 femmes qui déclarent avoir avorté, publié le 5 avril 1971 dans *Le Nouvel observateur*, co-signé par le MLF et le MLA[101]. Le groupe avait initialement envisagé de faire signer simultanément un manifeste par des hommes déclarant « avoir été complice de

91. Picq F., *op. cit.*, 1993, p. 137.
92. Un tract atteste que la crèche prise en charge par les hommes avait été prévue à l'avance et non constituée à l'improviste le jour même (BDIC, Fonds Liliane Kandel, F Delta Res 704, Tract « des femmes », 1972).
93. *L'internationale*, n° 22, 26 mai 1972, p. 9.
94. Pisan A. de et Tristan A., *op. cit.*, p. 96.
95. Coupure au montage du reportage.
96. http://www.ina.fr/video/CAF95053716/assises-mlf.fr.html (consulté le 12 juin 2007), Journal télévisé de la nuit, ORTF, 15 mai 1972, « Assises du MLF ».
97. *Actuel Nova-press*, n° 21, juin 1972. L'événement est également relaté dans *Le Nouvel observateur* du 22 mai 1972.
98. « Peu nombreux » *a posteriori* pour Pisan A. de et Tristan A., *op. cit.*, p. 96. « Nombreux » pour deux témoignages parus les jours suivants : *Actuel Nova-press*, n° 21, juin 1972 et *Rouge*, n° 159, 27 mai 1972.
99. La presse note une vingtaine d'hommes à la crèche (*Le Nouvel observateur*, 22 mai 1972).
100. Si des témoignages évoquent janvier 1971 (Storti M., « Ces dix années qui ébranlèrent le patriarcat », *Le féminisme et ses enjeux. 27 femmes parlent*, Paris, Edilig, 1988, p. 183-214, p. 193 ; Bernheim C., *op. cit.*, p. 183), aucun document ne mentionne le MLA avant avril 1971.
101. *Le Nouvel observateur*, 5 avril 1971.

l'avortement de l'une d'elles [signataire du Manifeste], délibérément et volontairement. Solidaire des femmes, je réclame l'avortement libre ainsi que le libre accès, pour elles et pour nous, aux moyens anticonceptionnels[102] ». Comme la plupart des groupes du MLF, il est difficile de connaître le nombre de participant-e-s, la régularité des rencontres ou les actions du MLA. Cependant, le nom de MLA apparaît dans plusieurs documents entre 1971 et 1972[103] mais ne semble pas exister au-delà de l'année 1972[104]. En ce qui concerne la mixité, les informations sont encore plus restreintes. Françoise Picq, Anne Zelensky-Tristan et Annie De Pisan l'évoquent et seuls le texte du Manifeste et les actes d'un débat organisé par *Le Nouvel observateur*[105] y font référence. Un journaliste dit avoir participé à une réunion du MLA, apparemment vers la fin de l'année 1971, avec 20 femmes et 10 hommes[106] et note la « bonne volonté » des hommes[107]. Mais les témoignages des militantes comme celui d'un militant rencontré laissent penser que la participation des hommes au MLA soit demeurée marginale[108].

Des alliés objectifs?

Parmi les hommes qui participent aux premières actions du MLF figurent notamment des militants du Front homosexuel d'action révolutionnaire (FHAR)[109]. Créé par des homosexuelles qui participent au MLF à partir de septembre 1970, le groupe est rejoint, dès février 1971, par des homosexuels qui participent à des actions communes avec le MLF : perturbation d'un meeting de l'association anti-avortement Laissez-les vivre (5 mars 1971), sabotage de l'émission radio de libre antenne de Ménie Grégoire sur « l'homosexualité, ce douloureux problème » (10 mars 1971), manifestation du 1er mai 1971 ou rassemblement contre la fête des mères (5 juin 1971)[110]. Lors de la manifestation du 20 novembre 1971, des militants du FHAR défilent en brandissant des pancartes sur lesquelles on peut lire « À bas la virilité fasciste[111] ». Ainsi, militant-e-s homosexuel-le-s et féministes s'engagent dans une démarche commune contre

102. *Politique hebdo*, n° 26, 1er avril 1971. Il s'agit de la seule trace de cette initiative avant la publication du Manifeste des 343. Le 12 avril, *Rouge* (n° 109) publie lui aussi la pétition de soutien à signer par les hommes. De même, un tract du MLA affirme que 1 000 hommes ont déjà signé cette pétition (BNF, Recueil Mouvement pour la libéralisation de l'interruption volontaire de grossesse et la contraception, 4-WZ-13300, Tract sans titre, signé « Mouvement pour la liberté de l'avortement », non daté). Pour autant, cette liste ne sera jamais publiée.

103. BDIC, Fonds Liliane Kandel, F Delta Res 704.

104. Pour un militant rencontré, « le MLA s'est auto-dissout » en juin 1972 (Entretien avec Gilles, militant à FMA).

105. Club de l'Obs, *Le livre blanc de l'avortement*, Paris, Le Nouvel observateur, 1971.

106. Darolle R., *L'avortement, oui mais...*, Paris, Presses de la cité, 1972, p. 214.

107. *Ibid.*, p. 215.

108. Pisan A. de et Tristan A., *op. cit.*, p. 79 et p. 149 ; Entretien avec Gilles, militant à FMA.

109. Sur le FHAR, voir Girard J., *Le mouvement homosexuel en France 1945-1980*, Paris, Syros, 1981 ; Martel F., *Le rose et le noir. Les homosexuels en France depuis 1968*, Paris, Le Seuil, 1996, p. 19-39.

110. Ces événements sont notamment rapportés dans FHAR, *Rapport contre la normalité*, Paris, Éditions champ libre, 1971, p. 16-18.

111. *Le torchon brûle*, n° 3, non daté (début 1972).

un « ennemi » commun, la phallocratie[112]. Le FHAR lie d'ailleurs oppression des femmes et des homosexuel-le-s comme appartenant à un même ordre social qu'il faut renverser en affirmant « nous sommes avec les femmes le tapis moral sur lequel vous essuyez votre conscience[113] ».

Pour autant, « la revendication homosexuelle mâle n'est spontanément ni féministe ni même solidaire de la cause des lesbiennes[114] » et des conflits apparaissent rapidement. Les nouveaux arrivants en effet sont très majoritairement des hommes et le mouvement se masculinise très rapidement. Les femmes, pourtant largement majoritaires au début, deviennent une minorité de plus en plus invisibilisée : « le FHAR, qui veut unir lesbiennes et pédés, reflète cependant dans sa composition l'oppression des femmes contre laquelle il entend aussi lutter. Mais il est de fait que les hommes y sont actuellement en majorité » constatent rapidement les militants[115]. En outre, des oppositions idéologiques se manifestent également entre les hommes du FHAR et les militantes tant du FHAR que du MLF. Pour Guy Hocquenghem, un des co-fondateurs du mouvement, la rupture est venue du fait que « les femmes se battaient au nom de l'amour, les pédés au nom du sexe[116] ». Si des divergences existent en effet sur les pratiques de subversion de l'ordre patriarcal, les femmes reprochent également, et plus prosaïquement, la misogynie des militants : « entre nous, nous sommes plus "Mecs" que jamais" [117] » souligne un militant ; « Est-il indispensable, parce qu'on est un homme, de ne s'adresser implicitement qu'aux hommes ? » demandent les militantes en 1971 en réponse à l'« adresse à ceux qui se croient "normaux"[118] » ; deux ans plus tard, une militante résume lapidairement : « aux AG du FHAR, l'homosexualité masculine est ressentie comme une norme[119] ». Entre temps, les militantes ont quitté le FHAR pour constituer au sein du MLF des groupes tels que les Gouines rouges[120].

Ces difficultés viennent en partie du fait que le FHAR a toujours hésité à situer les hommes homosexuels du côté des hommes dans le rapport de domination entre hommes et femmes : « nous ne faisons pas de distinction entre nous. Nous savons que femmes et hommes vivent une oppression diffé-

112. Phallocratie est un terme militant qui émerge dans les années 1970 pour désigner le système social de domination des hommes sur les femmes.
113. FHAR, *op. cit.*, p. 8.
114. Girard J., *op. cit.*, p. 33. Plus généralement, sur la question de la solidarité des luttes féministes et homosexuelles, voir également Chauvin S., « Les aventures d'une "alliance objective" », *L'Homme et la société*, n° 158, 2005, p. 111-130.
115. FHAR, *op. cit.*, p. 7. Voir également Hocquenghem G., « Aux pédérastes incompréhensibles », *Partisans*, n° 66-67, juillet-octobre 1972 et Eaubonne F. (d'), « Le FHAR, origines et illustrations », *La revue h*, n° 2, automne 1996, p. 18-30 ; puis n° 3, hiver 1996-1997, p. 25-26.
116. *Actuel Nova-press*, n° 25, novembre 1972, p. 8-9.
117. *L'antinorm*, n° 1, décembre 1972 – janvier 1973.
118. « Réponse des lesbiennes à leurs frères homosexuels », FHAR, *op. cit.*, p. 80-82 et « Adresse à ceux qui se croient "normaux" », FHAR, *op. cit.*, p. 8-9.
119. *L'antinorm*, n° 3, avril-mai 1973, p. 4.
120. La constitution de groupes spécifiquement lesbiens dans le mouvement des femmes témoigne des difficultés à prendre en compte l'homosexualité féminine dans la lutte contre le patriarcat. Voir par exemple Lesselier C., « Les regroupements de lesbiennes dans le mouvement féministe parisien : position et problèmes, 1970-1982 », Groupe d'études féministes, *Crises de la société. Féminisme et changement*, Paris, Éditions Tierce, 1991, p. 87-103.

rente. Les hommes trahissent la société mâle, les femmes homosexuelles sont aussi opprimées comme femmes. Les hommes homosexuels bénéficient comme hommes d'avantages que les femmes n'ont pas. Mais l'homosexualité féminine est peut-être moins scandaleuse que pour les hommes, qui l'ont utilisée comme un spectacle. Les contradictions qui existent entre nous, nous devons les poser. Nous voulons savoir comment notre alliance avec le mouvement de libération des femmes peut se faire sans soumission à l'idéologie hétérosexuelle[121] ». Si les militants affirment donc que les hommes homosexuels appartiennent au pôle dominant du patriarcat, ils s'empressent de souligner que le plus fort « scandale » que constitue l'homosexualité masculine les renvoie dans le pôle dominé. Dans ce sens, l'identité militante se construit à partir de la catégorie de « pédé », renversant ainsi le stigmate, mais également permettant d'inscrire les militants en dehors du rapport de pouvoir entre hommes et femmes. Mais si les « pédés » se pensent et se vivent en dehors de ce rapport de pouvoir, les militantes au contraire perçoivent clairement que l'homosexualité ne permet pas aux hommes d'échapper aux rapports de pouvoir patriarcaux. La dernière collaboration attestée entre MLF et FHAR, lors des journées de la Mutualité en mai 1972, met en évidence ce désaccord politique et entérine la disjonction entre mouvement féministe et mouvement homosexuel masculin. Un militant tourne ainsi en dérision « l'étonnement de certains, d'avoir été pris pour des mecs, pendant les journées des "crimes contre les femmes", organisées par le MLF. Petits êtres éthérés, nous sommes tombés de haut, et nos protestations : "on est pas des mecs, on est pédés", n'ont pas suffit à nier le fait suivant, que nous oublions si facilement, parce que nous n'avons jamais voulu en voir toutes les conséquences, à savoir que toutes les femmes sont opprimées en tant que femmes, parmi elles les lesbiennes le sont en tant que femmes et lesbiennes ; les pédés sont oppressés en tant que pédés et oppresseurs en tant qu'hommes ; nous ne retenons bien sûr que l'aspect opprimé, ce qui est tellement plus commode[122]... ». Quelques mois plus tard, la rupture semble en effet consommée et un militant explique que les femmes « prétendent avoir des problèmes différents et personnels ! Chez beaucoup la haine du mâle persiste, et le débat n'en est pas facilité. Nous aimerions bien, au groupe 5[123], qu'il y ait autant de filles que de mecs mais elles vont plutôt chez les gouines rouges[124]... ».

Par la suite, le FHAR rencontre d'autres difficultés internes et disparaît en 1974. Mais la question de l'alliance des mouvements homosexuels avec les mouvements féministes se pose dans les mêmes termes à la suite du FHAR. Le Groupe de libération homosexuelle (GLH) fondé en 1974 et les différents groupes qui en découlent « se sont tous réclamés du féminisme » sans pour autant réellement prendre en compte les revendications des femmes[125].

121. FHAR, *op. cit.*, p. 9.
122. *L'antinorm*, n° 1, décembre 1972 – janvier 1973.
123. Le groupe 5 est un groupe du FHAR, basé dans le 5e arrondissement de Paris. Il publiera 5 numéros de *Le fléau social* entre juin 1972 et 1974.
124. *Actuel Nova-press*, n °25, novembre 1972.
125. Girard J., *op. cit.*, p. 139-140.

Créer un Mouvement de libération des hommes ?

Les hommes qui désirent participer à la lutte des femmes peuvent donc le faire de manière épisodique, par l'intermédiaire des groupes gauchistes[126] ou du FHAR. En revanche, il leur est difficile de le faire régulièrement, contrairement aux militantes qui se retrouvent aux AG ou dans les groupes. Certains hommes proposent alors de participer à la critique féministe du patriarcat et décident de constituer un groupe exclusivement composé d'hommes. Si plusieurs documents confirment l'existence du groupe, nous disposons cependant de peu d'informations. La date de constitution d'abord demeure inconnue : des militants évoquent 1970[127], le premier document attestant l'existence du groupe date du début de l'année 1972[128] tandis que le meeting de la Mutualité en 1972 est présenté comme le moment fondateur[129]. De même, le nom varie : Mouvement de libération des hommes (MLH)[130], au contraire groupe informel qui rejette cette appellation[131] ou Groupe de libération des mecs[132]. Il est donc impossible de cartographier clairement les frontières de ce groupe militant, peut-être ont-ils été plusieurs. On sait en revanche qu'il a émergé dans le sillon du MLF et qu'il n'a réuni que très peu d'hommes, probablement uniquement à Paris. Enfin, des incertitudes apparaissent également quant à la fin du groupe : un militant souligne dès 1973 que le « MLH est en crise grave[133] », le terme MLH n'apparaît alors plus sur aucun document et le nom de Groupe de libération des mecs apparaît une seule fois en novembre 1974[134]. Suite à ce tract, une vingtaine d'hommes se sont retrouvés, mais rapidement le groupe s'est résumé à trois participants[135]. Au-delà de cette date, les documents ne révèlent l'activité de groupes d'hommes qu'à partir de la fin des années 1970.

Quelques documents permettent néanmoins de rendre compte de la démarche du groupe. Au début de l'année 1972, *Le torchon brûle* ouvre ses colonnes à un « groupe d'hommes » qui explique ses intentions : « des hommes qui n'en peuvent plus de jouer leurs rôles de mecs, ça existe. Ils sont paumés,

126. Précisons que le terme « gauchiste » ou « gauchisme » n'est pas utilisé dans une visée dépréciative mais de manière neutre pour désigner les groupes et/ou personnes qui proposent « une alternative au communisme orthodoxe » (Sommier I., « Les gauchismes », Damamme D., Gobille B., Matonti F. et Pudal B. (dir.), *op. cit.*, p. 295-305, p. 296).
127. Début 1973, un militant évoque un mouvement qui a « bientôt trois ans » (*L'antinorm*, n° 2, février-mars 1973), tout comme en 1985 plusieurs d'entre eux mentionnent des groupes créés « voilà 15 ans » (« Les hommes contre le sexisme », *Les Temps modernes*, n° 462, janvier 1985, p. 1303-1304).
128. *Le torchon brûle*, n° 3, non daté (début 1972).
129. Ceci est évoqué par une militante du MLF (*Espace-Temps*, n° 16, février 1982) mais aussi par Guido De Ridder (De Ridder G., *Du côté des hommes*, Paris, L'Harmattan, 1982, p. 62).
130. *L'antinorm*, n° 2, février-mars 1973.
131. « Y a pas de MLH, avec ou sans guillemets » déclarent plusieurs militants (*Le torchon brûle*, n° 4, non daté (juin 1972)).
132. http://mapage.noos.fr/anne.zelensky/mecs.htm#4 (consulté le 16 novembre 2008), Site personnel d'Anne Zelensky-Tristan, Tract, sans titre, non daté (autour de novembre 1974).
133. *L'antinorm*, n° 2, février-mars 1973.
134. http://mapage.noos.fr/anne.zelensky/mecs.htm#4 (consulté le 16 novembre 2008), Site personnel d'Anne Zelensky-Tristan, Tract, sans titre, non daté (autour de novembre 1974).
135. *Pas rôle d'hommes*, n° 4, sans date (1979), p. 7-8.

tout seuls, ils étouffent. Il y en a aussi qui cherchent ensemble comment extirper le Mâle chauvinisme de leur vie, de leur tête, de leur sexe et de leur cœur. Parce qu'ils ne veulent plus être des Mecs et qu'ils ne sont pas des femmes, ils se décrassent ensemble pour se préparer à de vrais rapports d'être humain à être humain, entre les hommes et les femmes, entre eux. C'est peut-être la seule façon pour des mecs de lutter aux côtés des femmes[136] ». Ayant intégré la critique féministe et reprenant son langage[137], ces hommes entreprennent de se réunir pour tenter de l'appliquer à leur vie quotidienne. Quelques mois après ce court texte, ils publient à nouveau dans *Le torchon brûle* et expriment encore plus clairement leur refus du rôle social dévolu aux hommes : « plein le cul, on en a, de se croire obligés de bander tout le temps, comme on en a plein le cul de DEVOIR toujours "prendre" l'initiative dans le rapport sexuel ». En résumé, « notre problème c'est qu'on est des mecs. On est superbes, on est fantastiques, puissants et tout... On domine quoi[138] ! » expliquent-ils. Un texte de 1973 puis un tract de 1974 reprennent la même rhétorique et dénoncent la « virilité-carcan[139] » ou la « virilité obligatoire[140] ».

Si ces hommes se réunissent entre eux, en quoi participent-ils au MLF ? En réalité, les relations entre ce ou ces groupes et les féministes sont multiples. D'abord, il est fort probable que les participants à ce groupe fassent partie des hommes présents lors des manifestations du MLF ou au meeting de la Mutualité. De plus, il existe une grande proximité organisationnelle : les deux premiers articles du groupe paraissent dans un journal directement issu du MLF et l'un d'eux renvoie au MLF/FMA pour prendre contact avec le groupe[141]. Si cela ne permet pas d'intégrer le MLH au MLF, ce dernier élément indique cependant que les militants étaient probablement proches des femmes du mouvement. Ainsi, Anne Zelensky-Tristan fait de Roger Ribes, ancien membre de FMA, « le fondateur du MLH[142] ». En outre, la filiation théorique et politique semble évidente : depuis FMA, les féministes ont mis en avant le poids des rôles sociaux pour les hommes, sans pour autant établir un parallèle avec la domination subie par les femmes, comme FMA pouvait le faire à ses débuts. Ces hommes reprennent ainsi à leur compte les critiques développées par les féministes et on peut imaginer une filiation idéologique entre le refus de « la maternité obligatoire » du MLA et la dénonciation de la « virilité obligatoire » du MLH. Enfin, il semble que la constitution du MLH découle directement d'injonctions des féministes en réaction à la volonté de certains hommes de participer à des

136. *Le torchon brûle*, n° 3, non daté (début 1972). Intégralité du texte.
137. On note notamment l'usage du terme de « mâle chauvinisme », ou « chauvinisme mâle », traduction de l'anglais « male chauvinism », qui se répand à partir de la parution du numéro de *L'idiot international* (n° 6, mai 1970). Il sera ensuite progressivement remplacé par « phallocratie ».
138. *Le torchon brûle*, n° 4, non daté (juin 1972).
139. *L'antinorm*, n° 2, février-mars 1973.
140. http://mapage.noos.fr/anne.zelensky/mecs.htm#4 (consulté le 16 novembre 2008), Site personnel d'Anne Zelensky-Tristan, Tract, sans titre, non daté (autour de novembre 1974).
141. *Le torchon brûle*, n° 4, non daté (juin 1972). FMA demeure plus généralement la structure légale qui permet au MLF, ou au moins à une partie, d'avoir notamment une boîte postale et un compte bancaire.
142. Zelensky-Tristan A., *op. cit.*, p. 41.

groupes du MLF. Ainsi, lors de la manifestation de novembre 1971, les féministes contestent la place à laquelle aspirent les hommes, signifient à nouveau leur volonté de non-mixité et encouragent les hommes « à faire des actions de soutien de leur côté[143] ». De même, suite à la rencontre à la Mutualité en mai 1972, une militante souligne : « si les mecs veulent envisager une seule seconde de pouvoir travailler un jour avec les filles, ils ne doivent pas s'imaginer qu'elles les accepteront comme ils sont à présent. Le travail, ils doivent le commencer tout de suite sur eux-mêmes, car ce sont eux qui profitent de l'idéologie phallocrate qui domine notre société, ils la représentent, ils sont la courroie de transmission entre le pouvoir et la femme[144] ». C'est donc en déconstruisant de leur côté leur position de dominants que les hommes participent au MLF, en même temps qu'ils accompagnent les militantes dans diverses actions. Si la filiation apparaît donc évidente, nous n'avons en revanche pas d'informations sur la manière dont les féministes ont jugé ces initiatives qui sont restées très marginales. On peut cependant émettre l'hypothèse que la plupart des militantes ont accueilli avec circonspection, tout au moins, cette tentative d'organisation de la part des hommes. Dans *Le torchon brûle* n° 4, sur la même page que l'article rédigé par quelques « mecs du "MLH" », les militantes insèrent un texte intitulé « Pour vous messieurs » où elles écrivent, non sans ironie : « bonjour mes mignons ! Mais c'est juin, tiens au fait, vous existez et il est temps de s'adresser à vous en tant qu'individus modernes, libres et responsables », avant de leur proposer tous les *trucs et astuces* pour « être l'homme de l'été 72[145] ».

La lutte pour la libéralisation de l'avortement, laboratoire de la mixité (1973-1979)

Une mixité stratégique

Dès ses débuts, la revendication de l'avortement libre et gratuit pour toutes les femmes constitue un combat mixte. Le MLA, qui prend en charge la question de l'avortement dans le MLF en construction, est le seul groupe du MLF dans lequel collaborent hommes et femmes. Un tract du MLF en mars 1971 appelle d'ailleurs à la constitution d'un large front, implicitement mixte : « Femmes, médecins, étudiants... prêts à lutter contre cette situation, formons un front pour la liberté totale de l'avortement[146] ». L'association Choisir, fondée par Gisèle Halimi en juillet 1971, pour défendre les femmes éventuellement accusées suite à la parution du Manifeste des 343, s'organise à son tour avec des femmes et des hommes[147]. Lors des procès de Bobigny fin 1972, où la jeune Marie-

143. *Le torchon brûle*, n° 3, non daté (début 1972).
144. *Actuel Nova-press*, n° 21, juin 1972.
145. *Le torchon brûle*, n° 4, non daté (juin 1972).
146. BDIC, Dossier France, MLF et MLAC, 1971-1975, F Delta 170 1, Tract sans titre, signé « Mouvement de libération des femmes », mars 1971.
147. Les statuts ne font jamais mention du sexe des adhérent-e-s (article 5) et utilisent le masculin « neutre » pour désigner les fonctions du conseil d'administration (article 9) (Louvet-Rueff C.,

Claire Chevalier, 16 ans, est d'abord poursuivie pour avoir avorté, tandis que sa mère et trois autres femmes font l'objet d'un second procès pour avoir pratiqué l'avortement[148], Gisèle Halimi, qui en fait le procès de la loi de 1920 interdisant l'avortement, fait témoigner de nombreux hommes[149]. Pour autant, ces deux initiatives ne parviennent pas à réellement mobiliser les hommes. Le MLA, qui disparaît en 1972, demeure essentiellement féminin, tout comme Choisir, malgré quelques soutiens d'hommes prestigieux, tels Jean Rostand, membre de l'Académie française, co-fondateur de l'association, ou le Professeur Jacques Monod, Prix Nobel de médecine, co-président de Choisir en 1973.

En revanche, la création du Mouvement pour la liberté de l'avortement et de la contraception (MLAC)[150] en avril 1973 marque la naissance d'un large mouvement, réellement mixte, en faveur de l'avortement libre et gratuit[151]. Cette mixité s'explique par la multiplicité des acteurs en jeu à l'origine du MLAC. Outre les militantes féministes du MLF, des membres du MFPF, des organisations de gauche et d'extrême gauche et des syndicats se préoccupent de plus en plus de la question de l'avortement depuis la publication du Manifeste. La liste des membres fondateurs fait ainsi apparaître des militantes et militants du MLF, du MFPF, du PSU (Parti socialiste unifié), de la Ligue communiste, de la CFDT et surtout du GIS, Groupe information santé[152]. Ce dernier[153], fondé en 1972 par des étudiant-e-s en médecine politisé-e-s et ancré-e-s à l'extrême gauche[154], combat pour la démédicalisation de la médecine en formulant une vive critique du pouvoir des médecins, du fait de leur savoir, sur les patients,

Le mouvement Choisir (1971-1983). L'impossible compromis entre la culture de la contestation et la participation au pouvoir, Mémoire de DEA en science politique, Institut d'études politiques de Grenoble, 2002, Annexe 3, p. 8-13). Sur la naissance de l'association, voir également le témoignage de Halimi G., *La cause des femmes*, Paris, Éditions Grasset et Fasquelle, 1973.

148. Marie-Claire Chevalier sera finalement acquittée et les 4 femmes qui ont pratiqué l'avortement auront des peines de prison avec sursis.

149. Lors du second procès, 9 femmes et 8 hommes viennent témoigner (Association Choisir, *Avortement: une loi en procès. L'affaire de Bobigny*, Paris, Gallimard, 1973).

150. Il s'agit du nom utilisé dans la pratique. Le nom officiellement déposé à la Préfecture est « Mouvement pour l'abrogation des restrictions à la liberté de l'avortement et de la contraception » (Archives CFDT, Secteur Action revendicative, Dossier MLAC (origine, statut et charte, 1971-1973), 8 H 625, Statuts du MLAC).

151. Sur le MLAC, voir Zancarini-Fournel M., « Histoire(s) du MLAC », *Clio: Histoire, femmes et sociétés*, n° 18, 2003, p. 241-252, Garcia S., *op. cit.*, 2005, p. 109-114 et Pavard B., « Genre et militantisme dans la Mouvement pour la liberté de l'avortement et de la contraception. Pratique des avortements (1973-1979) », *Clio: Histoire, femmes et sociétés*, n° 29, 2009, p. 79-96. Pour des monographies localisées, voir également Marrel É.-C., *Mémoires et histoire des féminismes (Angers, 1965-1985)*, Paris, Les cahiers du centre fédéral, 1999 et Rameau P., *op. cit.*

152. Archives CFDT, Secteur Action revendicative, Dossier MLAC (origine, statut et charte, 1971-1973), 8 H 625, Liste des membres du MLAC donnée à la presse, avril 1973.

153. Sur le GIS, voir Reynaud E., *D'autres problèmes sociaux, d'autres formes d'organisation politique, le cas de la santé*, Rapport pour le CNRS, Centre de sociologie des organisations, février 1978, p. 104-213.

154. Les fondateurs-trices étaient notamment militant-e-s au Secours rouge (Reynaud E., *op. cit.*, 1978, p. 105). Le Secours rouge est une organisation créée en 1970 par des maoïstes, mais qui réunira divers militant-e-s de toute l'extrême gauche, pour soutenir les militant-e-s qui subissent la répression (Bourseiller Ch., *Les maoïstes. La folle histoire des gardes rouges français*, Paris, Plon, 1996, p. 193). La création du GIS s'inscrit en outre dans la continuité du Groupe d'information sur les prisons (GIP) fondé en 1971 notamment par Michel Foucault, qui soutiendra également le GIS. Pour le GIP, voir Salle G., « Mai 68 a-t-il changé la prison française? », *Critique internationale*, n° 16, 2002, p. 183-195, p. 184-190.

et entend restituer la médecine aux usagers et usagères. Dans ce sens, la découverte de la méthode Karman, par aspiration[155], transformant l'avortement en un acte peu médicalisé et permettant de faire participer les femmes à l'intervention, constitue pour ces médecins une opportunité politique de faire valoir leurs revendications d'une autre pratique de la médecine, autrement dit, de « récuser la *coupure entre savoir scientifique* et *pratique quotidienne*[156] ».

La parution, à l'initiative de médecins du GIS, le 5 février 1973, du Manifeste des 331 médecins[157] qui déclarent avoir pratiqué des avortements constitue une occasion de réunir tous ces engagements dispersés. Monique Antoine, avocate[158] et militante féministe, propose ainsi de mettre en place une structure qui organise la défense des médecins signataires en cas de poursuites, et qui plus largement milite pour la suppression de la loi de 1920 et une liberté totale en matière d'avortement[159]. Les féministes du MLF sont donc minoritaires au sein du MLAC et la question de la mixité ne semble pas avoir été débattue. De fait, l'influence du GIS, très largement masculin, dans la naissance du mouvement empêche toute possibilité de non-mixité. Ainsi, le 4 avril 1973, le MLAC annonce sa création en organisant une conférence de presse et présente un bureau composé de quatre femmes (Monique Antoine, avocate ; Jeannette Laot, du bureau national de la CFDT ; Simone Iff, du bureau national du MFPF[160] ; Claudine Baschet, médecin signataire du manifeste) et un homme (Robert Szpirglas, dentiste militant au GIS), ainsi qu'une liste de militant-e-s comportant 16 femmes et 10 hommes[161]. De même, les statuts de l'association ne font aucune mention quant au sexe des adhérent-e-s ou des membres du bureau, le singulier masculin étant partout la règle. Cette mixité annoncée semble en outre effective, dans un premier temps du moins, puisque les comptes rendus ou listes d'émargement de cinq réunions entre le 8 mai et le 12 juin 1973 font apparaître que les hommes représentent environ un tiers des participant-e-s[162]. De plus, la mise en place de la structure nationale du MLAC est suivie par la création de structures locales, largement autonomisées, à Paris et dans de nombreuses villes, dans le but de pratiquer des avortements. Des groupes MLAC se créent alors dans les quartiers, mais

155. Psychologue américain qui milite pour la liberté de l'avortement depuis les années 1950, Harvey Karman est à l'origine d'une technique d'avortement « relativement simple », sans anesthésie et surtout sans curetage, par l'aspiration du contenu de l'utérus (voir Pavard B., *op. cit.*, 2012 (a), p. 164).

156. Foucault M. et les membres du GIS, « Médecine et lutte des classes », *La Nef*, n° 49, octobre-décembre 1972, p. 67-73, p. 68. Sur la prise en charge de la question de l'avortement par les médecins du GIS, voir Pavard B., *op. cit.*, 2012 (a), p. 165-170.

157. *Le Nouvel observateur*, 5 février 1973.

158. Elle était l'une des avocates du procès de Bobigny.

159. Sur ce point, les militant-e-s en faveur de l'avortement se divisent. Choisir entend proposer une nouvelle loi qui légalise l'avortement, tandis qu'une partie des militantes du MLAC et du MLF milite pour une absence de loi sur l'avortement (Pavard B., *op. cit.*, 2012 (a), p. 193).

160. Simone Iff et Jeannette Laot ne sont cependant présentes qu'à titre personnel, et non comme représentantes de leurs organisations. Leur présence permet toutefois au MLAC de bénéficier des savoir-faire militants et des réseaux du syndicat et de l'association.

161. Archives CFDT, Secteur Action revendicative, Dossier MLAC (origine, statut et charte, 1971-1973), 8 H 625, Liste des membres du MLAC donnée à la presse, avril 1974.

162. Archives CFDT, Secteur Action revendicative, Dossier Activité MLAC 1973, 8 H 625, Listes d'émargement à cinq réunions du MLAC du 8 mai au 12 juin 1973.

aussi dans des hôpitaux ou des entreprises[163]. Là encore, les données sont peu nombreuses, mais plusieurs témoignages de ces groupes laissent entrevoir une importante présence d'hommes, très majoritairement médecins.

Parallèlement au MLAC, le Planning familial s'engage pleinement dans la lutte pour l'avortement à partir du changement de direction qui intervient en juin 1973. Jusque-là, des personnalités du Planning participaient certes aux actions pour l'avortement libre et gratuit, mais seulement à titre personnel, la direction du MFPF étant largement divisée sur les modalités de la lutte et demeurant donc en retrait. À partir de 1973 les conflits s'intensifient et le congrès des 2 et 3 juin 1973 voit des militantes de base, radicalisées notamment par leur participation au MLF, prendre la tête du MFPF grâce à l'appui de militantes du MLF et du MLAC qui participaient à l'assemblée pour renverser le bureau national sortant. Mais la radicalisation et le renouvellement des instances dirigeantes ne s'accompagnent pas d'une féminisation puisque les hommes restent majoritaires au bureau national et sont proportionnellement plus nombreux au conseil d'administration[164]. Le MFPF d'après juin 1973 offre ainsi aux hommes un nouveau lieu d'engagement pour l'avortement libre et gratuit, à l'image de Pierre Jouannet, médecin qui milite déjà au GIS et au MLAC et qui devient l'un des vice-présidents du Planning.

Le MLAC puis le MFPF incarnent donc un large front mixte pour l'avortement libre et gratuit. Mais pour quelles raisons les féministes acceptent les hommes dans cette lutte et pourquoi les hommes s'y engagent-ils? Pour les militantes, la participation des hommes relève sans doute d'une logique stratégique pour répondre à un besoin urgent: faire en sorte que des femmes ne meurent plus à la suite d'un avortement clandestin. Il faut donc pour cela mobiliser le plus possible. Dans ce sens, les hommes apportent souvent des capitaux et des compétences que les femmes ont peu ou pas: les militants politiques et syndicaux mettent à leur disposition leurs structures et leurs réseaux[165] tandis que les médecins assurent une légitimité scientifique à la revendication en même temps qu'ils-elles sont les seul-e-s à posséder la technique de l'avortement par aspiration. Pour les hommes, au-delà de la convergence idéologique sur des thèmes tels que le rejet de la famille bourgeoise ou la critique du pouvoir médical, les raisons varient selon leurs positions: les médecins s'inscrivent davantage dans une logique de mobilisation professionnelle[166] tandis que les militants d'extrême

163. Sur la multiplication des groupes locaux, voir Pavard B., *op. cit.*, 2012 (a), p. 175-179.

164. Il y a 5 femmes et 7 hommes en juin 1972 comme en juin 1973 au bureau national (Archives du MFPF, Bureau confédéral et conseil d'administration, D 04 03). Pour le conseil d'administration, on passe de 42 % d'hommes en 1972 à 48,5 % en 1973 (Archives du MFPF, Congrès, B 01 09, Résultats des votes pour l'élection du conseil d'administration lors du 9e congrès, 3 et 4 juin 1972 et Archives du MFPF, Congrès, Bureau confédéral et conseil d'administration, D 04 03, Élection du conseil d'administration devant le congrès).

165. De nombreux groupes MLAC naissent de militants syndicaux ou politiques et utilisent les structures du syndicat ou du parti pour s'organiser.

166. Qui vise tant la reconnaissance d'une technique médicale qu'ils maîtrisent (l'avortement par aspiration) que la transformation d'une morale professionnelle. Sandrine Garcia montre d'ailleurs bien que malgré leurs discours sur la démédicalisation, les médecins du GIS demeurent « déterminés par leur appartenance au champ de la médecine » et font de l'avortement un acte obligatoirement médical, au contraire des militantes du MLF (Garcia S., *op. cit.*, 2005, p. 114).

gauche, qui peuvent également être médecins, perçoivent dans le mouvement pour l'avortement une opportunité de captation d'un mouvement social qui a émergé en dehors des organisations politiques et syndicales. D'autre part, l'avortement « permet d'analyser la lutte féministe en termes de rapports de classe plutôt qu'en termes de rapports de sexe[167] » et offre ainsi l'opportunité d'engagements dans le champ féministe aux militants d'extrême gauche. Enfin, le combat pour l'avortement s'attaque directement à l'État, constituant ainsi une des rares revendications des féministes des années 1970 qui ne prend pas pour « ennemi principal » le patriarcat. Ce ne sont donc pas tous les hommes qui sont coupables, mais seulement quelques-uns, les dirigeants politiques. Cet élément est capital puisqu'il permet aux hommes de s'engager sans interroger leur position de dominant dans le rapport de pouvoir entre hommes et femmes et en faisant l'économie d'un questionnement de leurs pratiques militantes. En effet, le MLAC réunit des individus et des groupes à partir d'une seule question, leur position sur l'avortement, posée certes en des termes féministes, mais il ne définit pas, ou peu, la répartition sexuée des rôles au sein du mouvement et ne fait pas de l'adhésion au féminisme un préalable à la participation au MLAC. La question apparaîtra pourtant très rapidement dans le cadre de la pratique des avortements.

Une mixité conflictuelle

Les mouvements mixtes qui militent en faveur de l'avortement sont diversement traversés par des tensions entre hommes et femmes. Choisir et le MFPF semblent connaître peu de conflits, au contraire des différents groupes MLAC. À Choisir, la faible participation des hommes et le fort centralisme de l'organisation qui repose sur sa leader Gisèle Halimi permettent d'écarter ce type de conflit. Lors de l'assemblée générale du 5 octobre 1974, l'association rappelle en outre que « les femmes doivent conserver les rênes de l'organisation[168] », conditionnant clairement la participation des hommes. Au MFPF, les femmes ont pris conscience à partir de 1970 des rapports de pouvoir qui se jouaient au sein de l'association entre les hommes et les femmes. Lors de l'assemblée générale de 1972, les Assistant-e-s conseiller-ère-s animateurs-trices (ACA)[169], très majoritairement des femmes, réuni-e-s en collège depuis 1971, font un rapport, accueilli par des applaudissements, notant que « les hommes occupent les postes de responsabilité, CA, bureau, les femmes sont les exécutantes : assistantes conseillères » et soulignant qu'« être conseiller animateur n'est pas être assistante du médecin[170] ». La victoire des ACA contre les médecins à l'élection du bureau national en juin 1973 conduit ainsi à la suppression du collège des médecins et contribue à définir la place des médecins au sein du MFPF. La nouvelle direction du mouvement entend limiter le rôle des médecins, et plus

167. *Ibid.*, p. 107.
168. *Choisir*, n° 11, octobre-novembre 1974.
169. Nouvelle appellation des ancien-ne-s hôte-sse-s d'accueil.
170. Archives du MFPF, Congrès, B 01 10, Compte rendu du 9e congrès, 3 et 4 juin 1972, Rapport du collège des ACA.

largement de tous les spécialistes, dans la vie des centres. Si les militantes du MFPF tentent donc de réguler en amont les rapports de pouvoir entre hommes et femmes, cela ne signifie pas pour autant que des conflits n'aient pas existé. Les quelques documents sur la vie du mouvement après juin 1973 ne font certes pas état de problèmes résultant de la mixité du mouvement. Cependant, le MFPF participe à la lutte pour l'avortement principalement via la structure nationale du MLAC et les différents groupes locaux. Tout laisse alors supposer que les tensions entre hommes et femmes ont davantage été déplacées que supprimées.

En effet, au MLAC, la multiplicité des forces présentes est source de diverses tensions. Au niveau national, Monique Antoine, mais aussi Jeannette Laot ou Marcel Gonin de la CFDT, accusent les militants d'extrême gauche de vouloir contrôler le MLAC[171]. De même, des tensions entre les médecins et les non médecins apparaissent autour de la médicalisation ou non de l'avortement. La démédicalisation revêt alors des sens différents : pour les médecins du GIS, il s'agit de remettre en cause le pouvoir médical en permettant aux femmes de décider seules, les médecins, obligatoirement présent-e-s lors de l'interruption de grossesse, se contentant de mettre leur savoir à disposition des femmes[172]. Au contraire, certain-e-s non médecins, particulièrement des femmes, entendent acquérir la technique des avortements par aspiration pour pratiquer des interruptions de grossesse sans contrôle médical. Ce conflit présent dans de nombreux groupes du MLAC peut même conduire à un refus des médecins de transmettre leur savoir-faire à des non médecins[173].

Ces conflits politiques entre médecins et non médecins comportent également, si ce n'est principalement, une dimension genrée, et recoupent bien souvent les dissensions entre hommes et femmes dans de nombreux groupes MLAC. Dans certains groupes, en effet, des tensions surgissent entre les hommes, militants des groupes politiques d'extrême gauche, et les femmes, bénéficiant d'une moindre expérience politique, même si certaines participent déjà au MLF ou au MFPF. C'est le cas dans l'un des groupes constitué à Rouen après une projection du film *Histoires d'A*[174] en décembre 1973, le MLAC Rouen-Centre. Dès la première réunion du groupe deux conceptions de l'engagement s'affrontent. D'un côté, des hommes, militants dans des groupes politiques, proposent des actions politiques classiques (manifestations, tractages). De l'autre, des femmes

171. Les archives du MLAC à la CFDT rendent largement compte de ces conflits politiques dès 1973. Ces conflits vont jusqu'à paralyser la structure nationale puisque le bureau national ne se réunit plus à partir de juin 1974 (Archives CFDT, Secteur Action revendicative, Dossier Activité MLAC 1975, 8 H 625, Rapport moral du bureau national du MLAC à l'assemblée générale des 8 et 9 février 1975).

172. Lors d'un meeting à Rouen en mai 1973, un débat s'engage dans la salle pour savoir qui doit pratiquer les avortements. Pour les médecins, « il est important que l'avortement soit médical, sous contrôle d'un médecin » (*Libération-Rouen*, n° 2, supplément à *Libération*, n° 16, sans date).

173. C'est par exemple le cas pour le MLAC de Rouen-Centre, initié par des non médecins, qui essuie le refus des médecins du GIS (MLAC Rouen-Centre, *Vivre autrement dès maintenant*, Paris, Maspéro, 1975, p. 42-45).

174. Film interdit qui montre un avortement et qui connaît une large diffusion. Sur les conditions du succès du film, voir Lecler R., « Le succès d'Histoires d'A, "film sur l'avortement". Une mobilisation croisée des ressources cinématographiques et militantes », *Terrains et travaux*, n° 13, 2007, p. 51-72.

manifestent le souhait de privilégier des groupes de parole[175]. Face à ces tensions qui ne trouvent pas d'issue, les femmes du MLF finissent par quitter le groupe en avril 1974[176]. Plus largement, féministes et militants d'extrême gauche ne conçoivent pas la revendication pour l'avortement libre et gratuit de la même manière. Ainsi, la constitution du MLAC rend possible selon une militante la participation « de militants de différents mouvements d'extrême gauche, voyant dans la lutte contre la loi de 1920 sur l'avortement l'aspect subversif par rapport à la société plutôt que l'aspect de libération de la femme[177] ». Ces différentes démarches conduisent alors à des divergences entre hommes et femmes sur les modalités d'action et sur les revendications.

En outre, le pouvoir médical est au cœur de rapports de domination entre hommes et femmes. Le fonctionnement des groupes d'abord, qui suit à peu près partout le même schéma malgré la très grande autonomie des groupes locaux par rapport à l'organisation nationale, révèle une forte répartition sexuée du travail militant[178]. En effet, la procédure prévoit que l'accueil soit effectué par une personne, « le plus souvent une femme », tandis que l'interruption de grossesse doit toujours être pratiquée « sous contrôle médical », bien que l'objectif des centres MLAC soit de « démédicaliser au maximum les actes qui y sont pratiqués[179] ». Cette présence obligatoire d'un médecin, de fait la plupart du temps un homme, crée les conditions d'une division fortement sexuée du travail, les femmes accueillant et écoutant, les hommes appliquant leur savoir-faire technique. La première équipe à pratiquer des avortements par la méthode Karman, à Grenoble[180], est confrontée à cette forte division. Commencées fin 1972, les interruptions de grossesse sont prises en charge par une équipe constituée d'un praticien et de deux intermédiaires, les praticiens étant uniquement des hommes tandis que les intermédiaires sont toutes des femmes. Si les médecins se déclarent « frustrés par le manque de relation avec l'avortée », les femmes sont « conscientes que seules, sans les praticiens, elles ne pouvaient rien » et d'autant qu'elles sont en partie écartées de la vie du groupe et des prises de décision[181]. La prise de conscience par le groupe de cette situation entraîne bien un réajustement, notamment par la formation des femmes à la méthode Karman, mais, dans la pratique des interruptions de grossesse, les femmes « restent surtout femmes, malgré leur rôle de médecin », prenant donc toujours en charge l'écoute et l'accompagnement des femmes venues avorter[182]. Ainsi, la hiérarchie n'est pas transformée, d'autant que les médecins ne prennent toujours pas en charge l'accueil des femmes qui demandent une interruption de grossesse et que les femmes du groupe demeurent

175. MLAC Rouen-Centre, *op. cit.*, p. 12.
176. *Ibid.*, p. 32.
177. *Marie Colère*, n° 3, décembre 1978.
178. Sur ce point, voir Pavard B., *op. cit.*, 2009, p. 91.
179. BDIC, Fonds Alain Landau, Archives MLAC (Paris 14e), F Delta Res 576/5/12/1, Projet de fonctionnement des centres, non daté.
180. D'abord rattaché à Choisir, le groupe entre en conflit avec la direction nationale en septembre 1973 et devient MLAC-Choisir Grenoble (Comité pour la liberté de l'avortement et de la contraception, *Libérons l'avortement*, Paris, Maspéro, 1973).
181. *Ibid.*, p. 53-54.
182. *Ibid.*, p. 54.

perçues comme des assistantes au service des médecins, « permettant une économie de temps et une amélioration des rapports avec les avortées et permettant une "sélection" des demandes[183] ». Le groupe Choisir-MLAC de Lyon est également traversé par ces conflits, les militantes constatant que « les hommes cherchaient à avoir du pouvoir même s'ils militaient pour la bonne cause, même si certains se prétendaient féministes[184] ». Cette situation se retrouve dans de nombreux groupes et les militantes féministes du MLF, pour qui « les femmes ont retrouvé leur rôle traditionnel d'infirmière, d'assistante sociale, de confidente », dénoncent la reproduction des rapports de pouvoir au sein du MLAC[185].

La place et l'attitude des hommes médecins sont ainsi régulièrement à l'origine de conflits dans des groupes locaux[186]. Le bulletin de liaison entre différents groupes de la région parisienne, *Avortement et vie quotidienne*, diffusé entre novembre 1973 et juin 1974, rend compte de ces conflits. Lors d'une discussion sur la vie des groupes, une militante rapporte son expérience ainsi : « le dialogue avec les médecins du GIS, c'était (six mois après qu'on ait commencé [les avortements]) : nous, on ne demande pas mieux que vous preniez notre place, vous les femmes ; on leur disait : mais quels moyens vous donnez aux femmes pour vous dégommer ? Aucun, parce que effectivement, les super-intermédiaires et les super-assistantes sociales, au bout de six mois et de 50 000 avortements, elles n'avaient toujours pas tenu une canule[187], toujours pas fait de piqûre, et finalement elles étaient incapables de rien faire. Elles étaient toujours hyper-dépendantes des mecs[188] ». Cet extrait montre bien d'ailleurs comment dans certains groupes se dessinent un pôle dominant d'hommes médecins et un pôle dominé de femmes intermédiaires. Les conflits entre ces pôles au sein des groupes aboutissent parfois à la scission, comme au Groupe pour la liberté de l'avortement et de la contraception (GLAC) à Saint-Étienne, où les hommes médecins refusent la pratique d'avortement par des non médecins[189]. À Dijon, la question du pouvoir des hommes est posée lors d'une assemblée générale extraordinaire du groupe MLAC en novembre 1973[190]. Les pratiques du GIS et du MLAC font également l'objet de virulentes attaques de militantes du MLF du groupe Psychanalyse et politique, absentes des groupes MLAC, qui dénoncent à la fois la récupération du mouvement des femmes par l'extrême gauche et le pouvoir des médecins[191]. La décision de déclencher des avortements

183. *Ibid.*, p. 71.

184. Centre lyonnais d'études féministes, *Chronique d'une passion. Le Mouvement de libération des femmes à Lyon*, Paris, L'Harmattan, 1989, p. 51.

185. BDIC, Dossier France, MLAC, 1973-1974, F Delta 532, Texte dactylographié « Les groupes MLF de quartiers travaillent dans le MLAC », non daté (vers la fin de l'année 1974).

186. Par exemple, une militante d'un groupe dénonce l'attitude des médecins du GIS (*Actuel Nova-press*, n° 36, octobre-novembre 1973). Voir également les cas des groupes de Dijon et Saint-Étienne dans Rameau P., *op. cit.*, p. 108-122.

187. La canule est un des instruments utilisés pour pratiquer un avortement par aspiration.

188. BDIC, Fonds Alain Landau, Archives MLAC (Paris 14e), F Delta Res 576/5/12/1, *Avortement et vie quotidienne*, n° 16, 21 mars 1974.

189. *Le Monde*, 21 février 1974.

190. Rameau P., *op. cit.*, p. 117.

191. Elles expliquent leur position d'abord dans *Le torchon brûle*, n° 5, non daté (début 1973), puis dans un livre : *L'alternative. Libérer nos corps ou libérer l'avortement*, Paris, Des femmes, 1973.

et de conduire les femmes à l'hôpital pour forcer les pouvoirs publics à prendre en charge le problème[192] est également l'objet de vifs débats entre hommes et femmes, ces dernières dénonçant un usage politique du corps des femmes[193].

Ainsi, alors que la pratique d'avortements permet dans un premier temps de réunir des militant-e-s et de créer le mouvement[194], la signification que chacun-e lui attribue constitue rapidement un facteur de division. En effet, les militant-e-s constatent que si les femmes l'envisagent comme un outil en faveur d'« une lutte de libération de la femme, contre l'oppression mâle », les hommes qui militent à l'extrême gauche s'engagent dans « une lutte des classes populaires, principales victimes de la loi, contre la morale bourgeoise[195] ». Quant aux médecins, « ils utilisent les femmes comme l'instrument de la remise en cause de leurs rapports à la médecine libérale, c'est-à-dire le moyen de régler leurs problèmes spécifiques[196] », selon Choisir. Après la publication par le GIS de *Oui, nous avortons*[197], des féministes qui côtoient des médecins du GIS au sein de groupes MLAC réagissent et publient deux brochures pour contester l'attitude des médecins[198]. Selon les militantes, ceux-ci n'envisagent l'avortement que comme une simple technique médicale, indépendamment de toute critique féministe et sans remettre en cause leur position de médecins et d'hommes : « nous voulons aussi parler de démagogie et de paternalisme en ce qui concerne le déroulement des permanences, la structure même du GIS, qui perpétue la notion des quelques-médecins-de-gauche-qui-sont-bons-avec-les-femmes. Merci Docteur[199] ! ». Ainsi, un médecin du groupe MLAC de Grenoble explique qu'il s'est mis à pratiquer des avortements car il était « très satisfait d'avoir enfin à la fois une pratique médicale vraie (après cinq ans d'études de médecine plus ou moins théoriques) et une pratique authentiquement révolutionnaire (dans la mesure où la liberté de l'avortement me paraissait à l'époque attaquer une des bases de la société capitaliste)[200] ». La pratique de l'avortement s'inscrit donc dans des luttes différentes pour les femmes et les hommes, levier de libération des femmes pour les unes, lutte partielle au sein de luttes plus générales contre le capitalisme, la bourgeoisie ou le pouvoir médical pour les autres. À la veille du vote de la loi légalisant l'avortement, les militantes féministes du courant lutte

---

192. « Le MLAC du 14ᵉ [...] a choisi de pratiquer des DÉCLENCHEMENTS, dans le but principal d'acculer les médecins et l'Hôpital à prendre position par rapport à l'AVORTEMENT », BDIC, Fonds Alain Landau, Archives MLAC (Paris 14ᵉ), F Delta Res 576/5/12/1, *Avortement et vie quotidienne*, n° 29, 8 septembre 1974. L'ensemble du numéro est consacré à la question du déclenchement.
193. Voir Pavard B., *op. cit.*, 2009, p. 91-92.
194. Pavard B., « Quand la pratique fait mouvement. La méthode Karman dans les mobilisations pour l'avortement libre et gratuit (1972-1975) », *Sociétés contemporaines*, n° 85, 2012 (b), p. 43-63.
195. Comité pour la liberté de l'avortement et de la contraception, *op. cit.*, p. 54.
196. *Choisir*, n° 11, octobre-novembre 1974.
197. GIS, *Oui, nous avortons*, Paris, Gît-le-cœur, 1973.
198. Une première brochure, intitulée *Ta ta ta, le GIS casse les prix* et signée par « un groupe de femmes du mouvement », est publiée quelques semaines après le livre du GIS. Peu de temps après, des militantes du « Collectif la Commune » diffusent une autre brochure, *Git-le-cœur et Gis-la-Canule* (BDIC, Dossier France, MLAC, 1973-1974, F Delta 532).
199. BDIC, Dossier France, MLAC, 1973-1974, F Delta 532, *Git-le-cœur et Gis-la-Canule*.
200. Comité pour la liberté de l'avortement et de la contraception, *op. cit.*, p. 70.

des classes font les mêmes constatations à partir de leurs expériences au sein des groupes MLAC : « nous regrettons aussi que certains militants n'aient pris ce terrain de lutte que comme "un champ politique payant" oubliant totalement, dans leur attitude et leurs propos, qu'il s'agit là, pour les femmes, d'un aspect particulièrement douloureux de leur oppression ! D'autre part, certains y ont trouvé l'occasion de s'y faire la main et de s'initier à un savoir de spécialiste, d'autres s'y sont fait une place au soleil, parce qu'ils avaient déjà le savoir, les gentils médecins qui ont pratiqué des avortements, qui ont appris à en pratiquer, ont vu leur auréole s'illuminer ! Et maintenant qu'elle s'éteint un peu, ils essaient de la rénover en se voulant les novateurs de la libération sexuelle[201] ». Les divisions au sein des groupes MLAC, entre celles qui considèrent l'avortement comme un outil de libération des femmes et un moyen de leur permettre une libre disposition de leurs corps et ceux qui l'envisagent avant tout comme « un moyen de pression très efficace sur les pouvoirs publics et le corps médical[202] », aboutissent donc rapidement à des conflits mais influencent également fortement le devenir des mouvements engagés pour la liberté de l'avortement au lendemain du vote de la loi.

Une mixité conjoncturelle

Malgré ces tensions, l'action des différents groupes MLAC, du MFPF, du GIS, de Choisir et du MLF aboutit au vote de la loi Veil sur l'Interruption volontaire de grossesse (IVG) le 20 décembre 1974. Rapidement promulguée (le 17 janvier 1975), elle comporte cependant de nombreuses limites pour les militant-e-s[203]. En effet, si la loi représente une avancée décisive, elle est loin de répondre aux revendications du MLAC et les militant-e-s entendent donc continuer à lutter, d'autant que la loi autorise les médecins à ne pas pratiquer d'IVG, faisant donc craindre une difficile application. Pour autant, les mouvements mobilisés ne peuvent contenir une rapide perte de militant-e-s.

Au MLAC, la démobilisation débute quelques temps avant le vote de la loi, au moment où la quasi-totalité des groupes décide de l'« arrêt politique de la pratique » d'avortements en octobre 1974 pour contraindre l'État à prendre en charge l'organisation des IVG sans s'en décharger sur les comités MLAC ou le MFPF[204]. Alors que la pratique de l'avortement était justement ce qui avait permis l'émergence du mouvement, son arrêt ne permet plus d'assurer l'unité du MLAC. Les médecins du GIS, par exemple, réorientent leur action vers d'autres

201. BDIC, Dossier France, MLAC, 1973-1974, F Delta 532, Texte dactylographié « Les groupes MLF de quartiers travaillent dans le MLAC », non daté (vers la fin de l'année 1974).

202. *Bulletin du groupe MLAC d'Orsay*, n° 2, mai 1974.

203. La loi n'est que provisoire et devra faire l'objet d'un nouveau vote 5 ans plus tard. En outre, plusieurs dispositions sont contestées : l'IVG n'est possible qu'en milieu hospitalier et pratiquée par un-e médecin ; l'obligation d'un rendez-vous avec un-e conseiller-ère familial-e, puis, une semaine plus tard, avec un-e médecin ; l'obligation du consentement d'un des parents pour les mineures.

204. *L'internationale*, n° 63, 30 octobre 1974. Un tract distribué en novembre 1974 et signé par le MLAC annonce l'arrêt des avortements par aspiration (BNF, Recueil Mouvement pour la liberté de l'avortement et de la contraception, Fol-WZ-989, Tract du MLAC, novembre 1974). Certains groupes continuent cependant à les pratiquer.

thématiques permettant de critiquer le système médical et ne font plus de l'avortement une lutte prioritaire. Ainsi, certains d'entre eux fondent en avril 1975 le Syndicat de la médecine générale, qui entend combattre notamment le secteur hospitalier privé[205], ou s'engagent sur le terrain de la médecine du travail[206]. Le départ des hommes médecins est suivi d'une crise à l'intérieur du mouvement qui aboutit à la démission des membres fondateurs et à l'autonomisation complète des groupes locaux, réunis en collectifs régionaux, lors des assises nationales de février 1975[207]. Pendant quelques mois, des groupes tentent de relancer la mobilisation en luttant pour une réelle application de la loi mais rapidement seuls les groupes femmes assurent « transitoirement la passation du flambeau et la survie du sigle[208] ». Des militantes constatent ainsi en 1976 que « l'ancien MLAC mixte et à caractère de masse[209] » n'existe plus, tandis que d'autres retracent l'histoire du MLAC en 1979 et soulignent qu'avant la loi « des hommes ont lutté aux côtés des femmes, mais après le vote de la loi, ceux-ci ont quitté peu à peu les comités qui, pour beaucoup, se sont transformés en groupes femmes[210] ». En effet, avec la démission des fondateurs-trices et le départ des médecins, les groupes de femmes de la tendance lutte des classes du MLF tentent de remobiliser autour du MLAC. Elles entendent dans ce sens « sortir du ghetto de l'avortement et de la contraception, pour nous élargir vers les différents fronts de lutte qui recoupent le nôtre », comme « la libération de la femme » et « la santé », pour « créer un large mouvement unitaire et démocratique contre l'État capitaliste[211] ». Bien qu'attachées à la mixité, ces militantes ont retenu l'expérience du MLAC et les rapports de pouvoir entre hommes et femmes qui s'y sont joués et entendent s'en protéger. Dès 1974, tirant les conséquences de leur participation à des groupes MLAC, elles estiment que « leur oppression ne pourra être abordée pleinement et correctement dans une organisation mixte où elles seront enfermées une fois de plus dans l'image que l'on a d'elles » et appellent à la construction d'un « mouvement autonome des femmes[212] ». De même, lorsque des groupes femmes de la région parisienne tentent de restructurer une organisation nationale du MLAC en octobre 1976, les militantes se donnent pour objectif de mobiliser les « forces du mouvement ouvrier », donc avec des hommes, mais pour « nous prémunir contre les conséquences de la présence de "mecs" nous devons nous donner des garde-fou[213] ».

205. Reynaud E., *op. cit.*, 1978, p. 107.
206. Une commission « santé et conditions de travail » est créée au sein du GIS.
207. Antoine M., « Une histoire du MLAC », *Le féminisme et ses enjeux, 27 femmes parlent*, Paris, Edilig, 1987, p. 243-250, p. 249.
208. CAF, Fonds MLAC, 10 AF 3, Document dactylographié, « Projet de plateforme de lutte », rédigé le 1er octobre 1976 par le collectif des groupes parisiens.
209. *Ibid.*
210. *Radio MLAC*, bulletin n° 5, octobre 1979. Une note, non datée, rédigée après la loi, stipule même que le MLAC est un « mouvement féministe, non mixte » (CAF, Fonds MLAC, 10 AF 7, Note tapée, sans titre, non signée et non datée).
211. CAF, Fonds MLAC, 10 AF 1, Document dactylographié, « Historique et création », non daté (probablement entre mars et juin 1975).
212. BDIC, Dossier France, MLAC, 1973-1974, F Delta 532, Texte dactylographié « Les groupes MLF de quartiers travaillent dans le MLAC », non daté (vers la fin de l'année 1974).
213. CAF, Fonds MLAC, 10 AF 3, Document dactylographié, « Projet de plateforme de lutte », rédigé le 1er octobre 1976 par le collectif des groupes parisiens.

Au MFPF, la coupure est moins brutale mais réelle, en même temps que le mouvement connaît une baisse de ses effectifs militants et qu'il doit faire face à une crise de fonctionnement et de positionnement politique[214]. La direction nationale, tant au conseil d'administration qu'au bureau, se féminise petit à petit. Représentant plus de la moitié des membres du bureau en juin 1973, les hommes ne sont plus qu'un quart en janvier 1978 et à peine plus d'un dixième en juin 1978[215]. La diminution se fait parallèlement dans la même proportion au sein du conseil d'administration. Pour Choisir, qui entend désormais réorienter son combat en faveur de l'indépendance économique des femmes[216], le secrétariat national mis en place en octobre 1974 est uniquement composé de femmes au moins jusqu'en 1978[217].

Au lendemain de la loi, « l'avortement c'est l'affaire des femmes[218] », comme le déclare un groupe parisien du MLAC. De fait, les organisations qui l'avaient pris en charge dans le débat politique depuis 1973 voient les militants partir. En outre, l'expérience des groupes MLAC et/ou la collaboration avec des médecins du GIS ont conduit les militantes à revendiquer une non-mixité, au moins partielle : « plus nous avancions, plus nous étions sûres d'une chose : nous n'avions plus notre place dans un militantisme mixte. Et l'expérience d'un an de MLAC (que nous avons quitté les unes après les autres) n'a fait que le confirmer[219] », évoque par exemple l'une d'elles.

Signe de cette évolution, la manifestation prévue le 6 octobre 1979 pour la pérennisation de la loi Veil est souhaitée non mixte par de nombreuses militantes[220], même si les féministes les plus proches des partis d'extrême gauche y sont réticentes et essaient de négocier une présence des organisations politiques, et donc des hommes, en fin de cortège. Cette volonté de la majorité des militantes est alors significative d'une transformation en cours puisqu'une manifestation non mixte constitue une première à deux titres : les manifestations ont toujours constitué un lieu de mixité au sein du MLF et la lutte pour l'avortement a été marquée par une grande mixité hommes/femmes. Si des militantes revendiquent alors que cette manifestation soit non mixte, c'est bien parce que les expériences passées avec les hommes, au sein des défilés du MLF comme dans les groupes MLAC, ont vu se reproduire les rapports de domination des hommes sur les femmes malgré les dénonciations des militantes. Il s'agit dès lors de refuser « la mixité [qui] divise les femmes, affaiblit notre prise de conscience,

214. Le MFPF déclare 41 638 adhérent-e-s en 1974 (Archives MFPF, Congrès, B 01 11, Compte rendu du 12e congrès, 30 avril 1975) mais plus que 23 211 en 1977 (Archives MFPF, Colloques et comptes rendus de bureau, B 02 01, Document interne sur le nombre d'adhésions).

215. Respectivement 58,33 %, 26,66 % et 13,33 % (Archives MFPF). Voir Annexe 4.

216. *Choisir*, n° 15, septembre 1975 ; BNF, Recueil Choisir la cause des femmes, 4-WZ-13296, Convocation à l'assemblée générale du 29 novembre 1975.

217. *Choisir*, n° 11, octobre-novembre 1974, n° 18, avril-mai-juin 1976 et n° 35, septembre-octobre 1978.

218. BNF, Recueil Mouvement pour la liberté de l'avortement et de la contraception, Fol-WZ-989, Tract du MLAC Place des fêtes (Paris 19e), non daté (mais la loi Veil est mentionnée).

219. *Histoires d'elles*, n° 3, mars 1978.

220. Les réunions préparatoires de la manifestation sont le théâtre de débats sur ce thème et la non-mixité est finalement adoptée (*Le temps des femmes*, n° 7, octobre 1979).

lui met des bâtons dans les roues, nous fait douter de notre radicalité sous le paternalisme bienveillant des hommes, nous soumet au pouvoir et aux discours des hommes même les mieux intentionnés, affaiblit nos analyses, nos positions, nous cantonne dans la solitude[221] » et de revendiquer l'autonomie des femmes. En interdisant la présence des hommes, les féministes sont ainsi à la recherche d'une nouvelle gestion de la participation des hommes aux combats féministes, comme le souligne une militante : « il ne s'agit pas de vouloir cantonner les hommes à une solidarité dont ils se réclament souvent, mais pourquoi ne la manifesteraient-ils pas à l'occasion de cette marche des femmes : en achetant du matériel, en aidant à le diffuser, à coller les affiches ; en gardant les enfants des femmes que cela pourrait empêcher de venir le 6… en comprenant ce qu'on leur demande[222] ! ». Il est donc question d'assurer l'autonomie des femmes dans les luttes féministes en encadrant clairement l'activité des militants, enjoints de s'en tenir à « ce qu'on leur demande ».

Quasi inexistants sur la scène publique au lendemain de la Seconde Guerre mondiale, les mouvements féministes ont à nouveau émergé dans les années 1970 après un lent travail de reconfiguration opéré à partir des années 1950 par le biais de questionnements nouveaux, notamment sur le corps et les rapports de pouvoir en jeu dans la sphère privée. Cette transformation est marquée par un renouveau des revendications et des répertoires d'action mais s'accompagne également d'une redéfinition de l'attitude des militantes vis-à-vis de la participation des hommes. Pour autant, la période est marquée par une importante variabilité de la présence des hommes. Le contexte organisationnel s'avère alors décisif pour saisir les raisons qui font que certains lieux sont massivement investis par les hommes tandis que d'autres sont délaissés.

D'un côté, les militantes du MLF proposent des conditions de participation plutôt restrictives pour les hommes. Elles revendiquent d'abord des espaces autonomes affranchis de la présence des hommes pour définir les orientations politiques et stratégiques comme les modes d'action du mouvement. En outre, lorsque les hommes sont invités à participer à des actions, c'est selon des modalités définies par les militantes. La mixité ponctuelle et largement conditionnée que proposent les militantes du MLF ne mobilise alors que peu d'hommes, bien que l'aspect multiforme et insaisissable du MLF, comme son refus du militantisme classique (qui implique par exemple l'absence de prise de notes, de liste de présence lors des réunions ou d'un système d'adhésions), rendent impossible une estimation chiffrée.

Au contraire, la campagne pour la lutte pour l'avortement semble moins contraignante pour les hommes. Les militantes en effet se donnent pour objectif de constituer un mouvement le plus large possible pour faire rapidement modifier la loi et effectuent donc leur recrutement militant presque uniquement sur la base de l'adhésion à la libéralisation de la loi sur l'avortement. Dans ce contexte, les multiples groupes locaux (principalement du MLAC et/ou

221. *Elles voient rouge*, n° 2, janvier 1980.
222. *Histoires d'elles*, n° 16, octobre 1979.

du MFPF) qui prennent en charge la pratique d'avortements, l'organisation de voyages à l'étranger et la diffusion de l'information sur la contraception et l'avortement rassemblent de nombreux hommes. S'il est là encore difficile de fournir une évaluation chiffrée, de multiples sources indiquent que de nombreux groupes étaient largement mixtes.

Pour autant, les tensions engendrées par la mixité et le vote de la loi Veil conduisent à une forte féminisation des effectifs militants en même temps qu'à une généralisation de la méfiance vis-à-vis de la mixité. Ainsi, au tournant des années 1970 et 1980, les mouvements féministes français, traversés par plusieurs crises, se recentrent autour d'un militantisme féminin, inaugurant une nouvelle période.

Chapitre 3
Des hommes exclus aux hommes (presque) absents (1980-2010)

L'année 1979 marque le début d'une nouvelle ère pour les mouvements féministes français et la manifestation du 6 octobre 1979 constitue le dernier événement d'importance du MLF. D'une part, le MLF perd définitivement son unité[1] lorsque le groupe Psychanalyse et politique d'Antoinette Fouque s'attribue le monopole du MLF en créant une association loi 1901 et en déposant une marque commerciale[2]. D'autre part, les mouvements féministes dans leur ensemble ne peuvent enrayer ni la diminution permanente de leurs effectifs ni leur effacement de la scène politique et médiatique, et peinent à trouver une nouvelle cause mobilisatrice après le vote de la loi Veil et surtout sa pérennisation à la fin de l'année 1979. Enfin, les transformations économiques et sociales cumulées à l'affaiblissement des mouvements contestataires constituent un contexte peu favorable.

Les années 1980 inaugurent donc un reflux des revendications et des mobilisations féministes en même temps qu'une large reconfiguration des mouvements marquée par l'« institutionnalisation de l'espace de la cause des femmes[3] », notamment avec la création du ministère des Droits de la femme en 1981, l'émergence d'une multitude de petites associations et l'étroitesse des effectifs militants. La marginalisation des mobilisations féministes contribue alors à accentuer la non-mixité des groupes sous l'effet d'un double mouvement : les anciens militants hommes s'engagent ailleurs (ou quittent toute forme de militantisme) et les militantes revendiquent fermement la non-mixité.

Dans les années 1990, les mouvements féministes connaissent une nouvelle vitalité, bien que relative par rapport aux premières années de la décennie 1970, avec la revendication de la parité politique[4], puis avec la création de nouvelles associations féministes à la fin des années 1990 et dans les années 2000,

1. Dès 1972, les différends idéologiques et politiques entre les tendances rendent de plus en plus difficile la collaboration de toutes les militantes.
2. L'association « Mouvement de libération des femmes – MLF » est créée le 18 octobre 1979. Le 30 novembre 1979 le groupe dépose à l'Institut national de la propriété industrielle la marque « Mouvement de libération des femmes – MLF ». Voir Collectif, *Chronique d'une imposture. Du Mouvement de libération des femmes à une marque commerciale*, Paris, Voix off, 1981.
3. Bereni L., *De la cause à la loi. Les mobilisations pour la parité politique en France (1992-2000)*, Thèse de Doctorat en sociologie, université Paris 1, 2007, p. 143-148.
4. Sur le mouvement pour la parité, voir *ibid.*

marquant l'émergence d'une nouvelle génération militante. Cette période inaugure également un changement significatif dans l'attitude des mouvements féministes vis-à-vis des militants hommes puisque la règle de non-mixité très peu discutée depuis la fin des années 1970 est mise à mal et la mixité devient le symbole du renouveau féministe.

Des espaces d'engagement non mixtes (1979-1995)

La non-mixité comme symbole de la continuité

Le début des années 1980 est marqué par de profondes transformations des groupes militants des années 1970. D'abord, la grande majorité des groupes femmes issus du MLF disparaît au tournant des années 1980. En effet, dans un contexte de crise économique et de reflux des mouvements sociaux, les groupes femmes des entreprises ne peuvent se maintenir, tandis que les groupes de parole s'essoufflent, tout comme les groupes MLAC. De même, la vitalité de la presse féministe dans la deuxième moitié des années 1970 fait place, au début des années 1980, à une crise des publications, souvent contraintes de cesser pour raisons financières. Enfin, le MFPF, Choisir ou la LDF ne peuvent enrayer la baisse massive et constante de leurs effectifs militants[5]. En outre, certaines militantes s'investissent en dehors de l'« espace des mouvements sociaux[6] » pour défendre le féminisme, à l'image de nombreux-euses militant-e-s des années 1970 qui tentent, lorsque le mouvement s'essouffle, d'intégrer le monde du travail tout en maintenant leur identité militante[7]. Dès les années 1970, les militantes du groupe Psychanalyse et politique se tournent vers l'édition, en créant Les éditions des femmes, et en tentant d'imposer une presse féminine[8]. D'autres militantes entendent agir pour le féminisme depuis le champ acadé-

5. Au MFPF, le nombre des adhérent-e-s est presque divisé par 2 entre 1974 et 1979, passant d'environ 42 000 à un peu moins de 22 000 (Archives du MFPF, Congrès, B 01 11, Compte rendu du 12e congrès, 30 avril 1975 et Colloques et comptes rendus de bureau, B 02 01, Compte rendu du 15e congrès, 10 et 11 mai 1980). Choisir, qui aurait compté jusqu'à 10 000 adhérent-e-s et 53 sections (Louvet-Rueff C., *op. cit.*, p. 54), aurait perdu les « trois quarts de ses adhérentes » entre 1974 et 1977 (BMD, Dossier Choisir, DOS 396 CHO, Lettre des démissionnaires, 8 mars 1977). Quant à la LDF, si nous ne disposons pas de chiffres, elle n'a probablement jamais réuni plus de quelques dizaines de militantes et peine à se maintenir au début des années 1980.

6. Mathieu L., *L'espace des mouvements sociaux*, Broissieux, Éditions du Croquant, 2012.

7. Voir par exemple Collovald A., « Reconversion et gestion des fidélités : le cas des polars français », Tissot S., Gaubert Ch. et Lechien M.-H. (dir.), *Reconversions militantes*, Limoges, Presses universitaires de Limoges, 2005, p. 193-199, Neveu É., « Trajectoires de "soixante-huitards ordinaires" », Damamme D., Gobille B., Matonti F. et Pudal B. (dir.), *op. cit.*, p. 306-318 et Pagis J., *Les incidences biographiques du militantisme en mai 1968*, Thèse de Doctorat en sociologie, EHESS, 2009, p. 445-471 et p. 628-633.

8. Voir Pavard B., *op. cit.*, 2005.

mique[9], le travail social (et notamment sur la question des violences faites aux femmes[10]) ou encore le monde de l'édition[11].

Outre les désengagements, le non renouvellement des militant-e-s et les reconversions du capital militant[12] féministe dans d'autres champs, les militantes qui demeurent actives doivent également s'adapter à l'institutionnalisation qui s'accélère avec la création du ministère des Droits de la femme en 1981[13]. En effet, la volonté du ministère de soutenir le mouvement « impose des contraintes organisationnelles (constitution en association loi 1901), mais aussi des contraintes en termes d'agenda et d'orientation idéologique[14] » puisque les associations doivent intervenir dans les domaines désignés comme prioritaires par le ministère pour obtenir des financements[15].

Au début des années 1980, le champ militant féministe est donc profondément transformé par rapport aux années 1970 et entre dans une phase de « mise en veille[16] ». Réunies dans quelques associations déclarées en préfecture, financées par l'État et mobilisées pour des luttes segmentées, les militantes majoritairement issues des mouvements des années 1970 doivent composer avec un nouveau contexte. La « non-mixité, donnée fondamentale du Mouvement de libération des femmes[17] », devient alors le moyen symbolique – mais aussi pratique – d'inscrire les combats dans la continuité. À partir d'une étude sur un mouvement de femmes dans l'Ohio entre 1969 et 1992, Nancy Whittier a montré comment le maintien de l'identité collective permet d'assurer la conti-

9. Sur l'institutionnalisation des études féministes voir Lagrave R.-M., *op. cit.*, 1990 et Zaidman Cl., *op. cit.* Les trajectoires de ces militantes féministes qui investissent le monde académique grâce en partie à leurs capitaux militants sont similaires à celles des ancien-ne-s soixante-huitard-e-s – ce que sont en outre une partie des féministes universitaires – qui se convertissent aux sciences sociales dans les années 1970 et s'imposent dans le monde académique (Pagis J., *op. cit.*, p. 461-471).

10. Herman É., « Militer en travaillant contre les violences faites aux femmes », *Cahiers du genre*, n° 55, 2013, p. 65-87.

11. Voir notamment l'exemple des éditions féministes Tierce entre 1977 et 1993 (Charpenel M., *« Le privé est politique! ». Sociologie des mémoires féministes en France*, Thèse de Doctorat en science politique, Sciences po Paris, 2014, p. 365-367).

12. « Incorporé sous forme de techniques, de dispositions à agir, intervenir ou tout simplement obéir, il [le capital militant] recouvre un ensemble de savoirs et de savoir-faire mobilisables lors des actions collectives, des luttes inter ou intra-partisanes, mais aussi exportables, convertibles dans d'autres univers, et ainsi susceptibles de faciliter cette "reconversion" », Matonti F. et Poupeau F., « Le capital militant. Essai de définition », *Actes de la recherche en sciences sociales*, n° 155, 2004, p. 5-11, p. 8.

13. Sur l'action du ministère, voir notamment Mazur A. G., « Strong State and symbolic reform. The ministère des Droits de la femme in France », McBride Stetson D. et Mazur A. G. (dir.), *Comparative State feminism*, Londres et New Dehli, Sage, Thousand Oaks, 1995, p. 76-94, Thébaud F., « Promouvoir les droits des femmes: ambitions, difficultés et résultats », Berstein S., Milza P. et Bianco J.-L. (dir.), *Les années Mitterrand. Les années du changement (1981-1984)*, Paris, Perrin, 2001, p. 567-600 et Dauphin S., *L'État et les droits des femmes. Des institutions au service de l'égalité?*, Rennes, Presses universitaires de Rennes, 2010, p. 41-58.

14. Revillard A., *La cause des femmes dans l'État: une comparaison France-Québec (1965-2007)*, Thèse de Doctorat en sociologie, ENS Cachan, 2007, p. 189.

15. *Ibid.*, p. 274-277. Sur les relations entre le ministère et le mouvement des femmes, voir également Dauphin S., *op. cit.*, p. 45-47.

16. Taylor V., « La continuité des mouvements sociaux. La mise en veille du mouvement des femmes », Fillieule O. (dir.), *Le désengagement militant*, Paris, Belin, 2005 [1989], p. 229-250.

17. BNF, Recueil Groupes de femmes, 4-WZ-13312, Tract « À propos des états généraux mixtes sur les travail des femmes et les femmes dans le travail, qui auront lieu au mois d'avril… », signé « des femmes re-belles de la coordination des groupes femmes », non daté (début 1982).

nuité du mouvement[18]. De même, le travail de Verta Taylor a souligné que l'existence de « structures dormantes » (*abeyance structure*, aussi traduit par « structure de rémanence ») rendait possible le maintien d'une culture spécifique qui crée une forte cohésion interne[19]. Il semble alors que dans le contexte français des années 1980 la non-mixité constitue le ciment principal permettant le maintien de l'identité collective et de la culture féministe. Ainsi, depuis la polémique engagée autour de la manifestation d'octobre 1979, la question est peu débattue parmi les militantes, d'autant que peu d'hommes expriment le désir de s'engager auprès des féministes. La non-mixité paraît s'imposer comme une évidence et la création de la Maison des femmes à Paris en 1982 symbolise ce contexte[20]. Lieu d'accueil, de rencontres et de solidarités pour les associations féministes et pour les femmes, la Maison est interdite d'accès aux hommes. « La non-mixité et l'autonomie, justifiées par la nécessité qu'ont les opprimés de décider et d'agir eux-mêmes, sont un acquis fondamental de cette période [les années 1970][21] » sur lesquelles les militantes ne comptent pas revenir. La campagne publicitaire contre le viol, signée « mouvement de libération des femmes », en juin 1980, qui montre le visage d'un homme masqué par un texte déclarant « Cet homme est un violeur. Cet homme est un homme[22] », témoigne de la certitude des militantes de l'impossible participation des hommes à la libération des femmes. Bien que critiquée par des militantes qui rejettent l'essentialisme que sous-tend le texte[23], cette affiche a d'abord pour fonction de souligner l'existence d'un rapport de pouvoir entre hommes et femmes auquel les individus ne peuvent se soustraire et donc de signifier la nécessité de la non-mixité, les hommes appartenant de manière inconditionnelle au groupe dominant.

Inventer les modalités masculines de contestation du patriarcat

Si la plupart des hommes engagés dans les années 1970, notamment dans les combats pour la liberté de l'avortement, quittent donc les mouvements féministes à partir de 1975, quelques hommes souhaitent cependant poursuivre leur engagement. Ils essaient alors d'inventer des lieux de militantisme compatibles avec l'exigence de non-mixité des militantes. À la suite des tentatives du début des années 1970, la volonté de réunir des hommes pour réfléchir à la

18. Whittier N., « Political generations, micro-cohorts, and the transformation of social movements », *American sociological review*, vol. 62, n° 5, 1997, p. 760-778.
19. Taylor V., *op. cit.*, p. 243-244.
20. Des maisons des femmes sont également créées dans d'autres villes en France.
21. Vinteuil F., « Dix ans de luttes des femmes », *Les cahiers du GRIF*, n° 23-24, décembre 1978, p. 24-28, p. 24. L'autonomie est ici entendue au sens des années 1970 : les luttes féministes ne peuvent se soumettre à aucune autre lutte.
22. CAF, Fonds MLAC, 10 AF 43, Affiche « Cet homme est un violeur. Cet homme est un homme », signé « Mouvement de libération des femmes », non datée.
23. L'affiche est réalisée par un groupe de militantes « lesbiennes féministes et radicales » en soutien à une lesbienne victime d'un viol collectif (Larrouy M., « Féminisme/Lesbianisme : refus d'une visibilité politique », Chetcuti N. et Michard Cl. (dir.), *Lesbianisme et féminisme. Histoires politiques*, Paris, L'Harmattan, 2003, p. 67-81, p. 72). Elle crée une polémique parmi les militantes et elle est « violemment critiquée, y compris par certaines femmes qui avaient participé à son élaboration, à cause du sexisme qui s'en dégage » (La Gaffiche, *op. cit.*, p. 41).

critique féministe réapparaît à partir de 1977[24]. En mars 1977, une annonce dans *Libération* invite des hommes à former un groupe pour écrire un livre similaire à celui du collectif de Boston, *Notre corps nous-mêmes*[25]. L'annonce reprend la critique de la « virilité obligatoire » et propose un lieu « réservé aux mecs exclusivement ». Une vingtaine d'hommes répond à l'appel et un groupe se constitue[26]. Au mois d'octobre la forme du groupe de parole est arrêtée et le groupe s'unit à un autre groupe de parole parisien qui s'était parallèlement constitué dans le XIXe arrondissement pour former le collectif « Pas rôle d'hommes[27] ».

La démarche s'inscrit clairement dans une perspective féministe de déconstruction des identités sexuées, par des hommes « venus dans un groupe d'hommes par le féminisme[28] », comme en témoigne par exemple la référence au collectif de Boston. La forme même des groupes n'est pas sans évoquer les groupes de parole du MLF, d'autant que l'objectif semble également similaire : « avec tous ces "moi aussi" on se rendait concrètement compte que "le privé est politique"[29] » rapporte par exemple un militant. Les militants de Pas rôle d'hommes découvrent rapidement que d'autres groupes existent en France[30] et entreprennent d'organiser une rencontre. Les 25, 26 et 27 mars 1978 plusieurs dizaines d'hommes[31] se rencontrent à Ris Orangis et échangent leurs expériences, leurs réflexions et leurs projets. L'enthousiasme gagne les participants le temps d'un week-end et « c'est tout juste si on ne parlait pas d'un "mouvement d'hommes"[32] ». Mais les projets n'aboutissent pas et Pas rôle d'hommes devient un « collectif fantôme[33] » et « décide de s'auto-dissoudre[34] ». Cependant, des militants parviennent à diffuser quatre numéros d'un bulletin ronéotypé, *Pas rôles d'hommes*, entre 1978 et 1979[35]. Si le collectif échoue et que le bulletin cesse, beaucoup des militants ont pourtant toujours la volonté de s'investir pour faire valoir d'autres modèles de masculinité et des groupes épars continuent d'exister.

---

24. Voir Jacquemart A., « Quand le militantisme trouble l'identité de genre. L'expérience des "groupes d'hommes" dans les années 70 », *Terrains et travaux*, n° 10, 2006, p. 77-90.
25. Collectif de Boston pour la santé des femmes, *Notre corps nous-mêmes*, Paris, Albin Michel, 1977 [1970]. L'annonce commence ainsi : « On est deux mecs intéressés par une discussion, la plus large possible, sur la perception que les mecs ont de leur propre corps. C'est un peu en réponse au livre du Collectif femmes de Boston : "Notre corps, nous-mêmes" » (cité dans *Types, Paroles d'hommes*, n° 4, mai 1982, p. 6).
26. *Ibid.*, p. 7.
27. *Types, Paroles d'hommes*, n° 1, janvier 1981, p. 73.
28. *Pas rôles d'hommes*, n° 4, sans date (1979), p. 9.
29. *Ibid.*, p. 7.
30. *Types, Paroles d'hommes*, n° 1, janvier 1981, p. 73. Selon les militants, il y avait également des groupes à Vincennes, Jussieu, Marseille, Toulouse, Montpellier, Brest ou Rouen.
31. Guido de Ridder évoque 120 hommes et 20 enfants (De Ridder G., *op. cit.*, p. 64). Un participant qui propose un compte rendu quelques jours plus tard note « une centaine » d'hommes (*La gueule ouverte*, n° 205, 5 avril 1978, p. 2).
32. *Pas rôles d'hommes*, n° 4, sans date (1979), p. 1.
33. *Ibid.*
34. *Types, Paroles d'hommes*, n° 1, janvier 1981, p. 74.
35. Seul le numéro 4, non daté et très probablement publié à l'automne 1979, a été retrouvé. Le bulletin était tiré à 100 exemplaires (*Espace-Temps*, n° 16, février 1982, p. 19).

Certains d'entre eux s'engagent dans l'expérimentation de la contraception masculine[36] et fondent en octobre 1979 l'Association pour la recherche et le développement de la contraception masculine (ARDECOM), se donnant pour objectifs l'expérimentation, la diffusion et l'information[37]. Les hommes qui s'aventurent dans l'expérimentation de la contraception sont certainement peu nombreux, bien que quelques groupes soient créés en province[38], mais la démarche rencontre un certain succès : l'association compte jusqu'à 100 à 200 adhérents[39], fait l'objet d'articles de presse[40] et vend près de 6 000 exemplaires du premier numéro de sa revue[41]. Les membres d'ARDECOM, directement issus ou encore participants de groupes d'hommes, s'inscrivent eux aussi dans une perspective féministe « remettant en cause leur rôle de mec, les comportements virils[42] ». Dans ce sens, ils se tournent vers le MFPF pour engager une collaboration et une première réunion commune a lieu en octobre 1979[43]. D'après les militants d'ARDECOM, un accord a été passé avec le Planning pour que celui-ci diffuse de l'information sur la contraception masculine[44] et « un lien prometteur s'établit avec le Planning familial[45] ». Pourtant le MFPF semble peu enclin à relayer et soutenir l'initiative d'ARDECOM. Ainsi, dès la fin de l'année 1980, un militant lyonnais du MFPF, qui s'est engagé à ARDECOM en 1980, adresse un courrier à la direction nationale intitulé « Pourquoi le MFPF ne défend pas ARDECOM et la contraception masculine ?[46] ». Le bureau confédéral, par l'intermédiaire d'un homme, explique que malgré son adhésion au projet, il ne peut financer la recherche sur la contraception masculine et souligne ses doutes quant à la portée critique de la démarche : « les conséquences d'un échec [de contraception] ne seront jamais de même nature pour l'homme et

36. La pratique de contraception par certains hommes aurait débuté à la suite des journées de Ris Orangis (Cette G. et Rognan J.-Y., « Les groupes d'hommes, réflexions et pratiques », *Les temps modernes*, n° 462, janvier 1985, p. 1305-1321).

37. Archives du MFPF, Associations, A 01 03, Statuts d'ARDECOM. Sur l'histoire d'ARDECOM, et plus généralement de l'expérimentation de la contraception masculine au début des années 1980, voir Desjeux C., *Pratiques, représentations et attentes masculines de contraception,* Thèse de Doctorat en sociologie, EHESS, 2009, p. 309-355.

38. Selon Cyril Desjeux, une centaine d'hommes, membres ou non d'ARDECOM, ont expérimenté la contraception masculine (*ibid.*, p. 319).

39. ARDECOM déclare recevoir des dizaines d'adhésions chaque semaine (*Marie Claire*, mai 1980), un article évoque 150 membres (*Le temps des femmes*, n° 11, hiver 1980-1981) et un interviewé estime qu'il y avait jusqu'à 200 personnes (entretien avec Alain, militant dans un groupe d'hommes et à ARDECOM).

40. Entre mai 1979 et juin 1980, ARDECOM fait l'objet d'articles dans la presse militante (*Histoire d'elles*, *Sexpol* ou *F Magazine*) mais aussi dans la presse nationale (*Libération*, *VSD*, *Marie Claire* ou *50 millions de consommateurs*) et médicale (*Quotidien du médecin*). Ils sont invités à la radio (RTL, Europe 1 ou France Inter) et participent à une émission des Dossiers de l'écran.

41. Après un premier tirage de 3 000 exemplaires du n° 1 de *Contraception masculine*, ARDECOM en réimprime 3 000. 5 500 sont vendus et le n° 2 est directement tiré à 6 000 exemplaires (*Contraception masculine*, n° 2, novembre 1980, p. 82).

42. *Contraception masculine*, n° 1, février 1980, p. 5.

43. Archives du MFPF, Associations, A 01 03, Compte rendu d'une réunion commune MFPF/ARDECOM, 25 octobre 1979.

44. Archives du MFPF, Associations, A 01 03, Compte rendu d'une réunion publique d'ARDECOM, 19 janvier 1980.

45. *Contraception masculine*, n° 1, février 1980, p. 5.

46. Archives du MFPF, Associations, A 01 03, Lettre de Michel Macaire, 14 décembre 1980.

pour la femme, qui le vivra elle dans son corps[47] ». En 1982, « les hommes du MFPF » de l'association départementale du Rhône sollicitent à nouveau les instances nationales[48]. La question, visiblement soulevée par deux autres associations départementales[49], fait l'objet d'une décision du conseil d'administration national réaffirmant son « soutien moral » mais ne considérant « pas comme prioritaire une recherche sur la contraception masculine[50] ». De plus, lorsqu'ils ne sont pas ignorés des féministes (ce qui paraît être le plus souvent le cas), leur démarche est accueillie avec méfiance : « la contraception masculine n'est-elle pas un moyen de récupérer un pouvoir acquis depuis très peu de temps par la femme[51] ? » s'interroge par exemple une militante.

Ne bénéficiant pas du soutien du MFPF, pourtant essentiel dans l'objectif d'une large diffusion de l'information, ni des groupes féministes, ARDECOM se tourne vers le ministère de la Santé pour obtenir des financements pour différents projets. Mais les multiples demandes n'aboutissent pas[52] et l'association ne bénéficie d'aucun appui institutionnel. En outre, elle doit faire face à deux autres difficultés majeures. D'abord, la multiplicité des motifs de participation à ARDECOM fragilise la cohésion du collectif. En effet, si le féminisme est au centre de la démarche militante pour les fondateurs, issus des groupes d'hommes, ce n'est pas le cas de tous les militants. Un dossier consacré aux réponses face aux accusations de « récupération du pouvoir mâle » par la pratique de la contraception masculine met en évidence ces divergences[53]. Tandis que plusieurs hommes se défendent de cette accusation, réaffirmant leur attachement aux combats féministes, d'autres militants revendiquent que « [se] contracepter, c'est acquérir un pouvoir[54] ». De même, parmi les militants, les médecins occupent une position spécifique. S'ils peuvent s'approprier une grille de lecture féministe, leur engagement est principalement motivé par l'intérêt scientifique des essais de contraception masculine, ce qui ne va pas sans créer des tensions, notamment autour des questions du pouvoir médical dans le cadre militant[55].

Dans un contexte de relatif isolement institutionnel et politique et d'instabilité interne, les lourdeurs de l'expérimentation et les complications qui émergent fragilisent fortement l'association. Alain, militant parisien, explique ainsi comment les obstacles techniques ont mis fin à l'engagement dès 1983-1984 :

47. Archives du MFPF, Associations, A 01 03, Réponse d'Alain Bony pour le bureau confédéral du MFPF, 13 mars 1981.
48. Archives du MFPF, Associations, A 01 03, « La contraception masculine par voie hormonale », document joint à la circulaire n° 1023 de janvier 1982.
49. Selon ARDECOM, 10 associations départementales du MFPF auraient adhéré au groupe en 1980 (*Contraception masculine*, n° 2, novembre 1980, p. 81).
50. Archives du MFPF, Conseil d'administration (avril 1980-novembre 1983), A 03 02, Compte rendu du conseil d'administration des 16 et 17 janvier 1982.
51. *La revue d'en face*, n° 9-10, 1er trimestre 1981, p. 41.
52. *Contraception masculine*, n° 2, novembre 1980, p. 33.
53. *Contraception masculine*, n° 2, novembre 1980, p. 19-32.
54. *Ibid.*, p. 24.
55. Desjeux C., *op. cit.*, p. 323-325. Les tensions ne sont pas sans rappeler celles qui ont traversé le MLAC, même si le rapport entre hommes et femmes est absent.

> « La pilule, c'était un contraceptif assez classique qui donc bloque le message qui est envoyé aux testicules pour travailler, donc les testicules ne fabriquent plus de sperme, donc de ce côté-là, c'est très bien. Mais du coup aussi, les testicules ne fabriquent plus de testostérone, ce qui est quand même un peu problématique. Donc il fallait récupérer de la testostérone. Mais la testostérone, c'est quelque chose qu'on ne prend pas par voie buccale parce que dans le circuit de la digestion, ça attaque le foie... donc on prenait la testo par voie cutanée, c'est-à-dire soit un gel, soit des ampoules qu'on passait sur la peau. Et tous les spécialistes disaient, c'est difficile à faire rentrer dans la peau, donc y avait même un produit qui dilate les pores et qui permet de faciliter la testostérone de rentrer. Mais il en restait beaucoup sur la peau. Mais au début, on était complètement inconscients de ça, on se rendait pas du tout compte, et ça a été une surprise, une mauvaise surprise, parce qu'on s'est rendu compte que nos compagnes en prenaient... par les draps, par le linge... Si on faisait pas attention, c'était les gamins aussi, or là, c'était très très grave. On peut imaginer qu'une femme si elle a pendant un moment un peu trop de testostérone, si on enlève la source, ça revient à la normale. Chez les enfants, suivant au moment où ça arrive, ça peut complètement fausser la croissance. Donc là, on a été majoritairement, à Paris par exemple, on a décidé d'arrêter, c'est comme ça en fait que ça s'est arrêté[56] ».

Le groupe parisien cesse donc, mais d'autres groupes ARDECOM tentent de continuer en instaurant de nouveaux protocoles, comme à Lyon. Cependant, les effets secondaires nombreux, notamment la dépression, ont raison du groupe qui disparaît finalement en 1986[57].

Si à partir de 1979 certains se tournent donc vers la contraception masculine pour « faire plus » que parler[58], d'autres hommes continuent au contraire de participer à des groupes d'hommes. Pour coordonner les activités et assurer la liaison entre les groupes, quelques militants créent en juin 1980 l'Association pour la déconstruction des archétypes masculins (ADAM). À partir de janvier 1981, l'ADAM diffuse une revue, *Types, Paroles d'hommes*, qui publie cinq numéros jusqu'en avril 1984, vendus à environ 2 000 exemplaires[59]. Si les initiateurs de la revue soulignent l'importance de l'« interpellation des féministes ou des homosexuels[60] », les militantes féministes de *La revue d'en face* font un accueil sévère au premier numéro de *Types, Paroles d'hommes*[61]. D'abord suspec-

56. Entretien avec Alain, militant dans un groupe d'hommes puis à ARDECOM.
57. Welzer-Lang D., « Les études ou écrits sur les hommes et le masculin en France », Filiod J.-P. et Welzer-Lang D. (dir.), *Des hommes et du masculin*, Lyon, Presses universitaires de Lyon, 1992, p. 13-23. Plus généralement, sur les problèmes médicaux soulevés par les différentes techniques de contraception masculine, voir Desjeux C., *op. cit.*, p. 341-353.
58. *Contraception masculine*, n° 1, février 1980, p. 5.
59. D'après la revue, le premier numéro a été vendu à « environ 2000 exemplaires », tandis que 2 200 exemplaires du numéro 2/3 ont été vendus sur les 3 000 tirés (*Types, Paroles d'hommes*, n° 4, mai 1982, p. 145).
60. *Types, Paroles d'hommes*, n° 1, janvier 1981.
61. *La revue d'en face*, n° 9-10, « Spécial Hommes. De diverses attitudes féministes quant à la question masculine », 1er trimestre 1981.

tés d'être « des ex-militants d'extrême gauche qui ne peuvent être en rade de la dernière mode subversive[62] », leur choix de la non-mixité fait l'objet de critiques : « ce qui justifie notre non-mixité, c'est notre condition d'opprimées. [...] Il n'y a pas de symétrie à cela chez les bénéficiaires du patriarcat, même pourvus d'une conscience malheureuse. Qui pourrait imaginer, pour prendre une vieille analogie, un regroupement contre le racisme anti-noirs... réservé aux blancs[63] ? ». En outre, la tentation de symétrie opérée par les militants entre l'oppression des femmes et l'oppression des hommes par le système patriarcal est interprétée comme une manière de se dégager de leur propre participation au patriarcat et de nier les avantages obtenus par les membres du groupe dominant : « on aurait pu imaginer par exemple que les groupes hommes, lorsqu'ils évoquent les stéréotypes virils, fassent la liste des comportements masculins désignés par les femmes comme les opprimant. À cet examen, ils se seraient bien rendu compte qu'ils ne peuvent tout de même pas prétendre être dominés par tel ou tel privilège sans contrepartie que leur accorde la société patriarcale : des salaires plus élevés, par exemple, pour prendre le plus simple[64] ».

Ces critiques des féministes font l'objet de réponses de certains des membres de la revue qui regrettent « l'aspect caricatural de certaines analyses de nos intentions[65] » et défendent leur démarche. Pour autant, les critiques formulées par les féministes rendent compte de la diversité du positionnement des militants. D'ailleurs l'introduction du premier numéro affirme que « cette revue se fera aussi bien avec des hommes pour qui la tâche urgente est de réfléchir à ces interrogations [féministes], qu'avec des hommes qui revendiquent plutôt une réflexion autonome – pas hostile – sur nos spécificités, nos insuffisances et nos positivités[66] ». De fait, la revue alterne entre des écrits fortement emprunts du discours féministe et des textes qui manifestent une plus grande distance, si ce n'est une hostilité, envers ces mêmes discours. Ainsi, les « états d'âme d'un père célibataire à mi-temps[67] » ou la colère d'hommes dont les compagnes gardent un enfant contre leur volonté[68], dénonçant les pouvoirs des femmes[69], s'expriment dans le premier numéro consacré aux « Paternités ». La revue comme les groupes sont en réalité traversés par des conflits entre ceux qui souhaitent discuter des rôles sociaux masculins et les critiquer et ceux qui préfèrent insister sur les récits personnels. Pour ces derniers, il s'agit alors de laisser s'exprimer « des masculins pluriels qui veulent ne pas opprimer et se refusent aussi à se nier[70] ». La revue laisse ainsi paraître de fortes contradictions entre les discours politiques sur la phallocratie à combattre et des récits personnels qui s'éloignent de ce cadre politique. Face à la critique de la virilité développée par le groupe, certains

62. *Ibid.*, p. 28.
63. *Ibid.*, p. 45.
64. *Ibid.*, p. 32.
65. *Types, Paroles d'hommes*, n° 2/3, mai 1981, p. 105.
66. *Types, Paroles d'hommes*, n° 1, janvier 1981.
67. *Ibid.*, p. 17-25.
68. *Ibid.*, p. 28-35 et p. 36-37.
69. *Ibid.*, p. 24 et p. 33.
70. *Types, Paroles d'hommes*, n° 4, mai 1982, p. 3.

militants dénoncent « la culpabilité à l'égard du féminisme[71] » et expriment leurs craintes de se « nier comme mec[72] » et « d'une indifférenciation mâle-femelle où viendrait se dissoudre l'autonomie que les femmes affirment et fondent par et dans leurs luttes, et qui nous cantonnerait du coup dans le vide de nos pouvoirs, nous assignerait la négation comme seul mode de vie autre[73] ». En d'autres termes, les mises en récits de leurs vies s'élaborent de plus en plus en dehors de toute référence au féminisme et contribuent à faire émerger une nouvelle grille d'analyse de leurs expériences, centrée sur les souffrances des hommes, victimes de la « virilité obligatoire ». Pour certains des membres de la revue, la recherche d'un modèle de masculinité qui leur permet à la fois de renoncer à ce qui les fait souffrir, à la « charge » de la virilité[74], tout en maintenant ce qui leur procure du bonheur se substitue ainsi progressivement à la volonté d'inventer une masculinité non oppressive. Un homme explique ainsi : « je ne cherche pas plus à dévaloriser tous les plaisirs que je peux prendre dans des activités qui ont mauvaise réputation (comme le foot...) qu'à me nier comme mec[75] ». Ce déplacement politique aboutit alors à donner un rôle (quasi) thérapeutique à certains groupes, pour des hommes qui « cherchent à aménager leur malaise[76] ». Pour ces hommes, les années de revendications féministes sont alors désignées comme « les années de plomb[77] », créant notamment le sentiment de culpabilité d'être un homme, qu'il faut dépasser. Ces prises de position ont engendré des tensions et ont soulevé l'opposition des tenants d'une réflexion critique du patriarcat dès 1981[78]. Si ces divergences de points de vue ralentissent la publication de la revue[79], qui constitue pourtant la principale activité de l'ADAM, quelques centaines d'hommes continuent à se réunir dans des groupes d'hommes répartis en France et la revue revendique 200 abonnés[80].

En outre, les divergences de points de vue au sein de l'ADAM semblent s'effacer à partir de la fin de l'année 1983. La volonté de combattre le patriarcat redevient ainsi l'objectif principal et le numéro six de la revue, co-écrit avec des femmes, redéfinit clairement le positionnement politique. Tout en réaffirmant le poids de la « virilité obligatoire », ils fondent d'abord leur démarche sur la croyance en « l'existence d'une oppression et d'une domination socioéconomique des femmes par les hommes[81] ». L'ADAM décide ainsi de participer à la campagne en faveur du vote d'une loi anti-sexiste et rédige un court texte,

71. *Ibid.*, p. 128.
72. *Ibid.*, p. 135.
73. *Types, Paroles d'hommes*, n° 1, janvier 1981, p. 67.
74. Bourdieu P., *La domination masculine*, Paris, Le Seuil, 1998, p. 56-57.
75. *Types, Paroles d'hommes*, n° 4, mai 1982, p. 133.
76. *Ibid.*, p. 7.
77. *Types, Paroles d'hommes*, n° 5, février 1983, p. 3.
78. L'édito du n° 4, mai 1982, évoque ainsi le débat engagé parmi les membres de la revue depuis un an (p. 2-3).
79. 3 numéros paraissent entre janvier 1981 et mai 1982 et 2 entre mai 1982 et avril 1984.
80. En février 1982, un article mentionne 50 groupes d'hommes en France, composés chacun de 5 à 6 personnes, soit entre 250 et 300 hommes (*Espace-Temps*, n° 16, février 1982, p. 20). La revue et l'ADAM déclarent environ 200 abonnés et/ou adhérents entre 1982 et 1984 (*Types, Paroles d'hommes*, n° 4, mai 1982, p. 145 ; *Types, Paroles d'hommes*, n° 6, avril 1984).
81. *Types, Paroles d'hommes*, n° 6, avril 1984. Ce numéro n'a pu être consulté que sur le site EuroPROfem, qui a reproduit l'intégralité du contenu des 5 numéros, mais sans la numérotation des pages. http://www.europrofem.org/contri/2_07_fr/revuetyp/6/01_type6.htm (consulté le 6 mars 2005).

intitulé « Des hommes approuvent la loi anti-sexiste », publié en septembre 1983 dans *Paris féministes*, bulletin édité par la Maison des femmes de Paris[82]. Le groupe entreprend dès lors de se tourner davantage vers l'action par « l'information sur nos prises de position et leur diffusion (tracts, pétitions, etc.) » et par « des interventions institutionnelles (colloques, rencontres, débats) et publiques (manifestations, actions spectaculaires) ». Il se donne également pour objectif de réorienter la revue par une confrontation systématique des récits personnels à une « analyse critique » des rapports de domination entre hommes et femmes[83]. L'association modifie alors ses statuts pour y inscrire ces nouvelles orientations[84] et organise, les 27 et 28 octobre 1984, un colloque à l'ENS Saint-Cloud intitulé « Les hommes et le sexisme[85] ».

Cette nouvelle dynamique que tente d'impulser l'ADAM se solde cependant par un échec. D'une part, comme pour ARDECOM quelques années plus tôt, les féministes se montrent sceptiques. Le numéro six de la revue, qui impulse ce changement, est co-écrit par dix hommes et cinq femmes, militantes féministes. Mais la collaboration se révèle peu fructueuse et les militantes expriment leur déception dans le numéro : seuls deux groupes de réflexions mixtes parviennent finalement à produire des textes pour la revue, et les militantes jugent les discussions « plutôt médiocres dans l'ensemble[86] ». L'une d'entre elles constate également le fossé qui sépare militantes et militants féministes : « j'ai senti que la contraception de ces hommes ne concernait en rien les femmes (ils la font pour eux et pour eux seuls) et que la contraception féminine ne les intéressait pas du tout[87] ». La démarche elle-même suscite la méfiance et suite à la publication du texte de soutien à la loi anti-sexiste, les rédactrices de *Paris féministes* sollicitent l'avis des lectrices à propos de cette initiative : « Qu'en pensez-vous ? Ça serait intéressant de recevoir vos commentaires. Devons-nous accepter, encourager, ce type de soutien ou devons-nous nous méfier[88] ? ». Bien qu'aucune réponse de lectrices ne soit publiée, l'interrogation des rédactrices laisse transparaître les réticences et les suspicions des féministes face à la démarche. Elles explicitent d'ailleurs leur point de vue à la suite du colloque de septembre 1984 en se demandant « pourquoi des hommes lutteraient-ils contre le sexisme, eux qui en profitent, quoiqu'ils en disent ! » et en réaffirmant que cette participation « ne peut être qu'une lutte auxiliaire de la lutte des femmes[89] ». Dans ce contexte, les groupes d'hommes périclitent dès 1984[90] et le colloque réunit majoritairement des femmes[91]. Ainsi, *Types, Paroles d'hommes* ne publie plus après le numéro six d'avril 1984 et il n'existe aucune trace de l'ADAM après le colloque.

82. *Paris féministes*, n° 10, 15-30 septembre 1983.
83. *Types, Paroles d'hommes*, n° 6, avril 1984.
84. *Ibid.*
85. « Les hommes contre le sexisme », *op. cit.*
86. *Types, Paroles d'hommes*, n° 6, avril 1984.
87. *Ibid.*
88. *Paris féministes*, n° 10, 15-30 septembre 1983.
89. *Paris féministes*, n° 27, 1-15 décembre 1984.
90. Cette G. et Rognan J.-Y., *op. cit.*, p. 1321.
91. *Paris féministes*, n° 27, 1-15 décembre 1984.

L'exclusion des hommes comme norme militante

Parallèlement aux initiatives des hommes, les militantes continuent leurs actions entre femmes, d'autant que celles qui maintiennent leur engagement au début des années 1980 sont très souvent issues du courant lutte des classes et ont donc largement questionné la mixité à travers leurs expériences au MLAC ou dans les partis d'extrême gauche, qu'elles ont pour la plupart quittés[92]. Ainsi, lorsque certaines militantes acceptent que des hommes participent aux États généraux sur le travail de 1982, des militantes des groupes femmes quittent le comité d'organisation et rappellent l'expérience de la mixité lors de la mobilisation pour la reconduction de la loi Veil : « le rôle des comités unitaires mixtes en 1979, détournant peu à peu par grignotage permanent toutes les aspirations essentielles transcrites dans la plate-forme avortement-contraception-sexualité, est présent dans nos mémoires[93] ». Dans ce contexte, les associations qui se créent inscrivent la non-mixité dans leurs statuts, à l'image, par exemple, du Groupe femmes pour l'abolition des mutilations sexuelles (GAMS) fondé en 1982 qui se déclare « non mixte et féministe[94] » ou du collectif de pratiques et de réflexions féministes Ruptures, créé en 1984 par Monique Dental, militante depuis les années 1970. Le Planning familial, qui se déclare « mouvement féministe » en 1982[95] est toujours statutairement ouvert aux hommes mais est très majoritairement féminin durant les années 1980, à l'image de ses instances dirigeantes[96]. Signe des temps, le seul homme candidat au bureau en juin 1981 n'obtient pas la majorité des 21 voix pour être élu, contrairement aux 16 candidates, toutes élues[97].

Si la non-mixité assure la continuité avec les luttes des années 1970, le mouvement féministe peine néanmoins à rassembler. À titre d'exemple, la manifestation du 3 décembre 1986 pour la défense du remboursement de l'avortement par la sécurité sociale, obtenu en 1982, à la suite d'une proposition de loi des députés du Front national pour le déremboursement, ne réunit que 2 000 personnes, dont « beaucoup d'anciennes (et d'anciens !)[98] ». En 1990, la manifestation du 8 mars, journée internationale des femmes, réunit à peine plus de 1 000 femmes[99]. En

92. Voir le témoignage de militantes dans Boons M.-C. *et alii*, *op. cit.*

93. BNF, Recueil Groupes de femmes, 4-WZ-13312, Tract « À propos des états généraux mixtes sur les travail des femmes et les femmes dans le travail, qui auront lieu au mois d'avril… », signé « des femmes re-belles de la coordination des groupes femmes », non daté (début 1982).

94. CAF, Fonds Luce Sirkis, 8 AF 8, Statuts du GAMS, article 1, 2 octobre 1982.

95. Archives du MFPF, Conseil d'administration (avril 1980-novembre 1983), A 03 02, Compte rendu du conseil d'administration des 20 et 21 novembre 1982. La mention du MFPF comme mouvement féministe est inscrite dans l'article 1 des statuts lors du congrès extraordinaire convoqué en décembre 1983 (Archives du MFPF, Congrès, B 01 11, Compte rendu du congrès extraordinaire, décembre 1983).

96. Seuls quatre hommes sont membres du bureau national au cours de la décennie. Au conseil d'administration, la part des hommes passe de 11 % en 1981 (Archives du MFPF, Conseil d'administration, D 06 03, Liste des membres du conseil d'administration, 1981) à 0 % au début des années 1990 (Archives du MFPF, Conseil d'administration, D 06 03, Liste des membres du conseil d'administration, 1993-1994 et 1994-1995).

97. Archives du MFPF, Conseil d'administration (avril 1980-novembre 1983), A 03 02, Compte rendu du conseil d'administration des 27 et 28 juin 1981.

98. *Paris féministe*, n° 36/37, décembre 1986.

99. *Paris féministe*, n° 98, 15-31 mars 1990.

outre, le mouvement reste traversé par des tensions qui mettent à mal toute tentative de coordination. Ainsi, des dissensions entre militantes apparaissent dès 1984 dans la gestion de la Maison des femmes de Paris[100] qui connaît alors des difficultés financières et une baisse de ses effectifs et des ventes de son journal, *Paris féministe*. En 1988, la MDF n'a plus de permanente, est contrainte de réduire ses heures d'ouverture au public et aux associations et doit faire face à « moins de groupes, moins de femmes, moins de ventes [du journal][101] ».

Des militantes tentent alors de créer une association pour coordonner les initiatives féministes. L'association Elles sont pour, dont la création est décidée à la suite d'un colloque organisé en 1989 pour les quarante ans de la publication du *Deuxième sexe*[102], dépose ainsi ses statuts à la Préfecture le 16 mai 1990. L'assemblée constitutive du 9 juin 1990 réunit une cinquantaine de femmes et élit un conseil d'administration de quinze femmes, pour la plupart militantes depuis les années 1970[103]. Initié par des militantes formées à la non-mixité, le groupe se dote de statuts le définissant comme un « lieu de coordination non mixte des associations, groupes, collectifs et individus du mouvement des femmes[104] ». Une fois encore la non-mixité s'impose comme une évidence et ne semble pas débattue. D'ailleurs, c'est une atteinte à la norme de non-mixité qui suscite une vive polémique au sein de l'association et ralentit son activité. En effet, Anne Zelensky, qui fait partie des fondatrices, est une des rares militantes qui remet en question la non-mixité dès les années 1980. Ainsi, toujours présidente du centre d'accueil pour femmes battues Flora Tristan, fondé en 1978, elle crée en 1986 l'association SOS hommes et violences en privé pour prendre en charge les hommes auteurs de violences conjugales et un centre d'accueil est ouvert à Paris en 1988. En parallèle, elle anime à partir de 1989 Ailes et îles, groupe mixte de réflexions sur la pornographie qui réunit une dizaine de personnes[105]. C'est donc après ces expériences de collaboration avec des hommes qu'elle milite au sein de Elles sont pour et c'est son positionnement sur la participation des hommes qui va déclencher un vif conflit dans le groupe. Le compte rendu du conseil d'administration du 9 janvier 1991, quelques mois après la création de l'association, rapporte ainsi qu'« il est fait remarquer, à partir du résumé de l'intervention de Anne [Zelensky] le 7 novembre que le féminisme concerne aussi les hommes. Ceci donne lieu à une très vive discussion au cours de laquelle Catherine [Quentier], Caroline [Kurstenaard], Josie [Céret] et

100. Des tensions au sujet de la répartition du travail et des conflits politiques entre hétérosexuelles et homosexuelles apparaissent en 1984 (*Paris féministes*, n° 17, 15 au 30 janvier 1984 ; n° 18, 1er-15 février 1984 ; n° 19, mars-avril 1984). Les rapports de pouvoir au sein de la Maison des femmes sont dénoncés en 1986 (*Paris féministe*, n° 29, juillet 1986) et l'équipe dirigeante démissionne collectivement en 1988 (*Paris féministe*, n° 67, juillet 1988).

101. *Paris féministe*, n° 70, 1-15 octobre 1988.

102. Le nom choisi fait ainsi référence à une phrase de Simone de Beauvoir : « quand on me demande comment je juge *Le Deuxième sexe* aujourd'hui, je n'hésite pas à répondre : je suis pour » (Beauvoir S. de, *La force des choses*, Paris, Gallimard, 1963, p. 267).

103. CAF, Fonds Florence Montreynaud, 4 AF 17, Lettre aux adhérentes du 17 juin 1990.

104. CAF, Fonds Florence Montreynaud, 4 AF 14, Statuts de Elles sont pour, article 1. La date de dépôt à la Préfecture est précisée dans une lettre adressée aux adhérentes du 22 mai 1990 (CAF, Fonds Florence Montreynaud, 4 AF 17, Lettre aux adhérentes du 22 mai 1990).

105. Zelensky-Tristan A., *op. cit.*, 2005, p. 232-233.

Anne-Marie [Granger] protestent contre la création et le fonctionnement de l'association "SOS hommes et violences en privé" – création à laquelle Anne [Zelensky] a participé. La raison essentielle de cette protestation est le "discours de symétrie" qui en résulte, faisant oublier que dans la plupart des cas, ce sont les femmes les victimes[106] ! ». Anne Zelensky défend alors l'importance de la prise en charge des hommes violents mais la majorité des militantes réaffirment la nécessité de l'entre-femmes, à l'image de l'une d'elles qui souligne « que la non-mixité est encore nécessaire dans les associations féministes, car les femmes ont pour longtemps encore besoin de construire une théorie sans être dérangées et bloquées par le pouvoir masculin[107] ». Anne Zelensky, « choquée [...] par la violence de la réunion de janvier[108] » se désengage alors progressivement de l'association, suivie de nombreuses autres militantes[109]. Finalement, Elles sont pour disparaît peu à peu, et le compte rendu de l'assemblée générale de juin 1993 fait état d'une faible participation, d'une baisse des adhésions et de problèmes financiers[110]. Dans le même temps, un large rassemblement non mixte d'associations féminines[111] et féministes a été opéré au sein de la Coordination française pour le lobby européen des femmes (CLEF) en 1991[112].

Le non renouvellement des militantes féministes durant les années 1980 conduit ainsi à faire de l'exclusion des hommes une norme, le plus souvent implicite, de structuration du mouvement toujours à l'œuvre au tournant des années 1980 et 1990. Même lorsque quelques jeunes femmes s'engagent, le choix de la non-mixité paraît évident. Ce fut le cas en 1985 avec la création des Nanas beurs, groupe de jeunes femmes issues de l'immigration nord-africaine qui entend articuler revendications contre le racisme et le sexisme[113]. De même, la création des Marie-pas-claire, petit groupe parisien fondé en 1991[114], marque l'émergence d'une nouvelle génération militante mais s'inscrit dans la continuité des mobilisations passées. Les militantes font ainsi le choix de la non-mixité et développent un discours qui reprend la rhétorique à l'œuvre dans les années 1970 : « c'est un groupe non mixte, parce que nous voulons définir

106. CAF, Fonds Florence Montreynaud, 4 AF 17, Compte rendu du conseil d'administration du 9 janvier 1991.

107. *Ibid.*

108. CAF, Fonds Florence Montreynaud, 4 AF 17, Lettre d'Anne Zelensky, 10 mars 1991.

109. Elle quitte officiellement le conseil d'administration en juin 1992 (CAF, Fonds Florence Montreynaud, 4 AF 17, Lettre aux adhérentes du 3 septembre 1992).

110. *Bulletin d'informations, de liaisons et d'échanges du réseau femmes Ruptures*, n° 103, 15-30 novembre 1993.

111. Pour comprendre l'évolution d'associations féminines traditionnelles vers l'espace de la cause des femmes, voir Bereni L., *op. cit.*, 2007, p. 158-168.

112. Les deux initiatives de Elles sont pour et de la CLEF sont cependant différentes en ce qu'elles visent des objectifs distincts. Elles sont pour veut coordonner les initiatives féministes tandis que la CLEF intervient auprès du gouvernement français et des instances européennes pour exercer un rôle de lobby.

113. Voir notamment Mélis C., « Nanas-Beurs, Voix d'Elles-Rebelles et Voix de Femmes. Des associations au carrefour des droits des femmes et d'une redéfinition de la citoyenneté », *Revue européenne des migrations internationales*, vol. 19, n° 1, 2003, p. 81-100.

114. L'association revendique 40 adhérentes de la région parisienne en 1993 (*Marie-pas-claire*, n° 2, mars 1993), 50 en 1995 (Les Marie-pas-claire, « Nouvelle génération, nouvelles féministes ? », *Cahiers du CEDREF*, n° 4-5, 1995, p. 149-170, p. 156).

nos buts et diriger nos luttes nous-mêmes, comme des grandes… et parce que c'est le pied! » affirment-elles ainsi dans leur bulletin[115]. Cependant, un premier décalage avec la génération des militantes des années 1970 s'opère. Ainsi, en 1995, les militantes des Marie-pas-claire déclarent entretenir des rapports difficiles avec leurs aînées et soulignent qu'« on n'est pas du tout les mêmes que dans les années 70, c'est-à-dire femmes-femmes, repliées sur elles-mêmes… » et qu'elles sont opposées à la non-mixité de la Maison des femmes de Paris[116].

L'émergence d'une mixité symbolique

En effet, le début des années 1990 marque en réalité l'émergence d'une nouvelle attitude d'une partie du mouvement féministe quant à la participation des hommes. On l'a vu, Anne Zelensky interroge la non-mixité dès les années 1980, mais elle demeure à la marge du mouvement. En revanche, la défense du droit à l'avortement, qui réapparaît avec force suite à la multiplication des actions contre les centres qui pratiquent des interruptions volontaires de grossesse au cours de l'année 1990[117], introduit, une nouvelle fois, la mixité au sein du mouvement féministe. En effet, en réaction à ces « commandos », des militantes du MFPF et de Elles sont pour, et plus généralement du courant lutte des classes, fondent en 1990 la Coordination des associations pour le droit à l'avortement et à la contraception (CADAC) qui réunit des représentant-e-s du monde associatif mais aussi des syndicats et des partis politiques et fait le choix de la mixité[118]. Si peu d'éléments permettent de comprendre ce choix, il est cependant possible d'émettre plusieurs hypothèses. D'une part, il est probable que cette mixité soit l'héritière de celle de la lutte pour la libéralisation de l'avortement dans les années 1970, les militantes qui créent la CADAC ayant été formées au féminisme à cette occasion. La CADAC peut ainsi être considérée comme la réactualisation du MLAC, mobilisant à la fois les réseaux féministes et les réseaux politiques et syndicaux de la gauche et de l'extrême gauche pour la défense de l'avortement libre. En outre, la faiblesse tant numérique que politique du mouvement féministe a certainement guidé cette décision, les organisations politiques et syndicales offrant la visibilité politique et médiatique, ainsi que les ressources organisationnelles, nécessaires à la mobilisation.

Cette démarche stratégique des féministes semble d'ailleurs se diffuser au début des années 1990 à l'intérieur de la nébuleuse féministe. Monique Dental élargit ainsi l'action du collectif non mixte Ruptures en y accolant, en 1990, le réseau féministe Ruptures, mixte. La création de ce réseau mixte en parallèle du collectif non mixte est symptomatique de la période charnière que représente le début des années 1990. En effet, la co-existence des deux structures, qui dans

115. *Marie-pas-claire*, n° 3, décembre 1993.

116. Les Marie-pas-claire, *op. cit.*, 1995, p. 152.

117. Des associations anti-avortement comme SOS tout-petits ou La trêve de Dieu organisent à plusieurs reprises des actions où les militant-e-s s'enchaînent dans des locaux hospitaliers pratiquant des avortements afin d'empêcher toute IVG. En janvier 1993, une loi est votée créant le délit d'« entrave à l'avortement ».

118. Voir Trat J., *op. cit.*, p. 23.

les faits semblent pourtant se confondre, prend un sens bien plus symbolique que pratique : le collectif assure l'attachement à la non-mixité des années 1970 dont les militantes sont issues, en même temps que le réseau marque l'ouverture stratégique aux hommes dans l'objectif d'élargir la base militante. Cette même tension entre mixité et non-mixité est également visible dans le cas des mobilisations paritaires qui émergent à partir de 1992. Le mouvement s'appuie sur une base militante exclusivement féminine des associations féministes issues de la deuxième vague et des associations féminines traditionnelles, mais cette non-mixité comporte en même temps le risque de délégitimer la revendication même de parité. Ainsi, la plupart des associations qui se constituent est non mixte, mais met en avant la mobilisation des hommes en faveur de leur cause[119]. Le Réseau femmes pour la parité, issu de la Maison des femmes de Paris en janvier 1993, est exclusivement féminin – comme son nom le laisse entendre – mais prend soin de faire signer son « Manifeste des 577 pour une démocratie paritaire » par 289 femmes et 288 hommes[120]. Ce double positionnement aboutit finalement à la constitution du réseau Femmes et hommes pour la parité qui « affirme haut et fort la mixité de ses soutiens, notamment à travers son appellation, Femmes et hommes[121] » lors de sa constitution en novembre 1998. De même, la manifestation du 25 novembre 1995 pour la défense des droits des femmes, à l'appel de la CADAC, réunit 40 000 personnes[122] et conduit à la création d'un collectif mixte, le Collectif national pour les droits des femmes (CNDF), le 24 janvier 1996[123]. S'appuyant sur les mêmes réseaux militants, le CNDF se fonde ainsi de manière similaire à la CADAC : regroupant des associations féministes, des partis politiques et des syndicats sur une thématique plus large, les droits des femmes, la mixité s'impose.

Ainsi, la première moitié des années 1990 voit se dessiner un champ féministe plus éclaté encore, le principe d'exclusion des hommes n'étant plus la règle générale. Cependant, il s'agit bien du « principe » de non-mixité qui est atteint et non la non-mixité elle-même, les hommes étant dans les faits (quasi) absents. Les militantes des Marie-pas-claire soulignent d'ailleurs qu'« il est nécessaire de rappeler avant tout que quasiment aucun homme n'envisage de militer dans un groupe féministe[124] ». En effet, si les hommes peuvent manifester leur soutien dans la rue, comme lors de la manifestation du 25 novembre 1995, ils sont rares à s'engager dans les associations féministes. Le MFPF et Choisir demeurent extrêmement féminisés tandis que le réseau Ruptures ne parvient pas à mobiliser des hommes. Les partis politiques et les syndicats mandatent quasi uniquement des femmes, souvent issues des commissions femmes, pour les représenter à la

119. Sur les associations qui s'engagent pour la parité, voir Bereni L., *op. cit.*, 2007, p. 171-254.
120. « Manifeste des 577 pour une démocratie paritaire », *Le Monde*, 10 novembre 1993. 577 correspond au nombre de député-e-s à l'Assemblée Nationale.
121. Bereni L., *op. cit.*, 2007, p. 425.
122. Il y aurait eu « 2/3 de femmes, 1/3 d'hommes » (*Bulletin d'informations, de liaisons et d'échanges du réseau femmes Ruptures*, n° 230, janvier 2002).
123. Sur la création du CNDF, voir Trat J., *op. cit.*, p. 25-27.
124. *Marie-pas-claire*, n° 8, mars 1996.

CADAC ou au CNDF[125]. De même, les mobilisations paritaires sont également désertées par les hommes, quasi absents des réseaux et associations[126]. Cette nouvelle mixité qui naît au début des années 1990 revêt alors une dimension bien plus symbolique et stratégique que pratique. En revanche, la fin de la décennie est marquée par l'émergence d'une « mixité militante[127] » portée par une nouvelle génération de militant-e-s.

Mobiliser les hommes pour renouveler le féminisme (1996-2010)

Le retour de la mixité

Parfois désignée comme « troisième vague[128] » des mouvements féministes en France, l'émergence d'une nouvelle génération militante sur la scène féministe à partir de la deuxième moitié des années 1990 s'est effectuée par le biais de la création d'associations. Ce renouveau, bien que relatif en termes d'effectifs militants, est le fait de jeunes militant-e-s, qui font le choix de la mixité.

Cette transformation à l'œuvre s'exprime pour la première fois au sein de l'Institut d'études politiques (IEP) de Paris avec la création en 1995 d'une association étudiante féministe, les Sciences potiches se rebellent (SPSR)[129]. Des militantes de l'UNEF (Union nationale des étudiants de France) décident en effet, en 1995, de se regrouper en non-mixité pour débattre sur l'égalité hommes-femmes. Le choix de la non-mixité suscite alors de vives réactions, rappelant l'hostilité vécue plus de vingt ans plus tôt à Vincennes. Selon les militantes, « avant même que la réunion n'ait eu lieu, le mot d'ordre provoque un tollé général dans le hall de Sciences po où il est affiché. Moqueries, sourires narquois, surprise ». Des étudiants de l'UNEF se montrent également vivement opposés à cette réunion : « certains ne comprennent pas l'enjeu et nous prient d'arrêter ces réunions "tricot", jugées d'arrière-garde. La "commission femmes" se transforme en "commission ragnagna", les insultes sexistes fusent[130] ». Pourtant une quinzaine de femmes se présentent à la première réunion, décident d'investir la scène féministe et, dans ces conditions, de fonder une association autonome. Cependant, au moment de la constitution des SPSR, des militants de l'UNEF, « sincèrement inquiets » des attaques anti-avortement, demandent à participer à l'association. Après de longs débats, les militantes acceptent les hommes, mais se

125. Par exemple, la réunion unitaire organisée après la manifestation du 25 novembre 1995 regroupe 25 femmes et 2 hommes (*Paris féministe*, n° 148, 1-15 janvier 1996).
126. Bereni L., *op. cit.*, 2007, p. 175.
127. Schütz G., *op. cit.*, p. 65-67. La mixité militante définit ainsi les associations féministes mixtes qui mettent en avant la mixité du groupe en même temps qu'elles développent un discours sur les stéréotypes masculins.
128. Bessin M. et Dorlin E., « Les renouvellements générationnels du féminisme : mais pour quel sujet politique ? », *L'Homme et la société*, n° 158, 2005, p. 11-25, p. 12.
129. Les statuts sont officiellement déposés à la Préfecture de Paris le 26 février 1996 (Archives personnelles, Déclaration à la Préfecture de l'association SPSR, 26 février 1996).
130. Archives personnelles, « La création des SPSR », texte interne signé par deux fondatrices des SPSR, non daté.

réservent le droit de se réunir parfois en non-mixité. SPSR demeure cependant marginale, ne dépassant pas le cadre de l'IEP et devant faire face, par définition, à une grande instabilité de l'engagement, les membres devant être inscrit-e-s à Sciences po. En revanche, la création de Mix-cité Paris, en 1997[131], est bien plus significative de l'évolution que connaît le mouvement féministe à la fin des années 1990[132]. Créée par un groupe initialement constitué de sept femmes et deux hommes, l'association place la mixité au centre de son projet, comme le nom choisi en témoigne. Grâce à la volonté affichée « d'intervenir dans le champ médiatique[133] », doublée de l'intérêt que représentent la mixité et la jeunesse des militant-e-s pour les médias[134], le groupe bénéficie rapidement d'une médiatisation bien plus grande que la majorité des associations féministes existantes. Ceci positionne alors Mix-cité Paris vers le centre du mouvement féministe, l'association regroupant plusieurs dizaines de militant-e-s et s'étendant sur le territoire national[135].

Cette jeune génération qui renouvelle les modalités de l'engagement féministe, notamment par la mixité, n'est pour autant pas en rupture avec les militantes de la génération des années 1970, avec qui elle mène certaines actions. Mais la mixité est diversement accueillie par les militantes qui sont engagées depuis les années 1970. Outre le CNDF ou la CADAC déjà mixtes, certaines emboîtent le pas à la jeune génération et ouvrent leurs associations aux hommes. On peut citer le cas de Florence Montreynaud qui crée tour à tour les Chiennes de Garde (1999), la Meute (2000) et le réseau Encore féministes (2001), toutes les trois étant mixtes. Néanmoins, beaucoup des militantes demeurent attachées à l'entre-femmes[136]. Aussi, lorsque Mix-cité Paris mandate un homme pour la commémoration du dépôt de la gerbe à la femme du Soldat inconnu, les militantes des années 1970 refusent sa participation[137].

Malgré quelques réticences, la mixité n'en demeure pas moins instaurée dans le paysage féministe aux débuts des années 2000, d'autant que le regain du mouvement attire de nouveau quelques militants politiques. Ainsi, un groupe tel que le Collectif contre le publisexisme (CCP), fondé à l'automne 2001 par des militant-e-s de la mouvance libertaire et anti-fasciste (comme No Pasaran ou le

131. L'idée de l'association naît durant l'été 1997 et les statuts sont déposés au mois d'octobre (Bilan 1997-1998. L'ensemble des bilans et des comptes rendus d'assemblée générale de l'association parisienne sont disponibles sur Internet, http://www.mix-cite.org/archive/index.php3, consulté le 20 janvier 2011).

132. Sur Mix-cité, voir notamment Henneron L., *op. cit.*, 2002, p. 42-94.

133. Bilan 1997-1998. Fait significatif, les bilans annuels de l'association font à chaque fois apparaître une rubrique « Mix-cité et les médias ».

134. La presse porte une attention particulière aux hommes impliqués dans les associations féministes à partir de la fin des années 1990 (Schütz G., *op. cit.*, p. 79-81).

135. Des groupes locaux de Mix-cité sont progressivement créés dans plusieurs villes comme Marseille, Toulouse, Orléans, Rennes, Nantes ou Lille.

136. Sur les difficultés de collaboration entre associations féministes mixtes et non mixtes, voir Rétif S., *Logiques de genre dans l'engagement associatif. Carrières et pratiques militantes dans des associations revendicatives*, Paris, Dalloz, 2013, p. 390-392.

137. Bales M.-A. et Lancelot-Viannais Th., « Un héritage sans testament », *Femmes Info*, n° 91/92, automne 2000 et Henneron L., *op. cit.*, 2002, p. 59-60. La cérémonie devait symboliquement réunir trois militantes des années 1970 et trois militantes de la nouvelle génération.

SCALP, Section carrément anti Le Pen), est d'emblée ouvert aux hommes[138]. De même, le mouvement Ni putes ni soumises (NPNS), qui se donne pour objectif de dénoncer les atteintes à la liberté des femmes dans les quartiers populaires, émerge au sein de SOS Racisme puis de la Fédération nationale des maisons des potes[139], présidée alors par Fadela Amara, qui devient la première présidente de NPNS. Lorsque le collectif se fonde, le 8 mars 2003, à la suite de la Marche des femmes contre les ghettos et pour l'égalité, la mixité est alors une évidence non discutée. L'association appelle à un combat « mené par l'ensemble des femmes [...] et aussi des hommes[140] » d'autant plus aisément qu'elle s'inscrit dans une continuité conflictuelle avec les mouvements des années 1970[141]. Plus récemment, la constitution en 2009 du collectif mixte Osez le féminisme! (OLF) par des jeunes militant-e-s politiques et syndicaux-ales, qui prend en charge un journal en ligne, participe du même processus[142].

Enfin, les Panthères roses, créées en juin 2003[143] et qui occupent une position singulière entre champ militant féministe et champ militant gay et lesbien, font le choix du militantisme en mixité. Ce choix est d'autant plus significatif que depuis le FHAR et la prise de pouvoir des hommes à partir de 1971, les mobilisations homosexuelles étaient quasi uniquement non mixtes, entre d'un côté des associations gay et de l'autre des groupes lesbiens[144].

Une mixité variablement attractive pour les hommes

La multiplication de lieux d'engagements féministes ouverts aux hommes à partir de la fin des années 1990 ne signifie pas pour autant que les hommes s'y investissent massivement. L'implication des hommes est en réalité très inégale entre les groupes et semble fortement dépendante de trois critères: l'existence ou non d'un discours sur la mixité, la mise en avant ou non du poids des modèles normatifs pour les hommes et les thématiques principales de mobilisation[145].

Ainsi, les associations qui concentrent leurs revendications et leurs actions sur la traduction dans les faits de l'égalité obtenue dans le droit, tout en ne développant pas, ou faiblement, de discours sur l'importance de la mixité des

138. Henneron L., *op. cit.*, 2002, p. 33.
139. Voir Lemercier É., « L'association "Ni putes, ni soumises" : une inflation politico-médiatique démystifiée par le terrain », *L'année du Maghreb*, 2005-2006, p. 499-508.
140. Amara F., *Ni putes, ni soumises*, Paris, La Découverte, 2003, p. 122. La marche est officiellement lancée par 6 femmes et 2 hommes (*ibid.*, p. 101).
141. NPNS reproche aux féministes d'avoir « oublié les femmes des milieux populaires » (*ibid.*, p. 122) tandis que certaines féministes accusent NPNS de stigmatiser les jeunes hommes des banlieues (voir par exemple Guénif-Souilamas N. et Macé É., *Les féministes et le garçon arabe*, Paris, Éditions de l'aube, 2004).
142. http://www.osezlefeminisme.fr (consulté le 29 septembre 2010). Le collectif organise ainsi une soirée-débat, « les jeunes s'engagent pour l'égalité femmes-hommes », le 2 octobre 2009, en préparation à la manifestation nationale de défense des droits des femmes le 17 octobre 2009, avec le soutien des groupes jeunes de la CGT, du PS, du PCF, des Verts ou du NPA.
143. Les statuts sont déposés le 16 juin 2003 à Paris.
144. Voir Larrouy M., *op. cit.*, p. 67-81.
145. Cette distinction reprend en partie et prolonge celle développée par Gabrielle Schütz (*op. cit.*, p. 65-67).

luttes et sur les stéréotypes imposés aux hommes comptent une très grande majorité de femmes parmi ses effectifs. Les associations de défense des droits des femmes telles que le CNDF, la CADAC ou le réseau Ruptures, qui sont statutairement ouvertes aux hommes, ne sont pas parvenues à les mobiliser, tout comme Choisir ou le MFPF, mixtes depuis les années 1970. Ces groupes ou collectifs qui mobilisent majoritairement un registre discursif et des cadres politiques hérités des années 1970 ne font alors pas de la présence des hommes un enjeu majeur. Au contraire, Maya Surduts, présidente du CNDF, explique par exemple qu'« une majorité d'hommes ne considère pas la lutte des femmes comme une priorité[146] ».

En revanche, lorsqu'une association entreprend de lutter pour les droits des femmes mais aussi de dénoncer les carcans que représentent la féminité et la masculinité, tout en insistant sur la richesse qu'apporterait la mixité, les hommes sont plus nombreux à s'engager. La centralité de la lutte contre les stéréotypes et les représentations apparaît alors comme bien plus attractive pour les hommes dans la mesure où elle tend à mettre en parallèle domination des femmes et domination des hommes et parce qu'elle permet aux hommes de ne pas se confronter au rapport de pouvoir concret entre hommes et femmes. En effet, alors que travailler sur les inégalités matérielles dont sont victimes les femmes implique souvent une remise en question pour les hommes de leurs propres pratiques (comme par exemple lorsqu'il s'agit d'interroger la répartition sexuée des tâches domestiques et familiales), la dénonciation de propos sexistes dans la sphère publique ou des stéréotypes dans la publicité désignent des coupables précis permettant aux militants de ne pas s'inscrire parmi les dominants. Cette situation se retrouve principalement au sein de l'association Mix-cité Paris[147]. En effet, Mix-cité développe un discours militant en faveur de la mixité organisé autour de quatre thématiques principales. D'abord, pour l'association, le féminisme, qui implique un changement des rapports hommes/femmes, ne peut vaincre sans les hommes : « il est des évidences qu'il n'est peut-être pas inutile de rappeler : les transformations des rapports de sexes impliquent les deux sexes[148] » soulignent alors les militant-e-s. En outre, la volonté de militer entre femmes et hommes est revendiquée comme une stratégie permettant de rompre avec l'image anti-hommes héritée des mobilisations des années 1970. La mixité « fonctionne comme une "stratégie de communication", même si la formule est pour le moins détestable et contestable. La mixité incarne un changement de look. Elle permet de désamorcer les nombreux stéréotypes sur les féministes dont la doxa retient, non pas les victoires comme la libéralisation de l'avortement, mais une image caricaturale "d'hystériques haineuses envers les hommes". En

146. *L'Express*, 7 mars 2002.

147. Mix-cité combat également pour les droits des femmes. Elle se donne cependant pour objectif principal « d'agir pour que la culture, l'éducation, les mentalités évoluent vers l'égalité » (« Féministes aujourd'hui », Texte de présentation de l'association, 2001, http://www.mix-cite.org/presentation/index.php3, consulté le 6 avril 2006).

148. Autain C. et Lancelot Th., « De la mixité dans les luttes féministes », *Alternative rouge et verte*, 1997.

somme, pour certaines, la mixité est un gage de ne pas être “anti-mecs”[149] ». En outre, « la mixité doit contribuer à enrichir le débat, à mieux comprendre les résistances qui subsistent et à mieux les combattre[150] ». Enfin, l'association souligne, à l'image des groupes d'hommes des années 1970 et du début des années 1980, que les hommes sont eux aussi victimes de la domination masculine, puisqu'ils « sont directement touchés par les rôles imposés, les modèles de virilité[151] » en subissant le « diktat de la virilité obligée[152] ».

Faisant de la mixité un enjeu de renouvellement du féminisme[153] et des militants le symbole d'un changement possible, le groupe accorde une importance particulière à la présence d'hommes[154]. Ainsi, suite à la participation d'une femme et d'un homme de l'association à une émission de télévision, « les membres de Mix-cité ont été particulièrement satisfaits de la visibilité de la mixité par la présence d'un homme féministe[155] ». Pour les militant-e-s, cette visibilité est importante politiquement et symboliquement mais également pratiquement, puisque « suite à l'émission, plusieurs nouveaux militants hommes ont rejoint l'association[156] ». En outre, face à une baisse des adhésions masculines, Mix-cité Paris met en place un groupe de travail chargé « d'étudier les moyens de sensibiliser les hommes au féminisme[157] ». Incités à participer au groupe, les hommes sont alors plus nombreux à s'engager à Mix-cité Paris que dans les autres associations qui tout en leur étant ouvertes ne cherchent pas particulièrement à les mobiliser. Ils demeurent cependant minoritaires parmi les adhérent-e-s, représentant aux alentours d'un sixième[158], et parmi les membres du conseil d'administration et du collège, étant en moyenne environ un quart des membres élus[159]. Enfin, la part des hommes dans les groupes de Mix-cité Toulouse et Rennes est sensiblement identique[160].

De même, une association comme les Panthères roses, bien qu'elle ne développe pas explicitement de discours sur la mixité, a su attirer de nombreux hommes. Cette mobilisation importante des hommes peut alors se comprendre par la centralité des discours sur le refus des assignations identitaires de genre ou de sexualité. Ainsi, l'association ne recourt pas aux catégories d'hommes et de

149. *Ibid.*
150. « Féministes aujourd'hui », *op. cit.*
151. *Bulletin Mix-cité*, n° 1, été 1999.
152. Lancelot-Viannais Th., « Le sexisme fait mâle », *Femmes Info*, n° 91/92, automne 2000.
153. « Notre parti pris de la mixité incarne un néo-féminisme » (Autain C. et Lancelot Th., *op. cit.*).
154. Gabrielle Schütz souligne que lors de son enquête de terrain les militantes ont plusieurs fois exprimé leur volonté de recruter davantage d'hommes (*op. cit.*, p. 93).
155. Bilan 1998-1999.
156. *Ibid.* Si le travail de ce groupe semble avoir été finalement limité, sa mise en place n'en est pas moins révélatrice des dynamiques à l'œuvre au sein de l'association.
157. Bilan 2003-2004.
158. L'association ne dispose pas de fichiers adhérents à jour. Gabrielle Schütz a dénombré en 2001 un sixième d'adhérents (*op. cit.*, p. 91-92). Pour les militants rencontrés, la proportion varie entre 10 % et un tiers.
159. Entre 1997 et 2009, les hommes ont occupé 23,8 % des sièges du collège et 19,3 % des sièges du conseil d'administration. Voir Annexe 4.
160. Les chiffres transmis par les associations indiquent un cinquième d'hommes parmi les adhérent-e-s et un quart d'hommes au collège de Mix-cité Rennes entre 2002 et 2010 et un quart d'hommes au bureau de Mix-cité Toulouse entre 2003 et 2011. Voir Annexe 4.

femmes mais, par renversement du stigmate, à celles de pédés et de gouines[161]. Ce positionnement qui considère également la domination subie par les homosexuels et par les homosexuelles, doublé d'un choix de luttes désignant des ennemis précis, extérieurs aux militant-e-s, à savoir les « hétéropenseurs, hétérocenseurs, hétéroppresseurs et autres hétéroprosélytes[162] », favorise alors l'engagement masculin sans qu'un discours stratégique sur la mixité ait besoin d'être développé. C'est également le cas du Collectif contre le publisexisme qui par son choix d'action limité au sexisme dans la publicité, comme dans son discours sur la déconstruction des stéréotypes féminins et masculins, a attiré de nombreux hommes[163].

Enfin, entre d'un côté des associations de défense des droits des femmes quasi exclusivement féminines et de l'autre des groupes attractifs pour les hommes qui agissent davantage sur les stéréotypes féminins et masculins, certaines associations, qui mobilisent quelques hommes, occupent une position intermédiaire. Certaines d'entre elles développent un discours valorisant la mixité sans pour autant travailler sur le poids des modèles de virilité et en élargissant son spectre d'action au-delà des simples représentations. Les Sciences potiches se rebellent, par exemple, cherchent à mobiliser les hommes[164] mais se donnent pour objectif « de sensibiliser les personnes à la condition des femmes en France et dans le monde, de défendre les droits des femmes, de réfléchir aux moyens de promouvoir une réelle égalité entre les femmes et les hommes et de lutter contre toutes les formes de sexisme[165] ». Si les militant-e-s reconnaissent que « de la même façon que l'on impose un modèle, des normes, des rôles, aux femmes, on en impose aux hommes[166] », cette question est traitée de manière marginale au sein de l'association. Dans un contexte où le groupe met en avant la mixité mais où les thématiques concernent principalement les droits des femmes, les militants demeurent largement minoritaires. Pour d'autres associations, telles que Les Chiennes de garde, La meute ou NPNS, la mixité fait l'objet de peu de discours, si ce n'est pour souligner la rupture avec les années 1970 dans le cas de NPNS[167], et la participation des hommes ne semble pas particulièrement recherchée. En outre, si les thématiques comme les publicités sexistes, les propos publics misogynes ou la dénonciation du supposé virilisme des jeunes hommes des quartiers populaires permettent aux hommes (ou à certains hommes) de se mettre à distance du sexisme, la marginalité du discours critique sur les modèles imposés aux femmes comme aux hommes conduit à un faible engagement des

161. Les Panthères roses, « Ni hommes, ni femmes. Gouines et pédés, féministes radicales », *Alternative Libertaire*, 15 mai 2005.

162. http://www.pantheresroses.org/Les-pantheres-roses-sont-des.html (consulté le 10 avril 2006), Tract « Les panthères roses sont des pédégouines », 1er décembre 2002.

163. Selon l'association, les femmes et les hommes participent « à égalité » aux actions organisées.

164. « On fait tout notre possible pour attirer les garçons » explique par exemple une militante (*Le Monde*, 11 décembre 2002).

165. Archives personnelles, Statuts des SPSR, Article 2.

166. *Actuel*, n° 102, 13 janvier 2003.

167. NPNS mène une « lutte pour un nouveau féminisme opposé à l'affrontement des genres » (http://www.niputesnisoumises.com/la-campagne-laicite-egalite-mixite, consulté le 12 octobre 2007, Texte de la campagne « Laïcité-égalité-mixité », 2004).

hommes. Aux Chiennes de garde par exemple, le conseil d'administration de 2007 est composé de neuf femmes et d'un homme, et seuls 20 des 220 adhérent-e-s pour l'année 2009 étaient des hommes, tandis que deux ou trois hommes font partie du noyau de la vingtaine de militant-e-s[168]. Le même constat semble pouvoir être également établi pour OLF.

Les contextes organisationnels contribuent alors fortement à déterminer la participation des hommes. Les groupes qui accordent une grande importance à la mixité et/ou qui, par leurs actions et leurs positionnements politiques, permettent aux militants d'identifier un système d'oppression éloigné d'eux et/ou au contraire qui les oppresse sont ainsi plus attractifs pour les hommes, au contraire d'associations qui restent centrées sur les droits des femmes et la dénonciation des multiples formes des inégalités entre femmes et hommes.

La gestion de la mixité

La coprésence des hommes et des femmes dans des associations féministes depuis le milieu des années 1990 est diversement gérée. Pour les groupes délaissés par les hommes, la gestion de la mixité est facilitée d'une part par le rapport de force numérique en faveur des femmes, d'autre part par la forte identification de ces groupes à leur leader. C'est ainsi le cas de Ruptures, créé et dirigé par Monique Dental, de la CADAC, fondée et menée par Suzy Rojtman, du CNDF, fondé et dirigé par Maya Surduts, et des Chiennes de garde ou de La meute, avec Florence Montreynaud pour présidente-fondatrice. Cette forte concentration du pouvoir, comme à Choisir depuis les années 1970, constitue alors un frein important à l'exercice de la domination masculine, d'autant que les militantes, qui ont pour la plupart débuté leur engagement dans les années 1970, y sont particulièrement attentives. Dans une moindre mesure, la forte identification de l'association NPNS à sa présidente-fondatrice Fadela Amara garantit également le contrôle politique du mouvement aux femmes. Dans le cas de NPNS, le faible engagement des hommes résulte également de la proximité de l'association avec la Fédération nationale des maisons des potes, faisant de NPNS une sorte de section féminine de la Fédération. En revanche, pour la plupart des organisations composées de militant-e-s engagé-e-s à partir des années 1990, la gestion de la mixité se révèle différente, notamment du fait que les hommes y sont plus nombreux que dans les autres associations.

En effet, pour une partie de la nouvelle génération militante, la mixité constituerait une nouvelle étape du féminisme, rendue possible par la (relative) diminution des inégalités entre femmes et hommes, par la généralisation de la mixité dans les différentes sphères sociales et par la légitimité que les femmes ont acquise dans la sphère publique grâce aux mobilisations des années 1970[169] : « les femmes ont montré qu'elles pouvaient lutter elles-mêmes contre les discriminations. Elles ont su s'arroger une prise de parole publique, qui leur était jusque-là

168. Informations transmises par l'association.

169. Sur la prégnance du discours de la « seconde étape » du féminisme chez les militant-e-s, voir Schütz G., *op. cit.*, p. 54-56.

refusée dans les mouvements mixtes, même progressistes. La domination masculine ayant été ébranlée, il nous est aujourd'hui possible de réfléchir ensemble, hommes et femmes » affirme par exemple Mix-cité Paris[170]. S'inscrivant dans la continuité des luttes des années 1970, les conduisant par exemple à considérer comme légitime la persistance de lieux de militantisme non mixtes, ces associations posent *a priori* la mixité comme une coopération égalitaire entre hommes et femmes et n'instaurent aucune restriction statutaire quant à la participation des hommes.

Pourtant, la présence des hommes se révèle parfois génératrice de tensions et a entraîné des ajustements. Aux Sciences potiches se rebellent, l'absence de règles conduit un homme à la présidence de l'association en 2000. Le groupe, opposé à une vision hiérarchique du militantisme, avait en effet décidé que les fonctions obligatoires à déclarer à la Préfecture pour toute association loi 1901 (président-e, secrétaire et trésorier-ère) seraient attribuées par tirage au sort. Or en 2000, c'est un homme qui est désigné président, fonction qui, bien que sans valeur pour l'association, lui attribuait un pouvoir symbolique, notamment à l'extérieur du groupe. Cette situation conduit alors les SPSR à transformer leurs statuts pour réserver les fonctions du bureau aux femmes.

À Mix-cité Paris, les militant-e-s avaient choisi de spécifier une répartition sexuée des fonctions, mais davantage dans le but de mettre en avant la mixité que dans la perspective de limiter le pouvoir des hommes. Initialement, les statuts prévoyaient une présidence partagée par une femme et un homme, tandis que les postes de trésorier-ère et secrétaire étaient indifféremment attribués à des femmes ou des hommes. Or, en 1999, l'élection du bureau aboutit à une répartition fortement sexuée du travail militant qui interroge les militantes : « comme plus de filles se sont présentées que de garçons, les voix en faveur des filles se sont dispersées. De plus, chacun-e s'était présenté-e sur les postes qu'il-elle souhaitait occuper et le hasard (!) faisait que les garçons n'avaient pas postulé pour le poste de trésorier… Résultat des courses : deux secrétaires garçons et deux trésorières[171] ! ». Le résultat de l'élection apparaît d'autant plus contestable pour les militantes qu'il entraîne une surreprésentation des hommes par rapport à leur part parmi les adhérent-e-s : « 3 garçons sur 6 élu-es dans une association à plus de 70 % féminine laisse perplexe[172] » souligne alors le compte rendu de l'assemblée générale. Les statuts sont donc modifiés et le bureau devient un collège obligatoirement composé de trois femmes et deux hommes, « d'une part pour répondre à notre souci de mixité, et d'autre part pour correspondre à peu près à la proportion d'adhérent-es hommes/femmes de l'association[173] ». Pour autant, cette nouvelle division est remise en cause dès l'assemblée générale de 2002 qui vote de nouveaux statuts : dès lors, le collège, composé de cinq membres, doit obligatoirement comporter au moins une femme et un

170. « Féministes aujourd'hui », *op. cit.*
171. Bilan 1999-2000.
172. *Ibid.*
173. Bilan 2000-2001.

homme, tandis que la présidence est réservée à une femme[174]. En 2004, la relative crise de l'engagement[175] que connaît Mix-cité Paris oblige l'association à changer une nouvelle fois de statuts. Le collège est alors « composé de quatre personnes au minimum et de huit personnes au maximum, dont au moins une personne de chaque sexe[176] ». Mais pour l'association, l'enjeu est alors déplacé car il semble que ce soit d'abord les hommes qui se désengagent : au collège et au conseil d'administration, leur nombre ne cesse de baisser[177].

Les exemples des Sciences potiches se rebellent et de Mix-cité Paris soulignent alors les limites de la mixité initialement théorisée[178]. D'une part, les associations ont dû ajuster leurs modes de fonctionnement pour tenter de concilier mixité et contrôle politique des groupes par les femmes. D'autre part, la mixité se révèle également problématique pour les associations dans la répartition du travail militant. Ainsi, des travaux ont déjà montré que la tendance des hommes à prendre davantage la parole et à s'accaparer le savoir demeure vivace dans les groupes féministes mixtes[179]. De même, le militantisme entre femmes et hommes tend à évacuer les moments de discussion sur les expériences personnelles au profit de discussions plus politiques, alors même que ces associations reprennent à leur compte le slogan des années 1970 « le privé est politique[180] ». Le militantisme féministe entre femmes et hommes implique par conséquent un travail permanent de réajustement afin d'éviter, au maximum, la reproduction des rapports de pouvoir entre hommes et femmes. Il paraît cependant difficile, malgré des garanties statutaires et la vigilance des militantes, d'y échapper totalement.

Des militantismes non mixtes

Ces différentes difficultés de fonctionnement égalitaire entre femmes et hommes conduisent alors des femmes, mais aussi des hommes, à militer en non-mixité. L'entre-femmes perdure ainsi dans les associations qui ont été créées à partir des années 1980, mais aussi dans des petits groupes plus récents de la nébuleuse féministe, dans des coordinations féminines et féministes comme la CLEF ou la Marche mondiale des femmes ou encore à l'occasion d'actions spéci-

174. Compte rendu de l'assemblée générale, 2002.
175. À partir de 2004, les bilans de l'association évoquent chaque année des « difficultés persistantes à mobiliser régulièrement un nombre important de militant-e-s » (Bilan 2006-2007).
176. Bilan 2004-2005.
177. Entre 2002 et 2009, il n'y a jamais plus d'un homme qui siège au collège, tandis qu'un à deux sièges seulement sont occupés par un homme au conseil d'administration. On constate même un effondrement depuis 2007 : aucun homme n'est membre du collège et seul Thomas Lancelot, co-fondateur de l'association, siège au conseil d'administration.
178. D'autres expériences militantes sont confrontées aux mêmes difficultés. Récemment, Caroline de Haas, fondatrice d'OLF, a ainsi fait état de la tendance des hommes a monopolisé la parole lors des réunions publiques, particulièrement lors des séances en présence des médias (Conférence « Pratiques d'engagement dans les organismes associatifs, mutualistes, syndicaux et patronaux sous l'angle de l'égalité femmes/hommes », Conseil économique, social et environnemental, 13 février 2014).
179. Voir Henneron L., *op. cit.*, 2002, p. 103, Schütz G., *op. cit.*, p. 158-162, Taylor J., *op. cit.*, p. 73-74, Rétif S., *op. cit.*, p. 401-467.
180. Henneron L., *op. cit.*, 2002, p. 69.

fiques, comme une marche de nuit ou la mise en place d'espaces réservés aux femmes dans le cadre de manifestations mixtes. Dans tous les cas, la non-mixité féminine est le résultat d'une démarche politique, héritée des années 1970, d'autonomisation des femmes et de libération de leur parole.

À l'opposé, des moments ou lieux entre hommes sont pensés comme des moyens privilégiés de déconstruction collective du rôle dominant. Ce retour de groupes d'hommes à partir d'une réflexion féministe émerge au sein des milieux libertaires et anarchistes à la fin des années 1990. Ces hommes, souvent confrontés à des féministes dans leurs cercles militants, privilégient alors la forme de rencontres, parfois de groupes, réservés aux hommes. La première rencontre identifiée se déroule en septembre 2003 à Neuvy (Allier) et prend la forme d'un « week-end de réflexion anti-patriarcale non mixte hommes[181] ». Il se donne pour objectif d'engager une réflexion sur « la déconstruction par les hommes de leur rôle d'homme et d'oppresseur[182] ». Le tract annonçant la rencontre souligne l'émergence de cette réflexion « au sein des mouvances anti-capitalistes et anti-autoritaires francophones » par l'organisation les mois précédents de plusieurs réunions de discussions entre hommes sur ces thématiques[183]. La non-mixité hommes est alors conçue comme « un outil parmi d'autres pour tenter de déconstruire le rôle masculin imposé[184] ». La rencontre, le temps d'un week-end, réunit une vingtaine d'hommes autour de « moments très formels de discussions parlées[185] ». L'initiative est renouvelée du 25 au 30 mars 2005, à Dijon, dans l'espace autogéré des Tanneries. La rencontre, qui ne réunit cette fois qu'au plus dix hommes, donne lieu à huit discussions autour de thèmes divers tels que la pornographie, les désirs, les rapports de domination ou les possibilités d'actions collectives en tant qu'hommes[186] ainsi qu'à des ateliers ludiques de découverte du corps. En parallèle, en 2004, quelques hommes proposent de créer un groupe non mixte pro-féministe à Toulouse, groupe qui semble se réunir régulièrement pendant deux ans[187]. Enfin, un petit groupe « qui n'est pas ouvert » existe depuis 2009 à Grenoble et a organisé une soirée non mixte hommes le 12 mars 2010, à laquelle une trentaine d'hommes a participé, autour de la question « Comment les hommes peuvent-ils lutter eux aussi contre le sexisme[188] ? ». Là encore, la forme privilégiée demeure le partage d'expériences et l'expression de sentiments. Ainsi, malgré l'expression de divergences (notamment sur le bien-fondé de la non-mixité), les organisateurs rendent compte d'une « belle ambiance, de

181. Archives personnelles, « Appel pour un week-end de réflexion anti-patriarcale non mixte hommes début septembre 2003 », Neuvy (Allier), 2003.

182. *Ibid.*

183. *Ibid.*

184. *Ibid.*

185. Archives personnelles, « Appel pour un week-end de réflexions anti-patriarcales entre ICMs (Individus de construction masculine) du 25 au 30 mars 2005 », Dijon, février 2005. Le tract fait un bref bilan du week-end de 2003.

186. Archives personnelles, Comptes rendus des discussions des rencontres anti-patriarcales du 25 au 30 mars 2005, Dijon.

187. Archives personnelles, « Appel à la création d'un groupe homme-pro-féministe », Toulouse, 2004.

188. http://grenoble.indymedia.org/2010-03-03-Comment-les-hommes-peuvent-ils (consulté le 20 septembre 2010), Tract « Comment les hommes peuvent-ils lutter eux aussi contre le sexisme ? », Grenoble, mars 2010.

confidence » dans le cadre des petits groupes mis en place[189]. Les initiatives sont ainsi diverses, mais restent éparses, éphémères et marginales dans les milieux libertaires et anarchistes.

D'autre part, ce travail collectif entre hommes est traversé par des tensions. En effet, comme pour les groupes de la fin des années 1970 et du début des années 1980, certains considèrent, ou tendent à considérer, les hommes comme des victimes du patriarcat au même titre que les femmes, tandis que d'autres refusent cette posture. Ainsi, les organisateurs du groupe de Toulouse précisent leur démarche dans le troisième appel à participation qu'ils diffusent : « notre posture n'est pas celle d'une libération des hommes vis-à-vis de carcans, de rôles, de souffrances masculines etc., mais bien, à différents niveaux (psychiques, relationnels etc.), de remettre en cause notre exercice quotidien du pouvoir de genre[190] ». Cette précision apportée, qui n'apparaît pas dans les deux premiers textes du groupe, laisse alors entendre que la question a pu diviser les participants au collectif. Cependant, cette nouvelle posture est elle aussi problématique à l'intérieur des groupes, adoptant un point de vue « psychique » et « relationnel », amenant les hommes à faire « l'impasse sur leur propre action oppressive[191] ». Ainsi, bien que l'objectif affiché soit de « faire disparaître la différenciation sociale[192] » entre hommes et femmes, les hommes participant à ces rencontres tendent, selon certains hommes présents, à « exclure de leur analyse le vécu opprimé des femmes[193] » et à interroger davantage leurs ressentis et leurs positionnements politiques que leurs pratiques. Dans ce sens, Éric, qui participe aux rencontres de 2003, rapporte que « parler de ses propres malheurs, ça marchait vachement mieux[194] » que d'évoquer leur sexisme. Lors des rencontres de Dijon en 2005, les comptes rendus des discussions laissent également apparaître la marginalité des questionnements sur les modes d'exercices de la domination masculine. L'expression des sentiments, comme la culpabilité, les désirs ou la frustration, est alors centrale, et la sexualité constitue le thème le plus abordé. En outre, la relation avec le féminisme (en particulier l'approche matérialiste et radicale développée par des femmes du milieu anarchiste et libertaire) génère des tensions. Le choix même d'un thème de discussion, « possibilité ou non d'une critique des féministes/féminismes », révèle l'incertitude d'un positionnement pour certains qui en ont « marre de (se) culpabiliser[195] » et qui rejettent une soumission aux luttes féministes.

Cette centralité de l'expression de sentiments semble alors un frein important à la stabilisation des collectifs déjà forts marginaux. D'une part, l'orientation des

189. Archives personnelles, Compte rendu de la rencontre « Comment les hommes peuvent-ils lutter eux aussi contre le sexisme ? », Grenoble, 12 mars 2010.
190. Archives personnelles, « Appel à la participation à un groupe d'hommes pro-féministe », Toulouse, 2005.
191. Thiers-Vidal L., *op. cit.*, 2002, p. 75.
192. Archives personnelles, « Appel pour un week-end de réflexions anti-patriarcales entre ICMs (Individus de construction masculine) du 25 au 30 mars 2005 », Dijon, février 2005.
193. Thiers-Vidal L., *op. cit.*, 2002, p. 75.
194. Entretien avec Éric, militant anti-patriarcal.
195. Archives personnelles, Comptes rendus des discussions des rencontres anti-patriarcales du 25 au 30 mars 2005, Dijon.

discussions éloigne une partie des participants pour qui la « nécessité de prendre acte de [leur] statut social, de ne pas le nier et d'agir en conséquence[196] » devrait constituer le moteur des groupes. D'autre part, les tensions sous-jacentes avec les femmes féministes de leurs cercles militants isolent davantage encore ces hommes, diminuant ainsi la possibilité d'une action collective maintenue dans le temps.

Le reflux des mobilisations féministes lors des années 1980 s'accompagne d'une forte valorisation de l'entre-femmes par les militantes en même temps que les hommes se détournent du militantisme féministe, les deux phénomènes s'alimentant l'un et l'autre. À partir des années 1990, l'expérience de la mixité dans la plupart des sphères sociales et les acquis des femmes et des mouvements féministes conduisent une partie des femmes engagées, appartenant majoritairement à une nouvelle génération militante, à ouvrir les associations féministes aux hommes. Cette nouvelle mixité, parfois largement mise en avant par les groupes, se doit également d'être comprise dans sa dimension stratégique. Les nouvelles associations s'imposent en effet dans le débat public en soulignant la présence des hommes comme preuve de l'avènement d'un « nouveau » féminisme, construit sur un échange équitable entre femmes et hommes.

Pour autant, sur les trente dernières années, la mobilisation des hommes demeure globalement faible. Quasi absents lors des années 1980, ils sont toujours largement minoritaires dans la plupart des groupes qui s'ouvrent à eux dans les années 1990 et 2000. Finalement, leur participation est conditionnée par les thématiques de mobilisation des associations et par la place que celles-ci leur accordent. Ainsi, une cause comme la parité, qui vise à concrètement écarter des hommes de fonctions électives, est plutôt délaissée tandis que la dénonciation de publicités sexistes, incarnation d'un sexisme dont ces hommes ne sont pas responsables, est plus fortement investie. De même, des associations qui limitent l'accès aux responsabilités ou qui ne recherchent pas particulièrement à mobiliser des hommes ont tendance à être peu attractives pour ces derniers. Au contraire, des collectifs qui font de l'engagement des hommes un élément essentiel de leurs luttes se voient plus largement investis par les hommes, tout comme les militants sont majoritairement présents au sein d'associations qui font de la mixité un enjeu stratégique majeur. Dans ce sens, la variation de la part des hommes dans le collège et le conseil d'administration de Mix-cité Paris constitue un exemple révélateur. En effet, la mise en discussion de la répartition du travail militant, initiée depuis 1999, et le vote de nouveaux statuts réservant la présidence à une femme lors de l'assemblée générale de 2002 coïncident avec une baisse significative de la participation des hommes dans les instances dirigeantes. Enfin, les cadres de militantisme entre hommes dans les années 1980 ou 2000, marginalisés politiquement et/ou au sein des organisations dans lesquelles ils émergent et souffrant d'un manque de légitimité auprès des militantes féministes, ne parviennent pas à s'imposer comme une alternative permettant à la fois engagement des hommes et autonomie du mouvement féministe.

196. *Ibid.*

Chapitre 4
Un féminisme sans sujet femmes

Des hommes se sont donc engagés dans tous les combats féministes depuis les années 1870, même si les contextes historiques et militants influent sur l'importance de leur présence[1]. Ainsi, l'attention des militantes à la reproduction des rapports sociaux de sexe à l'intérieur des collectifs, les thèmes de mobilisations ou la valorisation de la mixité constituent autant d'éléments agissant sur l'engagement des hommes. Néanmoins, ils ne permettent pas de comprendre les raisons pour lesquelles des hommes ont pu s'identifier au féminisme, c'est-à-dire s'approprier et incarner les revendications féministes. Ce chapitre propose de revenir sur l'ensemble de la période en confrontant la variabilité des engagements masculins aux différentes définitions que les groupes militants ont attribué au féminisme. En particulier, il s'agit de questionner le militantisme féministe masculin au prisme du sujet politique du féminisme, entendu, à la suite de plusieurs auteures[2], comme la catégorie d'individus que les mouvements féministes entendent représenter et à partir de laquelle ils revendiquent des droits. Le sujet politique du féminisme permet donc d'identifier *au nom* de qui les féministes s'expriment et *pour* qui elles et ils se mobilisent.

Les mouvements féministes sont généralement définis comme des mobilisations s'exprimant *au nom* des femmes et *pour* les femmes[3]. Pour autant, depuis les années 1970, des militantes et des chercheuses ont contesté la définition du féminisme à partir de la catégorie « femmes ». Ainsi, sous l'impulsion notamment du *black feminism* américain[4], des remises en cause de l'unité de la catégorie « femmes » au regard des multiples rapports de pouvoir qui la traversent,

1. Voir Jacquemart A., « Comment éviter la domination masculine sans éviter les hommes ? Les mouvements féministes français face à leurs militants hommes (1870-2010) », Sinigaglia-Amadio S. *et alii* (dir.), *Enquêter sur le genre. Terrains et pratiques*, Nancy, Presses universitaires de Nancy – Éditions universitaires de Lorraine, 2012, p. 77-90.
2. Voir par exemple Butler J., *Trouble dans le genre : le féminisme et la subversion de l'identité*, Paris, La Découverte, 2005 [1990], Dorlin E., « De l'usage épistémologique des catégories de "sexe" et de "race" dans les études sur le genre », *Cahiers du genre*, n° 39, 2005, p. 83-105, et Lépinard É., « Malaise dans le concept. Différence, identité et théorie féministe », *Cahiers du genre*, n° 39, 2005, p. 107-135.
3. Se reporter par exemple à Beckwith K., « Beyond compare? Women's movements in comparative perspective », *European journal of political research*, vol. 37, n° 4, 2000, p. 431-468, Ferree M. M. et Mueller C. M., « Feminism and the women's movement: a global perspective », Snow D. A., Soule S. A. et Kriesi H. (dir.), *op. cit.*, p. 576-607, Bereni L., *op. cit.*, 2007, p. 25-26 et McBride D. E. et Mazur A. G. (dir.), *op. cit.*
4. Voir notamment Dorlin E. (dir.), *Black feminism. Anthologie du féminisme africain-américain, 1975-2000*, Paris, L'Harmattan, 2008.

et particulièrement des rapports de race[5], dessinent les contours d'un sujet politique du féminisme alternatif. Ces critiques formulées contre la catégorie « femmes » invitent alors à ne pas essentialiser le sujet politique du féminisme. Au contraire, la variabilité historique et la diversité des féminismes amènent à considérer le sujet politique du féminisme comme le résultat instable de luttes de définition toujours répétées.

Registres d'engagements féministes des hommes

Sujet politique du féminisme et engagements masculins

Judith Butler relève que « la théorie féministe a presque toujours tenu pour acquis qu'il existe une identité appréhendée à travers une catégorie de "femmes" qui non seulement introduit les intérêts et les buts féministes dans le discours, mais définit également le sujet pour lequel la représentation politique est recherchée[6] ». Selon cette conception, qui fait de la catégorie « femmes » le sujet politique du féminisme, les mouvements féministes s'expriment *au nom* des femmes et *pour* les femmes et visent à la fois à incarner les intérêts des femmes et à défendre ces intérêts dans l'espace public. L'expression d'un « nous les femmes » dans les années 1970 symbolise cette appréhension du féminisme. Elle induit alors la non-mixité puisque l'expression d'une revendication politique *au nom* des femmes et *pour* les femmes de la part d'un homme est *de facto* anti-féministe et impensable. En effet, se mobiliser *au nom* des femmes, prétendre représenter les femmes – dominées – lorsqu'on est un homme – dominant – revient à se réapproprier la lutte des dominées[7]. Ainsi, Christine Delphy considère que ces hommes « ne visent rien moins qu'à *maintenir leur pouvoir jusqu'à l'intérieur du petit bastion de résistance* à ce pouvoir[8] » que représente le mouvement féministe. De plus, le féminisme est dans cette perspective défini comme une politisation de sa propre expérience de la domination masculine et l'engagement féministe n'est envisagé qu'à partir de sa position et de son expérience de femme. Définissant le féminisme comme l'expression des intérêts des femmes à partir d'une politisation du vécu des femmes, les mobilisations qui prennent appui sur le sujet femmes constituent des contextes peu favorables à l'engagement des hommes.

Mais les travaux sur les mobilisations féministes, bien qu'ils n'aient pas nécessairement formulé leurs analyses en ces termes, permettent d'identifier deux autres sujets politiques. D'abord, les recherches sur les féminismes de la

5. Pour une synthèse de ces questions dans le contexte français, voir Lépinard É., *op. cit.*
6. Butler J., *op. cit.*, p. 59.
7. Il faut distinguer les notions de représentation descriptive (ou représentation miroir, seules les femmes peuvent représenter les femmes) et de représentation substantive (incarnation des intérêts des femmes par des femmes ou des hommes). Cependant, pour la critique féministe, la représentation substantive ne peut être totalement déconnectée de la représentation descriptive. Voir Bereni L. et Lépinard É., « La parité, contre-sens de l'égalité ? Cadrage discursif et pratiques d'une réforme », *Nouvelles questions féministes*, vol. 22, n° 3, 2003, p. 12-31 et Celis K., Childs S., Kantola J. et Krook M. L., « Rethinking women's substantive representantion », *Representation*, vol. 44, n° 2, 2008, p. 99-110.
8. Delphy Ch., *op. cit.*, 1998 [1977], p. 172.

première vague[9], en insistant sur la tension entre l'universalisme et le particulier, soulignent la possibilité pour les féministes de s'appuyer non pas sur l'expérience spécifique des femmes mais au contraire sur l'appartenance des femmes à l'humanité. Dès lors, il s'agit de suspendre la différence des sexes, ou la construction sociale de cette différence, dans l'espace public, et c'est *au nom* d'un individu universel, indépendamment de ses appartenances de sexe, de classe ou de race[10], que les revendications sont formulées. De plus, les critiques adressées à la catégorie « femmes » depuis les années 1970 révèlent que les mobilisations féministes peuvent également faire appel à un sujet qui refuse toute assignation de genre, et plus largement toute assignation catégorielle, donc à un « sujet sans cesse à réinventer[11] ». La différenciation des sexes n'est alors pas temporairement suspendue pour affirmer l'égalité de tou-te-s mais rejetée politiquement partout et tout le temps. Il s'agit donc de revendiquer *au nom* d'un individu sans appartenance catégorielle, le bien-fondé des catégories de sexe, mais aussi de classe ou de race, étant rejeté. Ces deux conceptions du sujet politique du féminisme formulées par les militantes sont alors, *a priori*, plus favorables à l'engagement des hommes puisqu'elles n'imposent pas de s'exprimer *au nom* des femmes ni d'avoir l'expérience des femmes.

Engagements humanistes et engagements identitaires

La mobilisation de ces sujets politiques alternatifs au sujet femmes permet de distinguer deux principaux registres d'engagement pour les hommes, c'est-à-dire deux modalités d'appropriation politique des revendications féministes. Si des femmes comme des hommes peuvent incarner ces registres, nous nous concentrerons ici sur l'actualisation de ces registres à travers le militantisme masculin.

Pour un premier groupe de militants, il s'agit de revendiquer le droit des femmes au nom de leur appartenance à l'humanité ou à la société. Il est alors question de mettre en suspens, temporairement et partiellement, la différence des sexes, ou plus exactement la différenciation des sexes, pour affirmer l'appartenance de toutes et tous à une même collectivité. C'est donc un individu abstrait universel, dans l'espace public, qui constitue pour ces militants le sujet politique du féminisme. En conséquence, le féminisme est conçu comme une part, une sous-partie et/ou un élément d'une lutte politique plus large en faveur des droits

9. Rochefort F., « La problématique féministe de la différence des sexes au tournant du siècle », EPHESIA, *La place des femmes. Les enjeux de l'identité et de l'égalité au regard des sciences sociales*, Paris, La Découverte, 1995 (b), p. 337-341 et Scott J. W., *op. cit.*

10. Le terme « race » ne vise pas à naturaliser de quelconques différences mais bien à rendre compte des catégorisations hiérarchiques qui prévalent dans l'espace social et qui attribuent ainsi une place à des groupes arbitrairement définis. Dans cette perspective, les « blanc-he-s » désignent les individus socialement identifiés comme appartenant au groupe majoritaire et dominant (en France, et plus largement dans les pays occidentaux) et les « non-blanc-he-s » les individus assignés à un groupe minoritaire et dominé. Ces inégalités fondées à partir de catégorisations infondées permettent alors « la réalisation de la race » : « étant donné que notre société est divisée par des différences "essentielles" entre membres des différentes catégories de race, et que la catégorisation selon la race est à la fois pertinente et officiellement cautionnée, la réalisation de la race est inévitable » (West C. et Fenstermaker S., « "Faire" la différence », *Terrains et travaux*, n° 10, 2006 [1995], p. 103-136, p. 123).

11. Lépinard É., *op. cit.*, p. 130.

humains, quelle que soit la définition donnée à cette expression. Dans ce sens, le premier registre d'engagement sera désigné comme *humaniste*. En effet, les militants s'engagent non pas tant pour défendre une lutte spécifique – la lutte des femmes – mais parce que les revendications féministes pour lesquelles ils se mobilisent sont compatibles avec des objectifs plus généraux tels que la lutte pour les droits humains ou contre les inégalités sociales[12].

Lorsque Léon Richer initie le mouvement féministe, il tente de poser la « question féminine » dans le débat public en démontrant son caractère non particulariste. Attaqué pour ses initiatives pour les droits des femmes, il explique ainsi que son action en faveur des femmes vise à renforcer le « grand parti démocratique[13] ». La femme donc « a des droits, parce qu'elle est personne humaine[14] ! » et les défendre revient à défendre les droits humains. Plus généralement, les républicains de la première vague s'engagent pour la réforme du Code civil ou pour le suffrage des femmes dans la mesure où ces revendications peuvent constituer une partie d'un programme politique se donnant pour objectif l'égalité de tous les citoyens, indépendamment de leurs appartenances, notamment de genre[15]. La Ligue d'électeurs affirme d'ailleurs que c'est « au nom de la justice, au nom de l'intérêt National bien compris, [que] la femme doit voter[16] ». De même, pour les militants des années 1970, la lutte pour l'avortement est souvent présentée comme un combat pour la justice sociale, même si la dimension féministe de la revendication n'est pas nécessairement ignorée. Ainsi, les inégalités en termes de classe, notamment dans l'accès des femmes à l'avortement à l'étranger, sont davantage mises en avant que la liberté des femmes à disposer de leur corps. La lutte pour l'avortement s'inscrit alors dans un cadre beaucoup plus large de revendications politiques, comme le souligne Jean-Pierre, qui a milité dans divers collectifs féministes des années 1970, du MFPF à un groupe d'hommes :

> « J'aurais aussi bien pu à l'époque prendre la cause de la peine de mort ou Emmaüs, enfin des combats qui étaient... qui étaient toujours de toute façon la révolte d'une partie de la population contre une autre [rires]... c'est-à-dire des sentiments qu'il fallait renverser quelque chose qu'il fallait changer... ça aurait pu être, j'ai été secrétaire de comité d'entreprise aussi à un moment, donc ça aurait pu être un côté syndicaliste ou quelque chose comme ça... bon je dirais que le hasard, les circonstances, les rencontres ont fait qu'à un moment ça s'est incarné là-dedans et puis comme ça me plaisait bien, ça a continué quoi[17] ».

12. Une analyse similaire a été faite à propos des mobilisations d'hommes pour le suffrage des femmes au début du XXe siècle en Grande-Bretagne (JOHN A. V. et EUSTANCE C., *op. cit.*, p. 26).
13. *Le droit des femmes*, n° 28, 6 novembre 1869.
14. RICHER L., *op. cit.*, 1872, p. IX.
15. C'est également le cas des suffragistes britanniques (STRAUSS S., *op. cit.*, p. 252).
16. CAF, Fonds Cécile Brunschvicg, 1 AF 181, Affiche « La femme doit voter », signée Ligue d'électeurs pour le suffrage des femmes, non datée.
17. Entretien avec Jean-Pierre, militant au MFPF, au MLAC puis dans un groupe d'hommes.

Les combats féministes semblent alors interchangeables avec un ensemble d'autres luttes politiques qui mobilisent l'individu universel comme sujet politique de leurs luttes. N'ayant que rarement une lecture genrée de l'ensemble des rapports sociaux, le féminisme est avant tout considéré par ces militants comme un refus des inégalités entre hommes et femmes, au même titre que d'autres inégalités. Les militants sont ainsi féministes parmi d'autres affiliations politiques, subordonnant même, parfois, le féminisme à d'autres impératifs politiques, comme en témoignent les déclarations de deux militants contemporains :

> « Moi je suis même pas féministe, je suis juste contre l'injustice sociale, et la place des femmes c'est une injustice sociale, c'est tout[18]. »

> « Je suis anti-sexiste au même titre que je suis contre le racisme… je comprends pas qu'il y ait des différences de traitement quoi[19]. »

Nicolas, quant à lui, est élu au bureau de l'association dans laquelle il milite depuis deux ans le lendemain de notre rencontre. Il m'envoie alors le SMS suivant le soir même de l'assemblée générale : « ça y est, je suis au conseil d'administration de [l'association]. Me voilà encore 1 peu plus humaniste ». Cette présentation de soi comme militant féministe en tant que militant humaniste est révélatrice de la manière dont le féminisme est perçu comme une catégorie d'un cadre idéologique plus large. Le féminisme constitue ainsi une manière parmi d'autres d'être humaniste ou de lutter contre les inégalités sociales. À l'image de la plupart des militants humanistes rencontrés qui évoquent largement d'autres luttes sociales et politiques au cours de l'entretien, Jean-Claude résume ainsi sa position :

> « Donc je suis féministe, anti-sexiste, aussi anti-homophobe etc., donc il manque un terme pour ça…
>
> *Ce serait quoi ?*
>
> L'humanisme s'il existait pas quoi… quand je parle aux gens, quand je dis "je suis féministe", tous les gens disent "ah, t'es pour le droit des femmes", je dis "non, ma préoccupation première c'est pas le droit des femmes dans ma tête – évidemment qu'il y a de ça, c'est évident – mais ma préoccupation c'est pas le droit des femmes, c'est le droit de l'être humain"[20]. »

Le registre humaniste s'appuie ainsi sur la lutte pour un idéal d'égalité entre les individus, que la réalisation de cet idéal passe par le droit (pour les militants républicains de la première vague) ou la révolution (pour les militants d'extrême gauche de la deuxième vague). Pour autant, cette différence se doit d'être nuancée. En effet, les militants d'extrême gauche des années 1970 adoptaient certes une posture révolutionnaire, mais dans le cas de la lutte pour l'avorte-

18. Entretien avec Bruno, militant à NPNS et aux Insoumis-es.
19. Entretien avec Sylvain, militant aux Chiennes de garde.
20. Entretien avec Jean-Claude, militant à Mix-cité.

ment – principale scène féministe des années 1970 qu'ils investissent – ils ont cependant fait du droit l'objet principal de leur mobilisation, comme en atteste leur désengagement massif après le vote de la loi Veil. Dès lors, l'ensemble des militants inscrits dans le registre humaniste fait de l'État l'acteur (quasi) unique de la domination masculine et ne remet pas en cause la plupart des normes sociales non inscrites dans le droit.

Le déplacement du sujet politique du féminisme opéré dans le cas du deuxième registre d'engagement est différent. Si pour les militants humanistes il s'agit de mobiliser un individu asexué au nom d'une humanité indivisible, d'autres militants fondent leur engagement sur un individu refusant toute assignation de genre. Le sujet politique qui permet la mobilisation est donc un individu qui affirme une identité *au-delà* du genre, s'émancipant de la bicatégorisation sociale femmes/hommes. Nous parlerons alors d'un engagement *identitaire*, non parce qu'il revendique une identité spécifique, mais parce qu'il prend les identités comme objet central de la lutte : cet engagement est désigné comme identitaire parce que les militant-e-s font du féminisme un combat pour le refus des identités assignées et la reconnaissance d'identités sociales stigmatisées.

Pour ces militants, le combat féministe ne vise donc pas tant l'obtention de lois que l'abolition des assignations de genre. Si la lutte contre les inégalités entre les femmes et les hommes, notamment par la loi, n'est évidemment pas absente de leur démarche militante, leur engagement se fonde principalement sur un refus des identités de genre figées par la domination masculine. En effet, appliquant une lecture genrée à l'ensemble de la société, ils considèrent le système social de construction des identités sexuées comme générateur d'inégalités mais aussi comme oppressif vis-à-vis des individus, hommes ou femmes, contraints de se conformer à des modèles rigides. C'est d'ailleurs ainsi que les militants de la revue *Types, Paroles d'hommes* présentent leur démarche dans leur premier numéro : « cette revue veut ouvrir une brèche, un espace social possible – qui serve aux hommes qui interrogent les modèles dominants et leur propre pesanteur[21] ». De même, une initiative non mixte entre hommes militants libertaires est conçue comme « un moment riche de déconstruction-reconstruction personnelle et politique[22] ».

Cet engagement est ainsi fondé sur une critique des identités sexuées, notamment l'identité masculine. Le féminisme est alors perçu principalement comme un outil de déconstruction de la masculinité et offre un espace de revendication d'identités de genre « troublées ». C'est ce qu'expriment Florian, militant anti-patriarcal, et Jérémy, engagé aux Panthères roses :

> « Ce qui pouvait peut-être contribuer à m'attirer dans le féminisme c'est aussi l'idée que... en gros, interpellé sur la virilité aussi, les changements de rapports entre hommes[23]. »

21. *Types, Paroles d'hommes*, n° 1, janvier 1981.
22. Archives personnelles, « Appel pour un week-end de réflexion anti-patriarcale non mixte hommes début septembre 2003 », Neuvy (Allier), 2003.
23. Entretien avec Florian, militant anti-patriarcal.

> « Mon féminisme, il est contre les mecs, il est contre le patriarcat, il est contre les mecs dans le sens où on l'entend quoi[24]. »

Si ce registre d'engagement conduit à concevoir le féminisme comme une revendication politique de déconstruction des identités sexuées, il n'empêche cependant pas une lutte contre les inégalités à l'encontre des femmes. Il s'agit au contraire d'articuler ces deux objectifs politiques en proposant de supprimer les éléments oppressifs vis-à-vis des femmes contenus dans l'identité masculine hégémonique[25]. Pour ces militants, la déconstruction de cette identité masculine n'a donc pas pour but de seulement débarrasser les hommes des contraintes de la « virilité obligatoire » mais également de libérer les femmes des comportements et traits de caractère oppressifs des hommes. Pour Thierry, qui a participé à plusieurs initiatives anti-patriarcales, il y a ainsi dans le féminisme « une part de travail spécifique que les hommes ont à faire en termes de déconstruction, de réflexion, d'analyse[26] ». Plus généralement, les entretiens font apparaître un mélange permanent dans le discours entre combat contre les inégalités et lutte pour la déconstruction des identités sexuées. Les propos de Clément, militant à Mix-cité, sont particulièrement représentatifs :

> « Y a des inégalités entre les hommes et les femmes qui sont pas naturelles et qui peuvent être changées et puis en plus de concerner principalement les femmes, ces inégalités-là, elles conditionnent la manière dont on pense les rapports humains en général. Je pense qu'on a tous intérêt à ce que ça change, on n'a pas les mêmes intérêts, c'est clair, y en a certaines qui ont plus d'intérêts que d'autres, mais je pense que, ouais, pour moi, le féminisme ça peut changer la vie de tout le monde et mon expérience personnelle par rapport à la masculinité me fait dire que les mecs aussi peuvent avoir des intérêts à voir autre chose que cette masculinité dominante… même si je le mets pas au même niveau que les femmes avec la féminité, avec leur oppression[27]. »

Le registre identitaire implique donc de se mobiliser *au nom* d'individus rejetant le système de genre. Il ne s'agit plus de suspendre la différenciation hommes/femmes uniquement dans la sphère publique, comme dans le cas du registre humaniste, mais d'en combattre la validité dans l'ensemble des sphères sociales.

---

24. Entretien avec Jérémy, militant aux Panthères roses.
25. Pour la sociologue Raewyn Connell, la « masculinité hégémonique » désigne « la configuration des pratiques de genre visant à assurer la perpétuation du patriarcat et la domination des hommes sur les femmes » (Conell R., *Masculinités. Enjeux sociaux de l'hégémonie*, Paris, Éditions Amsterdam, 2014 [1995], p. 11)
26. Entretien avec Thierry, militant anti-patriarcal.
27. Entretien avec Clément, militant à Mix-cité.

Porosité des registres d'engagement

La mise en avant de ces deux registres d'engagement vise davantage à comprendre les lignes de clivage qui se dessinent qu'à rendre compte parfaitement des réalités individuelles. Elle ne doit donc pas figer artificiellement les démarches militantes : les deux registres peuvent être présents chez un même militant, simultanément ou successivement. Ainsi, des militants humanistes de la première vague peuvent également développer une critique des identités de genre. Le non-respect des conventions à propos du nom de famille peut illustrer cette contestation de l'ordre de genre : dans les années 1870, Edmond Potonié décide de rajouter le nom de sa femme, Eugénie Pierre, au sien afin qu'ils s'appellent tous deux Potonié-Pierre ; Georges Lhermitte épouse en 1908 Maria Vérone, divorcée avec deux enfants, et accepte que celle-ci conserve son nom.

Des engagements contemporains témoignent aussi de l'entremêlement des registres humaniste et identitaire. Benjamin, engagé aux Sciences potiches se rebellent au début des années 2000, illustre clairement ce phénomène. Son discours s'inscrit très sensiblement dans le registre humaniste, renvoyant le féminisme à une lutte parmi d'autres à laquelle il participe au nom d'idéaux plus larges :

> « Je suis pas féministe plus qu'autre chose, je me définis pas comme militant féministe quand on me le demande, je suis militant en général, pour tout un tas de causes, aujourd'hui beaucoup plus sur le logement, par exemple[28]. »

Son investissement dans l'association féministe à laquelle il participe se fera alors quasi uniquement par le biais du débat sur le voile islamique à l'école. Alors qu'il témoigne d'un désintérêt certain pour de nombreuses revendications féministes, il s'implique dans cette lutte qu'il peut rattacher à d'autres enjeux politiques, notamment anti-racistes dans ce cas précis :

> « C'est ça [le débat sur le voile] qui a absorbé notre action féministe cette année-là et moi ce qui m'intéressait là-dedans, comme en plus c'était le moment où j'étais intéressé par d'autres thématiques anti-coloniales [...], on est parti très vite rejoindre le collectif Une école pour toutes, et évidemment ça a complètement coloré mon engagement féministe parce que c'était le clivage, quoi. Donc au début, moi j'ai fait un peu d'engagement féministe classique, mais c'était en fait assez difficile, parce que moi, c'est pour ça aussi que je suis plus dans une association féministe, c'est qu'il y a assez peu de clivages, quoi, hormis celui-ci, et moi pour m'engager j'ai besoin de clivages, d'avoir des trucs à démontrer et d'avoir finalement des adversaires. Et je cherchais tout le temps à dire "mais attendez finalement c'est quoi nos revendications féministes qu'on pourrait défendre", et quand on faisait la liste, c'était des trucs hyper chiants, genre "il faut plus de crèches", "il faut

28. Entretien avec Benjamin, militant aux SPSR.

faciliter l'accès à l'IVG" ou "la répartition des tâches ménagères", évidemment tout le monde est pour sur le papier, après y a ceux qui le font et ceux qui le font pas, mais c'était pas comme ATTAC où t'as un vrai débat intellectuel, ou comme les Verts... c'était un peu frustrant, quoi. Et du coup, quand est arrivé ce débat, nous, on avait une position très tranchée depuis longtemps, moi ça faisait assez longtemps que j'étais sur cette position-là, je trouvais vraiment que c'était les vieux républicains réacs qui s'opposaient à ça, et comme ce clivage a complètement traversé la gauche et le mouvement féministe en particulier, on a creusé, quoi. Et du coup, on a fait un féminisme qui n'était pas un féminisme plan-plan ou conventionnel, qui était beaucoup plus intéressant intellectuellement. Tu travailles avec des musulmanes qui étaient voilées ou pas voilées et tout ça, c'était vraiment... ça requestionnait complètement mon engagement féministe. »

L'engagement féministe est ainsi conçu comme une porte d'entrée vers un débat « beaucoup plus intéressant intellectuellement », en opposition avec les autres revendications des associations féministes, renvoyées à « des trucs hyper chiants » et à un « féminisme plan-plan et conventionnel ». En outre, sa conception de l'engagement politique s'inscrit dans un modèle « universel-masculin » classique : la participation politique se doit d'être un combat avec des « clivages », « des trucs à démontrer », « des adversaires ». Ce mode d'engagement, qui fait appel à des valeurs classiquement viriles, semble ainsi largement éloigné d'un registre identitaire où le féminisme est d'abord renvoyé à une subversion des identités de genre. Pour autant, le registre humaniste de Benjamin se teinte de certains discours relevant du registre identitaire. Ainsi, le féminisme est aussi, mais pas principalement, conçu comme une revendication de déconstruction des identités de genre :

> « Et le fait d'être un homme féministe, c'est une sorte de provoc et... et de solidarité avec les hommes qui sont soupçonnés dans leur masculinité on va dire. Et comme moi en plus, j'ai jamais eu d'interrogations sur mon mode de sexualité, je suis hétéro et voilà, c'est une sorte de solidarité aussi avec les hommes homos qui sont accusés justement de pas être assez masculins, et de leur dire "moi je suis hétéro mais je suis pas plus masculin que vous". »

Enfin, le registre identitaire n'est pas nécessairement détaché de toutes les caractéristiques de l'engagement humaniste. En particulier, si la lutte contre les assignations de genre constitue le cœur des revendications des militants identitaires, le combat pour l'égalité légale et formelle entre femmes et hommes n'est pas absent du registre identitaire. C'est par exemple le cas des groupes d'hommes des années 1980 qui, principalement centrés sur la déconstruction de l'identité masculine dominante, s'investissent dans la campagne pour l'obtention d'une loi anti-sexiste[29].

29. *Types, Paroles d'hommes*, n° 6, avril 1984.

Socio-histoire du sujet politique du féminisme

Les hommes s'engagent donc à partir de deux définitions du sujet politique concurrentes du sujet femmes, même si l'analyse doit se prémunir d'une rigidification abusive de la frontière entre les registres humaniste et identitaire. La possibilité individuelle pour les hommes de militer à partir de ces deux registres d'engagement s'inscrit cependant dans une dynamique historique et organisationnelle spécifique qui offre des opportunités variables de mobilisations des registres humaniste et identitaire.

Le registre humaniste contesté par l'émergence du sujet femmes (1870-1940)

Historiquement, le mouvement féministe de la première vague ne s'est pas « spontanément » constitué autour du sujet femmes. Au contraire, l'affirmation des femmes comme sujet politique des mobilisations féministes n'a que progressivement émergé à mesure que l'autonomie des femmes grandissait. En effet, impulsé par Léon Richer, le mouvement se constitue d'abord dans les années 1870 autour d'un sujet asexué et universel à partir duquel il est possible de remettre en cause la privation de ses droits. C'est alors le registre d'engagement humaniste qui caractérise la quasi-totalité des militant-e-s. Par une définition humaniste du sujet politique, les groupes féministes favorisent ainsi l'engagement des hommes. À ce titre, la présentation de la nouvelle Fédération française des sociétés féministes, en 1892, est éclairante sur l'importance de désindexer le féminisme des femmes pour mobiliser les hommes : « La femme et l'homme, placés côte à côte dans ce monde, ont les mêmes intérêts. La cause de l'un est la cause de l'autre et le bonheur de tous deux dépend de l'indépendance pécuniaire de chacun, du développement moral et intellectuel de l'un et de l'autre. La Fédération n'est donc pas féminine, mais mixte, c'est-à-dire humaine[30] ». On voit ainsi comment la volonté de faire adhérer les hommes passe par une logique de « déféminisation » du combat féministe en le présentant comme une lutte qui concerne l'humanité.

Engagés par ailleurs dans de nombreuses luttes de l'espace républicain, les revendications féministes représentent alors pour les militants une facette d'un agenda politique beaucoup plus vaste. Dans ce sens, le féminisme est appréhendé comme une revendication d'égalité juridique. En revanche, le féminisme n'étant pas désigné comme une grille de lecture de l'ensemble du monde social, la sphère privée est très largement écartée de l'analyse. Cette conception de l'engagement féministe pour ces militants est facilitée par la quasi-absence de critiques des rôles sociaux féminins et masculins, notamment dans le privé, au sein des mouvements féministes. À la recherche d'une légitimité politique, les militantes réformistes, qui regroupent la grande majorité des effectifs, ne visent pas la subversion radicale de l'ordre social mais se concentrent sur l'obtention de victoires législatives en ce qui concerne le Code civil ou le suffrage. Ainsi, la

30. *Le journal des femmes*, n° 9, août 1892.

critique des identités de genre et la revendication de la libre maternité ou de la liberté sexuelle sont extrêmement marginales et restent le fait d'une poignée de militantes radicales[31], même si certaines revendications des réformistes dessinent les contours d'un modèle social féminin renouvelé[32]. Dans ce contexte, le registre d'engagement identitaire est inexistant, tout du moins dans le discours public. En effet, s'il est envisageable que l'engagement féministe ait pu produire des déplacements en termes d'identité de genre, ceux-ci ne sont cependant pas intégrés à la rhétorique politique des militants.

Cependant, la définition du sujet politique du féminisme fait progressivement l'objet de luttes internes entre les tenant-e-s d'un mouvement féministe qui revendiquent au nom de l'universalité des droits et entre les partisan-e-s d'un féminisme qui s'appuie sur l'expérience des femmes. Le registre d'engagement humaniste voit alors sa légitimité de plus en plus contestée à partir des années 1900. En effet, la féminisation du mouvement et l'émergence d'un féminisme féminin à la fin du XIXe siècle imposent peu à peu les femmes comme sujet politique du féminisme. Ainsi, les féministes se mobilisent de plus en plus *au nom* des femmes et fondent leurs revendications sur l'expérience des femmes. Maria Martin, par exemple, invite dès 1892 les féministes à se mobiliser au nom des femmes : « il faut d'abord l'union des femmes de toutes les nuances et de toutes les opinions, *l'union des femmes pour revendiquer, pour les femmes*, l'existence civile et politique[33] ». De même, le CNFF et l'UFSF se mobilisent principalement à partir de la catégorie « femmes », en même temps que les associations plus anciennes, comme la LFDF ou la SASFRD, réorientent leur discours dans le même sens. Pour autant, cette conception est soumise à des critiques internes, particulièrement de la part des hommes, à l'image des militants de la Ligue d'électeurs qui reprochent aux suffragistes de réclamer le droit de vote et d'éligibilité « en tant que femmes[34] ». Cette contestation interne, liée à la forte asymétrie entre femmes et hommes au début du XXe siècle, se double en outre d'une définition flottante du sujet politique de la lutte féministe au cours de la première vague. En effet, les féministes du début du XXe siècle s'appuient alternativement sur les catégories « femmes » ou « humains pourvus de droits » comme sujet politique du mouvement[35]. Ainsi, le mouvement revendique que « la femme doit accéder à l'universel tout en étant reconnu comme un être spécifique[36] », notamment par la maternité. Le paradoxe identifié par Joan W. Scott à propos des discours féministes, qui font à la fois usage d'une rhétorique

31. BARD CH., *op. cit.*, 1995 (a), p. 187-234.
32. KLEJMAN L. et ROCHEFORT F., *op. cit.*, 1989, p. 303-326.
33. *Le journal des femmes*, n° 8, juillet 1892.
34. *Bulletin trimestriel de la Ligue*, n° 2-3, juillet-octobre 1911.
35. Laurence Klejman et Florence Rochefort notent ainsi que les suffragistes recourent à la fois à la « Nature » (des femmes) et au « Droit » (commun à l'humanité) pour revendiquer le droit de vote des femmes (KLEJMAN L. et ROCHEFORT F., « Au nom du droit et de la spécificité féminine. Diversité des tactiques et ambiguïté du mouvement suffragiste avant la première guerre mondiale », VIENNOT É. (dir.), *La démocratie « à la française » ou les femmes indésirables*, Paris, Publication de l'université Paris 7, 1996, p. 223-231, p. 230).
36. ROCHEFORT F., *op. cit.*, 1995 (b), p. 339.

universaliste et d'une rhétorique différentialiste[37], induit alors une définition mouvante du sujet politique du féminisme dans la première moitié du XXe siècle. Ainsi, bien que contesté et de moins en moins central, le registre humaniste continue cependant de bénéficier d'espaces légitimes d'expression au sein du mouvement féministe jusqu'à la fin des années 1930, espaces que les hommes militants peuvent donc légitimement investir.

Marginalisation du registre humaniste et émergence du registre identitaire dans les années 1970

Les transformations sociales et politiques permettent aux féministes de la deuxième vague de poser les femmes comme seul sujet politique du féminisme sans pour autant y attacher nécessairement une définition essentialiste. En effet, si au cours de la première vague faire des femmes le sujet politique du féminisme s'est traduit par une conception essentialiste du féminin, cela ne signifie pas que l'affirmation du sujet femmes soit nécessairement essentialiste. Dès lors, il s'agit pour les féministes des années 1970 de fonder un mouvement à partir des femmes et *au nom* des femmes tout en niant le caractère naturel de *la* femme, à l'exception notable du groupe Psychanalyse et politique qui entend revaloriser les qualités spécifiques des femmes et fonder le pouvoir des femmes sur leur capacité procréatrice[38]. Autrement dit, « les féministes ont, dans le même temps, affirmé la primauté de la féminité comme catégorie d'identification politique, et mis en question la nature de cette catégorie : par cette double démarche, elles ont cherché à la fois à construire et déconstruire la féminité elle-même[39] ». Par conséquent, la pratique des groupes de parole non mixtes est conçue comme la modalité privilégiée de déconstruction de la féminité patriarcale et d'émergence d'un « nous » féminin et féministe. Les militantes fluctuent alors entre négation de la féminité définie par le patriarcat et affirmation d'une féminité qui émerge de l'expérience des femmes : « on se découvrait femme, et cela n'avait plus rien de dévalorisant. On avait au contraire le sentiment d'être dans le sens de l'histoire, de la subversion, de la créativité. On forgeait un destin exaltant où la recherche de l'identité de chacune coïncidait avec le combat commun pour changer la vie[40] ». L'affirmation des femmes comme sujet politique de la lutte aboutit donc à la conceptualisation de la « classe des femmes », soulignant ainsi l'oppression commune des femmes et leurs intérêts communs à lutter contre le patriarcat[41].

37. Scott J. W., *op. cit.*
38. Sur l'idéologie du groupe, voir Pavard B., *op. cit.*, 2005, p. 50-54. Se reporter également au recueil de textes, tardif, d'Antoinette Fouque, qui montre la centralité de la capacité d'enfantement des femmes dans la pensée de la leader du groupe Psychanalyse et politique (Fouque A., *Il y a deux sexes*, Paris, Gallimard, 1995).
39. Ergas Y., « Le sujet femme. Le féminisme des années 1960-1980 », Thébaud F., Duby G. et Perrot M. (dir.), *op. cit.*, p. 499-519, p. 506.
40. Picq F., « Vous avez dit *queer* ? La question de l'identité et le féminisme », *Réfractions*, n° 24, 2010, p. 5-13, p. 7.
41. Delphy Ch., « L'ennemi principal », Delphy Ch., *op. cit.*, 1998 [1970], p. 31-56.

Le registre humaniste est ainsi clairement rejeté par les militantes féministes des années 1970[42]. En effet, en définissant le féminisme à partir de l'expérience sociale des femmes, les militantes du MLF rendent impossible toute mobilisation *au nom* d'individus asexués puisqu'elles instaurent un « féminisme sexué[43] ». En outre, aveugle aux modalités d'expression de la domination masculine dans l'ensemble des pratiques sociales, le modèle humaniste s'avère incompatible avec un mouvement qui proclame que « le privé est politique ». Toutefois, la multiplicité des sites de mobilisation féministe durant les années 1970 offre d'autres scènes militantes où l'engagement humaniste peut s'exprimer. Ainsi, les militant-e-s du MLAC n'ont pas systématiquement revendiqué le droit à l'avortement *au nom* des femmes, mais également *au nom* d'individus asexués, développant des rhétoriques en termes de justice sociale ou de « démédicalisation » de la médecine. Un militant CFDT qui s'engage au MLAC rappelle ainsi que « la lutte pour la liberté de l'avortement et de la contraception n'est pas un combat uniquement de femmes. Il s'agit bien d'un élément d'une lutte d'ensemble qui doit contribuer dans un combat commun, à rendre hommes et femmes libres et responsables[44] ». L'expérience du MLAC devient alors un lieu du combat féministe des années 1970 où le registre humaniste acquiert une légitimité et permet l'engagement d'hommes. De même, des espaces de réactualisation du registre humaniste existent dans des associations plus tournées vers l'État que le MLF, comme Choisir ou le Mouvement français pour le planning familial. En effet, les positions de ces organisations se rapprochent des féministes de la première vague : en même temps qu'elles défendent une conception du sujet politique proche du MLF, leur place dans l'espace politique et leur volonté de dialoguer avec l'État, les partis politiques et les syndicats leur imposent de s'adapter aux cadres de l'universalisme républicain, et donc de mobiliser parfois un sujet universel. Si ces associations se mobilisent principalement *au nom* des femmes, leur recours ponctuel à un individu asexué comme sujet politique offre donc la possibilité d'un engagement humaniste à quelques hommes, à l'image d'un militant de Choisir, adhérent depuis 1973, qui déclare en 1978 : « le féminisme est un nouvel humanisme[45] ».

Si le mouvement féministe de la deuxième vague constitue donc un moment historique où la catégorie « femmes » comme sujet politique du féminisme connaît son apogée avec la quête d'une sororité, le registre humaniste dispose cependant de plusieurs espaces. En outre, malgré l'affirmation des femmes comme sujet politique du féminisme, la double logique de déconstruction/reconstruction de la féminité par les militantes du MLF ouvre un espace pour

42. Voir Jacquemart A., « Du registre humaniste au registre identitaire. La recomposition du militantisme féministe masculin dans les années 1970 », *Sociétés contemporaines*, n° 85, 2012, p. 65-84.

43. Feldman J., « Au risque de les perdre… dénouer les fils qui ont entrecroisé l'aventure personnelle et la trame sociale mouvante », Le Coadic M., De Vilaine A.-M. et Gavarini L. (dir.), *Maternité en mouvement*, Grenoble, Presses universitaires de Grenoble, 1986, p. 32-36, p. 35.

44. Archives CFDT, Secteur Action sociale et cadre de vie, Dossier CFDT et MLAC (1973-1977), 8 H 1424, Lettre de Claude Magistry à Messieurs les rédacteurs en chef du *Matin de Paris* et du *Monde*, 16 mars 1977.

45. *Choisir*, n° 36, octobre-novembre 1978.

revendiquer la non naturalité de la catégorie « femmes », mais également de la catégorie « hommes ». Ainsi, il devient possible de fonder des luttes féministes à partir d'individus refusant les assignations de genre et la catégorisation femmes-hommes, comme cela avait été esquissé à la fin des années 1960 dans le groupe Féminin masculin avenir. Ce fut le cas, par exemple, des groupes d'hommes qui militèrent en faveur du féminisme à partir d'une déconstruction de la masculinité, s'appuyant donc sur un sujet politique délesté de son appartenance de genre. Ainsi, la démarche déconstructiviste des féministes radicales favorise l'émergence du registre identitaire et ouvre la possibilité à l'engagement d'hommes.

Par ailleurs, la critique du sujet femmes qui émerge au cours des années 1970 participe également à renforcer la légitimité du registre identitaire. En effet, pour certaines femmes du MLF, partir des femmes comme sujet politique revient à artificiellement uniformiser les expériences des femmes pourtant très hétérogènes. La position dans les multiples rapports de pouvoir que constituent la classe, la race ou la sexualité par exemple, donnent à vivre des modalités différentes de la domination masculine. Or, selon ces femmes, la référence à un « nous, les femmes » masque cette diversité et renvoie finalement à un « nous, les femmes, blanches, hétérosexuelles et de classe moyenne et supérieure » qui confisque la parole aux autres femmes. Tandis que les militantes du courant « lutte des classes » tentent d'unir les femmes de toutes les classes sociales en créant des groupes dans des entreprises ou dans des quartiers populaires, les femmes homosexuelles ou racialisées s'autonomisent progressivement. En effet, si l'entre-femmes du MLF se révèle important pour l'affirmation d'une identité lesbienne, de nombreuses homosexuelles reprochent rapidement le manque de solidarité de leurs compagnes de lutte hétérosexuelles et fondent des associations autonomes[46]. L'une d'elles explique ainsi en 1977 que les lesbiennes sont « "acceptées" dans le Mouvement, mais de fait niées par cette pseudo acceptation qui consistait à parler de l'homosexualité une fois de temps en temps avec une distance prudente[47] ». La critique des femmes comme sujet politique du féminisme par les homosexuelles atteint son paroxysme en 1980 lorsque Monique Wittig affirme que « les lesbiennes ne sont pas des femmes » dans la mesure où « "femme" n'a de sens que dans les systèmes de pensée et les systèmes économiques hétérosexuels[48] ». Cette critique du sujet politique du féminisme conduit à la division parmi les militantes féministes radicales et à la fin du collectif *Questions féministes*[49]. De la même manière, les femmes racialisées remettent en cause l'unité de la catégorie « femmes » en soulignant la non-prise en compte par les mouvements féministes de la spécificité de la forme de l'oppression patriarcale qu'elles subissent. Ainsi, en 1976, la Coordination des femmes Noires est fondée

46. Bard Ch., « Le lesbianisme comme construction politique », Gubin É. *et alii* (dir.), *op. cit.*, 2004, p. 111-126.
47. *Quand les femmes s'aiment…*, n° 3-4, mars 1979.
48. Wittig M., « La pensée straight », *Questions féministes*, n° 7, 1980, p. 45-53, p. 53.
49. Les conflits sont tels à l'intérieur de la rédaction qu'un seul numéro (n° 8, mai 1980) est publié après la parution de l'article de Monique Wittig. Les féministes opposées à Monique Wittig et au séparatisme lesbien reconstituent la revue un an plus tard sous le titre de *Nouvelles questions féministes* (n° 1, mars 1981).

par des Africaines et des Antillaises[50]. Awa Thiam, membre du groupe, publie trois ans plus tard *La parole aux négresses* et dénonce une catégorie « femmes » implicitement uniquement blanches : « des féministes européennes ont souvent comparé l'oppression et l'exploitation des femmes à celles des Noirs aux USA ou en Afrique noire. [...] C'est là une méprise. Comparons des choses comparables. Une égalité terme à terme entre femme et Noir ne saurait être justifiée. On peut être de sexe féminin et de race noire. [...] Des féministes européennes qui se complaisent à faire cette égalité erronée : problème ou situation des femmes (il faut entendre blanches même si elles ne le disent pas) = situation des Noirs, ne semblent pas le savoir. Tout comme celles qui disent que "les femmes sont les Noirs de l'humanité". Que ou qui sont alors les Noires, les Négresses ? Les Noires des Noirs de l'humanité[51] ? ». Si l'histoire des féminismes français sous l'angle de la race, et notamment des rapports de pouvoir qui se jouent à l'intérieur des collectifs[52], demeure sous-étudiée, l'exemple américain éclaire particulièrement cette problématique centrale autour des critiques du sujet femmes. En effet, l'émergence d'un *black feminism* dès le milieu des années 1970 a permis de mettre en lumière la nécessité pour le mouvement féministe de prendre en compte la diversité des expériences faites par les femmes et les impasses d'un « nous, les femmes » homogénéisant[53].

Ces critiques à partir de positions dominées à l'intérieur du groupe des femmes remettent alors en question le sujet politique du féminisme mais également la possibilité même d'un mouvement de toutes les femmes. En révélant que les rapports de pouvoir entre femmes ne sont pas pris en compte au sein du mouvement féministe, ces militantes fragilisent et déstabilisent la sororité proclamée du MLF. Ainsi, ces femmes entendent rappeler que si la domination masculine constitue toutes les femmes en un groupe dominé, ce groupe n'en reste pas moins traversé par des rapports de pouvoir liés à la classe[54], la race ou la sexualité.

50. Sur l'histoire du groupe, voir Schieweck N., *L'articulation de la catégorie race et du racisme dans le mouvement féministe des années 1970 en France*, Mémoire de Master 2 recherche en science politique, université Paris 8, 2011, p. 14-41.

51. Thiam A., *La parole aux négresses*, Paris, Denoël/Gonthier, 1978, p. 154-155.

52. On peut par exemple se reporter à Lesselier C., « Pour une histoire des mouvements de femmes de l'immigration en France », Collectif (dir.), *op. cit.*, p. 85-104. Cependant, et significativement, s'appuyant sur l'étude d'associations de femmes immigrées, ce travail ne mentionne (presque) jamais les relations entre ces associations et les groupes féministes non organisés autour d'une origine géographique, pas plus qu'il ne traite des rapports de pouvoir entre racialisées et non racialisées à l'intérieur de multiples collectifs féministes. Sur les difficultés des femmes Noires à faire entendre leurs revendications au sein du mouvement féministe, voir Schieweck N., *op. cit.*

53. Dorlin E. (dir.), *op. cit.*

54. Également peu étudiés, les rapports de classe dans le mouvement féministe des années 1970 sont mis en évidence à travers l'exemple de la carrière éditoriale de Victoria Thérame aux éditions Des femmes (Naudier D., « Sociologie d'un miracle éditorial dans un contexte féministe », *Genèses*, n° 64, 2006, p. 67-87). On peut aussi se reporter à l'analyse de Rose-Marie Lagrave sur sa propre trajectoire, notamment militante, qui note à propos de son expérience au MLF : « À mes yeux, ces femmes n'étaient que des bourgeoises, non par ce qu'elles disaient, mais par les signes vestimentaires, langagiers, et par toute une aisance sociale qu'elles laissaient entrevoir » (Lagrave R.-M., « Se ressaisir », *Genre, sexualité & société* [En ligne], n° 4, 2010. Mis en ligne le 5 décembre 2010, consulté le 22 janvier 2011. URL : http://gss.revues.org/index1534.html).

Si ces critiques déstabilisent la légitimité de la catégorie « femmes » comme sujet politique du féminisme, la figure du militant identitaire demeure marginale durant les années 1970. Pour autant, elles ouvrent la voie à sa diffusion et à sa plus grande légitimité dans les décennies suivantes.

L'avènement du registre identitaire (1990-2010)

Si l'affaiblissement du féminisme durant les années 1980 met provisoirement entre parenthèses ce débat[55], l'émergence de la revendication de parité hommes-femmes en politique se caractérise par une ré-interrogation du sujet politique du féminisme par les militantes des années 1970 elles-mêmes, principales actrices du débat paritaire[56]. D'un côté, les féministes opposées à la parité ont réévalué leur conception du féminisme en s'appuyant sur un sujet universel, impossible à réduire aux seules appartenances sociales sans risquer de les naturaliser. De l'autre, les défenseuses de la parité ont soutenu que la différence hommes-femmes constituait une « singulière universalité[57] », mobilisant tour à tour les femmes ou un individu universel comme sujet politique du féminisme[58]. Les changements contextuels, qui ont vu les débats féministes passer de l'espace révolutionnaire dans les années 1970 à l'espace politique étatique dans les années 1990, conduisent ainsi les militantes à réévaluer leur conception du sujet politique.

Dans ce contexte d'affaiblissement de la définition dominante des « années MLF », une nouvelle génération prolonge les critiques formulées dans les années 1970. Le renouveau qui s'opère à partir des années 1990 et surtout 2000 voit alors s'affirmer le registre identitaire grâce à de nouvelles formulations du sujet politique du féminisme de la part des militantes. Le développement des études féministes, et particulièrement les développements du concept de « genre » à la fin des années 1980, impose le refus des assignations identitaires comme un thème central de lutte dans le champ militant[59]. Les travaux de Joan W. Scott[60] et de Denise Riley[61] par exemple, à la fin des années 1980, inaugurent en effet la transformation du sujet politique du féminisme. En critiquant la

55. L'idée de l'union de toutes les femmes est symbolisée par la Maison des femmes de Paris où se côtoient des associations féministes issues des années 1970, mais aussi des groupes lesbiens ou de femmes issues de l'immigration.

56. Bereni L., « Les féministes françaises et la "parité". Permanences et renégociations des partitions héritées de la décennie 1970 », Cohen A., Lacroix B. et Riutort Ph. (dir.), *Les formes de l'activité politique. Éléments d'analyse sociologique (XVIIIe-XXe siècles)*, Paris, PUF, 2006, p. 123-141, particulièrement p. 125-129.

57. Bereni L. et Lépinard É., « "Les femmes ne sont pas une catégorie". Les stratégies de légitimation de la parité en France », *Revue française de science politique*, vol. 54, n° 1, 2004, p. 71-98, p. 83.

58. L'argumentaire mobilisé par les pro-parité rappelant alors le paradoxe identifié par Joan W. Scott (*op. cit.*). Voir Bereni L., « La parité, nouveau paradoxe des luttes féministes ? », *L'Homme et la société*, n° 158, 2005, p. 219-226.

59. Sur l'influence réciproque entre les espaces politiques, militants et académiques et la diffusion du terme genre, voir Bard Ch., « Recherche et militantisme (France, 1995-2002) », Bard Ch., Baudelot Ch. et Mossuz-Lavau J. (dir.), *op. cit*, p. 261-276 et Fassin É., *Le sexe politique. Genre et sexualité au miroir transatlantique*, Paris, Éditions de l'EHESS, 2009, p. 47-69.

60. Scott J. W., *op. cit.*

61. Riley D., « *Am I that name?* » *Feminism and the category of « women » in history*, Basingstoke, Macmillan, 1988.

possibilité d'un sens figé de la catégorie « femmes », les deux auteures montrent au contraire que sa définition n'a pas d'essence mais fait l'objet de changements historiques constants en même temps que sa définition varie selon les classes sociales ou la race. Renvoyant à une grande diversité d'expériences vécues, elle ne peut donc constituer le point de départ des revendications féministes. Dans le sillage de ces critiques, la philosophe américaine Judith Butler souligne que la catégorie « femmes » est construite par le patriarcat et qu'elle ne peut donc, selon elle, constituer le sujet politique du féminisme, qui se pose justement contre le patriarcat[62]. Mobiliser cette catégorie pour les mouvements féministes « revient à se mettre en situation d'échec[63] » puisqu'elle a été créée dans le but de produire des inégalités contre lesquelles les mouvements féministes luttent. En outre, le recours à la catégorie « femmes » invisibilise la variabilité tant diachronique que synchronique de la définition que le patriarcat attribue à cette catégorie. Ainsi, pour Judith Butler, la notion de genre, donc de construction sociale, « contient déjà en elle-même la possibilité de contester l'unité du sujet[64] ».

Ce décalage opéré dans l'espace scientifique conduit alors à un net déplacement de la définition du sujet politique du féminisme pour une partie des militant-e-s à partir des années 1990. D'abord, les associations féministes ouvertement mixtes, comme Mix-cité, posent implicitement un individu qui refuse toute assignation de genre comme sujet politique féministe. En effet, les militant-e-s se donnent comme objectif de détruire la bi-catégorisation hommes-femmes plutôt que de redéfinir les catégories ou d'en invoquer l'unité. Ainsi, ces féministes ne se mobilisent pas tant *au nom* des femmes qu'*au nom* d'individus rejetant les catégories femmes et hommes. Ces associations constituent alors un premier espace d'affirmation du registre identitaire pour les hommes qui participent aux combats féministes. Ce premier décalage est en outre accentué par la production des théories *queer*, particulièrement à partir des années 2000. En rejetant toute naturalité des identités et en décentrant les questionnements féministes vers les marges, les théories *queer* produisent une critique radicale de la catégorie « femmes ». Ainsi, pour Marie-Hélène Bourcier, l'une des représentantes de ces théories en France, « il faut réinventer et reconstruire une théorie féministe qui se distingue du sujet "femme" biologiquement construit. Ne prenons pas comme sujet du féminisme "la femme" et encore moins comme horizon. Pour moi, c'est fondamental – et tout autant intéressant – de le faire en inventant ou en se réappropriant des figures anormales, inhumaines ou post-humaines[65] ». De la même manière, Elsa Dorlin prolonge et actualise la critique qui a émergé durant les années 1970 en interrogeant le sujet politique du féminisme au prisme de l'intersectionnalité des rapports de pouvoir[66]. Les individus ne sont alors pas considérés comme dépositaires d'identités de genre,

62. Butler J., *op. cit.*, p. 59-62.
63. *Ibid.*, p. 61.
64. *Ibid.*, p. 67.
65. Interview de Marie-Hélène Bourcier dans Taraud Ch., *Les féminismes en question. Éléments pour une cartographie*, Paris, Éditions Amsterdam, 2005, p. 53.
66. Dorlin E., *op. cit.*, 2008, p. 79-108. La notion d'intersectionnalité a été formulée pour rendre compte de l'imbrication des différents rapports de domination, notamment de classe, de sexe, de

de race ou de classe figées, mais au contraire variables dans le temps et dans l'espace. Dans ce sens, les accroches identitaires, façonnées par les systèmes de domination et toujours redéfinies en fonction des contextes, ne peuvent en aucun cas constituer le point de départ des luttes féministes. Pour Elsa Dorlin, « le sujet politique du féminisme doit donc être compris comme une catégorie fluctuante, volatile et intrinsèquement erratique. Il ne peut se définir *a priori*, il ne peut être au fondement des mouvements et des luttes, qu'au risque de reproduire et de réitérer des exclusions[67] ». Dans l'espace militant, des groupes se nourrissent de ces déplacements théoriques et politiques en même temps qu'ils y contribuent. Ainsi, l'association Les Panthères roses s'inscrit clairement dans cette perspective politique en contestant la validité d'un sujet politique femmes à partir de la sexualité, mais aussi de nombreux autres systèmes de domination. Les militant-e-s se présentent ainsi en 2005 : « nous sommes une association de gouines et de pédés, à majorité gouine. Nous intervenons et réfléchissons depuis ce point de vue, mais pas seulement, car nous sommes aussi salariéEs, chômeuSEs et précaires, socialement femmes et hommes, noirEs, blancHEs, immigréEs... mais aucunE d'entre nous n'est homme blanc catholique hétérosexuel riche et en bonne santé[68] ». La lutte politique ne peut se faire dans ce contexte à partir de la catégorie « femmes », pas plus qu'à partir de toute autre catégorisation sociale, nécessairement imprégnée des rapports de domination, mais bien au nom d'individus refusant toute assignation identitaire.

En outre, les débats sur le voile en France au début des années 2000[69] ont conduit une partie des chercheuses et des militantes à remettre en cause le caractère homogène de la catégorie « femmes ». Au-delà du voile, la prise en compte de l'expérience des femmes racialisées conduit à réévaluer la question du sujet politique du féminisme, qu'il s'agisse de faire éclater la catégorie « femmes[70] » ou de la redéfinir au prisme d'une réflexion sur les liens entre sexisme et racisme[71]. Parmi les militantes, la critique du sujet femmes à partir de la race prend deux directions opposées. D'un côté, l'association Ni putes ni soumises s'appuie sur l'expérience des femmes racialisées pour dénoncer le sexisme considéré spécifique, et plus conséquent, des hommes racialisés (particulièrement maghrébins). En effet, bien que l'association, s'inscrivant dans le cadre universaliste républicain, mette en avant la spécificité du sexisme en raison de l'exclusion sociale vécue par les habitant-e-s des quartiers populaires, elle

race et de sexualité. Sur les différents développements qu'a connus la notion, voir CHAUVIN S. et JAUNAIT A., « Intersectionnalité », ACHIN C. et BERENI L. (dir.), *op. cit.*, p. 286-297.

67. DORLIN E., *op. cit.*, 2008, p. 97.

68. http://www.pantheresroses.org/Nous-sommes-feministes.html (consulté le 16 juin 2009), Les panthères roses, « Nous sommes féministes », 2005.

69. Voir DOT POUILLARD N., « Les recompositions politiques du mouvement féministe français au regard du *hijab* », *SociologieS* [En ligne]. Mis en ligne le 31 octobre 2007, consulté le 01 juillet 2014. URL: http://sociologies.revues.org/246

70. Voir par exemple FOUGEYROLLAS-SCHWEBEL D., LÉPINARD É. et VARIKAS E. (dir.), « Féminisme(s) : penser la pluralité », *Cahiers du genre*, n° 39, 2005.

71. Se reporter à BENELLI N. *et alii* (dir.), « Sexisme et racisme : le cas français », *Nouvelles questions féministes*, vol. 25, n° 1, 2006 ; BENELLI N. *et alii* (dir.), « Sexisme, racisme, et post-colonialisme », *Nouvelles questions féministes*, vol. 25, n° 3, 2006.

n'en fait pas moins référence à l'existence d'un sexisme racialisé en évoquant notamment « le machisme des hommes de nos quartiers qui au nom d'une "tradition" nient nos droits les plus élémentaires[72] ». Les militantes considèrent alors que « le mouvement féministe a déserté les quartiers[73] » et se mobilise *au nom* d'un sujet femmes qui ne concerne en réalité que les femmes blanches des classes moyennes et supérieures: « ces dernières années, les féministes ont mené des luttes presque "réservées": en se focalisant sur la bataille pour la parité, elles ne se sont adressées qu'aux classes moyennes et supérieures et ont oublié les femmes des milieux populaires[74] ». Il s'agit alors non pas de critiquer la catégorie « femmes » en rejetant toute appartenance spécifique mais en en soulignant l'hétérogénéité à partir de l'expérience des femmes des « quartiers » issues de l'immigration. Cependant, le cadre républicain, dans lequel l'association se positionne, interdit de se mobiliser à partir d'une catégorie spécifique et n'offre des droits qu'à des citoyens dépourvus de caractéristiques de classe, de genre ou de race. Ainsi, le cadre politique républicain choisi par NPNS propose une mobilisation féministe à partir d'un sujet universel et asexué à partir duquel il est possible de revendiquer des droits. La mobilisation de NPNS réactualise alors le registre humaniste et permet à des hommes de s'engager. À l'opposé, le Collectif des féministes indigènes[75] rejette la stigmatisation des hommes racialisés et affirme que « racisme et sexisme sont intimement imbriqués[76] ». Il convient donc de lutter conjointement, et sans poser de hiérarchie entre les deux combats, contre les systèmes de domination sexiste et raciste. Dès lors, le Collectif des féministes indigènes réfute radicalement la catégorie « femmes » comme sujet politique du féminisme en rejetant son caractère homogénéisant et faussement universel: « nous refusons catégoriquement que des personnes non concernées par des discriminations racistes et sexistes parlent en notre nom. [...] Nous, en tant que femmes vivant en France, héritons des acquis des luttes des féministes françaises. Mais en tant que femmes racialisées, nous remettons en question les diktats de l'universalisme blanc et masculin et du féminisme blanc qui dénient toutes autres visions du monde ou vécus. Le féminisme occidental n'a pas le monopole de la résistance à la domination masculine[77] ». La lutte se forge donc ici à partir d'un sujet « femmes racialisées » et le mouvement entend se mobiliser *au nom* des femmes racialisées et *pour* les femmes racialisées. Cette définition du sujet politique du féminisme ne permet donc pas aux hommes de s'engager (le collectif est de surcroît non mixte). Néanmoins, elle s'inscrit, notamment par sa logique déconstructionniste des catégories de sexe et de race, dans un mouvement général de valorisation du registre identitaire, capable de mobiliser des hommes.

La catégorie « femmes » est donc largement remise en cause depuis les années 1990 par de nombreuses féministes qui pointent les limites d'une telle défini-

72. Appel national des femmes des quartiers, reproduit dans Amara F., *op. cit.*, p. 146-147.
73. *Ibid.*
74. *Ibid.*, p. 122.
75. Collectif qui a émergé au sein du Mouvement des indigènes de la République en 2006.
76. http://www.indigenes-republique.org/spip.php?article667 (consulté le 5 septembre 2010), Appel des féministes indigènes pour une réunion publique le 17 février 2007.
77. *Ibid.*

tion du sujet politique du féminisme[78]. Au-delà, la mise en accusation du sujet femmes vise également à souligner la reproduction des rapports de pouvoir de race, de sexualité, de classe ou de génération à l'intérieur des associations et collectifs féministes. Les conflits au sein du CNDF au prisme des générations politiques, par exemple, soulignent comment le fait d'être ou de ne pas être de la « génération » MLF constitue un axe de pouvoir important pour les prises de décision, les militantes apparues sur la scène féministe dans les années 1990 souffrant d'un grand manque de légitimité aux yeux des militantes ayant connu le MLF[79]. Dans ce contexte, c'est donc non seulement l'unité abstraite des femmes qui est rejetée, mais également l'union concrète de toutes les femmes. Plus précisément, les critiques d'une partie des militantes des années 1990 et 2000 construisent un féminisme qui ne prend aucune catégorie comme point de départ et qui ne peut exister qu'en interrogeant les rapports de pouvoir qui s'y jouent. Dès lors, l'interrogation du sujet politique du féminisme permet l'affirmation du registre identitaire et offre de nouveaux espaces d'engagement pour les hommes. En effet, « c'est dans cette dynamique [de contestation du sujet "femmes"] que la question de l'engagement des hommes aux côtés ou au sein des luttes féministes se pose à nouveau frais. Dépassant les débats des groupes militants sur la mixité de leurs structures, les ajustements successifs permettant d'articuler une pensée de l'imbrication des rapports de domination à un combat pour l'émancipation à partir d'identités multiples, ont œuvré à la légitimation d'un questionnement sur les hommes et le genre[80] ».

Cependant, ces différentes contestations du sujet politique du féminisme font l'objet de critiques dans les espaces militants et académiques et certaines féministes réaffirment les femmes comme catégorie de mobilisation. Ainsi, la plupart des associations réunies au Collectif national pour les droits des femmes s'appuie largement sur les femmes comme sujet central des luttes féministes et se mobilise *au nom* des femmes. Elles s'opposent alors, parfois avec virulence, contre toute autre définition possible du sujet politique du féminisme. En 2005, le CNDF décide, par exemple, d'exclure le Collectif des féministes pour l'égalité, qui réunit femmes voilées et non voilées, croyantes et non croyantes dans une perspective féministe et anti-raciste, de l'appel à manifestation à l'occasion du 8 mars[81]. Plus largement, les questions de la prostitution ou du voile notamment, qui divisent fortement les mouvements féministes français, révèlent de profondes dissensions autour de la question du sujet politique. En effet, les militantes du CNDF par exemple, majoritairement formées au féminisme au cours de la décennie 1970, conçoivent tant la prostitution que le voile

78. Lépinard É., *op. cit.*

79. Henneron L., « Être jeune féministe aujourd'hui : les rapports de génération dans le mouvement féministe contemporain », *L'Homme et la société*, n° 158, 2005, p. 93-109, p. 105-109.

80. Bessin M. et Dorlin E., *op. cit.*, p. 22. Sur la ré-interrogation de la participation des hommes à la faveur de la prise en compte des multiples rapports de pouvoir qui se jouent dans les collectifs militants, voir également Béchard M.-J., « La relation entre les hommes et le féminisme : une question de rapports de pouvoir », Mensah M. N. (dir.), *Dialogues sur la troisième vague féministe*, Montréal, Les éditions du remue-ménage, 2005, p. 174-189.

81. Baeza C., « L'expérience inédite et dérangeante du Collectif des féministes pour l'égalité », *Nouvelles questions féministes*, vol. 25, n° 3, 2006, p. 150-154.

comme une expression de la domination masculine, de la violence à l'encontre des femmes et de la soumission des femmes. Dans ce sens, ces féministes se mobilisent *au nom* des femmes et pour la défense de leurs intérêts, définis indépendamment des discours des femmes concernées par la prostitution ou le voile. À l'inverse, d'autres militantes, appartenant généralement à une génération politique féministe plus récente, défendent les droits des prostituées et le libre choix de porter le voile en analysant non seulement les rapports de domination patriarcaux, mais également les dominations de classe et de race à l'œuvre dans les processus de stigmatisation des prostituées et des femmes portant le voile. Il s'agit dès lors de mettre en avant les effets des multiples rapports de pouvoir sur l'expérience du sexisme et de fonder la mobilisation non pas sur la catégorie « femmes », ni même à partir des catégorisations de race ou de classe, mais bien à partir d'individus dénués de toute identité figée.

Cartographie des engagements féministes masculins

Les registres humaniste et identitaire ont donc bénéficié d'une légitimité variable au cours de l'histoire des féminismes en fonction des définitions accordées au sujet politique du féminisme. Largement légitime à partir de la fin du XIXe siècle, le registre humaniste a par la suite été concurrencé par l'apparition de la catégorie « femmes » comme sujet politique des luttes. Les années 1970, marquées par la forte valorisation de cette conception, constituent alors un moment d'importante délégitimation du registre humaniste. En outre, l'émergence à cette même période du registre identitaire incarne une nouvelle modalité d'engagement légitime pour les hommes. À partir des années 1990, le registre identitaire est ainsi le registre d'engagement le plus valorisé pour les hommes.

Les transformations du registre d'engagement légitime pour les hommes au sein des associations féministes ne doivent cependant pas conduire à une vision évolutionniste des événements. D'abord, il ne s'agit pas de hiérarchiser les deux logiques d'engagement : les deux registres ne représentent pas deux stades successifs d'un progrès inéluctable mais bien deux modalités de participation de valeur égale. De plus, nous avons proposé d'identifier la construction d'un registre légitime pour les hommes par les mouvements féministes et non d'un registre unique. Dans ce sens, la coexistence simultanée des deux modèles sous-tend la démarche. Si le modèle humaniste a faibli en légitimité depuis les années 1970, concurrencé d'abord par la mise en avant des femmes comme catégorie de mobilisation, puis par le registre identitaire, il continue cependant d'exister dans différents lieux militants, comme au MFPF, au MLAC ou à NPNS. Dans ce sens, le mouvement historique mis au jour a bien plus valeur de dynamique générale que d'évolution linéaire et implacable. La succession des registres d'engagement légitimes rend alors compte des transformations des formes de participation valorisées au sein des groupes féministes. Dès lors, les mouvements féministes offrent, à toutes les époques, des espaces, des interstices, plus ou moins importants, qui permettent aux hommes des engagements humanistes ou identitaires. Le schéma suivant cartographie les principaux groupes féministes depuis la fin du XIXe siècle selon leur conception du sujet politique du féminisme : sujet « femmes », sujet « humaniste » et sujet « identitaire ».

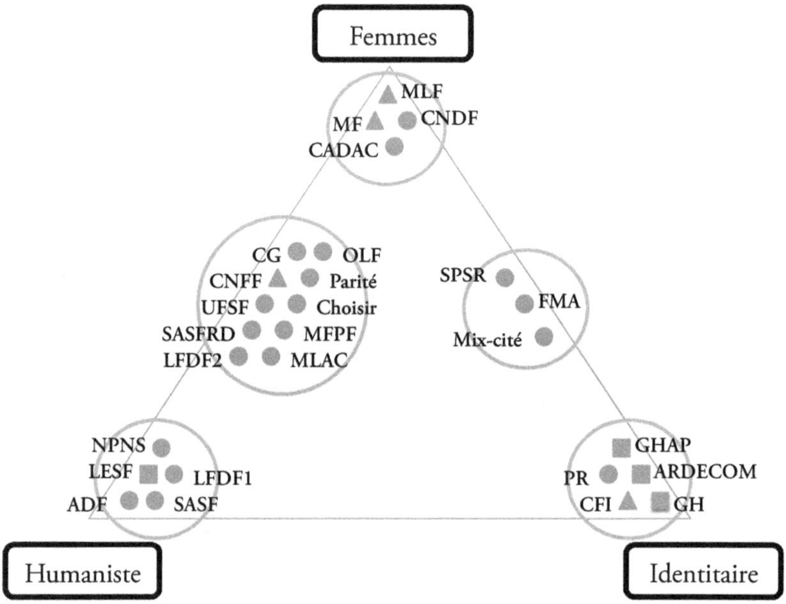

Légende

● Groupe mixte ▲ Groupe non mixte femmes ■ Groupe non mixte hommes

ADF : Association pour le droit des femmes
ARDECOM : Association pour la recherche et le développement de la contraception masculine
CG : Chiennes de garde
CFI : Collectif des féministes indigènes
CADAC : Coordination des associations pour le droit à l'avortement et à la contraception
CNDF : Coordination nationale pour les droits des femmes
CNFF : Conseil national des femmes françaises
FMA : Féminin masculin avenir
GH : Groupes d'hommes
GHAP : Groupes d'hommes anti-patriarcaux
LESF : Ligue d'électeurs pour le suffrage des femmes
LFDF1 : Ligue française pour le droit des femmes (1882-1900)
LFDF2 : Ligue française pour le droit des femmes (1900-1980)
MF : Maison des femmes
MLAC : Mouvement pour la liberté de l'avortement et de la contraception
MLF : Mouvement de libération des femmes
MFPF : Mouvement français pour le planning familial
NPNS : Ni putes ni soumises
OLF : Osez le féminisme !
PR : Panthères roses
SASF : Société pour l'amélioration du sort de la femme
SASFRD : Société pour l'amélioration du sort de la femme et de la revendication de ses droits
SPSR : Sciences potiches se rebellent
UFSF : Union française pour le suffrage des femmes

SCHÉMA 1.
Les associations féministes selon la définition du sujet politique

Ce schéma fait apparaître plusieurs conceptions du sujet politique, en partie déterminées par l'époque d'action du groupe, qui influent sur la présence des hommes. Précisons que si les groupes féministes explicitent rarement le sujet politique mobilisé et que celui-ci peut varier dans le temps et entre chacun-e des membres, les associations s'orientent majoritairement – c'est-à-dire la plus grande partie du temps et pour une grande majorité des militant-e-s – vers une conception spécifique du sujet politique. Ce schéma propose donc de distinguer les associations selon la définition centrale qui caractérise chacune d'elles bien plus que selon une définition unique.

Le premier cercle, proche du pôle humaniste, regroupe majoritairement des associations de la fin du XIXe siècle qui ont mobilisé de nombreux hommes en s'appuyant sur un sujet universel. NPNS, qui met aussi en avant un sujet universel, se positionne également dans ce cercle. En effet, l'association propose une réactualisation d'une conception républicaine qui ne peut s'appuyer sur aucune catégorie spécifique. Pourtant, il ne s'agit pas d'une répétition dans les mêmes termes, mais bien d'une réinterprétation du registre humaniste qui dominait aux débuts du féminisme. Au sommet de la pyramide sont regroupées des associations s'appuyant essentiellement sur le sujet femmes comme le MLF, mais aussi la Maison des femmes, le CNDF ou la CADAC. Au cœur de la démarche d'une partie des militantes des années 1970, cette conception du sujet politique du féminisme continue alors de s'incarner dans les années 1980, 1990 et 2000 à travers des associations portées par des actrices des années 1970. Souvent uniquement féminines, elles n'attirent généralement que très peu d'hommes lorsqu'elles sont mixtes. À l'autre extrémité, le pôle identitaire est constitué de groupes centrés sur la déconstruction des identités notamment de genre. Ces groupes, qui apparaissent dans les années 1970, sont alors majoritairement non mixtes, entre hommes (comme les groupes d'hommes) ou entre femmes (le Collectif des féministes indigènes), seules les Panthères roses proposant un militantisme mixte. En plus de ces trois pôles, deux cercles intermédiaires caractérisent des associations qui mobilisent variablement deux conceptions du sujet politique du féminisme. Entre le sujet femmes et le sujet humaniste sont positionnés les groupes caractérisés par la classique tension entre universel et particulier. Des associations de chaque vague des mouvements féministes appartiennent alors à ce pôle, qu'il s'agisse des associations réformistes du début du XXe siècle, de Choisir, du MFPF, du mouvement pour la parité ou des Chiennes de garde. Faisant très majoritairement le choix de la mixité, leur proximité avec le pôle « femmes » attire cependant faiblement les hommes. Enfin, un dernier pôle est composé d'associations mobilisant alternativement le sujet femmes et le sujet identitaire. L'importance de la participation des hommes à ces groupes mixtes dépend alors largement de leur plus grande proximité avec le sujet identitaire.

L'existence d'espaces militants où peuvent se déployer les registres humaniste et identitaire permet alors aux hommes de participer aux luttes féministes *en tant* qu'hommes, c'est-à-dire à partir de leur position sociale d'hommes. En effet, le registre humaniste offre la possibilité à certains hommes, dotés de caractéristiques précises et dans des contextes spécifiques, de devenir des militants féministes sans interroger leur position de dominants. Plus exactement, il autorise à se mobiliser *en tant* qu'hommes dans la mesure où l'universalisation de la cause a pour conséquence de neutraliser la place occupée dans les rapports sociaux de sexe. Dans le cas du registre identitaire, où le militantisme se traduit au contraire par la nécessité de la mise à distance des normes de genre et de la critique des pratiques viriles, des hommes s'engagent à la faveur d'un rapport critique et distancié à la position qui leur est socialement attribuée. Là encore, la mobilisation est donc possible *en tant* qu'hommes, non pas sous l'effet d'une neutralisation, mais par le biais d'un rejet des caractéristiques associées à la place assignée par le système de genre. Dans ce sens, l'engagement féministe des hommes est possible parce qu'il existe des configurations (au sens d'Elias[82]) historiques, organisationnelles et sociales où les hommes peuvent militer à partir de leur position sociale d'hommes. Autrement dit, le militantisme féministe des hommes peut exister dès lors que le féminisme est désindexé, pour partie tout au moins, de l'expérience de la position sociale de femmes. À l'inverse, leur position, objective et subjective, dans le rapport de domination constitue un obstacle à la mobilisation à partir du sujet politique femmes : leur engagement ne peut se fonder sur l'expérience de la position des femmes en même temps qu'ils ne peuvent prétendre, parce que dominants, à représenter les femmes, dominées.

La mise au jour d'un registre humaniste, qui se réclame d'un individu universel, et d'un registre identitaire, mobilisant un individu détaché de toute assignation identitaire, souligne que l'engagement féministe est accessible aux hommes dans les configurations militantes qui ne font pas des femmes le (seul) sujet politique du féminisme. Ce travail de dénaturalisation du sujet politique du féminisme permet également de repenser la définition même des mouvements féministes. En effet, la littérature sur les mouvements féministes a accordé une place centrale à la catégorie « femmes » comme sujet politique pour définir les mouvements féministes. Dans cette perspective, les mouvements féministes constituent une partie des mouvements des femmes, s'en distinguant uniquement par la dimension contestataire de la domination masculine. Mais la prise en compte des registres humaniste et identitaire permet de réinterroger la définition des mouvements féministes en soulignant que le sujet femmes est une conception historiquement et socialement située du sujet politique du féminisme, qui ne constitue qu'une modalité parmi d'autres des mobilisations féministes. Ainsi, les mouvements féministes peuvent être appréhendés comme étant potentiellement à la fois à l'intérieur et à l'extérieur des mouvements des femmes. Autrement dit, en reprenant les notions d'espace de la cause des femmes et d'espace des mobilisations féminines, entendu comme l'ensemble des collectifs de femmes[83], la perspective historique et la focale sur les militants permettent d'affiner la compréhension des mobilisations féministes. Ainsi, comme l'indique

82. Elias N., *Qu'est-ce que la sociologie ?*, Paris, Pocket, 2003 [1970].
83. Bereni L., *op. cit.*, 2007, p. 23-37.

le schéma ci-dessous, « l'espace des mobilisations féministes » englobe l'espace de la cause des femmes mais existe également en dehors de celui-ci.

L'espace des mobilisations féministes peut ainsi se comprendre comme l'agrégation de l'espace de la cause des femmes et des luttes féministes au nom du sujet humaniste ou identitaire. Précisons d'ailleurs que si l'analyse s'est concentrée sur les groupes autonomes (quasi) exclusivement dédiés aux revendications féministes, des collectifs dans les pôles partisan, intellectuel et institutionnel peuvent également appartenir à l'espace des mobilisations féministes à partir du sujet humaniste et identitaire. Dans ce sens, cette proposition élargit le cadre conceptuel de l'espace de la cause des femmes en permettant de l'appliquer aux luttes féministes qui ne mobilisent pas centralement le sujet femmes. L'opérationnalité de cette proposition visant à comprendre les formes collectives de revendications féministes reste cependant à tester empiriquement, notamment à partir d'une étude de cas sur les mobilisations autour d'une cause spécifique.

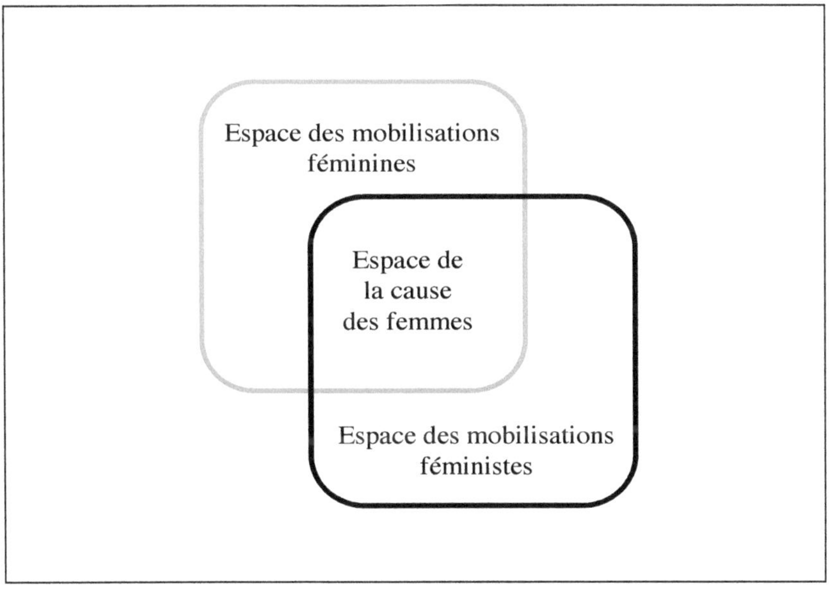

SCHÉMA 2.
Mobilisations féminines, pour la cause des femmes et féministes : trois espaces sécants

Partie 2

Les ressorts de l'engagement

Chapitre 5
Devenir militant féministe

En étudiant les effets des contextes socio-historiques et militants sur l'engagement des hommes, les chapitres précédents ont permis de saisir les raisons pour lesquelles *des* hommes avaient pu devenir des militants féministes. Il s'agit à présent de compléter l'analyse en se demandant pourquoi ce sont *ces* hommes qui se sont engagés. Nous nous appuierons pour cela sur les travaux de sociologie de l'engagement, et particulièrement sur le concept de carrière militante[1]. À la suite de travaux de la sociologie interactionniste[2], la notion de carrière a été mobilisée dans l'analyse du militantisme pour « comprendre comment, à chaque étape de la biographie, les attitudes et comportements sont déterminés par les attitudes et comportements passés et conditionnent à leur tour le champ des possibles à venir, resituant ainsi les périodes d'engagement dans l'ensemble du cycle de vie[3] ». Il s'agit dès lors d'appréhender l'engagement non pas comme un moment spécifique dans la vie d'un individu mais comme s'insérant dans l'ensemble de sa trajectoire sociale, professionnelle, affective et familiale.

Les quelques travaux sur la participation des hommes aux mobilisations féministes ne se sont pas centralement attachés à comprendre les processus d'engagement. Ces recherches tendent souvent à réduire les logiques d'engagement des hommes à des facteurs individuels, intimes ou psychologiques, ou à considérer leur participation comme l'expression d'un choix ou d'une préférence politique. Ainsi, ces démarches militantes découleraient d'un lien privilégié avec une féministe[4], de leur « loyauté envers une femme particulière dans leur vie[5] », de l'expérience de la violence masculine[6], d'une identité masculine

1. Sur les carrières militantes, voir notamment « Devenirs militants », *Revue française de science politique*, vol. 51, n° 1-2, 2001 et Fillieule O., « Carrière militante », Fillieule O., Mathieu L. et Péchu C. (dir.), *op. cit.*, 2009, p. 85-94.
2. Hughes E. C., « Carrières », Hughes E. C., *Le regard sociologique* (Textes rassemblés et présentés par Jean-Michel Chapoulie), Paris, Éditions de l'EHESS, 1996 [1967], p. 175-185; Becker H., *Outsiders*, Paris, Métailié, 1985 [1963].
3. Fillieule O., « Proposition pour une analyse processuelle de l'engagement individuel », *Revue française de science politique*, vol. 51, n° 1-2, 2001, p. 199-217, p. 201.
4. Kimmel M. S., *op. cit.*, 1992, p. 4; Christian H., *op. cit.*, p. 29-32; Goldrick-Jones A., *op. cit.*, 2002 (a), p. 4; Tarrant S., *op. cit.*, p. 2.
5. Stoltenberg J., *Refusing to be a man. Essays on sex and justice*, New York, Meridian, 1990 [1989], p. 2. Une traduction française a été publiée aux éditions Syllepse en 2013.
6. En étudiant des hommes engagés contre le viol, John Stoltenberg constate qu'ils ont tous une personne proche d'eux qui a été victime d'agression sexuelle (Stoltenberg J., « "I'm not a rapist!" : why college

stigmatisée[7], d'une remise en cause des stéréotypes de genre[8] ou de convictions politiques pour la justice[9]. Pour Francis Dupuis-Déri, c'est par la confrontation aux militantes féministes que des hommes s'engagent. Dans ce sens, « ce sont donc les féministes qui produisent, par leurs efforts et leurs luttes, des hommes proféministes. Comme le dit l'adage, il y a derrière chaque homme proféministe plusieurs féministes épuisées d'avoir tant bataillé et de l'avoir tant confronté[10] ».

Ces affirmations sont cependant peu fondées empiriquement et tendent à surestimer l'importance d'un seul élément dans les trajectoires individuelles. Ce chapitre se propose au contraire, à partir de la sociologie de l'engagement, de repérer les différentes logiques sociales au principe de l'engagement féministe[11]. Il s'attache ainsi comprendre à la fois les dispositions sociales et socialisations (primaires ou secondaires) qui favorisent l'engagement féministe et le rôle des réseaux politiques et intellectuels dans la conversion de ces prédispositions en engagement réel[12].

Acquérir des dispositions : capitaux et socialisations

Des positions sociales dominantes

La sociologie de l'engagement associatif et politique a montré que militer constitue une « activité sélective[13] » qui attire particulièrement certains profils sociaux spécifiques. Ainsi, l'engagement concerne d'abord des hommes, de classes moyennes et supérieures, dotés d'un fort capital culturel et scolaire. Cette sur-sélection au regard du sexe et des capitaux culturels, économiques et/ou sociaux semble en outre d'autant plus forte pour les associations vouées à inter-

guys are confronting sexual violence », *International journal of sociology and social policy*, vol. 17, n° 1-2, 1997, p. 78-90, p. 79).

7. Comme dans le cas de l'homosexualité. Stoltenberg J., *op. cit.*, 1990 [1989], p. 2 ; Christian H., *op. cit.*, p. 129-165.
8. Goldrick-Jones A., *op. cit.*, 2002 (a), p. 4.
9. Goldrick-Jones A., « Men and feminism : relationships and differences », Dhruvarajan V. et Vickers J. (dir.), *Gender, race and nation. A global perspective*, Toronto, University of Toronto press, 2002 (b), p. 184-204, p. 186-187. De telles explications se retrouvent également dans les différentes contributions de Rochefort F. et Viennot É. (dir.), *op. cit.*
10. Dupuis-Déri F., *op. cit.*, 2008, p. 160.
11. À ce sujet, voir Jacquemart A., « Au-delà du paradoxe : l'engagement masculin dans les mouvements féministes (France, 1870-2010) », Rochefort F. et Viennot É. (dir.), *op.cit.*, 2013, p. 237-249.
12. Les éléments biographiques des 82 militants de la première vague étudiés n'ont pas pu tous être retrouvés pour chacun des militants. En conséquence, le nombre total de chaque élément des trajectoires biographiques présentés dans ce chapitre et les suivants varie en fonction des informations recueillies.
13. Prouteau L. et Wolff F.-Ch., « La participation associative au regard des temps sociaux », *Économie et statistiques*, n° 352-353, 2002, p. 57-80, p. 65.

venir dans l'espace politique[14], les syndicats[15] ou les partis politiques[16]. Si ces caractéristiques socio-démographiques ne suffisent évidemment pas pour entrer en militantisme, elles participent cependant à inscrire l'engagement militant dans l'espace des possibles.

Ainsi, les hommes engagés dans des associations féministes depuis la fin du XIXe siècle occupent des positions dans l'espace social qui fournissent des dispositions au militantisme politique. En tant qu'hommes d'abord, l'engagement leur est plus accessible pour plusieurs raisons[17]. Historiquement, des contraintes ont largement limité, voire interdit, la participation des femmes, ce qui a permis de construire des espaces façonnés, encore largement aujourd'hui, par et pour les hommes. Ainsi, l'existence d'un « façonnage organisationnel genré[18] » des lieux militants encourage l'engagement des hommes en même temps qu'il décourage celui des femmes[19]. Enfin, les rapports de pouvoir à l'intérieur du couple déchargent, aujourd'hui encore, les hommes des tâches domestiques et familiales aux dépends des femmes[20], leur libérant donc du temps pour militer. En outre, en tant que « blancs », l'engagement militant leur est également plus accessible du fait de leur position privilégiée dans les rapports sociaux de race[21]. Ils appartiennent également très majoritairement aux classes moyennes et supérieures, dotés d'un fort capital culturel, parfois également dotés d'importants capitaux

14. Il en est ainsi par exemple de la Ligue des droits de l'Homme (Agrikoliansky É., *op. cit.*, 2002, p. 163-165) ou de la Fédération des associations de solidarité avec les travailleurs immigrés (Siméant J., *op. cit.*, 1998, p. 363-370). Dans une perspective comparatiste, on remarque que les militant-e-s d'Amnesty international sont ainsi 71 % à être diplômé-e-s du supérieur contre 30 % des militant-e-s des Restaurants du cœur (Duchesne S., « Don et recherche de soi, l'altruisme en question aux Restaurants du cœur et à Amnesty international », *Les cahiers du CEVIPOF*, n° 33, 2003, p. 22-23).

15. Sur la dimension fortement genrée du syndicalisme voir Guillaume C., « Le syndicalisme à l'épreuve de la féminisation. La permanence "paradoxale" du plafond de verre à la CFDT », *Politix*, n° 78, 2007, p. 39-63 et Buscatto M., « Syndicaliste en entreprise. Une activité si "masculine"… », Fillieule O. et Roux P. (dir.), *Le sexe du militantisme*, Paris, Presses de Sciences po, 2009, p. 75-91.

16. Sur les freins à la participation des femmes à la vie politique, voir notamment Achin C. *et alii*, *Sexes, genre et politique*, Paris, Economica, 2007. Sur le rapport distancié des classes populaires à la politique, on peut se reporter à Schwartz O., « Sur le rapport des ouvriers du Nord à la politique », *Politix*, n° 13, 1991, p. 79-86.

17. Pour une synthèse des travaux sur genre et carrières militantes, voir Jacquemart A., « Engagement militant », Achin C. et Bereni L. (dir.), *op. cit.*, p. 215-226.

18. Fillieule O., « Travail militant, action collective et rapports de genre », Fillieule O. et Roux P. (dir.), *op. cit.*, 2009 (b), p. 23-72, p. 60-63.

19. C'est par exemple ce qu'a montré Doug McAdam dans le cas du *Freedom summer*, où pour des raisons à la fois sexistes et racistes les femmes blanches ont été découragées de participer au projet (McAdam D., « Gender as a mediator of the activist experience : the case of Freedom summer », *American journal of sociology*, vol. 97, n° 5, 1992, p. 1211-1240).

20. Sur la persistance des inégalités de répartition des charges domestiques, voir Ferrand M., *Féminin masculin*, Paris, La Découverte, 2004, p. 20-28.

21. Les travaux font défaut sur cette question. Cependant, la faible présence de personnes non blanches dans les partis politiques constitue une illustration du poids de la position dans les rapports de race sur les processus d'engagement. Voir Avanza M., « Qui représentent les élus de la "diversité" ? », *Revue française de science politique*, vol. 60, n° 4, 2010, p. 745-767. Dans le cas du militantisme syndical, on peut se reporter à Mélis C., « "Des syndicalistes comme les autres?" L'expérience syndicale de migrantes et de filles d'immigrés d'Afrique du Nord et sub-saharienne », *L'Homme et la société*, n° 176-177, 2010, p. 131-149.

économiques et/ou sociaux. Pour autant, il s'agit de nuancer les positions mais aussi les trajectoires de ces hommes, notamment au regard des vagues militantes[22].

Les militants de la première vague pour lesquels il a été possible d'identifier la profession semblent ainsi appartenir à l'élite socio-économique, notamment au vu de leurs professions et/ou de leurs diplômes (Annexe 3). Près des deux tiers des militants recensés sont des avocats, des universitaires ou des journalistes, tandis que les autres occupent souvent des professions également fortement valorisées socialement (comme médecin, notaire, et, dans une moindre mesure, instituteur[23]). Corrélativement, le niveau de formation scolaire est très élevé : presque la moitié a obtenu un doctorat et neuf militants sur dix ont un diplôme universitaire, sans compter que parmi les hommes pour lesquels nous connaissons la profession mais pas le diplôme, plus du tiers exerce un métier qui suppose une formation universitaire. Ces chiffres soulignent ainsi leur appartenance à une frange particulièrement privilégiée de la population au regard du très faible taux d'accès à l'université sous la IIIe République[24]. Ils sont en outre majoritairement des héritiers, même si environ un tiers des hommes pour lesquels nous connaissons la profession des parents[25] a connu une ascension sociale par rapport à leurs parents. Il s'agit généralement de fils de petits patrons, d'artisans ou d'employés qui ont gravi les échelons sociaux par l'école, en devenant avocats par exemple.

Ce constat est cependant à nuancer au regard des biais, notamment en termes de classes sociales dans ce cas précis, que renferment les archives. D'une part, les militants les plus dotés en capitaux sont probablement également les plus aptes à laisser des traces écrites, mais aussi à signer de leurs prénom et nom, et donc à entrer dans la postérité. Ainsi, les instituteurs, par le biais des groupes féministes universitaires par exemple, ont représenté une part significative des militant-e-s de l'UFSF, particulièrement dans des groupes locaux. Cependant, ne disposant généralement d'aucune autre information les concernant, ils n'ont pas été intégrés dans le corpus constitué. D'autre part, il est probable que les associations féministes, les militants eux-mêmes et les notices biographiques mentionnent d'autant plus facilement les professions ou diplômes que ceux-ci sont socialement prestigieux. Lors du congrès international de 1878, par exemple, la liste des membres du congrès ne mentionne parmi les 107 hommes présents que les professions ou fonctions de onze députés ou sénateurs, onze journalistes, cinq

22. Pour ce chapitre, je désignerai par « deuxième vague » l'ensemble des militants depuis les années 1970 jusqu'à aujourd'hui. Ce choix ne vise pas à trancher le débat sur l'existence d'une troisième vague depuis la fin des années 1990 mais relève de raisons pratiques. D'une part, la faiblesse des effectifs militants rend difficile de séparer les données en deux ensembles différenciés. D'autre part, et principalement, plusieurs militants de l'échantillon ont milité dans les années 1970 et continuent (parfois avec des ruptures) à militer aujourd'hui.

23. Des constatations similaires ont été produites à propos des hommes engagés dans des associations suffragistes masculines en Grande-Bretagne au début du XXe siècle (John A. V. et Eustance C., *op. cit.*, p. 11-13).

24. Seuls 0,9 % des effectifs scolarisables entre 20 et 24 ans étaient à l'université en 1900, ce chiffre n'augmentant que très faiblement les décennies suivantes (1,3 % en 1920, 1,8 % en 1931. Baudelot Ch., Benoliel R., Cukrowiz H. et Establet R., *Les étudiants, l'emploi, la crise*, Paris, Maspero, 1981, p. 21).

25. Principalement celle du père, les sources ne permettant que très rarement de savoir si la mère exerçait une profession ou non, et si oui, laquelle.

conseillers municipaux de Paris et quatre hommes de lettres[26]. S'il est donc probable que les militants les moins dotés en capitaux soient en partie invisibilisés dans les archives, il n'en demeure pas moins que les militants de la première vague appartenaient majoritairement aux classes supérieures intellectuelles. Ces caractéristiques sont d'ailleurs proches de celles des militantes féministes de la première vague, même si celles-ci étaient bien plus souvent sans profession, notamment en raison des discriminations dans l'accès à l'enseignement supérieur et plus encore aux professions supérieures[27], et bénéficiaient du statut social de leur famille ou de leur mari[28].

En ce qui concerne les hommes engagés à partir des années 1970, la répartition par professions et catégories socio-professionnelles révèle la même sur-sélection sociale des militants par rapport à l'ensemble de la société (Annexe 3). Souvent médecins ou étudiants en médecine dans la lutte pour l'avortement, ils sont dans l'ensemble membres des classes moyennes et supérieures intellectuelles. Dans notre échantillon, plus de huit sur dix appartiennent aux cadres et professions intellectuelles supérieures, aux professions intermédiaires ou sont chefs d'entreprise, tandis qu'ils ne sont que très rarement ouvriers ou employés. Cette proportion est en outre renforcée par le fait que trois des militants étaient encore étudiants au moment de l'entretien (deux en thèse et un en Master) et peuvent ainsi aspirer à des positions sociales élevées. D'ailleurs, les positions de ces hommes sont là encore largement dues à leur capital culturel scolaire, à l'image des militantes féministes depuis les années 1970[29] : plus de la moitié ayant un niveau scolaire égal ou supérieur à un bac+5 et seulement deux ne possédant pas de diplômes universitaires. Les diplômes obtenus ont de plus permis à un quart de ces hommes de connaître une ascension sociale importante par rapport à leurs deux parents, puisque leurs pères étaient pour la plupart d'entre eux ouvriers ou employés, et leurs mères ouvrières ou au foyer. Ces trajectoires, qui restent cependant minoritaires, ne se retrouvent pas parmi les militants de la première vague et sont principalement le fait d'enfants du baby-boom qui ont pu bénéficier des effets des Trente glorieuses et de la relative démocratisation de l'accès à l'université[30]. Mais la plupart des militants des associations féministes depuis les années 1970 sont des héritiers. Si ces caractéristiques situent clairement ces hommes parmi les dominants dans l'espace social, le poids des contextes socio-historiques différents ne permet pas d'assimiler totalement leurs positions à celles des militants de la première vague. D'une part, l'accès bien plus large aux diplômes universitaires à partir des années 1960 empêche d'accorder la même valeur au niveau de diplôme pour les deux générations. D'autre part,

26. *L'avenir des femmes*, n° 165, 4 août 1878.
27. Voir Rennes J., *op. cit.*
28. Klejman L. et Rochefort F., *op. cit.*, 1989, p. 26; Bard Ch., *op. cit.*, 1995 (a), p. 11.
29. Sur le profil socio-professionnel des militantes des années 1970, voir Ringart N., « Quand ce n'était qu'un début… Itinéraires de femmes à Paris », Groupe d'études féministes, *op. cit.*, p. 157-171 et Picq F., « Stratégie de sexe ou destin de classe », Groupe d'études féministes, *op. cit.*, p. 173-183. Sur les caractéristiques des militantes entre 1970 et 1990, voir Garcia S., *op. cit.*, 1993, p. 172-178. En ce qui concerne les militantes depuis la fin des années 1990, voir l'enquête auprès de Mix-cité, Henneron L., *op. cit.*, 2002, p. 42-63.
30. Sirinelli J.-F., *Les baby-boomers. Une génération 1945-1969*, Paris, Fayard, 2003, p. 57-64.

les militants de la deuxième vague sont moins souvent détenteurs d'importants capitaux économiques et sociaux. Dans ce sens, alors que les militants de la première vague appartiennent très largement à une bourgeoisie qui cumule capitaux économiques, sociaux et culturels, à l'image des membres des mouvements républicains, ceux de la deuxième vague sont, comme les militants des mouvements contestataires des années 1968, majoritairement membres de la classe moyenne et supérieure intellectuelle.

L'appartenance sociale de ces hommes participe ainsi à les doter de dispositions à l'engagement. En outre, bien que largement minoritaire, l'engagement d'un ou de deux parents renforce les dispositions au militantisme. C'est ainsi le cas de cinq des militants de la première vague dont les pères étaient engagés dans un parti politique et élus comme maire, conseiller général ou député. De même, parmi les militants rencontrés, trois ont un père avec un passé militant et un a une mère engagée en politique au niveau local.

Enfin, il faut souligner que leur appartenance sociale offre également une première clé de compréhension pour saisir leur intérêt pour les questions féministes. En effet, nous savons que la différenciation sexuée est la plus forte aux deux extrémités de la hiérarchie sociale, parmi la classe ouvrière et la grande bourgeoisie alors qu'elle est moins marquée parmi les classes moyennes et supérieures intellectuelles[31]. Or, l'engagement féministe témoigne bien d'une volonté de limiter les différences, à propos de la place, du rôle et/ou des identités, entre les hommes et les femmes. Ainsi, sans être plus égalitaires ou plus féministes que dans d'autres milieux sociaux, les familles de classes moyennes et supérieures intellectuelles prédisposent davantage à être réceptif aux discours féministes.

La disponibilité : un atout

Outre ces dispositions à s'engager, l'existence de « disponibilités biographiques » permet de comprendre les processus d'engagement. Selon Doug McAdam, à qui l'on doit l'expression, « les disponibilités biographiques peuvent être définies comme l'absence de contraintes personnelles qui augmenteraient les coûts et les risques de l'engagement, comme un emploi à plein-temps, le mariage ou des responsabilités familiales[32] ». Dans la continuité de ce travail, d'autres recherches qualitatives ou quantitatives ont également souligné que l'absence de contraintes familiales et/ou professionnelles ou « l'entrée dans une phase d'interstitielle de la vie sociale[33] » facilite l'engagement militant.

31. Voir Schwartz O., *Le monde privé des ouvriers*, Paris, PUF, 2009 [1990], p. 204-209 et Ferrand M., *op. cit.*, p. 49.
32. McAdam D., « Recruitment to high-risk activism : the case of Freedom summer », *American journal of sociology*, vol. 92, n° 1, 1986, p. 64-90, p. 70. Le terme de disponibilité biographique est la traduction de *biographical availability* qui a été retenue en français.
33. Agrikoliansky É., « Carrières militantes et vocation à la morale : les militants de la Ligue des droits de l'Homme dans les années 1980 », *Revue française de science politique*, vol. 51, n° 1-2, 2001, p. 27-46, p. 39.

TABLEAU 1.
Âge au premier engagement féministe pour l'ensemble des militants

	Vague 1	Vague 2
18-30 ans	7	30
31-50 ans	19	5
51-70 ans	26	1
Après 70 ans	5	0
Total	57	36

S'agissant des militants de la première vague, il est souvent difficile de reconstituer des trajectoires précises, particulièrement en ce qui concerne la carrière professionnelle et la vie personnelle et familiale. Toutefois, l'âge au moment du premier engagement féministe donne des indications. Ainsi, la répartition par tranche d'âge laisse penser que l'engagement de nombre de ces militants se fait à un moment où la carrière professionnelle et/ou politique est terminée ou sur le point de l'être (Tableau 1). Jules Allix par exemple, né en 1818, découvre le féminisme pendant la Commune de Paris mais ne s'engage dans la Société pour l'amélioration du sort de la femme et la revendication de ses droits (SASFRD) qu'en 1887, à presque 70 ans. Sa carrière de clerc de notaire à Paris et son engagement politique (il participe à la révolution de 1848, est candidat à la Constituante de 1848 puis aux élections législatives de 1869) sont alors derrière lui, ce qui lui permet de s'investir pleinement dans le féminisme (en 1894 il devient secrétaire adjoint de la SASFRD et rédacteur du bulletin) jusqu'à sa mort en 1903[34]. De la même manière, Jean-Claude Colfavru, né en 1820, fait d'abord une carrière politique : il est représentant du Peuple à l'Assemblée législative de 1849-1851 puis député de 1885 à 1889. Avocat à Paris à partir de 1845, il manifeste une première fois son soutien aux revendications féministes en 1869 aux côtés d'André Léo. Mais ce n'est qu'à 68 ans, un an avant la fin de son mandat de député, qu'il investit réellement la scène féministe en 1888. Il adhère alors à la Ligue française pour le droit des femmes (LFDF) et il est membre de la commission d'organisation du congrès français et international du droit des femmes de 1889. Il milite au sein de la LFDF jusqu'à sa mort en 1891[35]. L'absence ou la limitation de contraintes de temps à la fin de leur vie facilite ainsi l'engagement dans une association féministe. À l'inverse, l'engagement à un moment de faibles contraintes matérielles aux débuts de la vie d'adulte, à l'image du parcours de René Viviani, qui s'engage à la LFDF à l'âge de 25 ans

34. Balteau J., Barroux M. et Prevost M. (dir.), *Dictionnaire de biographie française*, Paris, Librairie Letouzey et Ané, 1936, p. 222-224 ; Klejman L. et Rochefort F., *L'égalité en marche. Histoire du mouvement féministe en France 1868-1914*, Thèse de Doctorat en histoire, université Paris 7, 1987, p. 1021 ; *Bulletin trimestriel de la société pour l'amélioration du sort de la femme et la revendication de ses droits*, n° 16, juin-septembre 1904.

35. *Les hommes d'aujourd'hui*, n° 221, 5ᵉ volume ; *Le droit des femmes*, n° 395, 7 juin 1891 ; Primi A., *op. cit.*, 2010, p. 212-214.

avant de devenir avocat puis de s'engager dans une carrière politique, est rare pour les militants de la première vague.

En revanche, les militants à partir des années 1970 s'engagent bien plus tôt, à un moment où peu de contraintes pèsent sur eux (Tableau 1). Ainsi, ils sont une très large majorité (plus des trois quarts) à s'engager dans une association féministe avant l'âge de 31 ans. De ce fait, ils sont peu nombreux à devoir affronter simultanément des obligations professionnelles, conjugales et parentales : ils sont plus de la moitié à être étudiants ou à la recherche d'un emploi, sans relation de couple stabilisée et sans enfant au moment de leur premier engagement féministe alors que, à l'inverse, seulement quatre sur trente-six sont simultanément insérés sur le marché du travail, vivent en couple et ont un ou des enfants (Tableau 2). C'est donc souvent à une période où ils sont dégagés de responsabilités contraignantes que leur expérience militante féministe (mais pas seulement) se forge : encore étudiants ou refusant de travailler, sans responsabilités familiales, expérimentant parfois la vie en communauté pour certains militants des années 1970, leur engagement s'inscrit dans une période de leur vie où ils sont capables de faire face sans difficulté majeure aux impératifs du militantisme. L'engagement de ces hommes s'inscrit alors souvent dans ce que Pierre Bourdieu et Jean-Claude Passeron décrivent comme le « dilettantisme » étudiant[36], l'effervescence politique des années 1970 constituant un contexte particulièrement propice à un engagement précoce. Inversement, Serge, l'un des militants du MLA au début des années 1970, déjà salarié à cette époque, souligne que « les réunions ne commençaient jamais à l'heure » puisqu'« ils avaient le temps », contrairement à lui[37]. De la même manière, David, qui travaille comme ouvrier, précise que sa position entraîne un manque de disponibilité, notamment vis-à-vis des autres militant-e-s :

> « Dans le milieu militant en fait tu t'aperçois qu'il y a beaucoup de profs, de gens qui ont parfois beaucoup de diplômes, des gens qui travaillent à temps partiel... je pense que mine de rien, les ouvriers ils ont pas trop le confort de s'engager... après, au début, je venais, je donnais de ma personne, mais c'est super lourd, tu fais que ça et je suis pas forcément pour le sacrifice quoi[38]. »

36. Bourdieu P. et Passeron J.-C., *Les héritiers. Les étudiants et la culture*, Paris, Les éditions de minuit, 2002 [1964], p. 87.
37. Entretien avec Serge, militant au MLA.
38. Entretien avec David, militant au MFPF dans les années 2000.

TABLEAU 2.
Situation professionnelle, conjugale et parentale au moment du premier engagement féministe pour les militants de la seconde vague

Inactif, célibataire et sans enfants	20
Actif, célibataire et sans enfants	4
Inactif, en couple et sans enfants	4
Actif, en couple et sans enfants	4
Actif, en couple et avec enfants	4
Total	36

Pour autant, les disponibilités biographiques ne se limitent pas aux données objectives qui permettent de distinguer des individus plus ou moins contraints par leurs positions professionnelle, conjugale et/ou parentale[39]. Ainsi, dans le cas des militants rencontrés, la paternité est très rarement évoquée comme un frein à l'engagement, puisque seulement deux l'évoquent pour expliquer la baisse de leur activité militante. De même, occuper un emploi stable depuis plusieurs années peut se révéler parfois un moment propice à l'engagement, comme l'explique Christophe qui s'est engagé à quarante ans dans une association féministe :

> « Je m'occupais de mon travail exclusivement, et vers l'âge de quarante ans en fait, j'ai voulu m'investir davantage encore dans ma vie professionnelle, et puis ce que je voulais faire ne m'était pas proposé, donc je me suis ennuyé énormément, et je me suis dit qu'il fallait que je fasse quelque chose à côté, et me rendre utile en fait[40]. »

Ainsi, l'insatisfaction professionnelle peut être également entendue comme une disponibilité biographique, dans la mesure où le projet professionnel contrarié crée la possibilité d'autres scènes d'investissement de son temps[41].

Transmission de l'engagement par les mères ou les épouses

Si les caractéristiques socio-économiques et les disponibilités biographiques concourent à rendre l'engagement possible, elles ne donnent cependant que peu d'explications sur le choix d'un militantisme féministe. La présence de femmes féministes dans l'entourage proche de ces hommes, durant leur enfance ou dans leur vie adulte, peut alors apparaître comme un élément de compréhension de leurs engagements. En effet, le fait d'être élevé par une mère féministe participe sans doute à sensibiliser aux droits des femmes. Ainsi, « c'est par sa mère que

39. Sur la dimension subjective des disponibilités, voir Hamidi C., *La société civile dans les cités. Engagement associatif et politisation dans des associations de quartier*, Paris, Economica, 2010, p. 58-60.
40. Entretien avec Christophe, militant à NPNS.
41. Voir par exemple Lechien M.-H., « Aider les autres : trajectoires professionnelles, reconversions militantes et valorisation de la "personne" », Collovald A. (dir.), *L'humanitaire ou le management des dévouements*, Rennes, Presses universitaires de Rennes, 2002, p. 79-131, p. 80-97.

René Viviani est venu au féminisme[42] » à la fin du XIXe siècle. Hélène Barrière, sa mère, est effectivement une sympathisante féministe de longue date et adhère, depuis l'Algérie où elle réside, à la LFDF en 1889[43]. Dans ce sens, René Viviani retraçant son parcours en 1920 souligne l'importance de cette figure maternelle : « je suis redevable à l'éducation maternelle des idées dont je suis fier et auxquelles me rattache la double fidélité de l'esprit et du cœur[44] ». De même, Francis de Pressensé, militant suffragiste entre 1910 et 1914, est « sensibilisé aux thèses féministes par sa mère[45] », Élise de Pressensé, proche d'André Léo à partir de 1868 et pionnière du féminisme philanthropique protestant[46]. Enfin, parmi les militants rencontrés, un homme a été élevé par une mère militante féministe, impliquée dans les instances nationales du Planning familial durant les années 1970. Si des cas de transmission d'engagement féministe de mère en fils existent donc bien, ils restent cependant largement minoritaires et ne reflètent pas l'expérience de la plupart des militants. Dans ce sens, le militantisme ne constitue pas la règle pour les enfants de féministes, le féminisme pouvant être transmis aux enfants sans pour autant que ceux-ci deviennent militants[47]. Le fils de la présidente d'une section locale de la LFDF promet ainsi à sa mère de ne pas voter tant que les femmes n'auront pas le droit de vote[48]. De la même manière, Rodolphe Rebour, dont les deux parents, Pauline et Raoul Rebour, sont militants féministes au début du siècle, n'est pas militant dans une association, mais ses convictions et ses pratiques sont sans nul doute héritées de ses parents. Ainsi, lorsque sa mère est attaquée à la fin des années 1930 parce qu'elle défend le travail des femmes, il tient à démontrer que l'activité professionnelle des femmes concourt à l'harmonie au sein du couple bien plus qu'à la désunion. Il adresse alors un courrier à celle qui voit le travail des femmes comme un danger et rend compte de sa vie quotidienne :

> « Je suis un de ces hommes dont la femme travaillant au dehors a aussi le souci de son intérieur, de plus elle vient de trouver le temps de vous écrire ! Aussi est-ce avec amertume que j'évoque l'épaisse couche de poussière qui doit recouvrir nos meubles, la boîte de conserves qui doit composer notre repas et les trous béants qui doivent déshonorer mes chaussettes. Faisons, voulez-vous, le tour de mon appartement et partagez ma surprise : le buffet brille de tout l'éclat de son encaustique ; dans la cuisine, humons le fumet des casseroles et voyez avec moi, dans ce tiroir, la collection des chaussettes

42. Klejman L. et Rochefort F., *op. cit.*, 1989, p. 126.
43. *Le droit des femmes*, n° 342, 17 mars 1889.
44. LFDF, *1870-1920. Cinquante ans de féminisme*, Éditions LFDF, 1921, p. 5-7.
45. Poujol G. et Romer M., *Dictionnaire biographique des militants, XIXe-XXe siècles*, Paris, L'Harmattan, 1996, p. 314.
46. Fabre R., « Une grande dame du protestantisme : Élise de Pressensé », *Bulletin de la société de l'histoire du protestantisme français*, n° 132, 1986, p. 35-61.
47. Dans le cas des militantes des années 1970, si l'engagement féministe des mères est largement transmis aux enfants (filles et garçons) par différentes voies, le militantisme féministe des enfants reste minoritaire. Voir Masclet C., *Mémoire(s) du Mouvement de libération des femmes : quelle transmission, quel héritage chez les militantes et leurs enfants ?*, Mémoire pour le diplôme de l'Institut d'études politiques de Lyon, 2007.
48. Bard Ch., *op. cit.*, 1995 (a), p. 232.

qui ont retrouvé la santé. [...] Avant et après notre travail, nous savons partager la tâche domestique[49]. »

Les rencontres amoureuses se révèlent davantage favorables à la participation d'hommes à des luttes féministes. Avoir une liaison, épouser ou vivre avec une militante féministe peut en effet constituer un déclencheur pour l'engagement. Léon et Joséphine Richer militent ainsi ensemble dès le début du journal dirigé par Léon Richer[50]. Plus généralement, les listes d'adhérent-e-s de la première vague font apparaître de nombreux « M. et Mme » semblant indiquer la présence fréquente de couples militants. Ainsi, les listes des membres de sections locales de l'UFSF entre 1912 et 1939 indiquent que 29 % des hommes adhèrent avec leur femme[51]. Cependant, dans la plupart des cas, il est difficile de savoir si l'engagement de l'épouse ou compagne a précédé et provoqué l'engagement de l'époux ou compagnon, ou inversement. De plus, l'existence de couples militants souligne probablement davantage que, dans les premières années du siècle, l'engagement d'une femme était encore très souvent soumis à l'approbation de son conjoint. Enfin, nous pouvons également y voir le souci des militantes de démontrer que le féminisme n'avait pas pour objectif la « guerre des sexes ». La Fédération féministe du Sud-Ouest souligne ainsi à propos d'un de ses militants qu'il est « profondément attaché à l'idée féministe, de concert avec Mme Périères, réalisant à eux deux le couple idéal[52] ».

Dans certains cas, l'influence est néanmoins manifeste et l'engagement du mari, amant ou concubin réel : Georges Lhermitte, qui sera vice-président puis brièvement président de la LFDF durant les années 1920 et 1930, n'est absolument pas militant féministe quand il rencontre Maria Vérone, déjà très active sur la scène féministe. La rencontre semble dater de 1904, à l'occasion d'une campagne politique en faveur de la séparation des Églises et de l'État[53], alors que la présence de Georges Lhermitte à une réunion féministe n'est attestée qu'à partir de 1906[54]. D'autres couples militants qui marquent la première vague du mouvement font également apparaître l'antériorité du militantisme féministe des épouses ou compagnes. Hubertine Auclert milite depuis 1872

49. CAF, Fonds Cécile Brunschvicg, 1 AF 5, Lettre de Rodolphe Rebour à Mme Denis du 29 avril 1939.

50. Le nom de Joséphine Richer est mentionné la première fois en tant que co-fondatrice d'une école primaire de filles, avec André Léo (*Le droit des femmes*, n° 2, 18 avril 1869). Elle est également citée comme participante au banquet sur les droits des femmes en juillet 1869 (*Le droit des femmes*, n° 15, 17 juillet 1869). Elle est membre du premier bureau de l'Association pour le droit des femmes, puis trésorière de 1871 à 1875.

51. CAF, Fonds Cécile Brunschvicg, 1 AF 45 à 1 AF 133, Listes d'adhérent-e-s, 1912-1939. Ce chiffre a été obtenu à partir des listes de militant-e-s qui soit indiquaient « M. et Mme », soit permettaient le rapprochement par un classement alphabétique. Ainsi les listes qui ne présentaient pas l'une ou l'autre des caractéristiques ont été exclues de ce calcul. On obtient alors un total de 474 hommes sur 1632 qui ont adhéré en même temps que leur épouse. Notons enfin que même s'il existe une marge d'erreur non négligeable, notamment par le fait que cette technique pourrait assimiler des frères et sœurs ou mères et fils à des couples, le pourcentage demeure particulièrement important. De plus, cette éventuelle surestimation est également contrebalancée par une probable sous-estimation due au non comptage de couples non mariés.

52. *Le droit humain, bulletin officiel de la Fédération féministe du Sud-Ouest*, n° 8, avril 1922.

53. *La raison*, n° 207, 25 décembre 1904.

54. *Le journal des femmes*, n° 162, février 1906. Sur la carrière militante de Georges Lhermitte, voir JACQUEMART A., *op. cit.*, 2015 (b).

lorsque son mari, Antonin Lévrier, se manifeste pour la première fois sur la scène féministe en 1877, par la signature d'un manifeste initié par son épouse[55]. Il sera ensuite secrétaire de rédaction du journal fondé et dirigé par Hubertine Auclert[56]. Pauline et Raoul Rebour militent pour leur part en couple dès le début : ils fondent tous les deux la Société féministe du Havre en 1908[57] puis militent activement à l'Union française pour le suffrage des femmes. Il faut également souligner la constitution de réseaux militants familiaux parmi les féministes réformistes, notamment celles issues de la philanthropie, comme dans le cas de Julie et Jules Siegfried[58]. Au total, parmi les quatre-vingt-deux hommes que nous avons retenus pour la première vague, dix-huit avaient une compagne féministe et onze d'entre eux se sont engagés simultanément ou ultérieurement au militantisme féministe de celle-ci.

Ces engagements en couple se retrouvent aussi lors de la deuxième vague des mobilisations féministes. Irène et Pierre Jouannet, par exemple, sont tous les deux des militants actifs au MLAC[59]. C'est également le cas de Monique Antoine, militante au MLF puis au MLAC, et de Daniel Timsit, engagé au GIS et au MLAC, ou de Monique Frydman, active au MLF, et René Frydman, membre du GIS et du MLAC[60]. À Choisir, quatre des huit hommes signataires de la motion adoptée au congrès de mai 1975 signent avec leur épouse[61]. Plus généralement, au cours des années 1970, les rencontres amoureuses mais aussi souvent la vie en communauté interviennent comme des déclencheurs. Les membres des groupes d'hommes partagent ainsi leur quotidien avec des militantes féministes et parfois habitent dans des appartements communautaires où des avortements illégaux sont pratiqués[62]. Enfin, c'est également par l'intermédiaire de relations amoureuses que certains militants contemporains s'engagent dans une association féministe. Sylvain raconte ainsi la manière dont il a franchi le pas du militantisme :

> « Ben l'engagement… ben en fait je suis en colocation avec une féministe[63], mais c'est par hasard. On a parlé un peu de ça, on a discuté, on a lié connaissance autour de ce sujet-là, et puis elle m'a dit qu'elle était aux Chiennes de garde et à La meute aussi, et Encore féministe, et elle est aussi à La barbe[64]. »

55. *Le droit des femmes*, n° 155, 7 octobre 1877.
56. *La citoyenne*, n° 1, 13 février 1881.
57. *Le droit des femmes*, n° 5, juillet-octobre 1908.
58. Battagliola F., « Les réseaux de parenté et la constitution de l'univers féminin de la réforme sociale, fin xixe-début xxe », *Annales de démographie historique*, n° 2, 2006, p. 77-104.
59. Ils participent ensemble aux réunions nationales du MLAC. Archives CFDT, Secteur Action revendicative, Dossier Activité MLAC 1973, 8 H 625, Document dactylographié « Historique des réunions depuis la précédente réunion plénière du 8 mai 1973 », non daté.
60. Pavard B., *op. cit.*, 2009, p. 84.
61. Louvet-Rueff C., *op. cit.*, Annexe 6, p. 19-25.
62. C'est le cas d'un militant qui témoigne dans *Types, Paroles d'hommes*, n° 1, janvier 1981. Plusieurs militants évoquent également leur relation avec une féministe et/ou la vie en communauté dans « Groupe d'hommes ? Tu connais ? », *Espace-Temps*, n° 16, février 1982, p. 18-21 et dans *Types, Paroles d'hommes*, n° 5, février 1983.
63. Elle est devenue sa compagne avant qu'il ne s'engage dans une association féministe.
64. Entretien avec Sylvain, militant aux Chiennes de garde.

On peut donc souligner, pour toutes les époques, que « l'activité féministe pénètre le milieu familial, ne laissant en général ni les maris ni les enfants indifférents[65] ». Pour autant, il ne faut pas surévaluer l'importance de la présence de féministes dans l'univers familial et/ou amoureux. En effet, la transmission par le mariage/la relation amoureuse, si elle est plus fréquente que la transmission mère/fils, demeure relativement rare. Parmi les militants de la première vague, nous avons pu constater que seuls onze hommes, sur les quatre-vingt-deux, ont commencé une relation avec une militante féministe avant leur premier engagement. De même, pour les hommes rencontrés, cette situation se retrouve chez seulement six d'entre eux.

Les effets de la socialisation familiale

Davantage que le militantisme féministe d'une mère ou d'une épouse/compagne, ce qui se joue au sein de la famille lors de la socialisation primaire constitue un élément déterminant pour saisir les engagements féministes futurs. Précisons que, les informations sur l'enfance et la vie de famille des militants étant particulièrement rares dans les sources écrites, nous évoquerons ici principalement les militants rencontrés.

L'environnement familial peut participer à la prise de conscience féministe. D'une part, de nombreux enquêtés évoquent, à défaut d'une mère engagée dans un collectif féministe, une « mère féministe dans l'âme[66] » ou une « mère féministe dans l'éducation[67] ». Plus généralement, les interviewés soulignent souvent les rapports égalitaires, d'après eux, entre le père et la mère et/ou entre les filles et les garçons de la famille. De même, la présence de modèles de femmes émancipées et qui refusent la subordination, généralement couplés à une image de père jugé absent ou défaillant, peut expliquer l'attachement aux idéaux féministes, comme le souligne Jérémy :

> « Ma mère est médecin, elle gagne beaucoup plus d'argent que mon père, c'est l'autorité morale à la maison, l'autorité tout court, en gros mon père avait juste à acquiescer, et en même temps, elle faisait en plus la cuisine, le ménage et tout, elle avait les deux rôles en fait, mon père était absent, il était jamais là[68]. »

Avoir grandi dans une famille égalitaire, si ce n'est féministe, contribuerait ainsi à expliquer des engagements futurs. Néanmoins, ce raisonnement butte sur deux limites. D'abord, le regard porté par les militants sur la configuration familiale de leur enfance est le fruit d'une relecture de leur passé au prisme des multiples expériences vécues, et notamment de leur engagement féministe. Il est

65. Bard Ch., *op. cit.*, 1995 (a), p. 232. Sur les effets des engagements féministes dans les années 1970 sur la vie familiale et amoureuse, voir Masclet C., *Les trajectoires personnelles des militantes du Mouvement de libération des femmes sont-elles politiques ? Analyse des effets biographiques d'un engagement féministe*, Mémoire de Master 2 recherche en sociologie, université Paris 8, 2009, p. 76-94.
66. Entretien avec Christophe, militant à NPNS.
67. Entretien avec Ludovic, militant à Mix-cité.
68. Entretien avec Jérémy, militant aux Panthères roses.

ainsi difficile pour l'enquêteur d'établir *a posteriori* la nature des rapports de genre dans les familles des enquêtés et d'en tirer des enseignements pour l'analyse. De surcroît, le reste des hommes rencontrés met au contraire en avant l'expérience en tant qu'enfant d'un couple parental traditionnel au regard de la répartition des tâches et des rôles entre le père et la mère pour rendre compte de leur engagement féministe présent. Ainsi, l'ensemble des modèles parentaux, schématiquement distingués entre égalitaires et inégalitaires, concourrait à la prise de conscience féministe des fils, par un processus d'imitation ou de rejet. Dans ce sens, la nature de l'arrangement familial se révèle être une explication insuffisante puisque toutes les expériences amèneraient à la prise de conscience féministe[69].

L'histoire familiale ne doit pas pour autant être totalement écartée pour rendre compte des processus d'adhésion aux postulats féministes. En effet, à l'inverse de la question égalité/inégalité au sein de la cellule familiale, l'identification et/ou la proximité relationnelle avec les femmes de la famille, et principalement la mère, semble jouer un rôle central, surtout pour des engagements sur le registre identitaire. Par des histoires familiales spécifiques, une partie de ces hommes a en effet été socialisée dans le monde des femmes. La place du père dans l'enfance des interviewés est ainsi significative : quatorze sur trente-quatre ont un père qu'ils présentent comme « défaillant », dans le sens où celui-ci est physiquement absent (qu'il soit géographiquement éloigné ou décédé) ou symboliquement absent en n'investissant pas ou peu sa fonction parentale[70]. Thierry, qui ne voit presque plus son père à partir de l'âge de 5 ans, après le divorce de ses parents, conclut alors : « j'ai grandi sans référent masculin[71] ». Leur socialisation familiale qui s'effectue donc majoritairement avec des femmes et/ou des filles, en l'absence physique ou symbolique de père, se prolonge parfois au sein du groupe de pairs. Ainsi, Jean raconte que « l'année de [ses] 11-12 ans [il s'est] trouvé dans une classe où [il était] le seul garçon, sur une classe de 12 où y avait 11 filles[72] » tandis que Gilles explique qu'à l'adolescence « j'avais tendance à préférer la compagnie des femmes à celles des hommes[73] ».

Mais cette familiarité avec le monde des femmes n'est pas le seul fait des hommes pour qui le père a fait défaut. En effet, dans certains cas, ces hommes ont fait figure de « fille manquante » dans la famille, ayant été enfant unique ou ayant appartenu à une fratrie exclusivement masculine. Les recherches sur les femmes, notamment en sociologie du travail, ont montré depuis plus de vingt ans

69. En revanche, il semble que la socialisation au sein d'une famille où le couple parental s'avère particulièrement inégalitaire est bien plus fréquente parmi les militantes féministes. Il s'agit alors pour celles-ci de se différencier du modèle maternel (Garcia S., *op. cit.*, 1993, p. 278-281 ; Achin C. et Naudier D., *op. cit.*, 2008, p. 387 ; Masclet C., *op. cit.*, 2009, p. 37-38 ; Rameau P., *op. cit.*, p. 27-30).

70. Les travaux sur les garçons dans des filières scolaires ou professionnelles très féminisées font le même constat. Voir par exemple Lemarchant C., *Être minoritaire au lycée et en CFA : garçons et filles atypiques dans les filières professionnelles courtes en Haute-Normandie*, Rapport de recherche, 2009, p. 100 et Divert N., *De la couturière au grand couturier. Du lycée professionnel aux écoles de stylisme*, Thèse de Doctorat en sociologie, université Paris-Ouest Nanterre, 2010, p. 367.

71. Entretien avec Thierry, militant anti-patriarcal.

72. Entretien avec Jean, militant au collectif Ruptures.

73. Entretien avec Gilles, militant à FMA.

que les carrières professionnelles de femmes dans des univers d'hommes s'expliquaient en partie par leur position de « garçon manquant » dans la famille[74]. Dans une enquête sur les filles dans des BTS et DUT industriels, Anne-Marie Daune-Richard et Catherine Marry ont mis en évidence que lorsqu'elles sont filles uniques, dans des fratries uniquement féminines ou quand « les fils ne sont pas en mesure de répondre aux aspirations parentales, au maintien ou à l'élévation du statut social de la famille, dont la réalisation tend à peser sur eux plus que sur les filles[75] », les parents reportent leurs attentes sur une fille. Le même phénomène a pu être observé dans le cas des femmes qui pratiquent des sports masculins[76] ou qui font le choix de carrières professionnelles à l'armée[77] ou dans la police[78].

Cependant, la position de la « fille manquante » est encore peu étudiée pour rendre compte de la présence d'hommes à des positions traditionnellement féminines. Seule Christine Mennesson l'a relevée dans son travail sur les hommes danseurs professionnels en constatant le parallélisme avec la position du « garçon manquant » chez les footballeuses[79]. Dans le cas des hommes militants féministes, il semble que des analyses comparables puissent être établies dans la mesure où le militantisme féministe est socialement perçu avant tout, si ce n'est exclusivement, comme une activité féminine. Précisons cependant que le parallélisme ainsi opéré ne vise pas à nier l'asymétrie entre filles et garçons au sein des fratries, et plus généralement entre hommes et femmes dans la société.

Autrement dit, l'asymétrie résultant des rapports sociaux de sexe interdit de considérer les positions de « garçon manquant » et de « fille manquante » comme totalement symétriques : les uns continuent à retirer les bénéfices (ou une partie) de leur appartenance au groupe dominant pendant que les autres doivent faire face aux obstacles (ou une partie) réservés aux dominées. Ce parallélisme invite plutôt à considérer que la place de fille au sein de la cellule familiale peut être occupée par un fils lorsque la fille est absente, sans pour autant que cette position mette en péril son appartenance au groupe des hommes, tout comme les filles en position de « garçon manquant » ne peuvent jamais s'affranchir totalement de leur appartenance au groupe des femmes. Ces garçons remplacent alors symboliquement la fille auprès des parents, spécifiquement la mère : celle-ci va développer avec son fils des activités traditionnellement féminines et va transmettre des savoirs et des savoir-faire qui se transmettent généralement de mère en fille[80].

74. Lasvergnas I., « Contexte de socialisation primaire et choix d'une carrière scientifique chez les femmes », *Recherches féministes*, vol. 1, n° 1, 1988, p. 31-45 ; Daune-Richard A.-M. et Marry C., *op. cit.* Plus récemment, Catherine Marry a montré que le modèle du « garçon manquant » avait tendance à disparaître avec la banalisation de certaines carrières pour les femmes (Marry C., *Les femmes ingénieures. Une révolution respectueuse*, Paris, Belin, 2004, p. 158-160).

75. Daune-Richard A.-M. et Marry C., *op. cit.*, p. 45.

76. Mennesson Ch., *Être une femme dans le monde des hommes. Socialisation sportive et construction du genre*, Paris, L'Harmattan, 2005, p. 118-121.

77. Sorin K., *Femmes en armes, une place introuvable ? Le cas de la féminisation des armées françaises*, Paris, L'Harmattan, 2003, p. 83-87.

78. Pruvost G., *Profession : policier. Sexe : féminin*, Paris, Éditions de la MSH, 2007, p. 30.

79. Mennesson Ch., « Sports "inversés". Modes de socialisation sexuée des jeunes », Eckert H. et Faure S. (dir.), *Les jeunes et l'agencement des sexes*, Paris, La Dispute, 2007, p. 63-76, p. 74.

80. L'anthropologue Yvonne Verdier a minutieusement montré à la fois la forte division sexuée du travail et la transmission des savoirs et savoir-faire féminin à travers l'étude d'un village de Bourgogne, Minot.

C'est particulièrement visible dans le cas de deux enquêtés. Jean a un frère aîné sept ans plus âgé. Celui-ci partage des activités avec le père tandis que lui était « proche des choses de la couture… j'étais très… avec ma mère j'allais dans les magasins de couture », celle-ci étant couturière de profession[81]. De la même manière, Fabien évoque la relation privilégiée avec sa mère :

> « Ma mère m'avait déjà dit "bon beh tiens, puisque t'aimes ce gâteau, je vais t'apprendre", ça c'est typique… ce qui est plus rare, j'ai l'impression que c'est moins fréquent qu'un garçon apprenne avec sa mère à coudre… bon j'ai pas appris vraiment à faire des vêtements, même si je m'étais dit "tiens, maman, j'aimerai bien me faire des caleçons !". Elle m'a dit "tiens, on va prendre un modèle que t'aimes bien, on va le découdre, et on va faire un patron". Elle m'a appris deux trois petits trucs, et on en a fait quand même[82] ! »

Plus généralement, les configurations familiales caractérisées par l'absence, parfois symbolique, de sœur sont courantes et semblent avoir eu des effets sur la socialisation primaire des militants. En effet, un peu moins de la moitié des hommes sont fils uniques[83] ou membre d'une fratrie exclusivement masculine. Dans ce dernier cas, ils sont toujours l'aîné ou le benjamin[84]. Il semble alors qu'ils ont été investis par leur mère, et plus rarement par leur père (à l'inverse des filles occupant une place de « garçon manquant »), pour tenir la place de la fille inexistante, d'autant plus si l'un des frères a déjà répondu aux attentes parentales de maintien ou d'ascension sociale[85]. Abandonné très tôt par son père, Nicolas a un demi-frère plus jeune né après le remariage de sa mère. C'est alors celui-ci qui se voit en charge de porter le projet parental de maintien du statut social (le beau-père est professeur des universités et la mère a fait des études supérieures avant d'élever ses enfants). Titulaire du diplôme d'une grande école, en préparation du concours de l'Ena, c'est clairement à lui que ce rôle a été imparti, quand Nicolas a un Master qui lui a permis d'occuper un poste de cadre intermédiaire dans un établissement scolaire[86]. De la même manière, Jean-Pierre souligne que s'il avait de multiples référents masculins autour de lui, c'est bien auprès de sa mère et du monde des femmes que son enfance s'est déroulée :

> « J'avais un père, des oncles, un frère, etc. qui étaient vraiment le stéréotype de l'homme… et qui d'ailleurs vivaient beaucoup entre hommes, alors que moi j'ai toujours vécu, comme on dit, dans les jupes des femmes[87]… »

Verdier Y., *Façons de dire, façons de faire. La laveuse, la couturière, la cuisinière*, Paris, Gallimard, 1979.
81. Entretien avec Jean, militant au collectif Ruptures.
82. Entretien avec Fabien, militant aux Chiennes de garde.
83. L'un a grandi avec deux frères et deux sœurs mais est le seul enfant de la mère.
84. En réalité, un d'entre eux est le cadet de la famille, mais il devient après le divorce de ses parents à l'âge de 11 ans l'aîné de sa mère, le frère aîné étant parti vivre avec son père.
85. Mennesson Ch., *op. cit.*, 2007, p. 74.
86. Entretien avec Nicolas, militant aux Chiennes de garde.
87. Entretien avec Jean-Pierre, militant au MFPF dans les années 1970.

Benjamin explicite quant à lui clairement la répartition des deux garçons par le couple parental: « moi j'ai toujours ressemblé plus à ma mère, mon frère plus à mon père, lui est ingénieur, mon père est ingénieur, moi j'étais plus attiré par les matières littéraires[88] ». Enfin, le cas de Stéphane, qui déclare par ailleurs être « féminin », incarne l'exemple inverse du cas paradigmatique du « garçon manquant ». Fils unique, l'histoire familiale est cependant marquée par la présence symbolique d'une fille qui n'est pas née: « j'ai failli avoir une petite sœur, qui n'est pas née, y a eu une fausse couche, qui m'a beaucoup manqué[89] ». Ces exemples soulignent clairement la place de « fille manquante », notamment pour la mère, qu'occupent ces hommes dans leur famille d'origine.

Au total, ce sont les deux tiers des militants interrogés qui ont connu un père défaillant et/ou occupé la place de la « fille manquante ». Par ces expériences singulières, ils ont développé une plus grande proximité avec l'univers des femmes que la plupart des hommes, les prédisposant alors à être plus sensibles aux inégalités et discriminations à l'égard des femmes.

Enfin, l'engagement féministe des hommes peut se comprendre à la lumière de la mobilité familiale, des déplacements géographiques et des déracinements successifs qui jalonnent les histoires d'une partie des enquêtés. Qu'il s'agisse de familles juives[90] et/ou pieds-noirs, de familles ayant connu l'immigration ou de familles amenées à déménager fréquemment du fait de la profession du père, l'instabilité géographique est à chaque fois rapidement évoquée au cours de l'entretien. Parmi les quatorze hommes dans cette situation (plus d'un tiers des enquêtés), Jean se présente ainsi, en référence aux multiples déménagements qui ont marqué son enfance: « je suis de partout et de nulle part[91] ». Nous avons également vu que plus d'un tiers des enquêtés a expérimenté des déplacements dans l'espace social, qu'ils aient connu une ascension sociale ou au contraire un déclassement. Ces différentes mobilités concernent donc au total plus de la moitié des hommes rencontrés (vingt et un sur trente-six). Ces expériences du déplacement peuvent entrer en résonance avec les déplacements de genre opérés en raison de leur engagement féministe, particulièrement (mais pas exclusivement) pour ceux mobilisant le registre identitaire. Être « de partout et de nulle

88. Entretien avec Benjamin, militant aux SPSR.

89. Entretien avec Stéphane, militant au CNDF.

90. Dans son travail sur les militant-e-s de mai et juin 1968, Julie Pagis refuse d'interpréter la présence importante de juifs dans les groupes gauchistes par « des arguments théologiques » qui risquent « d'essentialiser la catégorie de "juifs" » (Pagis J., *op. cit.*, p. 140). Si nous la suivons dans cette proposition, la différence de profils de nos enquêté-e-s empêche cependant d'accepter sa solution : face à une population d'enfants de juifs communistes, Julie Pagis invite à penser « l'aspect indissociable des origines juives et des aspirations au communisme » (*ibid.*, p. 141). Dans le cas de notre enquête, les hommes juifs ne viennent pas de familles communistes. Il nous semble ainsi qu'il ne faille pas sous-estimer le poids d'une expérience minoritaire dans la formation de dispositions à la critique des normes. Surtout, dans le cas de notre enquête, il ressort que l'identité juive de ces hommes est marquée par le déplacement (caractéristique au demeurant propre à une grande partie des membres de diasporas). C'est cette caractéristique de leur identité juive qu'il nous semble alors important de questionner pour saisir leur engagement féministe et c'est dans ce sens qu'il nous a paru pertinent pour l'analyse de ne pas distinguer les trajectoires de ces hommes d'autres trajectoires elles aussi caractérisées par le déplacement.

91. Entretien avec Jean, militant au collectif Ruptures.

part » renvoie en effet à un refus des identités figées et univoques, des catégorisations rigides pour mettre au contraire en avant la multiplicité des appartenances. Delphine Naudier et Catherine Achin ont ainsi montré comment « le vécu personnel du déclassement social (par le haut, par le bas) » participait à la prise de conscience féministe[92]. De même, Julie Pagis a souligné que l'ascension sociale par l'acquisition de capital culturel constituait une des configurations favorisant un engagement aux événements de mai et juin 1968 dans la mesure où « leur posture d'*outsiders* les prédispose au questionnement des règles en vigueur dans le milieu intégré[93] ». La confrontation à différents systèmes de normes (en fonction des classes sociales, des régions, des cultures, etc.) provoquées par ces trajectoires familiales et personnelles crée ainsi un rapport distancié aux normes, et notamment aux normes de genre, qui favorise l'adhésion au féminisme. Ainsi, dans le cadre d'une enquête sur des hommes proches du féminisme[94], Harry Christian a constaté la grande part d'hommes ayant connu des déménagements[95]. Si l'on tient compte de la défaillance du père, de la place de la « fille manquante » et de l'importance de l'expérience de la mobilité, c'est au final plus des trois quarts des enquêtés qui ont connu une enfance les disposant à un engagement féministe ultérieur.

Formations et expériences professionnelles

La vie professionnelle ou universitaire peut également participer à prédisposer certains hommes à un engagement féministe ultérieur. En effet, certaines professions ou études peuvent être le lieu de la prise de conscience des inégalités qui pèsent en défaveur des femmes, d'autant plus si les revendications féministes concernent directement le corps professionnel auquel ils appartiennent et que ce milieu professionnel est ancré dans différentes luttes sociales[96]. Ainsi, durant la première vague, de nombreux avocats ou hommes exerçant une profession juridique, directement confrontés par l'exercice de leur profession aux inégalités que la loi impose aux femmes, s'engagent dans le mouvement féministe, d'autant que les juristes sont des militants actifs de mobilisations républicaines proches des féministes. Léon Richer, militant actif entre 1869 et 1891, avait été durant quinze ans clerc de notaire entre 1844 et 1859. Il fait régulièrement de cette expérience le moment de prise de conscience de l'injustice du sort réservé aux femmes, notamment par le Code civil napoléonien[97]. Il fera d'ailleurs de la réforme du Code civil l'un de ses premiers et principaux combats et

92. Achin C. et Naudier D., « Trajectoires de femmes "ordinaires" dans les années 1970. La fabrique de la puissance d'agir féministe », *Sociologie*, 2010, vol. 1, n° 1, p. 77-93, p. 91.
93. Pagis J., *op. cit.*, p. 185.
94. Christian H., *op. cit.* L'enquête concerne trente hommes, engagés dans des associations ou groupes qui défendent le féminisme ou qui remettent en cause les rapports de genre par une importante participation à la vie familiale.
95. *Ibid.*, p. 19.
96. Sur les interactions entre espaces professionnels et espaces militants, voir Champy F. et Israël L. (dir.), « Professions et engagement public », *Sociétés contemporaines*, n° 73, 2009.
97. BMD, Dossier Léon Richer, DOS RIC H, Texte dactylographié « La vie de Léon Richer. 1824-1911 », non signé et non daté; LFDF, *op. cit.*, p. 9.

la LFDF, qu'il fonda, regroupera de nombreux avocats (et plusieurs avocates) qui prendront notamment en charge les propositions de réformes juridiques.

Au cours des années 1960 et 1970, les hommes qui s'engagent en faveur de la contraception et/ou de l'avortement sont pour beaucoup des médecins. Les médecins de la première génération du Planning familial mobilisent d'abord leurs expériences professionnelles pour rendre compte de leur engagement[98]. De même, les convictions des médecins du MFPF et du MLAC qui agissent pour la libéralisation de l'avortement dans les années 1970 sont façonnées par leurs expériences lors de leur internat, où les femmes qui se présentaient à l'hôpital suite à un avortement clandestin étaient humiliées. De nombreux récits des médecins militants reviennent en effet sur une expérience de ce type et la décrivent comme à l'origine de leur engagement. Henri, médecin lorsqu'il s'engage au MLAC, raconte ainsi :

> « Quand j'étais interne, j'étais une nuit en réanimation et j'ai veillé une femme de dix-huit, dix-neuf ans, qui était très belle, et qui était comme du cuivre à cause de la fièvre, et donc je l'ai veillée, et elle est morte le matin d'une grande septicémie après avortement, et ça, ça a été décisif. Je me suis dit "plus jamais ça, c'est pas possible, assez d'hypocrisie", et là j'ai balayé tous les derniers garde-fous religieux que j'avais[99]. »

Dans un contexte de politisation à gauche du champ médical, l'apprentissage de la médecine favorise ainsi la prise de conscience des injustices subies par les femmes « tout en prodiguant des ressources pour agir[100] ». Dans le cas de la lutte pour la libéralisation de l'avortement, ce constat est particulièrement net dans la mesure où si leur formation les confronte à la violence sexiste des pratiques professionnelles, elle leur permet également d'acquérir des savoirs médicaux et une légitimité largement convertibles dans l'espace militant et politique de la lutte pour la libéralisation de l'avortement.

Enfin, une formation supérieure, particulièrement en sciences humaines et sociales, peut également concourir à la prise de conscience féministe. Des études en sociologie, en science politique ou en philosophie par exemple participent de la logique d'engagement féministe en ce qu'elles favorisent largement la dénaturalisation des catégories sociales et/ou qu'elles rendent bien plus audible (ou bien moins inaudible) une lecture politique de ce qui est traditionnellement perçu comme relevant du privé. Les années 1970 témoignent parfaitement de cette liaison entre savoirs et militantismes, à l'image de l'expérience débutée à Vincennes en 1969[101]. C'est en effet à l'université de Vincennes que les

98. Voir par exemple « Témoignage de Pierre Simon », Bard Ch. et Mossuz-Lavau J. (dir.), *op. cit.*, p. 141-155. Voir également Garcia S., *op. cit.*, 2011, p. 10-11.

99. Entretien avec Henri, militant au MLAC.

100. Achin C. et Naudier D., *op. cit.*, 2008, p. 389. Les auteures montrent comment les professions d'enseignantes, de médecins et d'assistantes sociales participent à l'émergence d'une conscience féministe en même temps qu'elles donnent des ressources pour l'engagement.

101. Voir les textes et témoignages réunis dans Brunet J., Cassen B., Châtelet F., Merlin P. et Rébérioux M. (dir.), *Vincennes ou le désir d'apprendre*, Paris, Éditions Alain Moreau, 1979. Voir également Dosse F., « Vincennes (1969-1974) : entre sciences et utopies », Artières Ph. et

féministes du MLF se rencontrent pour la première fois en mai 1970. Si aucun des enquêtés de cette période n'a suivi de cursus en sciences humaines et sociales, le contexte politique, culturel et intellectuel des années 1970 permettait à de nombreux-euses étudiant-e-s, indépendamment de leur discipline, d'adopter une grille de lecture politique des comportements traditionnellement renvoyés au privé. En revanche, de nombreux hommes engagés depuis les années 1990 ont suivi une formation en sciences humaines et sociales : c'est le cas de plus de la moitié de ceux qui ont suivi des études supérieures. Ces cursus tendent à favoriser l'adhésion au féminisme non seulement par l'apprentissage du déconstructionnisme mais également en raison de la plus grande probabilité qu'ils offrent aux étudiant-e-s d'être confronté-e-s à des enseignements féministes/sur le genre et/ou à des écrits féministes. En effet, avec l'émergence de la recherche féministe à partir des années 1980[102], et surtout la multiplication des enseignements, travaux et recherches sur le genre dans les années 2000[103], le cursus universitaire devient un levier important pour l'engagement féministe, spécifiquement pour le registre identitaire. Muriel Andriocci a ainsi montré comment les enseignements sur le genre avaient des effets majeurs auprès de nombreux-euses étudiant-e-s, même si tou-te-s ne deviennent pas militant-e-s[104]. Une partie des militant-e-s contemporain-e-s viennent donc au « féminisme par la 'théorie'[105] », principalement par le biais d'un cursus dans l'enseignement supérieur, à l'image de Jérémy, étudiant en philosophie lorsqu'il est confronté à la pensée féministe :

> « Les premières fois où j'ai lu Michèle Le Doeuff, et *Le sexe du savoir*[106] notamment, ça a été une vraie révolution parce que je me suis dit, mais c'est vrai tout ce qu'elle raconte quoi[107]. »

C'est après avoir découvert la pensée féministe au cours de ses études qu'il s'engage dans une association féministe, ce qui lui fait dire que son engagement « a débuté de façon théorique et pas de façon pratique ».

Passer à l'engagement : le rôle des réseaux politiques de gauche

Si les différents éléments mentionnés jusque-là participent à prédisposer à l'engagement féministe, ils ne suffisent pas à comprendre le passage au militantisme féministe effectif. Ainsi, la sociologie du militantisme a souligné l'importance des réseaux dans les processus de recrutement des militants, transformant les prédispositions sociales à l'engagement en engagement réel. Qu'il s'agisse de liens familiaux ou amicaux ou de réseaux associatifs ou politiques structu-

---

Zancarini-Fournel M. (dir.), *68, une histoire collective (1962-1981)*, Paris, La Découverte, 2008, p. 505-513.

102. Voir Lagrave R.-M., *op. cit.*, 1990.
103. Comme en témoigne par exemple l'émergence d'un collectif doctorant comme l'association des jeunes chercheuses et chercheurs en études féministes, sur le genre et les sexualités (EFiGiES).
104. Andriocci M., « Entre colère et distance : les "études féministes" à l'université », *L'Homme et la société*, n° 158, 2005, p. 73-91.
105. Bessin M. et Dorlin E., *op. cit.*, p. 13.
106. Le Doeuff M., *Le sexe du savoir*, Paris, Aubier, 1998.
107. Entretien avec Jérémy, militant aux Panthères roses.

rés, l'appartenance à un réseau d'interconnaissance favorise largement l'engagement[108], bien que ceux-ci ne puissent constituer « une variable univoque et autonome[109] ». Dans le cas des militants féministes, les réseaux politiques et associatifs semblent avoir un rôle plus déterminant que les réseaux familiaux et personnels : même lorsque les enquêtés déclarent avoir découvert le féminisme par le biais de leur compagne ou d'une amie, il s'agit quasi systématiquement de femmes rencontrées dans un contexte militant. Ainsi, pour les militants multi-engagés, largement majoritaires[110], le militantisme féministe est presque toujours postérieur à ces autres engagements puisque seuls quatre hommes sur les quatre-vingt-sept engagés dans plusieurs luttes ont d'abord été militants féministes. Pour la grande majorité en revanche, ils découvrent les associations féministes par des militantes féministes présentes dans des organisations où ils sont actifs. Ces multi-engagements construisent alors de véritables micro-foyers de recrutement, ou « filières spécifiques[111] », pour les mouvements féministes.

Ces foyers se situent tous à gauche de l'échiquier politique, les partis politiques, syndicats ou associations de gauche ou d'extrême gauche ayant historiquement été les lieux d'engagement politique les moins défavorables aux féminismes[112]. Néanmoins, ils sont divers et varient en fonction des époques, des contextes politiques et des positionnements des associations féministes. Dès lors, l'accent sera mis sur certains réseaux, pour chaque période, pour saisir les modalités de passage d'un lieu d'engagement à un autre, plutôt que d'énumérer l'ensemble des voies de recrutement existantes.

La nébuleuse républicaine sous la IIIe République

Le mouvement féministe réformiste de la première vague s'est inscrit très rapidement et durablement dans le camp de la République. Celle-ci représentait aux yeux des féministes la seule opportunité de voir leurs revendications

108. Voir notamment Snow D. A., Zurcher L. A. et Ekland-Olson S., « Social networks and social movements : a microstructural approach to differential recruitment », *American sociological review*, vol. 45, n° 5, 1980, p. 787-801, McAdam D. et Paulsen R., « Specifying the relationship between social ties and activism », *American journal of sociology*, vol. 99, n° 3, 1993, p. 640-667, Passy F., *op. cit.*, 1998, p. 107-130, Agrikoliansky É., *op. cit.*, 2002 et « Fréquentations militantes », *Politix*, n° 63, 2003.

109. Duriez B. et Sawicki F., « Réseaux de sociabilité et adhésion syndicale. Le cas de la CFDT », *Politix*, n° 63, 2003, p. 17-51, p. 21.

110. Pour les militants de la première vague pour lesquels aucun autre engagement n'a pu être identifié, il est souvent impossible de savoir s'ils n'en avaient réellement aucun autre ou si nous n'en avons pas retrouvé les traces. D'autre part, certains avaient d'autres engagements mais nous ne pouvons reconstituer la chronologie militante. Ainsi, nous nous appuierons sur les cas de cinquante-six militants féministes de la première vague qui ont eu un autre engagement et pour lesquels il a été possible de connaître la chronologie militante. À ce premier groupe s'ajoutent les hommes rencontrés multi-engagés, au nombre de trente et un.

111. Duriez B. et Sawicki F., *op. cit.*, p. 27.

112. « L'antiféminisme transcende les divisions politiques, mais ne les efface pas » (Bard Ch., « Pour une histoire des antiféminismes », Bard Ch. (dir.), *op. cit.*, p. 21-37, p. 30). Il ne s'agit donc pas de nier l'existence d'antiféminisme à gauche ou de féminisme à droite mais de souligner que, historiquement, les féminismes se sont majoritairement positionnés à gauche en même temps que les idéologies politiques de droite se sont avérées tendanciellement plus fermées aux revendications féministes.

aboutir, d'autant que l'idéal républicain pose l'égalité de tous les citoyens comme principe fondateur. Légalistes et républicaines, les associations féministes réformistes se trouvent donc très proches de nombreux mouvements et associations qui émergent sur la scène publique à partir de 1870[113]. En outre, les revendications féministes concernent diverses sphères sociales où interviennent d'autres militant-e-s, comme l'école, le travail, la politique ou la santé publique. Par conséquent, beaucoup de militant-e-s féministes s'investissent dans d'autres mouvements politiques. Dans ces nouveaux lieux d'engagement, ils-elles peuvent non seulement faire progresser les idées féministes, mais aussi amener de nouvelles recrues aux associations féministes[114]. En effet, dans cet espace associatif républicain, des hommes et, dans une moindre mesure, des femmes se croisent régulièrement au gré des mobilisations et adhèrent à un ensemble de mouvements politiquement proches. L'intégration à des réseaux communs a alors deux effets. D'une part, les dispositions acquises durant la socialisation primaire ou secondaire qui sensibilisent les hommes aux questions féministes sont réactivées par la rencontre avec des militantes féministes. Cette rencontre, qui correspond parfois à la découverte même de l'existence du mouvement féministe, est alors ce qui permet la transformation de dispositions à s'engager en engagement réel. D'autre part, dans un contexte de forte interconnaissance militante, « l'adhésion réciproque constitue un geste normal » qui permet de « construire, maintenir ou consolider un ensemble de relations sociales[115] ». Par des engagements multiples, féministes et républicains consolident ainsi les réseaux sociaux et politiques qui permettent d'asseoir leur position dans le champ politique républicain. Trois exemples ont été retenus pour illustrer ce mécanisme dans la période 1870-1940: le mouvement pacifiste, la franc-maçonnerie et la Ligue des droits de l'Homme et du citoyen.

Dès le début, pacifisme et féminisme sont étroitement liés, même si les militants pacifistes sont loin de tous soutenir l'émancipation des femmes. Ainsi, c'est une militante féministe, Eugénie Niboyet, qui fonde la première association pacifiste en France, la Société de la paix de Paris, puis un journal, *La paix des deux mondes*, dans les années 1840[116]. Toutefois, le congrès international de Paris, en 1849, ne semble réunir aucune femme, et le pacifisme peine à s'imposer avec l'instauration du Second Empire. Il faut attendre 1867 pour que renaisse le mouvement pacifiste français avec la création de la Ligue internationale de la paix et de la liberté (LIPL), sous l'impulsion de républicains exilés en Suisse, dont Charles Lemonnier. Là encore, tous les militants ne sont pas de

113. À l'image des animateurs du « champ réformateur » étudié par Christian Topalov (Topalov Ch., *Laboratoires du nouveau siècle. La nébuleuse réformatrice et ses réseaux en France, 1880-1914*, Paris, Éditions de l'EHESS, 1999).

114. Dans le contexte américain, le mouvement pour l'abolition de l'esclavage à partir de la moitié du XIXe siècle constitue de manière identique un vivier d'hommes pour les associations féministes, elles-mêmes engagées dans le combat abolitionniste. Voir Ginzberg L. D., « Men and woman's rights », *Revue française d'études américaines*, n° 114, 2007, p. 109-119 et Kimmel M. S., *op. cit.*, 1992, p. 17-19.

115. Agrikoliansky É., *op. cit.*, 2002, p. 201.

116. Rude F., « Eugénie Niboyet », Michaud S. (dir.), *Un fabuleux destin : Flora Tristan*, Dijon, Éditions universitaires de Dijon, 1985, p. 120-143, p. 130-131.

fervents féministes, mais la présence des femmes est acceptée (après débats) et des militantes féministes saisissent l'opportunité pour s'y engager[117]. Dans ce contexte, une militante suisse, Marie Goegg, proche de Léon Richer et de Maria Deraismes[118], crée l'Association internationale des femmes (AIF) au cours de l'année 1868. Si cette association se concentrera finalement bien plus sur la revendication des droits des femmes que sur les thèses pacifistes, son affiliation à la LIPL permet cependant de donner une place au discours féministe au sein du mouvement pacifiste[119]. Bien que située à Genève, la Ligue et l'AIF constituent des lieux où se retrouvent des (futures) militantes féministes, comme Eugénie Niboyet, Julie Daubié ou Joséphine Richer et des républicains, tels Charles Lemonnier ou Émile Arnaud, de la scène politique française. Par ailleurs, quelques mois avant la création de la LIPL, la Ligue internationale et permanente de la paix (LIPP) est fondée à Paris, sous l'impulsion notamment de Frédéric Passy et d'Arlès-Dufour. Si on y remarque la participation de Julie Daubié[120] et que la LIPP encourage l'engagement des femmes[121], peu de (futures) militantes féministes semblent y participer les premières années.

Les fondations du mouvement pacifiste français, à la veille de l'avènement de la IIIe République, construisent ainsi un lien, qui ne sera pas démenti durant les décennies suivantes, entre pacifisme et féminisme. D'un côté, les deux mouvements se soutiendront mutuellement pour imposer la légitimité de leurs revendications dans l'espace politique. De l'autre, ces liens s'avéreront solides par l'adhésion de la plupart des féministes comme de nombreux pacifistes aux discours de la naturelle qualité pacificatrice des femmes, et notamment des mères[122]. Léon Richer, par exemple, utilise son journal pour promouvoir la LIPL[123], dans laquelle militent des adhérents de l'Association des droits des femmes comme Charles Fauvéty ou Adolphe Guéroult, tandis que la LIPL adhère en tant qu'association au congrès féministe de 1878[124]. De nombreux-ses militant-e-s s'engageront ainsi en faveur des deux revendications. Parmi les fondateurs des deux ligues en 1867, Charles Lemonnier ou Arlès-Dufour militent en faveur du combat féministe dès les années 1870, tandis que Frédéric Passy ou Émile Arnaud s'engageront plus tardivement.

Par la suite, les congrès universels de la paix, organisés au niveau européen à partir de 1889, deviennent des lieux d'interconnections militantes où chaque

117. Sur la LIPL, la participation des femmes et féministes et la revendication des droits des femmes, voir Primi A., *op. cit.*, 2010, p. 215-219.
118. *Le droit des femmes*, n° 33, 11 décembre 1869 publie par exemple les statuts de l'AIF.
119. Une résolution qui reconnaît que « tous les droits humains, économiques, civils, sociaux et politiques appartiennent aux femmes » est votée au congrès de septembre 1878 (Primi A., *op. cit.*, 2010, p. 215-219).
120. Ligue internationale de la paix, *Premier bulletin*, 1867.
121. *Ibid.* Frédéric Passy, secrétaire général de la Ligue, appelle également à la mobilisation des femmes lors du discours inaugural de la première assemblée générale en 1868 (Ligue Internationale et Permanente de la Paix, *Première assemblée générale*, 1868).
122. Cova A., *Maternité et droits des femmes en France (XIXe-XXe siècles)*, Paris, Economica, 1997, p. 193-196.
123. *Le droit des femmes*, n° 131, 3 octobre 1875. Le journal publie le compte rendu de l'assemblée générale de la Ligue.
124. *Le droit des femmes*, n° 160, 3 mars 1878.

mouvement recrute parmi les militant-e-s de l'autre. Des féministes participent à titre individuel au premier congrès à Paris[125] et, à partir de 1892, ce sont les associations féministes qui sont représentées en tant que membres du congrès[126]. Ainsi, de nombreux militants féministes de la première vague, mais aussi des militantes[127], se sont d'abord engagés dans le mouvement pacifiste[128]. C'est par exemple par le biais des réseaux pacifistes qu'Edmond Potonié, fils de pacifiste et militant pacifiste de longue date, rencontre Eugénie Pierre, militante féministe et pacifiste. Refusant le mariage et décidant de porter le même nom de famille (Potonié-Pierre), ils militent conjointement pour le pacifisme et le féminisme : Edmond Potonié-Pierre est ainsi membre de la Société pour l'amélioration du sort de la femme dès 1879, membre, avec Eugénie Potonié-Pierre, de la LFDF, intervenant « au nom des sociétés de la paix » au congrès de 1889 et membre du comité central de la Fédération française des sociétés féministes créée par Eugénie Potonié-Pierre[129].

Un autre espace du milieu républicain qui va donner de nombreux militants au mouvement féministe est la franc-maçonnerie. En effet, bien que la grande majorité des francs-maçons soient hostiles aux revendications féministes et même à l'entrée des femmes dans les loges[130], quelques initiés s'engagent dans le combat féministe. Dès 1865, Léon Richer demande que la question de l'entrée des femmes soit posée[131] et c'est au Grand-Orient de France qu'il fait ses premières conférences en 1866 sur l'émancipation des femmes. Ainsi, quand Léon Richer tente d'organiser le mouvement féministe, il sollicite les milieux francs-maçons qu'il a déjà essayé de sensibiliser à la question et utilise son journal pour promouvoir l'entrée des femmes dans la franc-maçonnerie[132]. Parmi les amis maçons, Adolphe Guéroult, Charles Fauvéty ou Charles-Ange Laisant[133] répondent à l'appel et participent aux initiatives de Léon Richer. Pour autant, si Léon Richer réussit par la suite à faire venir quelques nouveaux maçons dans le mouvement féministe, comme Georges Martin[134], les femmes demeurent exclues des loges et

125. *Bulletin du Premier congrès universel de la Paix*, Paris, 1889.

126. *Bulletin du Quatrième congrès de la Paix*, Berne, 1892.

127. C'est par exemple le cas de Jeanne Mélin (Vahé I., « Entre ombres et lumières, le parcours singulier d'une féministe pacifiste, Jeanne Mélin (1877-1964) », *Clio : Histoire, femmes et sociétés*, n° 24, 2006, p. 231-250).

128. Parmi les 56 hommes repérés qui ont milité dans une association féministe de la première vague et qui ont connu un engagement militant antérieur, plus d'un dixième (6) se sont d'abord engagés dans le combat pacifiste.

129. BNF, Recueil Société pour l'amélioration du sort des femmes, 8-WZ-4257, Compte rendu de l'assemblée générale de la Société pour l'amélioration du sort de la femme du 22 janvier 1881 ; *Le droit des femmes*, n° 342, 17 mars 1889 ; *La citoyenne*, n° 146, juillet 1889 ; *Le journal des femmes*, n° 2, janvier 1892. Pour des informations biographiques, voir Josephson H. (dir.), *Biographical dictionary of modern peace leaders*, Westport, Connecticut et Londres, Greenwood press, 1985.

130. Voir par exemple Brault É., *La franc-maçonnerie et l'émancipation des femmes*, Paris, Dervy, 1967 [1953] ou Picart M.-F., *La grande loge féminine de France*, Paris, PUF, 2008, p. 7-44.

131. Brault É., *op. cit.*, 1967 [1953], p. 70.

132. La question de l'entrée des femmes dans la franc-maçonnerie fait l'objet de très nombreux articles dans la presse féministe jusqu'en 1914.

133. Il fonde d'abord un groupe nantais de l'Association pour le droit des femmes (*L'avenir des femmes*, n° 90, 4 août 1872) puis est vice-président de la LFDF entre 1882 et 1889.

134. Il participe à l'organisation du congrès de 1878 (*Le droit des femmes*, n° 161, 7 avril 1878), adhère à la LFDF dès sa création (*Le droit des femmes*, n° 217, 3 décembre 1882) puis est membre de son bureau de 1887 à 1892.

l'initiation de Maria Deraismes en 1882 par une loge de la région parisienne, qui réunit plusieurs maçons militants féministes[135], est invalidée. Il faudra attendre la création par Maria Deraismes et Georges Martin d'une loge mixte, le Droit humain, en 1893, pour que les femmes accèdent à la maçonnerie[136]. Cette nouvelle loge défend non seulement l'accès des femmes à la maçonnerie, mais plus généralement les droits des femmes, adhérant ainsi, en tant que groupe, au congrès féministe international de 1896[137].

Dans les premières décennies du xxe siècle, malgré le maintien des positions hostiles aux femmes au sein de la maçonnerie, de nombreux maçons rejoignent le mouvement féministe et diffusent les positions féministes dans les loges[138], de même que de nombreuses militantes rejoignent le Droit humain, toujours acteur des luttes féministes[139], ou les loges uniquement féminines qui se créent à partir des années 1920[140]. Ainsi, parmi les militants de l'échantillon de la première vague qui étaient auparavant engagés, un tiers (dix-neuf) a été initié à la franc-maçonnerie. Les liens des féministes avec une minorité de francs-maçons sont d'ailleurs dénoncés par des opposant-e-s à l'égalité des sexes, dans des discours mélangeant anti-féminisme et anti-maçonnisme. L'Union féminine civique et sociale (UFCS), créée en 1925 pour défendre les valeurs catholiques de la famille[141], accuse par exemple l'Union française pour le suffrage des femmes (UFSF) d'être liée à la franc-maçonnerie[142].

La Ligue des droits de l'Homme et du citoyen (LDH) fondée en 1898[143] constitue également un lieu de recrutement privilégié pour les militant-e-s féministes. En effet, l'affaire Dreyfus, qui suscite la création de la LDH, voit de nombreuses militantes féministes s'engager dans le camp dreyfusard[144] : le combat pour la réhabilitation du capitaine rapproche davantage encore les

135. Il s'agit notamment de Charles-Ange Laisant, Severiano De Hérédia et Georges Martin, tous militants auprès de Léon Richer, et de Charles Beauquier qui s'engagera par la suite dans le combat féministe (*Le droit des femmes*, n° 207, 6 février 1882).
136. Sur ce point, voir Klejman L. et Rochefort F., *op. cit.*, 1989, p. 64-65.
137. *Le journal des femmes*, n° 50, février 1896.
138. Par exemple, Ferdinand Buisson « a défendu toutes [les] revendications » féministes lors d'une conférence sur le féminisme à la Loge de la Jérusalem écossaise le 27 juin 1902 (*Le journal des femmes*, n° 123, juillet 1902).
139. Ainsi, il signe un tract en 1919 en faveur du droit de vote des femmes avec notamment le CNFF, l'UFSF et la LFDF (BHVP, Fonds Marie-Louise Bouglé, Sous-fonds Groupes et associations, boîte n° 2, Tract pour le suffrage des femmes, 1919).
140. Voir Bard Ch., *op. cit.*, 1995 (a), p. 246-247.
141. Sur l'UFCS, voir Cova A., *Au service de l'Église, de la patrie et de la famille. Femmes catholiques et maternité sous la Troisième République*, Paris, L'Harmattan, 2000, p. 128-148.
142. En 1926, l'UFSF fait un communiqué pour menacer d'un procès en diffamation si les conférencières de l'UFCS renouvellent ces attaques faites lors de meetings à Annecy et Thonon (*La Française*, n° 744, 30 janvier 1926).
143. Sur l'histoire de la LDH voir notamment Charlot J. et Charlot M., « Un rassemblement d'intellectuels : la Ligue des droits de l'Homme », *Revue française de science politique*, vol. 9, n° 4, 1959, p. 995-1028 et Naquet E., « La Ligue des droits de l'Homme dans le premier xxe siècle. Une association en politique », Andrieu C., Le Béguec G. et Tartakowsky D. (dir.), *Associations et champ politique. La loi de 1901 à l'épreuve du siècle*, Paris, Publications de la Sorbonne, 2001, p. 477-491.
144. Ce fut notamment le cas de journalistes féministes comme Séverine ou Marguerite Durand (Klejman L. et Rochefort F., *op. cit.*, 1989, p. 130-131).

féministes des milieux républicains[145]. Dès le premier comité central de la LDH, les féministes sont représentées par l'intermédiaire de Jeanne Schmaal, militante féministe depuis vingt ans et future fondatrice de l'UFSF en 1909. Par la suite, des militantes telles Séverine, Adrienne Avril de Sainte-Croix ou Maria Vérone seront membres du comité central[146]. Réciproquement, nombre de ligueurs s'engagent dans les associations féministes, à commencer par les présidents successifs de la LDH comme Francis de Pressensé, Ferdinand Buisson ou Victor Basch.

Dans ce contexte, la LDH défend des positions féministes (malgré parfois des résistances internes réelles) comme l'abolition de la réglementation de la prostitution[147], le droit de vote des femmes[148] ou la réforme du Code civil. C'est donc fort logiquement que lorsque l'UFSF entreprend de créer en 1911 une association suffragiste masculine, elle se tourne vers la LDH. De fait, plus d'un cinquième des membres (huit sur trente-six) du premier comité directeur de la Ligue d'électeurs pour le suffrage des femmes sont des responsables ou adhérents de la LDH[149]. Il s'agit de militants féministes déjà connus comme René Viviani ou Ferdinand Buisson ou bien de nouvelles recrues pour le mouvement féministe, tels que Victor Basch ou Jean Bon. De même, la création, au cours des années 1920, d'une commission féministe au sein même de la LDH offre un espace d'échanges inédit entre ligueurs et féministes[150]. Enfin, le grand développement que connaît la LDH sur l'ensemble du territoire français permet le multi-engagement également au niveau local. Ainsi, la société féministe du Havre est représentée par une militante en 1909 au comité de la section LDH du Havre[151] tandis qu'Alfred Westphal, membre du comité central de la Ligue, est délégué du Nord lors de l'assemblée générale de l'UFSF en 1911[152]. Au total, c'est ainsi plus d'un cinquième (douze sur cinquante-six) des militants féministes de la première vague avec un passé militant qui s'est d'abord engagé à la LDH.

Féministes réformistes et défenseurs de la République se côtoient ainsi dans différents espaces militants et partagent une « culture politique cohérente », fondée notamment sur l'idée du primat de l'individu sur la société et la laïcité de l'État et de l'école[153]. Les alliances nouées par les féministes ont alors autant vocation à recruter de nouveaux militants qu'à imposer les revendications pour

145. *Ibid.*, p. 175-176.

146. Sur la participation des féministes à la LDH, voir Fabre A.-M., « La LDH et les femmes au début du xxe siècle », *Matériaux pour l'histoire de notre temps*, n° 72, 2003, p. 31-35 et Lescoffit C., *Les femmes, les féminismes et la Ligue des droits de l'Homme entre 1914 et 1940*, Mémoire de Maîtrise en histoire, université d'Evry Val-d'Essonne, 2005, p. 30-41.

147. Engagée sur cette question dès 1900, la LDH va nouer des liens importants avec l'Union Temporaire contre la prostitution réglementée, créée en 1926 par la féministe et membre de la LDH Marcelle Legrand-Falco et des ligueurs comme le Dr Sicard de Plauzoles (Président d'honneur de l'Union) ou Victor Basch (membre du comité central) y seront actifs.

148. Lors du congrès de 1909, consacré en partie à cette question, la LDH adopte le principe du suffrage féminin.

149. *Bulletin trimestriel de la Ligue*, n° 1, avril 1911.

150. Sur cette commission, voir BDIC, Fonds LDH, F Delta RES 798/9.

151. *La Française*, n° 110, 21 février 1909.

152. CAF, Fonds Cécile Brunschvicg, 1 AF 2, Compte rendu de l'assemblée générale de l'UFSF du 26 mars 1911.

153. Berstein S., « La culture républicaine dans la première moitié du xxe siècle », Berstein S. et Rudelle O. (dir.), *Le modèle républicain*, Paris, PUF, 1992, p. 159-171.

les droits des femmes dans le camp de la République. La LDH, par exemple, « participe à l'intégration de la mouvance féministe dans le modèle républicain[154] », au même titre que d'autres réseaux politiques, comme la libre pensée, qui se pense « le fer de lance de la République[155] », ou la Ligue de l'enseignement, véritable « parti de l'idée républicaine[156] », où les féministes s'engagent. De même, des luttes comme celle en faveur de la séparation des Églises et de l'État représentent des moments où se rencontrent toutes les forces des défenseurs de la République. Le congrès anti-clérical de 1881 organisé par l'Union démocratique de propagande anti-cléricale est présidé par Victor Schoelcher, avec Maria Deraismes pour vice-présidente et la Ligue de l'enseignement, la Ligue internationale pour la paix ou le journal *Le droit des femmes* pour adhérents[157]. Cette proximité entre féminisme et milieux républicains contribue ainsi à amener de nombreux hommes dans les associations féministes durant la IIIe République par l'intermédiaire du registre humaniste. En revanche, la ré-émergence du féminisme dans le sillage des groupes d'extrême gauche dans les années 1970, si elle réactive le registre humaniste, déplace les « filières spécifiques » des mouvements féministes.

Le creuset de l'extrême gauche durant les années 1970

Les militant-e-s en faveur de la contraception libre à la fin des années 1950 et au début des années 1960 mobilisent des réseaux proches de ceux de la première vague[158]. Ainsi la LDH ou la franc-maçonnerie par exemple sont proches du MFPF, aident à son développement sur l'ensemble du territoire et lui apportent un contingent de militant-e-s[159]. Mais les transformations du mouvement féministe à partir des années 1970, et notamment la centralité de la frange radicale du mouvement, amènent à un renouvellement des lieux de recrutement des militants. Si la LDH et la franc-maçonnerie continuent à défendre les revendications féministes (ou une partie) dans différentes sphères, il existera à partir des années 1970 peu de passerelles entre les militant-e-s féministes et les militant-e-s de la LDH ou les francs-maçon-ne-s. Ce sont désormais les partis politiques de la gauche, et particulièrement de l'extrême gauche, ou les syndicats engagés dans les luttes sociales qui représentent les principaux foyers de recrutement des hommes militants féministes dans les années 1970.

154. Lescoffit C., « Quel féminisme pour la Ligue des droits de l'Homme entre 1914 et 1940 ? », *Bulletin Archives du féminisme*, n° 9, 2005, p. 55-62, p. 56.
155. Lalouette J., « Les mouvements de libre pensée », Andrieu C., Le Béguec G. et Tartakowsky D. (dir.), *op. cit*, p. 441-458, p. 450.
156. Selon l'expression de son fondateur, Jean Macé, citée par Martin J.-P., « La Ligue de l'enseignement, la loi de 1901 et le champ politique républicain », in Andrieu C., Le Béguec G. et Tartakowsky D. (dir.), *op. cit*, p. 459-475, p. 461.
157. Brault É., « Maria Deraismes, numéro spécial », *Cahiers Laïques*, n° 70, 1962, p. 73.
158. Pavard B., *op. cit.*, 2012 (a), p. 55-61.
159. Mais c'est aussi le cas des milieux socialistes, particulièrement la SFIO et le PSU, et plus généralement des réseaux laïcs et d'éducation populaire (*ibid.*).

Ainsi, les hommes de FMA découvrent le groupe par le biais des Comités Vietnam[160], de l'Alliance marxiste révolutionnaire (AMR) ou de la Fédération de la gauche démocrate et socialiste (FGDS). Plus généralement, durant les années 1970, l'engagement des militantes féministes dans des groupes gauchistes amène certains hommes à participer aux luttes féministes[161]. Engagé au cours des événements de mai 1968, Serge continue à militer les années suivantes dans un groupe d'extrême gauche également investi par une féministe, ce qui le conduit au MLA :

> « Un jour elle nous a dit, y a un groupe qui se forme, mixte, pour voir les relations hommes/femmes, un truc comme ça dans mon souvenir. Donc j'y suis allé par simple curiosité[162]. »

De la même manière, les hommes présents aux manifestations du MLF étaient essentiellement des militants d'extrême gauche et les militants du MLAC étaient souvent issus du GIS, lui-même originaire de groupes gauchistes, et de groupes révolutionnaires. La socialisation politique de ces militants, avant le féminisme, s'est faite dans les comités d'action lycéens, les Comités Vietnam, des groupes maoïstes ou l'AMR[163]. C'est par le biais de ces expériences politiques qu'ils rencontrent des militantes féministes. En outre, dans le contexte de valorisation de la radicalité politique des années 1970, où « tout était politique... y avait du sucre de gauche et du sucre de droite[164] », le mouvement féministe fait partie d'un ensemble de luttes contestataires et révolutionnaires dans lesquelles les mêmes militant-e-s se croisent bien souvent. Autrement dit, la contestation féministe s'inscrivait « dans l'air du temps » pour reprendre les termes d'un enquêté[165], facilitant ainsi un engagement féministe sur un registre humaniste. Être présent-e à une manifestation, une grève ou signer une pétition participe donc, comme pour la nébuleuse républicaine de la première vague, d'une logique de don et contre-don militant[166] où chacun-e prend part à la lutte de l'autre par solidarité révolutionnaire, mais également en raison d'une valorisation des engagements labiles et dans une logique d'accumulation de capital militant. Philippe, qui navigue ainsi entre de multiples luttes, explique qu'il y avait « des tas de mouvements spontanés qui naissaient tous les jours » et précise :

160. Créés par l'UJC(ml) (Union des jeunesses communistes marxistes-léninistes, organisation maoïste) en soutien au gouvernement du Vietnam du nord et contre l'intervention militaire américaine, les Comités Vietnam de base s'opposent aux Comités Vietnam national, fondés dans le même but par la Jeunesse communiste révolutionnaire (JCR), organisation trotskiste. L'UJC(ml) et la JCR proviennent toutes les deux des exclusions de l'UEC (Union des étudiants communistes) en 1965. Voir Artières Ph., « Les cent visages du gauchisme », Artières Ph. et Zancarini-Fournel M. (dir.), *op. cit.*, p. 350-357.

161. Picq F., *Le mouvement de libération des femmes et ses effets sociaux*, ATP « Recherches féministes et recherches sur les femmes », 1987, p. 220. Sur 80 femmes du MLF interrogées, 64 étaient proches de l'extrême gauche et 27 étaient engagées avant mai 1968. Voir également Masclet C., *op. cit.*, 2009, p. 31-34 et Rameau P., *op. cit.*, p. 60-61.

162. Entretien avec Serge, militant au MLA.

163. Parmi les 12 militants des années 1970 rencontrés, 10 ont participé à un ou plusieurs de ces groupes.

164. Entretien avec Alain, militant dans un groupe d'hommes.

165. Entretien avec Marc, militant au MLAC.

166. Agrikoliansky É., *op. cit.*, 2002, p. 201.

« On allait un jour occuper le foyer de travailleurs immigrés de la porte de Vanves, le lendemain un squat, le jour d'après au MLF… il se passait toujours quelque chose partout[167] ».

Les groupes d'extrême gauche peuvent également être le lieu de revendication de la non-mixité pour les militantes. Face à cet état de fait que leur imposent leurs camarades femmes, des groupes d'hommes de réflexions féministes ont pu émerger. Ainsi, Robert raconte comment la constitution du cercle Dimitriev au sein de l'AMR lors d'un stage d'été en 1972 a provoqué la création d'un groupe de parole entre hommes :

« Les filles ont dit "on ressent le besoin de se mettre ensemble, c'est un message qu'on vous envoie à vous les mecs"… alors, oui, le message est passé, mais en même temps on disait "oui, ça va, mais arrêtez vos conneries, on est avec vous, vous allez pas nous rejeter". Eh ben, non, même si on était avec elles, par principe, parce qu'elles avaient quelque chose à échanger et qu'elles pouvaient pas le partager avec nous, il fallait qu'elles nous rejettent, qu'elles nous excluent. […] En réaction à la réunion de ces groupes de femmes, ben les hommes ont dit "mais qu'est-ce qu'on va faire nous ? Eh ben on va se réunir nous aussi et on va parler de nos rapports avec les femmes". Et ça a donné ces groupes de conscience qui ont d'ailleurs perduré après à Paris et à Lyon aussi[168]. »

La plupart du temps cependant, les groupes d'hommes émergent sans lien direct avec une organisation politique bien que les membres des groupes aient souvent un passé militant à l'extrême gauche[169]. Plus généralement, ils partagent une grande partie de la culture d'extrême gauche des années 1970, comme en atteste l'usage répété du journal *Libération* pour annoncer les rencontres ou la constitution de groupes ou l'importante proportion des hommes vivant ou ayant vécu en communauté[170].

Enfin, des militants de la CFDT ont pu être conduits à militer au sein du MLAC ou du MFPF après 1973. Marcel Gonin et Alphonse Pageot, proches de Jeannette Laot, découvrent le féminisme à son contact au sein de la CFDT, devenant par la suite respectivement membre du bureau national du MLAC et du MFPF. Le rôle important du syndicat dans la création et le développement de groupes MLAC, notamment en entreprises, a également pu amener certains militants CFDT à s'engager pour la liberté de l'avortement[171].

167. Entretien avec Philippe, militant au MLAC.
168. Entretien avec Robert, militant dans un groupe d'hommes.
169. Sur les dix membres du groupe étudié par Guido De Ridder, 5 ont participé à mai 1968 et 6 sont militants d'extrême gauche (De Ridder G., *op. cit.*, p. 108). Ils sont ainsi « issus pour beaucoup d'organisations militantes de gauche ou d'extrême gauche » (Cette G. et Rognan J.-Y., *op. cit.*, p. 1311).
170. De Ridder G., *op. cit.*, p. 111.
171. BDIC, Dossier France, MLAC 1973-1974, F Delta 532. Des textes sur le MLAC Renault-Billancourt et sur le MLAC CIT-Alcatel à Arcueil montrent ainsi la participation de plusieurs hommes de la CFDT. Voir Le Brouster P., « Contribution à l'histoire du Planning familial : le partenariat CFDT-MFPF au cours des années soixante-dix », *Genre & Histoire* [En ligne], n° 2,

Diversification des réseaux depuis les années 1990

À partir des années 1990, les réseaux de recrutement des hommes se diversifient en même temps que la question de l'égalité entre les femmes et les hommes acquiert une certaine légitimité au sein de nombreux partis et mouvements politiques, notamment de la gauche. Les féministes, bien que toujours marginalisées dans ces organisations, y ont obtenu souvent un espace de parole leur permettant de faire entendre leurs revendications[172]. Dans ce sens, de nombreux lieux d'engagement politique peuvent faire découvrir le féminisme à des hommes qui pourront par la suite devenir des militants féministes. De plus, il semble que chaque groupe féministe ait ses propres affinités politiques qui permettent d'établir des liens avec des partis ou des associations dans lesquelles des hommes sont recrutés.

L'association des Sciences potiches se rebellent (SPSR) émerge au sein de l'IEP de Paris et plus particulièrement à l'UNEF. Le recrutement militant est ainsi très étroitement lié au monde militant de l'IEP. L'un d'entre eux est militant à l'UNEF au moment où quelques militantes entreprennent de créer ce qui deviendra par la suite les SPSR :

> « Quelques mois après être rentré dans le syndicat, y a des filles du syndicat qui ont voulu créer une commission femmes, qui a été accueillie par beaucoup de sarcasmes, y compris par des amis de ces nanas-là. [...] Je comprenais pas trop le sarcasme... je voyais pas trop pourquoi, moi je trouvais ça vachement bien ce qu'elles faisaient[173]. »

En outre, les logiques de don et contre-don militant sont une fois encore apparentes dans certaines trajectoires militantes, comme le souligne l'entrée de Benjamin dans l'association :

> « Je me suis investi un peu aux Sciences potiches, à la base c'était juste, c'était marrant, parce que pour la présentation pour le premier jour à Science po, les associations devaient se présenter, moi je cherchais quelqu'un pour représenter ATTAC et y a [une membre des SPSR] qui est venue, et elle cherchait quelqu'un pour présenter les Sciences potiches, et puis elle était intéressée qu'il y ait un garçon et une fille, donc moi j'ai été partant pour faire un petit speech, et on a continué comme ça en gros une année ou deux[174]. »

Dans un cadre plus large, l'association Mix-cité Paris est proche des mouvements sociaux et de la gauche non socialiste. Un des co-fondateurs de l'association raconte ainsi les circonstances de sa rencontre avec une des co-fondatrices :

2008. Mis en ligne le 13 juillet 2008, consulté le 22 octobre 2008. URL : http://genrehistoire.revues.org/index297.html

172. On peut notamment penser aux commissions femmes des partis, syndicats ou associations.

173. Entretien avec Fabien, militant aux SPSR.

174. Entretien avec Benjamin, militant aux SPSR.

« J'avais un militantisme au SNES, avec des responsabilités, un militantisme avec un couple de sans-papiers, un militantisme sur la question palestinienne et évidemment, j'ai rencontré Clémentine [...] qui m'a été présentée par une amie[175] ».

Les relations amicales se superposent ainsi aux réseaux militants amenant « évidemment » à rencontrer une femme qui « était déjà dans une démarche militante féministe ». La création de l'association renforce les liens avec les mouvements de la « gauche de la gauche » puisque Mix-cité Paris est hébergé dans le local des Alternatifs à Paris, groupe qui devient un lieu de recrutement privilégié des hommes de l'association. Le rapprochement des militant-e-s est en outre facilité par les Campagnes contre les jouets sexistes lancées à partir de 2002 conjointement par Mix-cité Paris, les Panthères roses, le Collectif contre le publisexisme et les Alternatifs. D'autres réseaux de la gauche non parlementaire peuvent également être mobilisés dans les associations Mix-cité à Paris[176] ou en province. Ainsi, un co-fondateur d'une association dans une ville de province raconte sa découverte du féminisme :

> « Les premiers émois militants, c'était en décembre 1995, pendant les grandes grèves, et ensuite je suis rentré à Ras l'front, c'était ma première participation à une association, premier engagement, ça, c'était en 1996. Et rapidement, j'ai rencontré les militants de la LCR dans Ras l'Front, et puis je suis rentré aux JCR en 1997 et voilà, et depuis... [...] et puis j'ai rencontré des militantes féministes quand je suis rentré aux JCR, à cette époque-là, et c'est vrai que ça m'a vraiment marqué parce que c'est un peu elles qui m'ont fait mon éducation politique au sens large, mais aussi au féminisme[177]. »

Plus tard, alors membre de la LCR, il fonde « avec une bande de copains et de copines » un groupe Mix-cité dans sa ville. De même, la mise en place de rencontres anti-patriarcales entre hommes ou de groupes d'hommes non mixtes est directement issue du milieu anarchiste et libertaire. Là encore, c'est au sein même des lieux de militantisme politique que ces hommes rencontrent le féminisme par la présence de militantes féministes. Si Thierry participe à des initiatives anti-patriarcales non mixtes, c'est bien parce qu'il a été amené dans sa carrière militante à être confronté au discours féministe :

> « La rencontre avec des féministes radicales, notamment dans les milieux militants... on va dire anti-autoritaires, anars, squatteurs, parce que moi je gravite dans ce milieu-là depuis que j'ai à peu près vingt ans... donc la rencontre avec des féministes radicales, je crois que ça a été un moment assez déterminant, y compris sous la forme d'habitat collectif,

175. Entretien avec Xavier, militant à Mix-cité. Cet interviewé est au moment de la rencontre avec la militante féministe élu SNES comme commissaire paritaire de surveillant d'externat, militant au GISTI et secrétaire général du Comité de vigilance pour une paix réelle au Proche Orient.

176. Pour l'association parisienne, des liens existent avec ATTAC ou la LCR (Henneron L., *op. cit.*, 2002, p. 55).

177. Entretien avec Clément, militant à Mix-cité.

> d'un squat qui était avant un squat non mixte féministe et qui est devenu un squat mixte[178]. »

L'engagement anarchiste ou la vie en squat libertaire constitue ainsi une autre passerelle vers le militantisme féministe. Enfin, même s'il existe une évidente affinité idéologique et politique entre les Panthères roses, l'extrême gauche et l'anarchisme, il a été difficile d'identifier des réseaux de recrutement privilégiés par l'association. En effet, le seul militant du groupe qui a pu être interrogé n'avait aucun passé militant mais a découvert le féminisme par le biais de l'université. De même, les militants des Chiennes de garde arrivent dans l'association par d'autres canaux que le militantisme politique. Parmi les cinq militants rencontrés, deux y ont adhéré après des premières expériences militantes féministes, deux sont rentrés en contact avec l'association après avoir pris connaissance de son existence à travers les médias, et le dernier s'est engagé par le biais d'une relation amoureuse. En outre, il est également difficile de rendre compte de réseaux de recrutement pour des associations comme Ni putes ni soumises (NPNS) ou pour Choisir, bien que leur proximité avec le Parti socialiste conduise à une circulation des militants. Ainsi, à Choisir, le seul militant rencontré est actif à l'UNEF, après avoir approché le Mouvement des jeunes socialistes sans s'y être impliqué, lorsqu'il s'engage à Choisir au moment du débat sur la parité :

> « L'apparition des premiers éditos dans *Le Monde* sur la parité et les réactions que j'ai vues, je comprenais pas que le débat puisse être aussi dur sur cette question et je me suis demandé ce que je pouvais faire et j'avais une amie qui a trouvé du travail à Choisir, et donc spontanément, je suis allé à Choisir[179]. »

Proche du Parti socialiste, il décide ainsi de s'engager dans une association féministe elle-même proche du PS[180]. De même, initialement proche des socialistes, NPNS voit arriver des militants du PS[181]. Pour autant, si l'adhésion de militants ou sympathisants socialistes à Choisir ou à NPNS s'inscrit dans un cadre politique cohérent, ce n'est généralement pas à l'intérieur du PS que ces hommes sont recrutés par les associations féministes.

Ce chapitre a permis d'éclairer les processus qui conduisent à la décision de s'engager. L'entrée dans un groupe féministe résulte ainsi de l'activation, par l'intermédiaire de réseaux militants, d'une prédisposition acquise par les socialisations primaire et/ou secondaire et par des trajectoires sociales. Au-delà des contextes spécifiques à chaque période, des caractéristiques communes aux différentes cohortes de militants ont en effet pu être mises en évidence : hommes, de classes moyennes et supérieures, ils sont détenteurs de capitaux qui les prédisposent à l'engagement à des moments de leur vie où peu de contraintes pèsent sur eux ; leurs socialisations familiales, amoureuses et/ou professionnelles concourent

178. Entretien avec Thierry, militant anti-patriarcal.
179. Entretien avec Sébastien, militant à Choisir.
180. Gisèle Halimi, présidente-fondatrice de l'association, a notamment été députée apparentée socialiste entre 1981 et 1984.
181. C'est le cas d'un des quatre militants de NPNS rencontrés.

en outre à les sensibiliser au féminisme ; leurs engagements politiques, enfin, les amènent à rencontrer des militantes et/ou des organisations féministes, transformant les dispositions à être sensible à la cause féministe en militantisme[182]. Néanmoins, ce qui permet de comprendre les raisons de l'engagement ne doit pas aveugler sur les logiques sociales qui éclairent le maintien de cet engagement.

182. Dans une enquête auprès d'humanitaires, Pascal Dauvin et Johanna Siméant ont ainsi montré que les « dispositions à » se transformaient en « passage à l'acte » par le biais des disponibilités biographiques et de l'insertion dans des réseaux spécifiques (Dauvin P. et Siméant J., *Le travail humanitaire. Les acteurs des ONG, du siège au terrain*, Paris, Presses de Science po, 2002, p. 85-90).

Chapitre 6
Rester militant féministe

L'entrée dans un collectif militant ne représente qu'une étape de la carrière militante. Aussi, les processus sociaux qui permettent de comprendre le passage au militantisme éclairent peu les conditions du maintien ou non de cet engagement. Ce chapitre interroge donc les raisons de la continuité du militantisme à travers deux ressorts principaux : la capacité des hommes à incarner le rôle militant et les rétributions retirées de l'activité militante.

Il s'agit d'abord d'interroger les processus sociaux par lesquels les hommes engagés parviennent à endosser le rôle militant. En effet, la sociologie politique, et particulièrement la sociologie de l'engagement partisan, a montré que le rôle de militant n'était endossé que par un travail d'apprentissage au sein de l'organisation[1] : devenir militant impose l'acquisition de savoirs et de savoir-faire, de visions du monde et parfois le réajustement de ses valeurs et attitudes[2]. Dès lors, l'engagement « suppose d'endosser un nouveau rôle et une nouvelle identité[3] », mais aussi « nécessite un apprentissage, implique de savoir y trouver une place et combiner son identité personnelle avec celle du groupe[4] ».

En outre, la sociologie du militantisme a mis au jour l'existence de rétributions, matérielles ou symboliques, qui participent au maintien de l'engagement[5]. Sans remettre en cause la sincérité ou non de l'engagement, il s'agit de déceler ce

1. Voir par exemple Lagroye J., « Être du métier », *Politix*, n° 28, 1994, p. 5-15, Ethuin N., « De l'idéologisation de l'engagement communiste. Fragments d'une enquête sur les écoles du PCF (1970-1990) », *Politix*, n° 63, 2003, p. 145-168, Luck S., *Sociologie de l'engagement libertaire dans la France contemporaine. Socialisations individuelles, expériences collectives, et cultures politiques alternatives*, Thèse de Doctorat en science politique, université Paris 1, 2008, p. 344-372 et Bargel L., *Jeunes socialistes. Jeunes UMP. Lieux et processus de socialisation politique*, Paris, Dalloz, 2009.
2. Par exemple, R. W. Connell montre comment l'engagement dans des mouvements écologistes conduit certains hommes à interroger et transformer leur identité de genre (Connell R. W., « A whole new world : remaking masculinity in the context of the environmental movement », *Gender and society*, vol. 4, n° 4, 1990, p. 452-478). On peut également se référer au travail de Karel Yon sur des militants trotskistes dans les années 1970 (Yon K., « Modes de sociabilité et entretien de l'*habitus* militant. Militer en bandes à l'AJS-OCI dans les années 1970 », *Politix*, n° 70, 2005, p. 137-167). Plus largement, voir Fillieule O., « Some elements of an interactionist approach of political disengagement », *Social movement studies*, vol. 9, n° 1, 2010, p. 1-15.
3. Sawicki F. et Siméant J., *op. cit.*, p. 105.
4. Sawicki F., « Les temps de l'engagement. À propos de l'institutionnalisation d'une association de défense de l'environnement », Lagroye J. (dir.), *La politisation*, Paris, Belin, 2003, p. 123-146, p. 146.
5. Gaxie D., « Économie des partis et rétribution du militantisme », *Revue française de science politique*, vol. 27, n° 1, 1977, p. 123-154.

que les militants retirent de leur militantisme[6]. En effet, même s'« il faut (sans doute dans le plupart des cas) adhérer minimalement aux finalités de l'action collective[7] » pour que les rétributions soient acceptables pour les militants, il convient de s'éloigner d'une vision enchantée de l'engagement purement désintéressé pour comprendre ce qui retient les militants au sein de leurs organisations.

Inventer une identité militante

Les travaux sur l'engagement féministe ont peu interrogé les processus d'endossement du rôle militant, considérant, au moins implicitement, que l'expérience des femmes constituait à elle seule l'identité militante. C'est pourtant la question même du sens de l'engagement féministe qu'il s'agit de poser : qu'est-ce que signifie être militant-e féministe ? Mettre de côté cette interrogation revient à considérer que l'identité militante des individus est exactement identique aux orientations politiques du mouvement dont ils-elles sont membres et se constitue de manière automatique à leur entrée dans le mouvement. Or l'identité collective d'un groupe militant et l'identité militante de ses acteurs-trices sont le résultat d'un processus permanent de co-production[8].

Le cas des hommes engagés dans des associations féministes offre l'avantage de rendre particulièrement visible le travail d'appropriation du cadre idéologique de l'organisation par les militants. D'abord, la présence des hommes a souvent contraint les associations féministes à énoncer des conditions de participation acceptables et inacceptables. Dès lors, ces règles, plus explicites que pour les femmes, donnent à voir la manière dont les groupes ont participé à l'élaboration d'une partie de l'identité militante féministe des hommes. D'autre part, les militants sont contraints d'inventer en partie cette identité, et donc souvent de l'expliciter. En effet, l'un des traits stabilisé, et en partie implicite, particulièrement à partir des années 1970, de l'identité militante féministe est d'être une femme[9]. En conséquence, l'univers militant dans lequel entrent ces hommes propose généralement peu de clés pour endosser le rôle d'homme militant féministe. Pour utiliser une métaphore simplificatrice, l'habit de militant-e féministe n'est pas taillé pour eux. L'identité militante de ces hommes se construit alors dans une tension permanente entre s'approprier les modes de penser et d'agir féministes conçus par des femmes et pour des femmes et les adapter à leur position d'hommes, c'est-à-dire de dominants dans les rapports sociaux de sexe,

6. Fillieule O., « Temps biographique, temps social et variabilité des rétributions », Fillieule O. (dir.), *op. cit.*, 2005, p. 17-47.
7. Gaxie D., « Rétributions du militantisme et paradoxes de l'action collective », *Revue suisse de science politique*, vol. 11, n° 1, 2005, p. 157-188, p. 184.
8. Pour une synthèse de la littérature à ce sujet, voir Voegtli M., « "Quattre pattes oui, deux pattes, non!" L'identité collective comme mode d'analyse des entreprises de mouvement social », Fillieule O., Agrikoliansky É. et Sommier I. (dir.), *op. cit.*, p. 203-223.
9. Précisons qu'il ne s'agit pas de croire qu'il existe une seule identité militante pour les femmes féministes. Plusieurs travaux ont d'ailleurs montré que les mouvements sociaux regroupent au contraire plusieurs identités militantes (voir par exemple Ollitrault S., « Les écologistes français, des experts en action », *Revue française de science politique*, vol. 51, n° 1-2, 2001, p. 105-130). Cependant, ces différentes identités militantes sont toutes censées être incarnées par des femmes.

pour que cette opération d'appropriation ne rentre justement pas en contradiction avec ces modes de penser et d'agir. Enfin, « l'idée d'un homme féministe fait généralement sourire, lorsqu'elle ne soulève pas carrément la méfiance. L'homme féministe se voit accuser indistinctement d'être un imposteur, un poseur, un provocateur[10] ». En effet, dans leurs vies familiale, professionnelle et/ou amicale, comme dans les discours médiatiques, les militants sont régulièrement confrontés à l'idée d'une contradiction indépassable entre hommes et féminisme :

> « C'est quand même un peu se saborder, c'est s'auto-flageller et se mettre en retrait ou en soumission par rapport aux femmes, voire une posture pour se faire bien voir… et soit on est suspecté peut-être de masochisme ou d'ironie provocatrice, ou alors de flagornerie éhontée. Donc c'est plus dur, oui. C'est perçu comme un paradoxe, donc fatalement, notre sincérité peut être mise en doute[11]. »

> « On n'est pas considéré comme féministe. C'est gênant, t'as l'impression d'être invisible, t'as beau le gueuler, t'as l'impression d'être invisible, tu te demandes… ils ont pas envie de voir[12]. »

Cette situation impose alors un important « travail sur soi[13] » de la part des militants qui rend explicite le processus d'incorporation de l'identité militante. Il s'agit donc d'analyser les différents processus par lesquels les militants, en interaction avec les cadres organisationnels dans lesquels ils évoluent, construisent une identité militante féministe stabilisant leur engagement.

Se dire ou ne pas se dire féministe

Une des premières dimensions de l'identité militante consiste à mettre un mot sur son engagement. Or, cette opération n'est pas si évidente pour les militants féministes qui sont confrontés à la position de leur groupe militant. En effet, depuis les années 1970, le choix du terme pour qualifier les hommes engagés dans les luttes féministes fait l'objet de débats et de réflexions du côté des militantes comme des militants dans les différents contextes nationaux occidentaux. Les termes utilisés par les militants rencontrés reflètent ainsi la diversité des postures adoptées par les hommes (Tableau 3). Le choix de se désigner comme « féministe », « pro-féministe » ou « anti-sexiste » par exemple se comprend alors comme un effet du contexte historique et militant, mais aussi des dispositions sociales des militants.

10. Dupuis-Déri F., *op. cit.*, 1999, p. 60. Sophie Rétif souligne ainsi que les hommes font face à des interrogations spécifiques sur les motivations de leur engagement féministe (pour draguer ?) ou sur leur virilité (Rétif S., *op. cit.*, p. 278-281).
11. Entretien avec Nicolas, militant aux Chiennes de garde.
12. Entretien avec Ludovic, militant à Mix-cité.
13. Rétif S., *op. cit.*, p. 275-286. Sur le processus d'endossement du rôle de militant (pro) féministe, voir également Egeberg Holmgren L. et Hearn J., « Framing men in feminism : theoretical locations, local contexts and practical passings in men's gender-conscious positionings on gender equality and feminism », *Journal of gender studies*, vol. 18, n° 4, 2009, p. 403-418.

TABLEAU 3.
Auto-appellation des militants rencontrés

Féministe	16
Aucune appellation	9
Pro-féministe	3
Anti-patriarcale	3
Anti-sexiste	2
Égalitaire	2
Compagnon de route	1
Total	36

Presque la moitié des militants rencontrés (seize sur trente-six) se déclarent féministes, mais ce chiffre cache de nettes différences de générations militantes. Historiquement, la généralisation de l'usage du mot féministe à partir des années 1890 conduit à désigner l'ensemble des défenseurs des droits des femmes comme féministes : militantes (réformistes comme radicales), journalistes ou rapports de police parlent volontiers d'« homme féministe » ou de « député féministe », comme les militants s'auto-déclarent féministes. De même, quand le mot féministe est à nouveau utilisé dans les années 1960, il désigne aussi bien les hommes que les femmes, comme l'atteste l'usage indifférencié de l'adjectif par le groupe mixte FMA. Mais à partir de 1970, le MLF impose le féminisme comme une expression politique strictement fondée sur l'expérience des femmes et réserve donc le terme aux femmes. Dès lors, les hommes n'utilisent plus le qualificatif féministe pour caractériser leur engagement. Il est ainsi significatif que le seul militant de cette période rencontré qui se considère féministe ait une première expérience militante à FMA[14].

À partir des années 1990, en revanche, le relatif renouveau par la mixité transforme à nouveau les usages du qualificatif. Si les militantes formées au féminisme pendant les années 1970 modifient peu leur discours, une partie de la nouvelle génération entend désigner le féminisme comme une approche politique qui peut être défendue tant par les femmes que par les hommes. Pour Mix-cité Paris, « le féminisme est une question politique, de valeurs et de choix de société qui se caractérise par un combat contre les rapports de domination[15] ». Dans ce nouveau contexte, plus de la moitié (quatorze sur vingt-quatre) des hommes rencontrés qui ont milité ou qui militent à partir des années 1990 se déclarent féministes. Plus significativement, la quasi-totalité des militants (quatorze sur seize) se considérant comme féministes ont une première expérience militante récente. Ils reprennent alors l'argumentaire des associations féministes, à l'image d'Anthony :

> « Pour moi, c'est simplement des idées, et les idées elles peuvent être portées aussi bien par un homme ou par une femme[16] ».

14. Le deuxième militant de FMA interviewé n'a pas milité après la dissolution du groupe en 1970.
15. Autain C. et Lancelot Th., *op. cit.*
16. Entretien avec Anthony, militant à Mix-cité.

À l'inverse, le changement de contexte n'a que très peu d'effets sur les militants des années 1970 qui continuent à rejeter le terme féministe et ce d'autant plus s'ils ne militent plus au-delà de cette décennie. Si les militants contemporains sont donc tendanciellement plus nombreux à se définir comme féministes, ce n'est cependant pas le cas de tous. En effet, c'est principalement parmi les membres des associations tenant un discours sur la mixité qu'ils se retrouvent. Les militants de Mix-cité, de Ni putes ni soumises, des Chiennes de garde ou des Sciences potiches se rebellent constituent alors l'écrasante majorité des enquêtés se revendiquant féministes. Inscrits dans des collectifs qui valorisent la participation des hommes et qui entendent le féminisme avant tout comme une lutte en faveur de l'égalité des hommes et des femmes, ces hommes s'approprient d'autant plus facilement l'appellation féministe que les militantes qu'ils côtoient le plus fréquemment les incitent à le faire. Au contraire, une inscription moins forte au sein d'un tel collectif et la confrontation à d'autres conceptions féministes peuvent atténuer les convictions et infléchir le discours. Clément, militant de Mix-cité, mais qui évolue par ailleurs dans d'autres sphères féministes militantes, est confronté à deux discours contradictoires face auxquels il a du mal à prendre position, même si son inscription première dans le collectif Mix-cité reste prégnante :

> « Moi j'aurais tendance à me dire féministe parce que pour moi le féminisme c'est un regard, c'est un mode d'analyse des rapports sociaux de genre donc je pense que c'est pas exclusivement réservé aux femmes mais en même temps, j'entends très bien quand des femmes me disent que je ne peux pas être féministe[17]. »

Pour les militants qui refusent de se dénommer féministe, la gamme des positions adoptées est vaste. Les militants des années 1970 sont façonnés par le discours qui pose le vécu de l'oppression comme condition nécessaire et le reprennent largement. Ainsi, lorsque je demande à Pierre, militant dans un groupe d'hommes dans les années 1970, si son groupe était féministe, il semble dérouté :

> « ...Attendez, là, je comprends pas très bien votre question, qu'est-ce que ça veut dire un groupe féministe ? Non, parce qu'il y avait que des hommes[18] ! »

Pour Marc, actif durant les années 1970, « on n'avait pas le droit ! Ah non, non ! On se serait fait tuer[19] ! ». Le fait de refuser l'appellation féministe témoigne alors de l'incorporation par les militants du discours féministe qui postule que les hommes qui se revendiquent féministes tentent de s'approprier la lutte des femmes. Cette posture conduit cependant à ne pas pouvoir nommer sa démarche :

17. Entretien avec Clément, militant à Mix-cité.
18. Entretien avec Pierre, militant dans un groupe d'hommes.
19. Entretien avec Marc, militant au MLAC, dans un groupe d'hommes puis à ARDECOM.

> « Ne pouvaient être féministes que les femmes qui participaient au mouvement des femmes. Donc étant donné que nous étions des hommes, nous ne pouvions pas être féministes, point. Voilà, alors, ceci étant dit, l'autre chose qu'il y avait dans cette distance par rapport à ce mot, c'est une distance qu'on préférait mettre, en tout cas moi, mais je crois que j'étais pas le seul, on préférait mettre avec ce mot-là, c'est qu'il était très valorisé... et on faisait quand même partie des oppresseurs. Donc c'était à bon compte de se mettre une image positive alors que quand même, objectivement... tout homme était un violeur en puissance, c'est ça aussi, et donc ça aurait été un peu trop facile. Il faut quand même dire qu'avant cette distance avec l'adjectif que moi je revendiquais, on avait cherché d'autres adjectifs, genre masculiniste... mais c'était pas simple[20]... »

L'adjectif masculiniste, qui n'était pas encore utilisé dans son sens contemporain d'anti-féministe[21], n'est finalement pas retenu, ni par ce groupe ni par aucun militant de l'époque, et les hommes engagés dans les luttes féministes dans les années 1970 ne qualifient donc pas leur participation. Ainsi, mis à part les deux hommes de FMA, les autres militants se définissent d'abord par la négative, comme non féministes. Si l'un d'eux se désigne comme « compagnon de route » et un autre comme « égalitaire », neuf refusent tout qualificatif.

Inscrits dans la lignée des groupes d'hommes des années 1970 et 1980, et confrontés à des militantes féministes qui revendiquent l'héritage des années 1970, les militants anarchistes refusent également l'appellation féministe. Pour autant, au contraire de leurs prédécesseurs, ils ne se contentent pas de rejeter le qualificatif féministe et s'approprient de nouvelles appellations. Ainsi, les six militants proches des milieux anarchistes rencontrés se définissent comme « anti-patriarcaux » ou « pro-féministes ». L'anti-patriarcat est aujourd'hui le terme souvent retenu par les militants anarchistes pour signifier leur opposition à un système d'exploitation des femmes par les hommes, le patriarcat[22]. Par le choix du mot d'anti-patriarcat, les militants entendent clairement laisser le monopole du féminisme aux femmes, comme l'explique Thierry :

> « Je ne me définis pas comme féministe parce que pour moi ça serait une usurpation, en tout cas le féminisme c'est un combat des femmes. [... L'anti-patriarcat] c'est le terme qui me convient le mieux à défaut d'un autre[23]. »

Pour autant, la préférence pour le terme anti-patriarcat ne désigne pas intrinsèquement une position qui empêcherait l'appropriation de la lutte des femmes par les militants hommes. Dans ce sens, certains préfèrent utiliser le qualifica-

20. Entretien avec Alain, militant dans un groupe d'hommes puis à ARDECOM.
21. Le masculinisme désigne aujourd'hui des mouvements politiques et un ensemble de discours anti-féministes qui posent les hommes en victimes d'une société qui, sous l'impulsion des mouvements féministes, serait sous un régime de domination féminine. Voir Blais M. et Dupuis-Déri F., « Qu'est-ce que le masculinisme ? », Blais M. et Dupuis-Déri F. (dir.), *Le mouvement masculiniste au Québec. L'antiféminisme démasqué*, 2008, Montréal, Les éditions du remue-ménage, p. 11-31.
22. Dans la lignée du féminisme des années 1970, et particulièrement des travaux de Christine Delphy (*op. cit.*, 1998 et 2001).
23. Entretien avec Thierry, militant anti-patriarcal.

tif « pro-féministe ». Ce terme a été introduit aux États-Unis par des hommes engagés dans des luttes féministes mais voulant signifier la position première des femmes dans la lutte contre la domination masculine. Ainsi, dans la lignée du féminisme des années 1970, Michael S. Kimmel estime que « les hommes peuvent être d'accord avec cette affirmation empirique du statut subordonné des femmes et l'impératif moral de travailler pour l'égalité. Dans ce sens, nous *croyons* au féminisme. Mais être un féministe, je crois, requiert un autre élément : l'expérience vécue de l'oppression[24] ». Il préfère donc utiliser le mot pro-féminisme pour spécifier la position particulière des hommes dans la lutte féministe. En France, Daniel Welzer-Lang a tenté d'importer le terme à la fin des années 1990 en créant l'association EuroPro-Fem. Le terme de pro-féministe est alors préféré car « l'utilisation du même terme pour les hommes et les femmes risque en effet de créer une confusion, voire – les hommes savent tellement bien le faire – d'aboutir à ce que les hommes arrivent *in fine* à donner des conseils aux femmes sur... le féminisme (nous en avons déjà des exemples) [25] ». Ainsi, trois des militants rencontrés se l'approprient pour signifier leur volonté de laisser la direction du mouvement aux femmes. Pour autant, dans les trois cas, s'ils affirment leur préférence pour le pro-féminisme, les questions soulevées par le choix de la dénomination restent souvent en suspens. En effet, se définir pro-féministe témoigne de la volonté de trouver le bon mot pour désigner la bonne place des hommes dans des mouvements féministes mais n'offre pas, aux yeux des militants, une solution définitive et convaincante. Les hésitations de Florian, impliqué dans plusieurs initiatives, pour désigner son militantisme soulignent clairement l'appropriation des critiques féministes et les enjeux liés à l'appellation :

> « Je préfère pro-féministe. [...] Pour moi, l'anti-sexisme ou l'anti-racisme, ça fait des trucs où t'es... comment dire, ma vision c'est que tu pointes le doigt sur des symptômes mais tu t'attaques pas à la racine, bon c'est un peu schématique, mais pour moi ça connote pas très radical [...]. Le terme anti-patriarcal je l'entends pas trop en fait, j'y ai même pas pensé en fait... anti-patriarcal, ouais... ben même le mot patriarcal en fait je le trouve... je préfère viriarcal en fait... parce que le côté patriarche, ça a un peu un côté, surtout en tant qu'homme jeune, je trouve que patriarcal ça pourrait être une façon de se dédouaner, le patriarche c'est quand même aussi la domination de l'homme âgé, même si elle existe, mais bon... donc si je devais parler d'un truc, ça serait plutôt viriarcal, mais, en fait je crois que le terme anti-masculinisme, ou quelque chose comme ça, paradoxalement, à force d'y réfléchir, s'il y a vraiment un intérêt à l'investissement des hommes, des garçons, dans les luttes aux côtés des féministes, ça serait peut-être là-dessus. [...] Mais bon, après ça m'embête un peu parce que ça fait un peu guéguerre entre hommes aussi... mais je sais pas, je m'y perds un peu à force, j'avoue que des fois je vois un avantage stratégique à une position, en même temps je trouve ça un peu foireux d'un autre point de vue, j'avoue qu'avec le

24. Kimmel M. S., *op. cit.*, 1992, p. 3.
25. *Bulletin EuroPro-Fem*, n° 1, janvier 1998.

> pro-féminisme, je me suis jamais autant posé de questions, comment dire, épistémologiques… […] Le pro-féminisme pour moi, c'est une manière peut-être symboliquement dans le nom de marquer le… le… la position de retrait, disons, de ne pas se mettre en avant, qui pour moi est… mais même là c'est ambivalent, dès qu'il s'agit d'un truc qui défend pas l'intérêt de la classe des hommes, ben les hommes se mettent un peu en retrait[26]. »

Ce long extrait montre ainsi les difficultés que peut soulever le choix du mot pour qualifier son engagement. Cependant, dans le contexte français, si les questions soulevées par le pro-féminisme nourrissent souvent la réflexion des militants, le terme rencontre des difficultés à s'imposer.

Trois militants refusent enfin le mot féministe pour sa connotation radicale. Tous récemment engagés au moment de l'entretien, ils refusent d'être assimilés à une théorie politique perçue comme misandre, qu'ils adhèrent ou non à cette conception du féminisme :

> « Pour moi le féminisme c'est un peu… pour vraiment schématiser, c'est vraiment l'inverse du machisme[27]. »

> « Je préfère anti-sexiste parce que ça passe mal le mot féministe[28]. »

> « C'est toujours compliqué à dire parce que avec l'image d'Épinal, globalement à tort, sur ce mouvement, du fait des excès dans les années 1970[29] ».

Pour Cédric, militant à NPNS, le féminisme apparaît comme une figure repoussoir et il préfère s'appeler « égalitaire ». Cette position peut d'autant plus aisément s'exprimer qu'il appartient à un collectif qui entretient des relations conflictuelles avec les autres associations féministes et dont on peut penser que certaines militantes elles-mêmes refusent le terme. Elle témoigne également d'un engagement éphémère et distendu. Ayant milité quelques mois dans le cadre d'un stage, il participe aujourd'hui épisodiquement à la vie militante de l'association après avoir suspendu son engagement plus d'un an pour cause de déménagement. Cet engagement distant ne lui permet pas alors de confronter ses conceptions à un univers militant plus large et donc d'opérer des ajustements, contrairement aux autres militants de NPNS rencontrés qui se déclarent féministes. Les deux autres militants, membres des Chiennes de garde, n'adhèrent pas quant à eux aux discours qui dénoncent la radicalité du terme féministe mais refusent de se confronter à cette perception. Le fait que ces trois militants, membres d'associations qui acceptent que les hommes s'appellent féministes, refusent le terme féministe s'explique en partie par leur trajectoire scolaire et militante. Ayant suivi des cursus en école de commerce, sciences de la vie ou droit, ils disposent de peu de capitaux culturels permettant de

26. Entretien avec Florian, militant anti-patriarcal.
27. Entretien avec Cédric, militant à NPNS.
28. Entretien avec Sylvain, militant aux Chiennes de garde.
29. Entretien avec Nicolas, militant aux Chiennes de garde.

s'approprier un lexique militant plus familier des sciences sociales, d'autant que leur capital militant ne leur permet pas de compenser cette distance : Sylvain n'a jamais milité avant d'entrer aux Chiennes de garde, Cédric a furtivement milité dans une association pour la commémoration de l'esclavage et Nicolas est militant d'un parti politique de droite. Dès lors, ils ne sont pas inscrits avant leur engagement dans des milieux favorisant l'appropriation du qualificatif féministe. Cependant, l'ancrage militant permet de se familiariser progressivement avec le mot, à l'image de Nicolas. Ayant suivi des études juridiques, exerçant une profession d'encadrement dans la fonction publique peu en contact avec les associations féministes et militant dans un parti de droite, le féminisme ne fait pas *a priori* partie de son univers social. Pourtant, l'engagement aux Chiennes de garde, un an avant la date de l'entretien, engendre un processus d'acclimatation aux mouvements féministes, de sorte qu'il déclare : « je commence à dire que je suis féministe[30] ». On voit ainsi comment se construit, par le biais de la socialisation militante, une identité militante féministe, qui passe notamment par l'appropriation d'un terme permettant l'inclusion dans le groupe.

Le choix du mot pour désigner leur engagement est donc fortement contraint par le contexte militant et résulte d'une socialisation militante. Ceux qui militent à des époques et dans des groupes qui considèrent que le féminisme peut désigner les femmes comme les hommes s'approprient alors l'adjectif féministe, parfois au prix d'un important travail de réajustement. Au contraire, dans des contextes qui remettent en cause cette appropriation, des réflexions terminologiques, parfois très élaborées, et qui rappellent l'important capital scolaire et militant des interviewés, sont développées pour trouver le « juste » terme apte à traduire au mieux leurs orientations idéologiques. Mais dans tous les cas, le terme choisi participe de la construction d'une identité militante individuelle et collective. En effet, s'approprier un terme socialement stigmatisé[31] ou s'interroger sur le lexique militant et s'en approprier les subtilités souligne l'appartenance à un groupe et contribue à élaborer une identité d'hommes militants féministes capable de maintenir l'engagement.

Légitimer sa place

Si le choix du mot pour définir leur engagement participe de la définition de leur identité militante féministe, la consolidation de cette identité passe par l'élaboration de discours de légitimation de leur engagement. Ainsi, confrontés, tant dans l'espace militant qu'en dehors, à des discours qui invalident la possibilité du militantisme féministe pour les hommes, ces hommes recourent à trois principaux discours : l'analogie avec l'engagement de dominant-e-s en faveur de dominé-e-s dans d'autres luttes politiques et sociales ; la mise en avant des intérêts que les hommes ont à retirer du féminisme ; l'affirmation des effets bénéfiques de leur engagement pour le mouvement féministe.

30. Entretien avec Nicolas, militant aux Chiennes de garde.

31. Sur le stigmate social associé au féminisme, voir Rétif S., *op. cit.*, p. 257-260.

En tant que dominants engagés contre la domination, les hommes dans des associations féministes sont loin de constituer une exception. En effet, l'histoire offre plusieurs exemples d'engagements d'une fraction des classes supérieures contre les inégalités économiques, tout comme de blanc-he-s contre le racisme ou d'hétérosexuel-le-s contre l'homophobie. Fréquemment, l'affirmation selon laquelle l'anti-racisme n'est pas réservé aux noir-e-s ou la lutte contre l'homophobie aux homosexuel-le-s se suffit à elle-même, sans autre forme d'argumentation, pour en conclure que les hommes peuvent militer dans des associations féministes[32]. Néanmoins, ces analogies sont rarement mobilisées parmi les militants rencontrés puisque seuls trois d'entre eux y ont recours. Ces derniers sont actifs dans des associations mixtes contemporaines et se contentent d'énoncer cette « vérité », sans développer une argumentation :

> « Je me dis pas amis des homosexuels, amis des palestiniens, je me définis comme anti-sioniste, anti-raciste, anti-colonialiste, donc je suis pas un ami des anti-colonialistes, et je suis anti-homophobe, anti-sexiste[33]... »

> « Par exemple je suis anti-colonial, c'est pas pour ça que je suis colonisé, je suis un militant par conscience, sur le logement par exemple, je suis pas mal logé, je suis féministe mais je ne suis pas une femme[34]. »

Ces discours utilisent alors des situations largement admises – qui pourrait reprocher à un-e blanc-he de lutter contre le racisme ? – pour souligner l'analogie de leur engagement. Il peut en conséquence paraître surprenant qu'elle ne soit pas plus massivement mobilisée par les militants. La rareté de cette stratégie discursive peut alors s'expliquer par le fait que ce raisonnement peut facilement être inversé contre la présence des hommes. En effet, de tels discours oublient la question centrale des rapports de pouvoir qui se jouent y compris à l'intérieur des mouvements sociaux, et qui a historiquement conduit à l'exclusion des dominant-e-s des luttes d'émancipation des dominé-e-s à de nombreuses reprises. Ainsi, entre autres exemples, l'histoire du Parti communiste français a connu des périodes de « triomphe de l'ouvriérisme » avec « une formidable épuration du personnel politique petit bourgeois[35] », les tensions entre noir-e-s et blanc-he-s dans le mouvement des droits civiques des Noir-e-s américain-e-s ont abouti à l'émergence du séparatisme Noir[36], tout comme les tensions entre

32. Voir par exemple DIGBY T., « Introduction », DIGBY T. (dir.), *op. cit.* p. 1-14, p. 3, STOLTENBERG J., *op. cit.*, 1990 [1989], p. 193-194 ou encore EWING D. W. et SCHACHT S. P., *op. cit.*, 2004, p. 177-178.

33. Entretien avec Xavier, militant à Mix-cité.

34. Entretien avec Benjamin, militant aux Sciences potiches se rebellent.

35. PUDAL B., *Prendre parti. Pour une sociologie historique du PCF*, Paris, Presses de la FNSP, 1989, p. 136. Voir également MATONTI F., « Les intellectuels et le Parti : le cas français », DREYFUS M., GROPPO B., INGERFLOM CL., LEW R., PENNETIER CL., PUDAL B. et WOLIKOW S. (dir.), *Le siècle des communismes*, Paris, Les éditions de l'atelier/Éditions ouvrières, 2000, p. 405-424.

36. Se référer par exemple aux recherches de deux historiens qui ont centré leurs travaux sur la question des relations entre noir-e-s et blanc-he-s : WEISBROT R., *Freedom bound. A history of America's civil rights movement*, Londres et New-York, W. W. Norton & Company, 1990 ; LEVY P. B., *Civil war on race street. The civil rights movement in Cambridge, Maryland*, Gainesville, University press of Florida, 2003. Voir également MCADAM D., *Freedom summer*, New-York, Oxford university press, 1988, p. 102-105.

homosexuels et homosexuelles au sein du FHAR ont provoqué la naissance de groupes lesbiens ou les désaccords entre hétérosexuelles et homosexuelles au sein du MLF celle du séparatisme lesbien[37]. En outre, c'est principalement en raison des rapports de pouvoir entre hommes et femmes que les féministes du MLF ont instauré la non-mixité et que certaines féministes contemporaines continuent à militer entre femmes. L'argument de l'analogie peut ainsi se retourner contre les hommes qui en font pourtant une source de légitimation de leur militantisme. Ces divers exemples historiques permettent d'ailleurs à certaines féministes de formuler l'affirmation exactement inverse de celle des militants. Ainsi, Alice Jardine s'interroge, pour mieux souligner l'évidence de la réponse : « les noirs peuvent-ils faire confiance aux blancs ? Les femmes du Tiers monde peuvent-elles faire confiance aux féministes bourgeoises des pays occidentaux ? Les femmes peuvent-elles faire confiance aux hommes[38] ? ». Dans ce contexte, la comparaison entre les hommes militants dans des associations féministes et d'autres militant-e-s dominant-e-s engagé-e-s auprès de dominé-e-s peut tout autant produire de la légitimité que de l'illégitimité.

L'idée selon laquelle « le féminisme est bon pour les hommes[39] » est en revanche bien plus récurrente dans les discours des militants. Mais derrière cette affirmation, qui existe dès la fin du XIXe siècle, se cache une diversité de postures.

En 1877, Léon Richer expliquait que « la femme sujette de l'homme, la femme vassale de l'homme courbe et rapetisse l'homme lui-même. La tyrannie des uns a pour corollaire la dégradation des autres : c'est-à-dire l'avilissement de tous[40] ». Le féminisme libèrerait alors les hommes de cet esclavage et leur procurerait la satisfaction de ne plus être oppresseur. Le principal intérêt des hommes à lutter pour le féminisme serait donc d'ordre éthique en considérant que les hommes ne pourront connaître la vraie liberté que s'ils cessent de dominer. Deux militants rencontrés reprennent ce discours et estiment que le féminisme leur permet d'avoir une image positive d'eux-mêmes :

> « Je gagne dans cette égalité à ne plus me sentir colonisateur, oppresseur, patriarcal[41]. »

> « Quelque part, ils [les hommes] y perdent aussi en humanité, ils se forgent un rôle qui n'est pas toujours confortable, de discriminer les gens, le fait d'aller les oppresser, ça te rapporte de la violence en retour, et le fait d'être un mâle dominant je pense que ça te rend pas plus heureux quoi[42]. »

Nettement à gauche politiquement, ces militants qui entendent lutter contre les dominations voient alors leur combat contre la domination masculine

37. LARROUY M., *op. cit.*
38. JARDINE A., « Men in feminism : odor di uomo or compagnons de route ? », JARDINE A. et SMITH P. (dir.), *op. cit.*, p. 54-61, p. 57.
39. L'expression est empruntée à STERBA J. P., « Is feminism good for men and are men good for feminism ? », DIGBY T. (dir.), *op. cit.*, p. 291-304.
40. RICHER L., *La femme libre*, Paris, Librairie de la société des gens de lettres, 1877, p. VI.
41. Entretien avec Jean, militant au collectif Ruptures.
42. Entretien avec Benjamin, militant aux Sciences potiches se rebellent.

comme un motif de cohésion politique interne. Néanmoins, posant la réalisation d'un idéal politique comme seule rétribution, cette rhétorique demeure largement minoritaire. De même, les discours essentialistes, fréquents au début du xxe siècle[43], qui postulent que les hommes ont des intérêts à voir triompher certaines valeurs liées aux qualités naturelles féminines sont inexistants parmi les enquêtés. On peut y voir ici un effet de la marginalisation du discours différentialiste dans le champ militant à partir des années 1970[44].

En revanche, le renouveau politique du féminisme des années 1970 a conduit à développer un nouveau discours pour souligner les intérêts des hommes dans les luttes féministes. Ainsi, le thème de l'aliénation des hommes par la domination masculine, qui appauvrirait leurs capacités émotionnelles et relationnelles, se développe largement alors qu'il est absent du féminisme de la première vague[45]. FMA développe cette idée dès la fin des années 1960 et les groupes d'hommes la reprennent à leur compte à la fin des années 1970 et au début des années 1980 :

> « En fait, notre engagement n'est pas désintéressé et nous pensons avoir plus à gagner qu'à perdre dans notre lutte contre le sexisme. Les bénéfices économiques, marchands ou non marchands (inégalités de salaires, de qualification, répartition du travail ménager...), le pouvoir d'appropriation et l'utilisation sexuelle du corps des femmes qui, entre autre, caractérisent le patriarcat, sont moins épanouissants pour nous-mêmes que les potentialités de rapports plus égalitaires. Les choix que nous pouvons vivre hors des modèles virils sont plus exaltants que le long enchaînement de réflexes conditionnés et de frustrations qui composent le destin du macho[46]. »

Ainsi, la critique de la « virilité obligatoire » se donne pour objectif de permettre aux hommes de découvrir un espace des possibles plus large, de se révéler, d'être soi[47]. Depuis la fin des années 1990, des associations comme Mix-cité Paris ou les Chiennes de garde défendent, au moins en partie, la même idée. Dans ce contexte, la majorité des militants rencontrés (22 sur 36) affirme également que le féminisme apporte des bénéfices aux hommes. Ainsi, le féminisme est perçu comme offrant une libération pour les hommes qui

---

43. Jean Du Breuil de Saint-Germain, militant à l'UFSF et à la LESF, défend par exemple cette position dans une brochure intitulée *De l'intérêt qu'ont les hommes au suffrage des femmes*, non datée [autour de 1912-1913]. Dans le cas américain, Michael S. Kimmel identifie ce même type de discours à la fin du xixe siècle (Kimmel M. S., « From conscience and common sense to "feminism for men". Pro-feminist men's rhetorics of support for women's equality », *International journal of sociology and social policy*, vol. 17, n° 1-2, 1997, p. 8-34, p. 19-21).
44. Seul le groupe Psychanalyse et politique d'Antoinette Fouque défendait des positions essentialistes et militait pour revaloriser la féminité. Cependant, les hommes étaient exclus des réunions du groupe et, dès le milieu des années 1970, les militantes du groupe investissent davantage le champ littéraire et éditorial et se retrouvent marginalisées dans l'espace militant.
45. À la différence du contexte américain où quelques hommes développent déjà ce point de vue dès le début du xxe siècle (Kimmel M. S., « Men's response to feminism at the turn of the century », *Gender and society*, vol. 1, n° 3, 1987, p. 261-283, p. 273).
46. *Types, Paroles d'hommes*, n° 6, 1984.
47. Les mêmes développements ont lieu aux États-Unis dès le début des années 1970. Voir Messner M. A., *op. cit.*, p. 36-41 et Goldrick-Jones A., *op. cit.*, 2002 (a), p. 33-37.

peuvent vivre en dehors des modèles normatifs. Clément et Benjamin, militants à Mix-cité et aux SPSR développent assez largement ce point de vue :

> « Je pense que y a pas mal de mecs à qui ça pose problème la manière dont la masculinité se construit aujourd'hui et se vit aujourd'hui et que le féminisme, ben comme moi ça a pu m'aider à un moment ou m'éclairer, je pense que ça pourrait aussi permettre à des hommes de se repositionner hors, enfin hors, d'avoir un regard critique sur ces schèmes[48]. »

> « Qu'est-ce que tu gagnes à être un mâle dominant ? T'as plus de place dans les conseils d'administration, en politique, tu fais pas la vaisselle, machin, mais tu perds aussi plein de choses en accès à des... enfin tu te fais violence à rentrer dans un rôle qui n'est pas forcément le tien à la base, donc moi j'ai pas l'impression de perdre quelque chose à faire autant la vaisselle que ma compagne quoi, c'est pas un sacrifice... et puis j'y gagne en étant, en espérant en tout cas, en essayant d'être sur un pied d'égalité avec elle, je pense que c'est une relation humaine vachement plus enrichissante que "je vais bosser, reste à la maison"[49]. »

Il s'agit donc, dès l'émergence du mouvement féministe, de renverser les discours sur le paradoxe en insistant sur les bénéfices que les hommes peuvent retirer du féminisme. Dans ce sens, les différentes rhétoriques mises en place visent à souligner que la lutte féministe n'est pas nécessairement contre les intérêts des hommes. Cependant, il semble qu'un paradoxe laisse la place à un autre puisqu'« il y a un paradoxe dans l'engagement féministe d'un homme dont le but est de se sentir mieux[50] ». En effet, la marge de manœuvre des hommes semble étroite pour justifier leur engagement. S'ils doivent assurer que le féminisme n'est pas contre les hommes pour procurer une cohérence à leur engagement (on ne milite pas contre soi-même), ils affrontent une nouvelle contradiction en affirmant que le féminisme profite également aux hommes, c'est-à-dire aux dominants. Ainsi, Florian, engagé dans différentes initiatives anti-patriarcales, s'interroge sur cette rhétorique :

> « Un garçon qui se fait du bien, finalement en quoi ça avance les luttes féministes, en quoi ça peut se dire pro-féministe[51] ? »

Il importe donc pour les militants d'insister sur le fait que si « le féminisme est bon pour les hommes », « les hommes sont bons pour le féminisme[52] ». Ainsi, la moitié des enquêtés (18 sur 36) affirme que le mouvement féministe a des intérêts dans la participation des hommes. L'argumentation développée est cependant variable selon les époques et les lieux d'engagement et l'on peut distinguer plusieurs arguments.

---

48. Entretien avec Clément, militant à Mix-cité.
49. Entretien avec Benjamin, militant aux SPSR.
50. Kahane D. J., « Male feminism as oxymoron », Digby T. (dir.), *op. cit.*, p. 213-235, p. 225.
51. Entretien avec Florian, militant anti-patriarcal.
52. L'expression est empruntée à Sterba J. P., *op. cit.*

Tout d'abord, l'importance de la présence des hommes peut être justifiée sur un registre stratégique. Le mouvement féministe de la première vague, dans un contexte d'exclusion des femmes de la scène politique, considérait la participation des hommes comme nécessaire. Il s'agissait alors pour les militantes de prendre acte de l'inégale distribution des pouvoirs entre hommes et femmes et de tenter de tirer parti des capitaux détenus par les hommes (crédibilité, respectabilité, réseaux politiques, financements, pouvoir législatif, etc.). L'argument est également repris par certain-e-s militant-e-s depuis les années 1970. Partant du principe que, du fait du système patriarcal, la parole masculine a tendanciellement une plus grande valeur pour l'auditoire, notamment masculin, la participation d'hommes aux mouvements féministes serait un atout majeur pour convaincre, notamment les hommes. Gilles, militant de FMA, et dont le groupe constitue sa seule expérience de militantisme féministe, développe ainsi cette idée :

> « C'est très important... j'ai envie de dire, il faut des traîtres... il faut qu'il y ait des mecs qui disent à des mecs "je trouve que t'as un comportement de merde"... si c'est une femme, "ah mais bien sûr, c'est une féministe", là je veux dire ça interpelle plus[53]. »

Par leur position dans les rapports sociaux de sexe, les hommes constitueraient donc des militants essentiels dans la mesure où leur parole est dotée d'une crédibilité bien plus conséquente que celle des femmes, toujours susceptible d'être dévalorisée. Cette plus grande valeur accordée à la parole des hommes serait particulièrement utile, comme l'affirme Gilles, en direction des hommes. Dès lors, leur engagement tirerait sa légitimité du rôle spécifique qu'ils occuperaient dans la division sexuée du travail militant féministe.

Néanmoins, ce discours stratégique est progressivement marginalisé par la radicalité des mouvements des années 1970. S'inscrivant dans une démarche révolutionnaire, refusant de dialoguer avec l'État[54] et voulant garantir leur autonomie, les militantes entendent dès lors créer un nouveau rapport de force pour imposer le changement plutôt que s'appuyer sur le rapport de force existant. Dans ce contexte, la plupart des militants des années 1970 ne mettent pas en avant l'existence d'intérêts du féminisme dans la participation des hommes.

Ce sont donc principalement les militants depuis les années 1990 qui vont insister sur les bienfaits de la présence des hommes pour les mouvements féministes. En particulier, ces militants soulignent la nécessaire collaboration des femmes et des hommes pour l'avènement d'une société égalitaire. Pour la plupart socialisés au féminisme par l'intermédiaire de collectifs mixtes, la victoire des revendications féministes n'est perçue comme possible que par l'implication de certains hommes :

53. Entretien avec Gilles, militant à FMA.

54. Delphy Ch., « Les femmes et l'État », *Nouvelles questions féministes*, n° 6-7, 1984, p. 5-19. Voir également Bereni L. et Revillard A., « Des quotas à la parité : "féminisme d'État" et représentation politique (1974-2007) », *Genèses*, n° 67, 2007, p. 5-23, p. 8-9.

> « Comme l'ont dit pas mal de féministes, c'est pas elles qui vont tout faire, c'est bien que les hommes se bougent un peu le cul, se posent des questions[55]. »

> « Ça marchera jamais si les hommes ne sont pas impliqués, si y a que des femmes d'un côté et les hommes de l'autre, ça marchera pas[56]. »

Plus largement, pour de nombreux militants contemporains rencontrés, leur militantisme a une valeur d'exemplarité, permettant notamment de souligner que les hommes comme les femmes sont concernés par le féminisme. La présence des hommes dans les groupes féministes permet ainsi de mettre en avant la dimension non sexuée des luttes féministes, voire d'améliorer l'image sociale des mouvements féministes[57] :

> « Je pense que l'intérêt qu'il y ait des hommes c'est de montrer que ça intéresse tout le monde[58]. »

> « La présence des hommes me paraît très importante, pour l'efficacité de l'action, mais aussi pour le rapport de force symbolique, s'il y a des hommes qui portent la banderole des Chiennes de garde, si des hommes disent qu'ils sont aux Chiennes de garde, effectivement ça désexualise l'appartenance au groupe et ça problématise complètement différemment. Donc je pense que ça a un effet déstigmatisant fort[59]. »

Ainsi, la majeure partie des militants depuis les années 1990 met en avant les intérêts que les mouvements féministes peuvent retirer de la participation des hommes. Ces discours contribuent alors à légitimer leurs engagements et participent au processus d'appropriation d'une identité militante féministe. Cependant, il entre aussi en partie en conflit avec cette identité militante féministe, la non-mixité ayant acquis une forte valeur symbolique dans la plupart des groupes féministes depuis les années 1970. Dès lors, ce discours s'accompagne très majoritairement d'une légitimation des pratiques non mixtes, reconnues par la plupart des militants comme un outil de lutte pertinent. Ils tentent ainsi de formuler une identité militante à la fois compatible avec leur position d'hommes engagés dans le féminisme et avec un référentiel politique important de leur univers militant, la non-mixité.

Une identité militante féministe fragilisée par les rapports de pouvoir

Les discours développés par les militants dessinent donc les contours d'une identité militante féministe qui donne cohérence et sens à leur engagement.

55. Entretien avec Thierry, militant anti-patriarcal.
56. Entretien avec Sylvain, militant aux Chiennes de garde.
57. Sophie Rétif montre ainsi que pour certaines militantes la mixité d'une association féministe est rassurante, permettant de rompre avec le stigmate féministe et donc de s'approprier l'étiquette féministe (Rétif S., *op. cit.*, p. 274-275).
58. Entretien avec Jean, militant au collectif Ruptures.
59. Entretien avec Michel, militant aux Chiennes de garde.

Cependant, il s'agit également pour ces hommes de définir les modalités pratiques de participation à leur groupe militant qui ne soient pas en contradiction avec leurs croyances féministes. En effet, alors qu'ils adhèrent à la critique des rapports de domination des hommes sur les femmes, ces militants sont confrontés au risque de reproduire, et de se voir reprocher de reproduire, ces rapports de pouvoir au sein de leurs collectifs. Dès lors, pour tenir une identité militante cohérente, ils doivent trouver les moyens de croire que la domination structurelle ne s'exerce pas, par leur intermédiaire, au sein de leurs collectifs militants. En ce sens, la réalité de la (re)production des rapports sociaux de sexe au sein des collectifs féministes[60], comme dans tout collectif militant[61], constitue un point critique de la cohérence de leur engagement[62].

Pour la très grande majorité des militants rencontrés (trente-deux sur trente-six), cet obstacle est contourné par la négation ou la minoration de la question des rapports de pouvoir entre hommes et femmes dans le cadre militant féministe. En effet, elle n'est souvent pas même évoquée au cours de l'entretien, et lorsque le thème est abordé, c'est généralement pour en nier l'existence ou l'importance. Gilles par exemple, militant à FMA, qui a pourtant connu la radicalisation du groupe et a vu émerger la non-mixité, minimise largement la pertinence de la thématique, évoquant « un souvenir d'harmonie et d'échange de paroles » à l'intérieur du collectif[63].

Les militants du MLAC, pourtant directement confrontés à la critique féministe sur la reproduction de la domination des hommes sur les femmes au sein des groupes, font également l'économie de cette analyse. Pour l'un d'eux, la question est même renvoyée au rang de préoccupation secondaire par rapport à l'objectif de légalisation de l'avortement :

> « Il se trouve qu'il y avait une majorité d'hommes parmi ceux qui faisaient les avortements et qu'il y avait une majorité de femmes parmi les intermédiaires qui accompagnaient celles qui se faisaient avorter. Donc là, il y avait une différence quantitative. Des difficultés relationnelles ont pu se manifester entre les uns et les autres et cette différence a pu être source de problèmes. Il est probable aussi que cette situation a pu influencer le regard porté par certaines organisations féministes sur notre travail. Ce n'était pas toujours facile, à l'époque. Quand on commençait à s'intéresser à l'avortement, je me souviens m'être retrouvé dans des réunions du MLF pour en parler et avoir été très étonné de constater que le fait que je sois un homme était apparemment un handicap... Oui nous avons été confrontés à

60. Voir par exemple Taylor J., *op. cit.* ou Rétif S., *op. cit.*, p. 401-467.

61. Pour une présentation des travaux portant sur les rapports sociaux de sexe dans les mouvements sociaux, voir Bargel L. et Dunezat X., « Genre et militantisme », Fillieule O., Mathieu L. et Péchu C. (dir.), *op. cit.*, p. 248-255 et Fillieule O. et Masclet C., « Mouvements sociaux », Achin C. et Bereni L. (dir.), *op. cit.*, p. 344-356.

62. Voir Jacquemart A., « L'engagement féministe des hommes, entre contestation et reproduction du genre », *Cahiers du genre*, n° 55, 2013, p. 49-63.

63. Entretien avec Gilles, militant à FMA.

> ce genre de situation… Mais ce n'était pas une préoccupation majeure, nous avions des objectifs, on essayait de travailler au mieux pour les atteindre[64]. »

Le discours de ce militant vise non seulement à minimiser (pas « une préoccupation majeure ») mais également à extérioriser (le MLF) la critique féministe sur l'inégale répartition des rôles. Ces positions semblent cependant tenables uniquement pour des militants qui ne sont pas confrontés, au sein même de leur organisation, à une attention particulière aux comportements des hommes. Ainsi, FMA ne questionne visiblement pas les rapports de pouvoir dans le groupe, jusqu'à l'exclusion des hommes en 1970, quand les groupes d'hommes des années 1970, uniquement masculins et isolés par rapport aux groupes féministes, n'ont pas à craindre la reproduction de la domination des hommes sur les femmes. De même, les militants des groupes MLAC ou du MFPF peuvent (re)construire une cohérence interne en identifiant les critiques comme issues de l'extérieur, principalement du MLF. Enfin, dans le contexte contemporain, les militants de NPNS ou des Chiennes de garde peuvent d'autant plus faire l'économie d'un tel questionnement qu'il ne préoccupe pas particulièrement l'association.

Mais l'attention des militantes et les réflexions sur des dispositifs pour réduire au minimum une répartition sexuée des rôles au sein de collectifs comme Mix-cité Paris ne conduisent pas plus les militants rencontrés à interroger systématiquement la dimension genrée du militantisme féministe. Pour Jean-Claude par exemple, la question n'a pas de pertinence :

> « On se pose pas de questions, "est-ce qu'on envoie un homme ou une femme ?", etc. C'est très démocratique, tout le monde a le droit à la parole, tout le monde a autant d'importance[65]. »

Cette citation peut apparaître d'autant plus surprenante que la conscience féministe permet de dévoiler les effets genrés d'affirmations telle que « tout le monde a le droit à la parole ». Le même décalage entre adhésion à une vision féministe et regard sur ses propres pratiques se retrouve dans le discours de Xavier sur son engagement à Mix-cité, notamment à propos de son rôle de premier plan dans l'association :

> « J'ai jamais trouvé ça illégitime [d'occuper une fonction au collège de l'association]… je me serais pas effacé sous le prétexte que c'est les femmes qui doivent être devant, j'étais le seul, voilà, y aurait eu cinq mecs, ça aurait été étrange, on se serait posé des questions… j'étais le seul, c'était pas spécialement… ça a jamais été illégitime et ça a jamais été senti ou vécu comme ça[66]. »

De la même manière, Philippe a vécu l'effervescence militante féministe des années 1970, même s'il n'a pas activement participé à un groupe en particulier, et est aujourd'hui proche des milieux anti-patriarcaux et militant au Collectif

64. Entretien avec Guy, militant au MLAC et au MFPF.
65. Entretien avec Jean-Claude, militant à Mix-cité.
66. Entretien avec Xavier, militant à Mix-cité.

contre le publi-sexisme au moment de l'entretien. Cette socialisation féministe ne le conduit cependant pas à interroger les mécanismes qui excluent ou mettent au second plan les femmes dans l'univers militant :

> « J'ai jamais eu de mal à écrire au nom des femmes. C'est une chose que je fais très régulièrement dans le monde libertaire… ça m'a jamais été reproché, quelquefois en anecdotes comme ça en disant "tiens c'est encore un mec qui écrit sur un sujet de femmes", ben je disais "écoutez les filles, si vous voulez pas qu'un mec écrive, vous prenez la plume, et vous le faites"[67]. »

Si certains militants évacuent donc les rapports de pouvoir entre hommes et femmes de leur discours, et particulièrement leur propre participation à ces rapports de pouvoir, d'autres expriment au contraire leur conscience d'exercer parfois une domination. Cependant, cette seule affirmation produit en elle-même une mise à distance de leur action de dominants. Reconnaître qu'ils sont dominants participe en effet à montrer qu'ils ne sont plus *si* dominants. Clément, politisé dès l'adolescence aux JCR et qui a connu plusieurs brèves expériences militantes féministes avant de s'engager à Mix-cité, rend ainsi compte de cette prise de conscience :

> « Essayer d'avoir conscience des mécanismes d'oppression tout ça dans le quotidien, c'est pas toujours facile, puis y a des fois, on est en contradiction totale[68]. »

Les propos de Fabien, qui milite depuis dix ans dans des associations mixtes au moment de l'entretien, et de Jérémy, qui a connu une première expérience militante avant de devenir membre des Panthères roses, montrent également comment l'« aveu » de l'exercice de leur pouvoir en tant que dominant annule simultanément cet exercice de leur pouvoir :

> « J'étais devenu une personne ressource… ça c'était rassurant, confortable, très valorisant et évidemment paradoxal parce que c'était un mec qui était la personne ressource… ça aussi, on m'a aidé à en prendre conscience[69]. »

> « J'avoue que je suis pas net là-dessus… en fait, par exemple les Panthères c'est féministe *queer*, et on entend là-dessus tout un ensemble de luttes qui sont pas essentiellement féministes, enfin si, qui sont essentiellement féministes, mais qui engagent d'autres choses, et du coup… et dans le sens, où justement y a une réflexion sur les genres, si un homme représente les panthères plutôt qu'une nana, je trouve pas ça gênant, puisque justement on est dans une logique de déconstruction des genres. […] Mais je pense que c'est important aussi, dans ce qui est strictement féministe, que

67. Entretien avec Philippe, militant au Collectif contre le publi-sexisme.
68. Entretien avec Clément, militant à Mix-cité.
69. Entretien avec Fabien, militant aux Chiennes de garde.

> ce soit aussi les nanas qui tapent du poing et qui disent “ben c’est bon”, et qui fassent leur révolution[70]. »

On pourrait être tenté d’interpréter ces propos comme traduisant un défaut d’intériorisation des cadres de pensée féministes. On pourrait également y voir la marque d’une résistance masculine à la mise en cause féministe de leur position de pouvoir, d’autant que la plupart de ces militants sont disposés, par leurs capitaux scolaires et politiques, à comprendre de tels enjeux. Ce serait néanmoins poser que les militantes tiennent un tout autre discours et qu’elles luttent contre les rapports de pouvoir entre hommes et femmes dans les associations. Or justement, si elles peuvent en avoir conscience, au même titre que les hommes, certains éléments laissent penser qu’elles tendent également à les minimiser. En effet, en accordant une valeur symbolique et politique à la mixité, la mise en avant trop grande de la reproduction de la domination masculine à l’intérieur du collectif reviendrait à invalider un des principes de l’association[71]. Les hommes peuvent donc minimiser ces enjeux parce que le cadre militant qu’ils ont choisi le leur permet. Par cet évitement d’une question qui fragilise leur engagement, les hommes rencontrés ont alors la possibilité de stabiliser une identité militante féministe cohérente qui garantit la pérennité de leur engagement.

À l’inverse, les rares militants rencontrés qui ont fait le choix de s’y confronter directement ont mis en péril la possibilité même de leur engagement. Comme le souligne un enquêté, prendre au sérieux la question des rapports de pouvoir impose « une vigilance permanente[72] ». En effet, si l’on accepte qu’en tant qu’individu construit socialement comme un homme, les façons d’être, de penser et d’agir sont guidées par la position dans le rapport de domination, la lutte contre l’exercice de la domination devient une lutte de chaque instant pour les dominants. Ainsi, les groupes d’hommes des années 1970 et 1980 traquaient la moindre expression de sexisme comme en témoigne Alain :

> « [On réfléchissait] sur tout ce qui pouvait faire les petits actes de pouvoir, les petits actes par lesquels on prend le pas sur quelqu’un sans en avoir l’air, pour s’approprier quelque chose. Je me rappelle d’une fois, on avait parlé des petites manies qu’on a quand on prête sa voiture à quelqu’un… “tu sais alors, quand tu débrayes”… Tout ça, c’est une façon quand même aussi de signifier “c’est la mienne, je la connais bien”[73]… »

Pour ces hommes, la non-mixité apparaissait comme un mode privilégié de déconstruction de leur masculinité dominatrice et de reconstruction d’une identité égalitaire. Cependant, la thématique a eu tendance à être progressivement marginalisée. Dès lors, l’échec militant de ces groupes a conduit à une mise en veille de ces conceptions militantes pour les hommes. Ce n’est qu’à partir de la fin des années 1990, dans les milieux anarchistes et libertaires, que la réflexion sur l’exercice du pouvoir par les hommes réapparaît au cœur d’une démarche

70. Entretien avec Jérémy, militant aux Panthères roses.
71. Sur ce point dans le cas de Mix-Cité Paris, voir Henneron L., *op. cit.*, 2002, p. 71.
72. Entretien avec Ludovic, militant à Mix-cité.
73. Entretien avec Alain, militant dans un groupe d’hommes.

militante. À nouveau, la non-mixité est perçue comme le cadre militant le plus adapté pour réaliser ce travail.

Ainsi, quatre militants de ces groupes sont les seuls enquêtés qui développent largement la question des rapports de pouvoir dans leur expérience militante. Néanmoins, la centralité de la réflexion sur les rapports de pouvoir semble davantage susciter d'interrogations que d'apporter de réponses. Tout d'abord, le choix de la non-mixité est dans un premier temps perçu comme le seul apte à éviter de reproduire la domination masculine et à permettre un travail de remise en question collectif. Mais la réalité des groupes et rencontres exclusivement masculins n'est pas finalement conforme aux espérances. En effet, la difficulté à se penser comme dominants, notamment pour des militants anarchistes qui se sont construit une identité politique et militante contre toute domination, ne disparaît pas par la simple non-mixité ou la « bonne volonté ». De plus, les rapports de pouvoir s'exercent également entre hommes comme le rapporte Thierry, impliqué depuis de nombreuses années dans les luttes anti-patriarcales :

> « Souvent ces milieux-là, on a beau être une poignée, ça s'est souvent transformé en guerre de coqs... on a pu assez vite retrouver les archétypes de la domination masculine, c'est-à-dire guerre de coqs, compétition[74]... »

Pensées pour lutter contre la reproduction des rapports de pouvoir, ces expériences militantes ne résistent donc souvent pas à l'analyse des rapports de pouvoir qui s'y jouent. Ces constatations des militants sont de surcroît renforcées par la tension permanente entre aspiration à un monde sans assignation de genre et réalité des assignations de genre et de leurs effets. Conscients de la prégnance du genre dans l'ensemble des façons d'être et de faire, autrement dit de leur « agentivité politique » dans la domination masculine[75], leur propre analyse de tous leurs comportements les renvoie systématiquement à leur position dominante et témoigne de l'échec de leur projet politique. Cette situation, souvent éprouvante pour les militants, conduit alors à un sentiment de culpabilité face à leur incapacité à quitter les habits de la domination masculine. Une discussion intitulée « culpabilité/plaisirs, responsabilité/libération » se déroule ainsi lors de la rencontre anti-patriarcale non mixte de Dijon en 2005. Les quelques militants présents y expriment cette culpabilité qui naît de l'analyse systématique qu'ils font de leurs attitudes, propos et raisonnements. Les comptes rendus, obtenus auprès d'un participant, témoignent, en langage télégraphique, de ce sentiment de culpabilité :

> « Effort culpabilisant. S'est pris des claques. C'est dur. Difficile de quitter des habitudes qui sont confortables. Problème de ne voir que les aspects noirs de la déconstruction, pas d'épanouissement, seulement une satisfaction intellectuelle. »

74. Entretien avec Gilles, militant anti-patriarcal.
75. Thiers-Vidal L., *De « L'ennemi principal » aux principaux ennemis. Position vécue, subjectivité et conscience masculines de domination*, Paris, L'Harmattan, 2010.

> « Comment faire pour que notre conscience ne se transforme pas en culpabilité[76] ? »

Dans ces conditions, le militantisme devient éprouvant et la prise en compte systématique des rapports de pouvoir aboutit soit à une culpabilité qui empêche toute action, soit à un sentiment d'échec indépassable. Ces hommes sont confrontés à de nombreuses interrogations sur leur militantisme, concernant notamment la forme d'engagement la plus appropriée, pour lesquelles ils ne trouvent pas de réponse et qui mettent en danger la cohérence de leur identité militante. Cette instabilité conduit alors souvent au désengagement, au moins partiel. Les propos de Florian et de Jonathan traduisent bien la manière dont l'impossibilité de constituer une identité militante stable conduit au désengagement :

> « Si tu veux faire des actions politiquement intéressantes d'un point de vue pro-féministe, tu marches sur des œufs, et c'est assez usant, donc je pense que je le ferai par intermittence. [...] Je préfère faire des luttes où je me sens plus légitime et stable[77]. »

> « Du coup c'est quoi une posture pro-féministe, anti-masculiniste, politiquement pertinente, quelque chose qui tienne la route, qui apporte un discours réellement, au final, pro-féministe, enfin... qui soit pas quelque chose qu'on garde juste pour nous, dont on retirerait des bénéfices, des avantages[78]... »

Face aux contradictions qu'ils identifient, ces quatre militants qui mettent les rapports de pouvoir au centre de leur démarche anti-patriarcale ou pro-féministe finissent alors par cesser ou nettement ralentir leur militantisme. Ils peuvent également s'engager sur d'autres scènes militantes féministes pour participer à des luttes ciblées, comme par exemple au Planning familial. Ces nouveaux cadres militants, qui ne placent pas l'analyse des rapports de pouvoir au sein du collectif au cœur du travail militant, redonnent alors une cohérence à leur engagement et offrent une identité militante féministe plus stable.

C'est donc par la socialisation organisationnelle que les hommes élaborent une identité militante féministe, acceptable à la fois pour les associations et pour eux-mêmes, qui garantit la pérennité de leur engagement. La capacité à nommer son engagement et à s'approprier des discours de justification de la présence des hommes dans les mouvements féministes constituent ainsi des étapes incontournables au maintien du militantisme. L'identité militante féministe des hommes, variable selon les contextes historiques et militants et les capitaux scolaires et politiques, est enfin stabilisée par l'euphémisation de la reproduction des rapports sociaux de sexe dans les collectifs. En revanche, les rares hommes qui affrontent cette question mettent en danger leur militantisme, souvent au

76. Archives personnelles, Comptes rendus des discussions des rencontres anti-patriarcales du 25 au 30 mars 2005, Dijon.
77. Entretien avec Florian, militant anti-patriarcal.
78. Entretien avec Jonathan, militant anti-patriarcal.

point de se désengager, rappelant ainsi la fragilité du processus de construction et d'appropriation de leur identité militante.

Trouver des rétributions

Si les militants engagent le travail, parfois difficile et coûteux, d'appropriation de l'identité militante féministe, c'est parce que l'engagement est également source de rétributions. En effet, le maintien du militantisme suppose que les individus trouvent un « intérêt » à continuer à militer, c'est-à-dire différentes rétributions, matérielles ou symboliques. Si ces rétributions sont parfois objectivables, elles sont souvent le fruit d'une interprétation subjective des individus. Ainsi, il est nécessaire de détenir certaines dispositions et certains capitaux pour pouvoir identifier les rétributions offertes par l'engagement et leur accorder une valeur[79].

La valeur sociale de l'engagement féministe

Les rétributions objectives et/ou subjectives que peuvent obtenir les militants féministes prennent des formes extrêmement différentes en fonction des époques, des lieux d'engagement ou des trajectoires biographiques des militants. En termes strictement matériels, les associations féministes, pour la plupart sans aucun financement, offrent rarement des rémunérations ou des avantages matériels à leurs adhérent-e-s et militant-e-s. Néanmoins, le cas de quelques militants salariés permet de déceler les avantages matériels concrets qu'ils retirent de leur engagement et qu'ils perdront avec leur désengagement. Ainsi, une association comme Ni putes ni soumises, largement financée par les pouvoirs publics, emploie une dizaine de salarié-e-s, dont plusieurs hommes : pour ceux-ci, les rétributions financières, via l'emploi, constituent l'un des éléments du maintien de leur engagement. Pour autant, l'engagement à NPNS ne peut être réduit à la recherche d'un emploi et relève de ressorts variés selon les militants. Rémi, salarié de l'association qui se considère également comme militant, envisage ainsi son emploi comme « une opportunité pour continuer à militer[80] » et ne réduit pas son engagement à son travail, comme en témoignent les heures supplémentaires non rémunérées qu'il déclare effectuer. En revanche, pour Cédric, le lien emploi/engagement est plus étroit : arrivé dans l'association par le biais d'un stage rémunéré, il ne garde qu'un lien distendu avec NPNS depuis la fin de son stage, intervenant, selon ses propres termes, « sur des actions on va dire assez limitées[81] ».

L'engagement féministe apporte en revanche différentes rétributions symboliques aux militants. Le militantisme peut ainsi se révéler un moyen, tout du moins aux yeux des militants, d'acquérir une forme de reconnaissance sociale.

79. Gaxie D., *op. cit.*, 2005, p. 179.
80. Entretien avec Rémi, militant à NPNS.
81. Entretien avec Cédric, militant à NPNS. Il ne milite par ailleurs dans aucune autre association féministe.

Édouard Lallement, par exemple, adresse un courrier à « Madame la directrice de *La Française* », Cécile Brunschvicg, parce que « depuis 1897 (33 ans) je milite en faveur de votre cause et je serais heureux que cela soit constaté et publié par notre organe féministe[82] ». Accordant visiblement une forte valeur aux titres[83], il tient à ce que son engagement féministe soit reconnu. Il demande qu'un compte rendu d'une de ses conférences soit publié et fait également la requête d'insérer une photo de lui, sous son meilleur jour, dans le journal : « ci-joint 2 de mes photographies (tenue de sport). Si vous mettez ma photo dans *La Française*, ajoutez je vous prie un veston, sans faux-col, une régate, un paletot ou un veston avec le ruban violet et la rosette d'officier du mérite agricole ». Il apporte ainsi une grande importance à la reconnaissance publique de son engagement féministe et lui confère une valeur sociale dont il souhaite bénéficier.

Si de telles traces demeurent rares concernant les militants de la première vague, des logiques similaires peuvent apparaître pour certains enquêtés. Plusieurs militants rencontrés soulignent ainsi l'importance qu'ils attachent à une reconnaissance de la part des associations féministes. Nicolas, engagé aux Chiennes de garde, explique par exemple la manière dont il est entré en contact avec l'association :

> « Pendant mon DEA, j'ai fait un exposé [sur un sujet féministe]. J'en ai fait part aux Chiennes de garde qui m'ont fait l'honneur de publier le compte rendu sur leur site Internet. […] J'étais content d'avoir une publication en tant que petit étudiant[84] ! »

L'importance symbolique que revêt pour lui cette publication est d'ailleurs confirmée par le fait qu'elle figure dans son *curriculum vitæ* professionnel plusieurs années plus tard[85]. Dans le cas de Michel, les féministes constituent une source de légitimation de son travail universitaire[86]. Médecin, il fait une thèse d'anthropologie sur un sujet pouvant intéresser les féministes. S'il intervient souvent dans des conférences « en dehors du milieu médical », il n'obtient que peu de reconnaissance parmi ses collègues médecins et le livre tiré de sa thèse rencontre un faible succès éditorial contrairement à ses attentes. À la suite de ces déceptions professionnelles et éditoriales, sur lesquelles il revient longuement au cours de l'entretien, il se tourne alors vers les féministes, dont il espère l'approbation mais dont il craint également le jugement :

> « Et puis j'avais un peu envie aussi d'avoir un peu l'avis des féministes… j'étais un peu intimidé, je l'ai pas envoyé à *Nouvelles questions féministes* parce que je les avais pas rencontrées, j'avais pas rencontré de sociologues

82. CAF, fonds Cécile Brunschvicg, 1 AF 49, Lettre d'Édouard Lallement à Cécile Brunschvicg du 22 janvier 1930.
83. On apprend dans la lettre qu'il est « directeur de cours complémentaire », « président de la Fraternité scolaire de l'Université populaire », « directeur de cours techniques » et « président fondateur et président d'honneur de l'Union cantonale de Signy-le-petit pour le suffrage des femmes affiliée à l'UFSF ».
84. Entretien avec Nicolas, militant aux Chiennes de garde.
85. De sa propre initiative, l'enquêté m'a fait parvenir son CV avant l'entretien.
86. Entretien avec Michel, militant aux Chiennes de garde.

> féministes... j'avais pas rencontré Nicole-Claude Mathieu, j'y avais pensé et puis ça c'est pas fait, bon, Françoise Héritier, très bien, mais elle est un peu à part... et je redoutais un petit peu leur jugement, je me suis dit j'allais me faire ramasser quoi, et donc... je l'ai envoyé à Andrée Michel l'an dernier, j'avais eu un contact, et puis elle me dit de l'envoyer à unetelle, unetelle, et à Florence Montreynaud... donc je lui ai envoyé et elle m'a invité à en parler et puis finalement je l'ai envoyé à *Nouvelles questions féministes* là cet été... »

Cette reconnaissance féministe, qu'il attend d'autant plus qu'il redoute les réactions des féministes (il rajoute au cours de l'entretien : « je me suis dit elles vont se foutre de ma gueule »), et que lui offre Florence Montreynaud en l'invitant à présenter ses travaux, le conduit à s'engager auprès d'elle aux Chiennes de garde. Ce sont donc les féministes qu'il désigne comme aptes à juger son travail et le jugement positif offert par l'une d'elles est gratifié en retour d'un engagement militant.

De même, lorsque je demande à Fabien si son engagement féministe a eu des conséquences sur sa vie personnelle, il répond clairement :

> « ...de manière un peu provoc, je vais commencer par te dire que ça me donne une légitimité sociale, parce qu'étant donné que c'est des assos assez petites, que je me suis beaucoup investi, qu'on m'a laissé, on m'a même poussé à avoir de la visibilité et à prendre des responsabilités, que j'ai acceptées avec grand plaisir, je me retrouve à avoir beaucoup de gens qui me connaissent, parce que je fais partie dans le milieu féministe des personnes dont on a entendu le nom[87]. »

Le sentiment d'acquérir une « légitimité sociale » par l'engagement permet alors de maintenir le militantisme, même si celui-ci peut s'avérer particulièrement coûteux en termes de temps – c'est le cas pour cet enquêté qui a été massivement investi dans son association pendant au moins deux ans. La perception d'une reconnaissance sociale acquise à travers son engagement, notamment par la « visibilité » et les « responsabilités », se révèle donc une forme de rétribution qui facilite un militantisme durable.

Enfin, le fait d'être un homme dans un groupe quasi exclusivement féminin peut se révéler valorisant ou simplement plaisant pour les militants, particulièrement ceux qui ont été socialisés dans le monde des femmes. Les associations féministes offrent en effet la possibilité de continuer à évoluer dans un monde largement féminin qui les juge positivement. Ainsi, à la question « Pensez-vous que c'est un enjeu important que plus d'hommes participent au mouvement féministe ? », Jean-Pierre, membre du Planning familial durant les années 1970, répond :

> « J'étais pas mécontent qu'on soit pas beaucoup [rires]... honnêtement...

87. Entretien avec Fabien, militant aux Chiennes de garde.

Pourquoi ?

Parce que ça donnait un caractère un peu particulier à notre présence quand même… c'était pas désagréable quand même, parce que forcément le regard qui était porté sur nous, c'était un regard qui était quand même plutôt positif[88]. »

Ayant grandi « dans les jupes des femmes » selon ses propres termes, Jean-Pierre se reconnaît dans un univers féminin comme une association féministe, d'autant plus que celle-ci le reconnaît comme légitime. Cette place à part dans les collectifs féministes, si elle est parfois source de difficultés pour certains militants, est également source de valorisation pour d'autres. Sylvain reconnaît ainsi que « le fait qu'il y ait peu d'hommes et qu'il y ait des hommes qui voient des choses et qui soient un peu engagés, c'est un peu comme si t'étais un chouchou quoi[89]… », quand Benjamin souligne qu'il « y a aussi un côté valorisant d'être un homme féministe auprès de certaines femmes qui sont sensibles à ça, qui cherchent pas à avoir un homme dominateur, viril… bon ça, je pense que j'en ai joué un peu aussi, d'arriver avec une tarte aux pommes dans une soirée… c'est assez valorisé quoi[90] ». Ce dernier extrait révèle comment certains militants peuvent jouer avec les codes qu'ils ont appris dans l'univers militant féministe, y compris dans le cadre de la séduction hétérosexuelle. En soulignant que certaines militantes ne « cherchent pas à avoir un homme dominateur, viril », Benjamin exprime ainsi clairement le sentiment de bénéficier d'une position favorable, dans ce contexte militant, dans le cadre de rapports de séduction hétérosexuels. L'engagement féministe peut alors également permettre à certains hommes un reclassement sur le marché sexuel hétérosexuel et offre, selon les termes d'un militant, « une manière aussi d'avoir un regard valorisant de la part des filles[91] ». Cette dimension sexuelle est plus clairement encore rapportée par Didier, militant au Planning familial dans la deuxième moitié des années 1970 :

« *Votre compagne militait à cette époque ?*

Non, je l'avais rencontrée bien avant le MLAC. Mais c'est vrai qu'il y avait une chose qui était très sympa, c'était d'être un garçon dans cet univers de filles, bon, jeune garçon, y avait beaucoup de tentations, la dimension sexuelle n'était pas exclue… c'était ça que vous vouliez me faire dire, hein ? [rires]

Non, pas du tout…

Je n'y étais pas insensible, je n'ai pas beaucoup pêché, mais c'était agréable… y avait, y avait pas mal de filles, bon… je dirai pas que toutes les

88. Entretien avec Jean-Pierre, militant au MFPF dans les années 1970.
89. Entretien avec Sylvain, militant aux Chiennes de garde.
90. Entretien avec Benjamin, militant aux SPSR.
91. Entretien avec Fabien, militant aux Chiennes de garde.

militantes étaient particulièrement sexy, mais enfin bon y en avait quelques-unes qui étaient très très belles[92]. »

Dans ce cas cependant, il ne s'agit pas tant de se « reclasser » sur le marché sexuel que d'envisager le militantisme féministe comme une opportunité de multiplications des conquêtes sexuelles selon le modèle masculin hétérosexuel dominant.

Reconnaissance de l'identité de genre

La question de la reconnaissance de leur identité, particulièrement de leur identité de genre, est apparue de manière centrale durant les entretiens[93]. La reconnaissance est devenue un objet majeur de la philosophie politique depuis les années 1990[94], insistant sur le fait que « notre identité est partiellement formée par la reconnaissance ou son absence[95] ». Ces travaux ont alors pour objet principal les luttes pour la reconnaissance[96] et se donnent pour objectif de reformuler les institutions et la définition de la justice à travers la prise en compte du « déni de reconnaissance[97] », envisageant ainsi la justice sociale comme une politique de reconnaissance égalitaire des identités (communautaires, ethniques, de genre, de sexualité[98]...). « Proposant une théorisation normative[99] », la théorie de la reconnaissance se focalise ainsi sur l'État comme pourvoyeur principal de reconnaissance des identités et envisage les politiques à conduire. Si cette approche permet à la fois de qualifier les transformations des demandes des mobilisations collectives et de renouveler la conception de la justice sociale en y intégrant le besoin de reconnaissance sociale, elle minimise l'importance des processus de reconnaissance qui se jouent dans les interactions sociales[100]. Or, dans le cas des militants féministes, il semble que leur engagement revêt en même temps ces deux facettes de la reconnaissance : si aujourd'hui la plupart des associations féministes revendiquent une politique de reconnaissance des identités sexuées et sexuelles, elles produisent également de la reconnaissance de ces mêmes identités par les interactions entre militant-e-s.

92. Entretien avec Didier, militant au MFPF dans les années 1970.
93. Le dépouillement des archives ne permettant pas de traiter cette question, cette sous-partie concernera très majoritairement les militants rencontrés.
94. Voir Guéguen H. et Malochet G., *Les théories de la reconnaissance*, Paris, La Découverte, 2014 [2012].
95. Taylor Ch., *Mutliculturalisme. Différence et démocratie*, Paris, Aubier, 1994 [1992], p. 41.
96. Honneth A., *La lutte pour la reconnaissance*, Paris, Les éditions du Cerf, 2007 [1992].
97. Renault E., *L'expérience de l'injustice. Reconnaissance et clinique de l'injustice*, Paris, La Découverte, 2004.
98. Pour Nancy Fraser cependant, cette politique se doit d'être simultanément menée avec une politique de redistribution des richesses (Fraser N., *Qu'est-ce que la justice sociale ? Reconnaissance et redistribution*, Paris, La Découverte, 2005).
99. Renault E., *op. cit.*, p. 105.
100. Significativement, l'ouvrage consacré aux enjeux de la reconnaissance en sociologie aborde les dénis de reconnaissance à l'œuvre dans les rapports sociaux et les demandes de reconnaissance qu'ils suscitent mais n'étudie pas les mécanismes d'élaboration de la reconnaissance. Caillé A. (dir.), *La quête de reconnaissance. Nouveau phénomène social total*, Paris, La Découverte, 2007. Le même constat peut-être dressé au sujet de la question de la reconnaissance au travail (Guéguen H. et Malochet G., *op. cit.*, p. 55-77).

Les travaux de sociologie politique ont d'ailleurs déjà souligné que « le militantisme est souvent une occasion d'affirmation et de valorisation de soi[101] ». Ainsi, les problèmes soulevés par la notion d'identité en sciences sociales[102] ne doivent pas conduire à se « désintéresser des enjeux identitaires qui travaillent et façonnent les processus de mobilisation » et à abandonner le terme d'identité[103]. Dans ce sens, la « reconnaissance identitaire » produite par le militantisme désigne le travail de réparation et de valorisation de ce qui est ressenti par les enquêtés, avant leur militantisme, comme une identité stigmatisée. L'enquête de Muriel Andriocci auprès d'étudiant-e-s en études genre montre ainsi que « ces savoirs [féministes universitaires], en resocialisant des difficultés subjectives socialement produites, liées à une identité sexuée et sexuelle considérée comme déviante par le système de genre hétéronormatif, ouvrent la possibilité d'une "réconciliation identitaire"[104] ». Dans ce sens, il s'agit bien de reconnaître que « le réconfort de ne pas être seul mais d'appartenir à un groupe qui partage les mêmes valeurs que soi, le sentiment valorisant d'avoir raison contre les autres, le plaisir retiré de l'activité militante et de ses "moments forts"... sont des dimensions relativement discrètes, mais pourtant décisives de l'engagement[105] ».

Les collectifs féministes constituent ainsi pour de nombreux militants, particulièrement mobilisés sur le registre identitaire, un lieu de reconnaissance d'une identité de genre vécue comme « troublée[106] » et ne trouvant pas de validation dans leurs sphères familiale, professionnelle ou relationnelle. En effet, dans un contexte où la question des identités de genre a émergé de manière particulièrement centrale dans les mouvements féministes à partir des années 1970, le militantisme féministe offre une grille d'analyse permettant de réinterpréter sa

101. GAXIE D., *op. cit.*, 2005, p. 163. D'autres travaux ont également montré comment l'engagement pouvait être le lieu de construction d'une identité positive pour les militant-e-s. Voir par exemple DAUVIN P. et SIMÉANT J., *op. cit.*, p. 155-164; ETHUIN N., *op. cit.* ; VERMEERSCH S., « Entre individualisation et participation : l'engagement associatif bénévole », *Revue française de sociologie*, vol. 45, n° 4, 2004, p. 681-710; HAVARD-DUCLOS B. et NICOURD S., *Pourquoi s'engager? Bénévoles et militants dans les associations de solidarité*, Paris, Payot, 2005, p. 73-111; BROQUA CH. et FILLIEULE O., « La défection dans deux associations de luttes contre le Sida : Act up et AIDES », FILLIEULE O. (dir.), *op. cit.*, 2005, p. 189-228; MASCLET C., *op. cit.*, 2009; HAMIDI C., *op. cit.*, p. 87-102. On peut également se reporter à une synthèse sur la question de l'identité dans les mobilisations collectives : MATHIEU L., « Quand la sociologie de l'action collective rencontre les identités. État des lieux et perspectives », ARNAUD L., OLLITRAULT S., RÉTIF S. et SALA PALA V. (dir.), *L'action collective face à l'imbrication des rapports sociaux. Classe, ethnicité, genre*, Paris, L'Harmattan, 2009, p. 23-47.

102. DUBAR C., *La crise des identités. L'interprétation d'une mutation*, Paris, PUF, 2000. L'auteur propose ainsi de parler de « formes identitaires » pour désigner la combinaison des dimensions relationnelle et biographique du processus d'identification (p. 4-6). Pour une synthèse critique de la notion d'identité en sciences sociales, voir BRUBAKER R., « Au-delà de l'"identité" », *Actes de la recherche en sciences sociales*, n° 139, 2001, p. 66-85. L'auteur propose divers termes pour désigner différentes facettes du concept trop lâche d'identité. De même, Martina Avanza et Gilles Laferté délaissent le terme identité pour articuler « l'identification », « l'image sociale » et « l'appartenance » (AVANZA M. et LAFERTÉ G., « Dépasser la "construction des identités" ? Identification, image sociale, appartenance », *Genèses*, n° 61, 2005, p. 134-152).

103. MATHIEU L., *op. cit.*, 2009, p. 24. Voir également VOEGTLI M., *op. cit*, p. 205-207.

104. ANDRIOCCI M., *op. cit.*, p. 84.

105. MATHIEU L., *op. cit.*, 2009, p. 41.

106. BUTLER J., *op. cit.*

trajectoire et de valoriser une identité de genre parfois stigmatisée dans d'autres lieux.

Ainsi, une partie des militants rencontrés exprime le sentiment d'être en décalage avec la masculinité hégémonique[107], c'est-à-dire la norme dominante – ou perçue comme dominante par eux – de masculinité, qu'ils soient homosexuels (c'est le cas de quatre des enquêtés au moment de l'entretien) ou qu'ils aient des goûts, traits de caractères ou comportements traditionnellement associés aux femmes. Or les recherches ont montré que c'est d'abord dans la mise à distance de l'homosexualité et de la féminité que la masculinité se fonde[108]. S'il ne s'agit pas de nier la spécificité de l'expérience (et particulièrement des discriminations) des homosexuels, les entretiens mettent en évidence le continuum des expériences des hommes hétérosexuels et homosexuels, exprimant de manière similaire leur sentiment de décalage vis-à-vis de « la masculinité ». Les militants homosexuels dans des associations féministes proposent ainsi une lecture de l'homosexualité, mais surtout de l'homophobie, centrée sur l'identité masculine. Anthony souligne ainsi :

> « Je pense que c'est le même combat… en fait, l'homophobie c'est du sexisme, c'est une part du sexisme, s'il n'y avait pas de sexisme, il n'y aurait pas d'homophobie[109]. »

Leur sentiment de mal-être est alors imputé à la transgression de genre qu'ils opèrent bien plus qu'à leur transgression des normes de sexualité comme l'exprime Jérémy, militant aux Panthères roses :

> « Même si c'est pas les mêmes problèmes spécifiques, dans l'idée c'est quand même… une oppression de genre quoi. Et donc, y a une vraie communauté de luttes quand t'es pédé ou quand t'es une nana quoi, et je pense que c'est ça qui m'a motivé à aller vers le féminisme[110]. »

Initialement donc, une partie des enquêtés témoigne d'un sentiment de déficit de masculinité comme source de souffrance, particulièrement à l'adolescence. Éric revient sur ce sentiment au cours de l'entretien et insiste sur son malaise :

> « J'étais vachement mal à l'aise dans mon rôle de garçon, ado j'étais vachement mal… au départ mal à l'aise sous l'angle de pas me penser assez viril, je sais pas moi, pas de poils du tout, me sentir pas fort par rapport aux autres de la classe, me sentir vachement dévalorisé[111]… »

Dans ce sens, de nombreux militants rencontrés se vivent comme défaillants au regard des normes sociales de genre, estimant, selon leurs propres termes, avoir

107. Voir Connell R., *op. cit.*, 2014 [1995].
108. Pour une synthèse de cette question, voir Kimmel M. S., « Masculinities », Aronson A. et Kimmel M. S. (dir.), *Men and masculinities. A social, cultural and historical encylcopedia*, Santa Barbara, ABC-Clio, 2004, p. 503-507.
109. Entretien avec Anthony, militant à Mix-cité.
110. Entretien avec Jérémy, militant aux Panthères roses.
111. Entretien avec Éric, militant anti-patriarcal.

« loupé quelques étapes dans la Maison des Hommes[112] » ou avoir « échappé à tous les appareils idéologiques de construction du genre[113] ». La découverte du féminisme peut alors fonctionner comme un révélateur, un discours qui crée du sens et qui ordonne la vie[114], comme le soulignent les propos de Clément :

> « Pour moi, ça a mis des mots sur des choses que je ressentais depuis pas mal d'années, parce que je suis homo et puis je pense qu'à l'époque je me le disais pas mais je ressentais quand même un truc qui allait pas sur mes rapports aux autres, mes rapports aux autres mecs surtout, dans la construction de la masculinité, y avait un truc qui m'allait pas du tout, sauf que pour moi, je vivais ça comme de l'injustice individuelle que je pouvais constater ou que je vivais pour moi et je crois que les féministes elles m'ont donné une structure de pensée pour penser ça[115]. »

Ce sentiment que le féminisme est une grille de lecture éclairante et qui donne sens à sa vie est si fort que l'enquêté rajoute plus tard au cours de l'entretien :

> « C'est un réseau où je suis à l'aise, à survivre dans une société au quotidien qui est quand même pas si facile que ça dans les rapports sociaux quoi… de manière très pragmatique et très personnelle, ça m'a permis de me sentir bien à peu près, d'avoir une petite bulle, pas coupée de la réalité, mais une petite bulle qui permet de vivre… »

La même force des mots apparaît dans le discours d'un autre militant. Très proche de sa mère, avec qui il a appris à cuisiner et à coudre, contrairement à ses frères, Fabien vient à Paris pour y poursuivre ses études. N'ayant « pas une vie amoureuse si remplie que ça », il ne se sent pas à l'aise dans le monde étudiant et fait preuve d'une grande timidité. Lorsqu'il rencontre le féminisme, il évoque une « découverte très forte », « une aventure ». Les discours féministes éclairent alors son parcours en même temps que les militantes apparaissent comme un moyen de valoriser son identité personnelle :

> « Le soulagement, c'était de découvrir que toute la partie… que les deux sexes sont aliénés, le jour où j'ai compris que certaines choses me concernaient pas moi directement… ben, j'étais vachement soulagé d'être dans un endroit où on me laissait être la personne que j'étais sans que je me sente poussé à être quelqu'un d'autre… Plutôt poussé à m'assumer tel que j'avais envie de m'assumer parce que pendant toute mon enfance et mon adolescence, ado au sens prolongé du terme, j'avais à la fois une souffrance de pas réussir à coller au modèle masculin, par exemple mes frères qui collaient parfaitement au modèle masculin… et auxquels j'étais incapable de ressembler, incapable… je ressentais très bien que j'en étais pas capable. Aujourd'hui, j'en suis pas capable, mais surtout je me suis aperçu que j'en

112. Entretien avec Thierry, militant anti-patriarcal.
113. Entretien avec Xavier, militant à Mix-cité.
114. Cette politisation de leur expérience à travers le féminisme rappelle le processus à l'œuvre chez les militant-e-s communistes (Ethuin N., *op. cit.*).
115. Entretien avec Clément, militant à Mix-cité.

> avais pas envie et que j'en avais plus besoin. À l'époque, c'était une envie, un besoin et j'en étais incapable… ça, ça m'a libéré de ça, être féministe, ça m'a libéré d'une obligation masculiniste, d'une obligation d'une virilité, à une certaine forme de virilité dont je ne voulais pas[116]. »

Le travail de reconnaissance de l'identité de genre de ces hommes opéré par les associations féministes apparaît ainsi comme central dans le discours des enquêtés s'engageant sur un registre identitaire, d'autant plus s'ils ne trouvent aucune validation de leur identité dans d'autres sphères sociales. C'est le cas de Sylvain : ne s'identifiant pas au modèle dominant de masculinité, il ne tolère pas le sexisme ordinaire qui l'entoure – blagues sexistes, mépris affiché envers des femmes… – mais ne trouve personne à qui en parler :

> « J'en parlais pas du tout… j'étais seul, quoi. Et y a un moment où j'ai vraiment franchi le pas, j'ai voulu dire ce qui n'allait pas et tout ça et j'ai pas du tout été compris et soutenu… j'ai été rejeté même par les autres, par ceux qui n'étaient pas forcément acteurs de ça mais spectateurs en laissant faire. […] Je voyais pas à qui je pouvais vraiment en parler parce que les autres rigolaient aussi, ou alors dès que j'en parlais, c'était j'exagérais, ou c'était pas compris[117]. »

Ce sentiment d'isolement relativement fort chez Sylvain permet de comprendre son enthousiasme, au point de s'engager, lorsqu'il découvre le féminisme au hasard d'une rencontre : il peut enfin valoriser son identité de genre, et particulièrement son refus de la masculinité hégémonique. Thierry, qui participe à plusieurs initiatives anti-patriarcales, accorde également une place fondamentale au féminisme dans sa trajectoire biographique[118]. En rupture avec son père et son frère aîné, il est proche de sa mère mais celle-ci affiche des positions traditionnelles sur les questions de genre et de sexualité. Titulaire d'un Baccalauréat, il s'engage dans un cursus universitaire mais n'y trouve pas sa place et n'obtient pas de diplôme. Ne « faisant pas le poids dans la compétition entre les hommes », il ne trouve pas dans ses relations des moyens de valorisation de soi :

> « Dans la course à la virilité ou des choses comme ça, j'étais pas vraiment dans le match quoi… et puis j'étais pété de complexes sur mon corps, donc peu de confiance en moi. »

Dans ce contexte, lorsqu'il rencontre le féminisme, il a le sentiment de trouver la place qu'il recherche :

> « J'ai trouvé des réponses dans des lectures féministes et dans des rencontres… je crois que le milieu militant, ça m'a réinscrit socialement on va dire… »

116. Entretien avec Fabien, militant aux SPSR.
117. Entretien avec Sylvain, militant aux Chiennes de garde.
118. Entretien avec Thierry, militant anti-patriarcal.

La même logique est à l'œuvre pour Jérémy qui a grandi dans une famille avec « des gens qui sont à fond genrés[119] ». Homosexuel, il revient plusieurs fois au cours de l'entretien sur les effets de son engagement sur son identité de genre :

> « De tordre du cul dans la rue ou de parler avec des grands gestes, eh ben c'est des choses qui me dérangent pas, enfin qui me font plus peur, alors qu'elles me faisaient peur quand j'avais 18 ans. »
>
> « Je me sens vachement plus libre, je sens vachement moins de pression parce que j'ai pris conscience que ce qu'on m'impose, finalement c'est arbitraire et donc que je peux dépasser ça. »
>
> « Et une autre chose que ça a changé d'être dans un milieu militant, c'est aussi de se sentir plus fort... ouais de se sentir moins seul. »

Le collectif donne ainsi la « force » de revendiquer des comportements associés à une identité de genre stigmatisée. Il permet par exemple à Serge, plus de trente ans après son engagement au MLA, d'affirmer : « je suis un mec, mais je me soigne[120] ! ». Dans les années 1970 et 1980, les groupes d'hommes offraient également des lieux de reconnaissance à des masculinités non hégémoniques ou défaillantes. C'est le sens du témoignage de cet homme qui milite dans un groupe :

> « Le féminisme m'a permis de vivre mon impuissance : les femmes remettaient en cause le rôle d'homme, le phallus, le pouvoir masculin. Au début, lorsque j'entendais "il n'est pas un homme", je rougissais. Lorsque je pouvais me dire "je ne suis pas un homme", c'était une phrase douloureuse pour moi et mon rapport au féminisme m'a permis de vivre cette phrase et ce qu'elle représentait à un certain moment, plus comme une positivité[121]. »

Le discours des enquêtés est sans doute en partie le fruit d'une réinterprétation au prisme de leur expérience féministe. En effet, le récit de leur découverte du féminisme s'effectue à travers la grille d'analyse du monde qu'ils possèdent au moment de l'entretien[122]. Ainsi, les discours les plus définitifs sur leur distance à la norme masculine peuvent aussi être le fruit de leur engagement dans des associations où les comportements et valeurs les plus directement identifiés comme virils sont généralement disqualifiés. Dans ce sens, ce peut être par l'engagement dans une association féministe que des réajustements des identités de genre s'opèrent. Ainsi, Christophe, qui connaît sa première expérience militante à quarante ans lorsqu'il adhère à Ni putes ni soumises n'envisage pas du tout le féminisme comme un lieu de subversion des identités de genre, comme en témoigne le choix de l'association. Pourtant, même au sein de NPNS, son engagement féministe l'incite à renégocier son identité masculine :

119. Entretien avec Jérémy, militant aux Panthères roses.
120. Entretien avec Serge, militant au MLA.
121. *Types, Paroles d'hommes*, n° 1, 1981, p. 54.
122. Le travail de thèse de Marion Charpenel souligne ainsi la façon dont les récits de trajectoires des militant-e-s féministes sont façonnés par un « encadrement réciproque des souvenirs » à travers de nombreuses pratiques d'échanges de vécus (Charpenel M., *op. cit.*).

> « Moi, la première fois que j'ai brandi mon fanion rose, ça m'a fait bizarre, la première fois où j'ai dû dire "Ni putes ni soumises", ça m'a fait bizarre, c'est quand même un slogan provocateur, c'est pas facile de le prendre en bouche, après on s'habitue à cette sonorité, mais… c'est des mots qu'il m'a fallu un certain temps pour les dire. »

> « Se dire "Ni putes ni soumises", bon c'est plus facile de se dire "NPNS'"et voilà… porter le t-shirt rose… c'est plus difficile encore[123]. »

Les codes de l'association imposent donc un travail de réajustement dont l'enjeu est la reconnaissance par les militant-e-s de l'association (au prix de porter un t-shirt rose comme tou-te-s) ou une reconnaissance sociale plus impersonnelle (en refusant de se présenter en public avec un t-shirt rose). Or c'est justement l'existence de cette reconnaissance interpersonnelle au sein du collectif qui va permettre de maintenir l'engagement.

Acquérir des savoirs et savoir-faire

Le militantisme permet enfin d'accumuler des compétences, des savoirs, des savoir-faire et/ou l'accès à un réseau social qui constituent autant de gratifications et rétributions susceptibles d'encourager le maintien de l'engagement, d'autant qu'ils sont réutilisables, pour tout ou partie, dans d'autres champs sociaux. Le capital militant acquis fait ainsi souvent l'objet de reconversions dans différents espaces sociaux[124], principalement dans le champ politique et professionnel dans le cas des militants féministes. S'attacher à saisir les processus de reconversion des capitaux militants, pendant et/ou après l'engagement, permet alors d'éclairer le rôle de l'accumulation de ces capitaux dans l'attachement au militantisme. S'il ne s'agit pas de supposer une démarche purement utilitariste du militantisme, les trajectoires mettent en évidence la conscience des militants, avant ou pendant l'engagement, d'acquérir des compétences potentiellement transférables dans d'autres espaces sociaux.

Dans le mouvement de la première vague, l'engagement conduit certains militants à une position d'expert dans l'arène politique et médiatique républicaine sur un sujet qui acquiert de plus en plus de légitimité en tant que question politique et sociale. Il est ainsi possible de relire la carrière militante de Léon Richer comme une tentative de s'imposer dans l'espace politique républicain alors en construction en s'arrogeant le leadership d'un problème social encore marginal. Tout son travail militant consiste en effet à imposer la question des droits des femmes, dont il se fait l'expert, au cœur du programme politique républicain pour mieux s'imposer sur la scène politique. C'est d'ailleurs d'abord comme journaliste républicain qu'il est connu : attaché à la rédaction de *L'opinion nationale* de son ami Adolphe Guéroult à partir de 1866, il y présente ses idées anticléricales dans une chronique qui sera par la suite publiée sous forme de

123. Entretien avec Christophe, militant à NPNS.
124. Voir Tissot S., Gaubert Ch. et Lechien M.-H. (dir.), *op. cit.*

livre[125]. *Le droit des femmes* qu'il fonde trois ans plus tard est alors un « journal politique » – c'est le sous-titre – qui a en première page une « causerie politique », signée Léon Richer, traitant des questions politiques d'actualité et très rarement des droits des femmes[126]. Ainsi, Léon Richer, fort de ce qu'il considère comme des « succès », tente de reconvertir ses capitaux militants sur la scène publique en se présentant aux élections législatives de 1876[127]. Battu, il poursuit néanmoins sa tentative de s'imposer sur la scène politique par l'intermédiaire du journalisme : s'éloignant de la Société pour l'amélioration du sort des femmes (SASF), dont il laisse la présidence à Maria Deraismes en 1878, il conserve la direction du *Droit des femmes* et devient rédacteur en chef du *Petit Parisien* en janvier 1879. Pour autant, il ne parvient pas à s'imposer réellement sur le terrain politique généraliste et réinvestit pleinement l'espace féministe en créant la LFDF en 1882.

Plus généralement, les hommes politiques ou les intellectuels qui s'engagent lors de la première vague du mouvement féministe occupent un espace politique créé par les associations féministes qui imposent les droits des femmes comme un problème politique et social. Ils deviennent ainsi les figures politiques en charge des questions féministes, au sein du Parlement, des partis politiques ou de la presse. Les compétences acquises dans les associations féministes – connaissances de la situation légale et sociale des femmes, apprentissage des propositions législatives avancées par les féministes par exemple – font alors l'objet de reconversion dans l'exercice du métier politique. S'il ne s'agit pas de surestimer l'importance de la question des droits des femmes dans les carrières politiques et de croire que défendre ce thème suffise à s'imposer dans l'espace politique, ce positionnement participe cependant de logiques d'enracinement dans les différentes composantes du champ républicain et permet ainsi à certains hommes politiques d'asseoir leur position à l'interface de la nébuleuse républicaine. En outre, leur investissement féministe est en retour récompensé d'un large soutien des féministes qui régulièrement, notamment au moment des campagnes électorales, utilisent leur presse militante pour inciter les électeurs à voter pour eux[128].

De plus, certains militants peuvent réinvestir leurs compétences et savoirs acquis dans le mouvement féministe dans leur propre profession. Les juristes de la première vague deviennent ainsi des spécialistes des droits des femmes dans le champ juridique. Henri Lenoble, avocat, est membre du bureau de la LFDF de 1919 à 1937. Après avoir soutenu sa thèse en 1899 sur les paris hippiques, il se spécialise en droit immobilier. Cependant, après son adhésion à la LFDF, il publie un ouvrage sur la question de la nationalité des femmes mariées dans le Code civil français[129].

125. Richer L., *op. cit.*, 1868.

126. Mais cet éditorial politique disparaîtra rapidement devant la diversité – relative – des opinions politiques des militant-e-s et abonné-e-s du journal (*Le droit des femmes*, n° 39, 22 janvier 1870).

127. BMD, Dossier Léon Richer, DOS RIC H, Texte dactylographié « La vie de Léon Richer. 1824-1911 », non signé et non daté.

128. Voir par exemple la rubrique « Nos candidats » du *Journal des femmes* (du n° 70, décembre 1897 au n° 75, mai 1898) ou la campagne « Faites voter pour les candidats féministes » de *La Française* (du n° 154, 20 mars 1910 au n° 158, 24 avril 1910).

129. Lenoble H., *La nationalité de la femme mariée*, Paris, Librairie de Droit usuel, 1921.

Mais c'est surtout à partir des années 1970 que les capitaux militants féministes peuvent faire l'objet de réinvestissements professionnels. Dans certains cas, la volonté d'acquisition de savoirs directement transférables sur le marché du travail peut même être explicitement à l'origine de l'engagement. Ainsi, Jean-Pierre qui travaille dans un centre social pour adolescentes au début des années 1970 souhaite y aborder les questions de contraception et de sexualité. Mais sa demande est refusée, notamment au motif qu'il n'est pas formé : « et je me dis "bon, qui peut m'aider à devenir compétent dans ce domaine-là ?", et ce que je trouve c'est le Planning familial[130] ».

Pour les médecins du MLAC, les rétributions professionnelles retirées de leur engagement peuvent prendre plusieurs formes. Un militant, qui témoigne de ses déceptions et de son souhait d'arrêter son militantisme, décide ainsi de maintenir son engagement pour transformer son « activité [militante] en expérience scientifique » et intégrer « cette lutte partielle dans un domaine plus global où je me sentais plus impliqué, donc plus motivé, celui de la santé[131] ». De nombreux médecins vont ainsi bénéficier de l'acquisition d'un savoir et/ou du prestige d'une position. En effet, l'apprentissage de la méthode Karman par le biais des collectifs pratiquant l'avortement leur permet d'être en avance par rapport à l'ensemble des médecins. Le vote de la loi Veil déplace ainsi, pour certains médecins, leur engagement au sein de leur lieu de travail : ils militent pour la création de centres IVG, dans lesquels leurs savoir-faire acquis leur conféreront une position dominante[132]. En outre, pour certains médecins (et parfois les mêmes), c'est leur position de pionnier dans un champ de la recherche médicale – les travaux liés aux questions de reproduction – légitimé par la légalisation de l'avortement qui constitue la principale rétribution de leur engagement. En effet, dès le début de leur militantisme, les médecins, mobilisant un registre humaniste, considèrent la lutte pour l'avortement non seulement comme un combat pour les droits des femmes, mais aussi, voire principalement, comme une lutte interne au champ médical. Il s'agit de s'inscrire en opposition avec les conceptions morales et l'éthique régissant jusqu'alors la profession pour imposer une nouvelle morale professionnelle. Un membre du MLAC explique dans ce sens :

> « Dans tout ce que j'ai fait, je n'avais pas l'impression d'agir en tant qu'homme, j'étais avant tout un médecin, j'étais avant tout quelqu'un qui avait choisi de faire médecine, qui travaillait dans la médecine et qui s'investissait en tant que médecin[133]. »

Il est vrai que sa position de médecin éclaire largement ses engagements. À la fin des années 1960, il doit faire face au retard du champ médical français en matière de recherche sur la reproduction, et particulièrement sur la stérilité, puisqu'il est obligé de réaliser une partie de son cursus dans le cadre de travaux sur la reproduction des insectes. La revendication de légalisation de l'avortement

130. Entretien avec Jean-Pierre, militant au MFPF dans les années 1970.
131. Comité pour la liberté de la contraception et de l'avortement, *op. cit.*, p. 71.
132. Pavard B., *op. cit.*, 2012 (a), p. 288-289.
133. Entretien avec Guy, militant au MLAC et au MFPF.

représente alors une opportunité d'imposer une nouvelle éthique professionnelle plus favorable à son domaine de spécialisation. Son engagement pionnier lui confère en outre une certaine notoriété qui permet d'associer son nom à ce changement de morale médicale et lui permet alors d'occuper une place de premier plan, après 1975, dans le développement de la prise en charge de la stérilité. La même analyse peut être faite à propos de la trajectoire de René Frydman : médecin militant au GIS et au MLAC, il cesse son engagement après le vote de la loi et investit la recherche sur la fécondation *in vitro*. Il obtient quelques années plus tard une consécration professionnelle en étant membre de l'équipe médicale qui réussit la première naissance après fécondation *in vitro*.

Le même type de reconversions des compétences et des savoirs vers le champ professionnel apparaît pour les médecins qui ont encadré l'expérimentation de contraception masculine au sein des différents groupes ARDECOM. L'un d'eux explique ainsi le choix de son engagement :

> « C'était pour moi un double volet, un volet professionnel en tant que médecin ou futur médecin dans la spécialité que je m'étais choisie [la biologie de la reproduction] et un volet parfaitement personnel dans une réflexion autour du désir d'enfants qui m'a énormément interrogé sur la nature de la paternité en fait et toutes les questions qui se posaient avec ces banques de sperme, qui posaient évidemment la question de la... en gros, la paternité est-elle biologique ou culturelle[134] ? »

À la croisée entre questionnements personnels et intérêts professionnels, il se dirige donc vers les militants de la contraception masculine pour réaliser une thèse sur leur expérience, à l'image d'autres médecins qui ont encadré les différentes expérimentations à Paris ou en province[135].

Plus généralement, le militantisme féministe, comme toute forme de militantisme, permet d'acquérir des savoirs et des compétences potentiellement exportables dans différents mondes professionnels. L'engagement féministe peut ainsi permettre d'acquérir de « l'assurance », voire « un CV », selon les termes de Fabien, ou d'obtenir directement un emploi, comme pour Sébastien ou Thierry, salariés d'associations féministes. Mais les savoirs militants peuvent également faire l'objet de reconversions dans le domaine scolaire. Après un arrêt relativement précoce de leur scolarité – généralement au Baccalauréat –, plusieurs enquêtés (quatre) ont repris leurs études après avoir débuté leur militantisme. Les compétences acquises (rapport à l'écrit, à l'expression orale, savoirs valorisables à l'université), notamment par la fréquentation d'étudiant-e-s et/ou de diplômé-e-s du supérieur dans le cadre militant, leur permettent de transformer une partie de leur capital militant en capital scolaire par l'obtention de titres universitaires d'un niveau bac+3 à bac+5[136]. Le militantisme offre ainsi l'opportunité d'acquérir un niveau de diplôme inenvisageable sans le capital militant cumulé. Enfin, pour plusieurs militants contemporains, ce sont plus spécifique-

134. Entretien avec Dominique, militant à ARDECOM.
135. Desjeux C., *op. cit.*, p. 319.
136. Le même constat a pu être dressé dans le cas de militants de mai-juin 1968 (Pagis J., *op. cit.*, p. 336).

ment les savoirs féministes acquis par leur engagement dans le monde féministe militant qui sont convertis dans le monde universitaire. Ce transfert de savoirs leur permet alors de réaliser un mémoire de Master et/ou une thèse sur le genre.

Le maintien de l'engagement relève donc de processus éclairés par les interactions entre militants et organisations militantes. D'abord, l'engagement ne peut durer que si les hommes parviennent à endosser le rôle de militant féministe en ajustant l'identité militante féministe de leurs organisations à leur position spécifique dans les rapports sociaux de sexe. Cette opération, qui fragilise potentiellement l'engagement, est néanmoins nécessaire pour donner sens et cohérence à leur engagement, tant pour eux-mêmes que pour les autres. Les militants acceptent d'engager ce travail, parfois coûteux, plutôt que de quitter leur collectif car la participation à un groupe féministe est également source de rétributions et gratifications. Qu'elles prennent la forme d'avantages matériels, de reconnaissance sociale, d'étayage de l'identité de genre ou d'accumulation de capitaux militants reconvertibles, ces rétributions militantes identifiées dans l'engagement offrent en effet des raisons de rester. À l'inverse, comme le montre le chapitre suivant, la disparition ou l'effritement de ces rétributions fragilise l'engagement et peut conduire au désengagement.

Chapitre 7
Ne plus être militant, rester féministe

Les précédents chapitres ont permis de saisir les processus d'engagement et de maintien de l'engagement à la lumière des positions et dispositions sociales, du contexte militant et de l'articulation entre les différentes sphères sociales. Mais la notion de carrière militante invite également à être attentif aux processus de sortie du militantisme. Cette attention aux logiques sociales du désengagement a d'autant plus de sens dans le cadre de ce travail que le féminisme n'est bien souvent, pour les hommes, qu'une étape dans une carrière militante, que leur engagement relève du registre humaniste ou du registre identitaire. Il s'agit donc à présent d'éclairer les conditions de sortie du militantisme pour comprendre les logiques de désengagement à l'œuvre dans les carrières militantes des hommes engagés dans des collectifs féministes.

Pour autant, la fin de l'engagement dans un groupe militant n'est pas nécessairement synonyme de transformation des convictions. Au contraire, différents travaux ayant interrogé le devenir des militant-e-s ont démontré que la grande majorité des ancien-ne-s militant-e-s demeure proche, voire très proche, des convictions politiques défendues lors de leur engagement passé, y compris plusieurs décennies plus tard[1]. Portant particulièrement sur des militant-e-s de la *New left* américaine des années 1960, de mai-juin 1968 en France ou des militantes féministes françaises des années 1970, ces recherches invitent donc à questionner les effets, après l'engagement, de la socialisation militante et du façonnage organisationnel. Il s'agira donc, dans une seconde partie, d'analyser les modalités de maintien de l'identité militante féministe au-delà de l'expérience militante.

1. Voir notamment McAdam D., *op. cit.*, 1988, p. 116-232, McAdam D., « The biographical consequences of activism », *American sociological review*, vol. 54, n° 5, 1989, p. 744-760, McAdam D., « The biographical impact of activism », Giugni M., McAdam D. et Tilly Ch. (dir.), *How social movements matter*, Minneapolis, University of Minnesota press, 1999, p. 117-146, Masclet C., *op. cit.*, 2009, Pagis J., *op. cit.*, Leclercq C. et Pagis J. (dir.), « Les incidences biographiques de l'engagement », *Sociétés contemporaines*, n° 84, 2011 et Chabanet D. et Giugni M., « Les conséquences des mouvements sociaux », Fillieule O., Agrikoliansky É. et Sommier I. (dir.), *op. cit.*, p. 145-161.

Les processus de désengagement

Si la sortie de l'engagement a fait l'objet de rares travaux[2], elle permet pourtant d'éclairer à la fois ce qui a prévalu au moment de l'engagement et de resituer le militantisme dans son contexte spécifique et dans un temps biographique prenant en compte l'interface avec d'autres sphères de vie[3]. Pour Doug McAdam, il existe alors quatre raisons principales au désengagement : l'émergence de nouveaux engagements, professionnels ou familiaux par exemple, qui créent de la concurrence ; une « répression accrue » à l'encontre des militant-e-s ; la fin du mouvement (« exit collectif ») ; l'épuisement ou *burn out*[4].

Des processus de sortie diversifiés…

En raison des problèmes d'accès à des données biographiques précises, il est difficile d'utiliser les distinctions établies par McAdam pour comprendre les raisons du désengagement des militants de la première vague. Il apparaît cependant que, du fait de l'âge souvent tardif de leur engagement féministe, la vieillesse ou la maladie constituent le plus fréquemment la raison de leur retrait militant. En outre, lorsque ceux-ci s'engagent plus jeunes, les changements qui surviennent dans leur vie ou leurs autres engagements agissent souvent sur le degré d'intensité de leur activité militante mais ne conduisent que très rarement à un retrait total. Dans ce sens, la prise en compte des contextes historiques et organisationnels se révèle fondamentale[5]. En effet, la tension interne au mouvement féministe de la première vague entre autonomie des femmes et volonté de participation des hommes crée des conditions de militantisme peu contraignantes pour ces derniers, les déchargeant par exemple de toutes les tâches routinières des associations. Sollicités par les femmes, délestés des tâches les moins gratifiantes, les militants féministes ont ainsi peu de « raisons de sortir[6] ». Finalement, seule la concurrence avec d'autres causes politiques, pouvant offrir de meilleures ou plus importantes gratifications, conduit parfois au désengagement ou au net ralentissement de l'activité militante.

De plus, il convient de préciser que les cas de répression violente contre les mouvements féministes en général, et les militants en particulier, sont absents

2. Comme le souligne le seul ouvrage de référence en français sur le sujet : Fillieule O. (dir.), *op. cit.*, 2005.
3. Olivier Fillieule défend ainsi une approche processuelle et configurationnelle des logiques de désengagement (Fillieule O., « Le désengagement d'organisations radicales. Approche par les processus et les configurations », *Lien social et Politiques*, n° 68, 2012, p. 37-59).
4. McAdam D., *op. cit.*, 2005, p. 67-71.
5. Passy F., « Interactions sociales et imbrication des sphères de vie », Fillieule O. (dir.), *op. cit.*, 2005, p. 111-130, p. 130. De même, en s'intéressant aux carrières de militant-e-s altermondialistes, Ariane Jossin montre comment la transformation des groupes militants agit fortement sur le maintien ou non de l'engagement (Jossin A., « Traversées altermondialistes. Trajectoires de jeunes militants français et allemands », Sommier I., Fillieule O. et Agrikoliansky É. (dir.), *Généalogie des mouvements altermondialistes en Europe. Une perspective comparée*, Paris, Karthala, 2008, p. 207-227, p. 217-223).
6. Leclercq C., « "Raisons de sortir". Les militants du Parti communiste français », Fillieule O. (dir.), *op. cit.*, 2005, p. 131-154.

du contexte français, contrairement au cas britannique par exemple[7]. Ce constat est valable pour l'ensemble de la période étudiée puisque même les médecins pratiquant des avortements clandestins durant les années 1970 ont assez faiblement subi la répression[8]. En revanche, les raisons invoquées par les militants rencontrés (engagés depuis les années 1960) rejoignent les autres logiques de désengagement mises au jour par Doug McAdam. De plus, en s'attachant à la fin de l'engagement féministe, et non pas de tout militantisme, il faut considérer la concurrence exercée par d'autres activités militantes.

Ainsi, le tableau ci-dessous présente les raisons de l'arrêt du militantisme féministe invoquées par les vingt hommes rencontrés qui avaient cessé tout engagement féministe au moment de l'entretien, chaque homme ayant pu mobiliser une ou plusieurs raisons.

TABLEAU 4.
Raisons du désengagement

Fin du groupe ou du combat	11
Fin des disponibilités	11
Concurrence militante	7
Coûts de l'engagement	1

La première des explications données est la fin de l'association ou du groupe dans lequel ils militaient ou le sentiment que la revendication pour laquelle ils s'étaient engagés avait abouti. Ce résultat vient ainsi corroborer l'hypothèse de Doug McAdam qui fait de ce phénomène « l'une des voies les plus communes du désengagement[9] ». En effet, de nombreux lieux d'engagement des hommes ont connu une activité de courte durée et les militants des groupes MLAC ou des groupes d'hommes durant les années 1970 cessent souvent leur engagement féministe au moment où leur structure militante disparaît. De même, les participants aux différentes initiatives anti-patriarcales des années 2000 interrompent leur militantisme féministe après un ou plusieurs échecs. Cependant, si la disparition du groupe empêche logiquement le militantisme de continuer dans les mêmes conditions, elle ne permet pas de comprendre les raisons pour lesquelles elle est synonyme d'une cessation de tout engagement féministe. À cette question, les différentes configurations militantes apportent plusieurs réponses. Dans le cas des militants du MLAC, le désengagement est facilité par le sentiment de victoire qui prédomine au moment du vote de la loi Veil.

7. Dans un contexte de forte répression des mouvements suffragistes, les militants suffragistes britanniques « payèrent parfois un lourd tribut » (PRUM M., *op. cit.*, p. 13). Ainsi, certains militants ont connu la prison, quand d'autres ont perdu leur fortune et/ou leur statut social.
8. S'il y a eu quelques procès, la pression militante a conduit à une relative clémence de la justice.
9. MCADAM D., *op. cit.*, 2005, p. 71.

> « Moi j'ai pratiquement arrêté de m'investir dans ce domaine... je considérais qu'on avait gagné quelque chose, pas tout gagné, mais on avait quand même franchi un bond extraordinaire[10]. »

Mobilisés dans l'espace féministe principalement, si ce n'est uniquement, sur la base de cette revendication, les hommes du MLAC se désinvestissent d'autant plus du féminisme que des conflits ont marqué les derniers mois de leur participation et que le militantisme politique, particulièrement à l'extrême gauche, faiblit en légitimité et en prestige social. Le sentiment de victoire est également à l'œuvre dans le processus de désengagement chez un militant de la parité politique entre femmes et hommes qui déclare avoir eu « l'impression qu'on avait abouti[11] ». En revanche, la non-poursuite de l'engagement après la fin de la structure d'engagement ne relève pas des mêmes mécanismes pour les militants en groupes non mixtes, dans les années 1970, 1980 ou 2000. En effet, pour eux, la fin du groupe ne s'accompagne pas d'une victoire de leurs revendications. Au contraire, elle est plutôt l'aboutissement de difficultés internes, déjà évoquées précédemment. Pour de nombreux militants de ces groupes, l'énergie mise à tenter de faire survivre ces collectifs conduit alors à une forme de *burn out*. Peu nombreux, leur détermination s'effrite au fur et à mesure des échecs et c'est finalement l'abandon du militantisme féministe qui s'impose à eux. Pour les groupes du début des années 1980, ce *burn out* et ce découragement agissent d'autant plus fortement sur le désengagement des militants que la décennie marque un net recul de l'engagement féministe[12]. Après diverses expériences de rencontres pro-féministes entre hommes et plusieurs tentatives de mise en place d'un groupe pérenne, Florian ne croit plus en l'utilité de telles actions et abandonne son militantisme, tout du moins dans des structures principalement dédiées à ce sujet :

> « C'est pas évident de consacrer pas mal de temps à vouloir faire des actions pro-féministes, parce que finalement tu peux pas faire grand-chose qui soit forcément très pertinent[13]. »

Mais si la lassitude est réelle et incite à la fin du militantisme, les transformations en cours dans la vie de Florian participent également à son désengagement. Alors qu'il avait interrompu ses études en Licence, il s'est réinscrit à l'université durant ses activités militantes. Au moment de son désengagement, il a obtenu un Master et envisage de poursuivre en thèse. De même, il expérimente pour la première fois la « cohabitation », selon ses termes, avec sa compagne. Pour Florian, libertaire, cette situation est source de conflits internes, par rapport à ses convictions, qu'il s'efforce d'atténuer par l'établissement de pratiques quotidiennes jugées compatibles avec ses convictions. Ces réajustements qui surviennent dans les sphères professionnelles et amoureuses incitent d'autant plus

10. Entretien avec Guy, militant au MLAC et au MFPF.
11. Entretien avec Sébastien, militant à Choisir.
12. Camille Masclet constate le même phénomène pour des féministes qui cessent leur activité militante dans le contexte d'essoufflement des mouvements féministes dans les années 1980 (Masclet C., *op. cit.*, 2009, p. 61-63).
13. Entretien avec Florian, militant pro-féministe.

Florian au désengagement qu'ils permettent de maintenir son identité militante : la question du genre et de la sexualité sont au cœur de son travail universitaire en sciences sociales quand la cohabitation avec sa compagne lui offre de réfléchir au pro-féminisme en pratique et en actes. Cette carrière souligne alors que si le contexte organisationnel agit sur le désengagement, il doit être articulé aux transformations à l'œuvre dans les différentes sphères sociales.

C'est alors la disparition, ou la nette diminution, des disponibilités biographiques qui apparaît centrale dans la compréhension des processus de désengagement. D'ailleurs, les enquêtés reviennent fréquemment sur le poids des changements professionnels et/ou familiaux pour expliquer leur désaffection militante. En effet, les changements de statuts déstabilisent l'engagement militant et la fin des disponibilités biographiques peut conduire au désengagement. Ainsi, l'entrée sur le marché du travail, la mise en couple ou plus rarement, la paternité peuvent constituer différents facteurs amorçant un désengagement, comme le soulignent plusieurs enquêtés :

> « Les choses ont commencé à se compliquer, l'année dernière, quand j'ai été affecté ici. Ça m'a pris beaucoup de temps et là, là je commence pour la première fois… mais parce que j'ai une vie conjugale pleine et qu'elle travaille à temps plein… et là, je commence à voir les effets, mais bon je me suis soustrait aussi, j'avais une volonté de me soustraire de toutes mes activités militantes, et là je vois effectivement comment on peut s'arrêter de militer tout simplement parce qu'on est pris par la vie, et puis qu'on a envie d'avoir une vie sociale à soi, aller au cinéma, aller au théâtre… voilà, et puis bon, moi, j'avais pas de famille à l'époque et ma copine non plus[14]… »

> « À 30 ans je me suis mis à bosser sérieusement quoi… pour gagner des tunes, et puis… le boulot d'éduc, c'était pas mal, parce que j'avais pas l'impression de travailler quoi… après, je me suis plus focalisé sur les enfants, le boulot[15]… »

> « Après je bossais, j'avais d'autres choses à faire[16]. »

La question de l'emploi du temps apparaît donc comme centrale dans les logiques de désengagement : l'accumulation des obligations relègue le militantisme au second plan conduisant progressivement à l'abandon des activités militantes. Cependant, comme le souligne Anthony, qui n'a milité que quelques mois à Mix-cité, « on choisit où est-ce qu'on met son temps[17]… ». Autrement dit, au-delà de l'objectivité des différentes contraintes temporelles qui pèsent sur les militants, la capacité à donner du temps au militantisme comporte également une dimension subjective. En effet, si les contraintes matérielles d'organisation des journées subissent des transformations objectives qui rendent plus ou moins

14. Entretien avec Xavier, militant à Mix-cité.
15. Entretien avec Marc, militant au MLAC.
16. Entretien avec Serge, militant au MLA.
17. Entretien avec Anthony, militant à Mix-cité.

aisé l'engagement, elles ne suffisent pas à expliquer le désengagement total. Ainsi, la fin du militantisme est expliquée par la disparition des disponibilités biographiques, autant que la disparition des disponibilités biographiques s'explique par la fin du militantisme. Les deux éléments nous paraissent en effet imbriqués : si la diminution du temps libre influe sur l'intensité de l'engagement, il est également fort probable que le plus fort investissement dans la vie familiale et professionnelle soit possible par la volonté de diminuer son activité militante. Ainsi, Bernard explique qu'il cesse de participer à un groupe d'hommes pour pouvoir se consacrer à la réalisation de sa thèse :

> « C'est au moment de la thèse que j'ai compris qu'il fallait que je rattrape le retard perdu et que je me mette à travailler sérieusement, et à lire et à faire un tas de choses[18]... »

De même, les contextes politiques infléchissent les trajectoires individuelles. Pour les générations militantes des années 1970, les changements sociopolitiques qui interviennent à partir du milieu de la décennie, et qui voient la radicalité politique perdre en prestige[19], pèsent lourdement sur les défections militantes. Engagé à FMA à la fin des années 1960, Gilles continue à militer à l'extrême gauche, ce qui lui permet de maintenir quelques liens avec les féministes après 1970. Mais au bout de quelques années, il rompt radicalement avec ses engagements :

> « Je découvre que l'un des malaises que je ressentais dans les groupes d'extrême gauche vient du fait que je n'ai pas des valeurs de gauche, tout simplement, mais ça a mis du temps avant que j'en prenne conscience... dans la période 76-77... mais oui, je me sens mieux dans une idéologie de droite qui je crois est plus la mienne par rapport à mes valeurs[20]. »

Si ces renversements radicaux de position sont très minoritaires et que les convictions n'évoluent pas nécessairement, comme nous le verrons ci-après, la période allant du milieu des années 1970 à la première moitié de la décennie 1980 constitue cependant un contexte favorable au désengagement. De même, il s'agit de prendre en compte des effets d'épuisement militant, bien que non formulés comme tels, d'une génération militante qui est souvent active depuis le début ou le milieu des années 1960[21]. Didier, qui milite à partir de 1965, revient ainsi sur son départ du MFPF en 1977 en expliquant qu'il s'est « lassé de ces discussions idéologico-politiques autour de la relation hommes-femmes[22]... ». Dans ce sens, la disparition des disponibilités biographiques s'inscrit bien souvent dans une trajectoire où le désengagement est en réalité déjà amorcé et permet d'investir d'autres sphères sociales.

18. Entretien avec Bernard, militant dans un groupe d'hommes.
19. Olivier Fillieule invite ainsi à prendre en compte les variations de la valeur sociale des engagements et le poids du changement de contexte politique (Fillieule O., *op. cit.*, 2010, p. 8-10).
20. Entretien avec Gilles, militant à FMA.
21. Sur un temps beaucoup plus court, caractérisé par une grande intensité militante, le même effet de *burn out* est identifié chez les militant-e-s altermondialistes (Jossin A., *op. cit.*, p. 223-224).
22. Entretien avec Didier, militant au MFPF dans les années 1970.

De manière similaire, l'investissement dans la vie professionnelle ou familiale peut également signifier que les rétributions tirées du militantisme sont concurrencées par ces autres sphères. Ainsi, le travail de reconnaissance identitaire, précédemment identifié, participe de la construction d'une identité positive. Cependant, une fois cette opération réalisée, le militant pourra d'autant plus facilement quitter son association pour investir d'autres sphères qu'il s'est désormais approprié, et qu'il a re-signifié, son identité de genre stigmatisée. En d'autres termes, la reconnaissance identitaire générée par l'association participe à la fois de l'engagement et du désengagement : la décision de l'engagement s'opère en partie par l'espoir de voir son identité de genre valorisée ; l'effectivité de cette valorisation et de la reconnaissance identitaire par le groupe maintient l'engagement jusqu'à ce que le sentiment de stigmate disparaisse ou s'atténue fortement ; dès lors, la rétribution de l'engagement disparaît et affaiblit grandement l'attachement du militant au groupe. Ce paradoxe a déjà été mis en évidence dans le cas de militants d'associations de lutte contre le sida : si l'engagement permet la construction d'une identité (homosexuelle et de malade) positive, c'est quand cette identité positive a pu se construire que le désengagement devient possible[23].

En outre, un tiers des militants rencontrés évoque l'investissement dans d'autres luttes politiques pour expliquer la fin de leur engagement féministe. Dans ce sens, le militantisme féministe constitue une étape militante d'un parcours politique. Il peut alors être compris dans une logique d'accumulation du capital militant dans l'« espace des mouvements sociaux » où le féminisme peut représenter une des formes de critique sociale. En même temps qu'il permet d'acquérir des savoirs et savoir-faire militants, l'engagement féministe permet aussi, dans un contexte de segmentation des luttes sociales, de diversifier son profil militant et d'étendre son réseau[24]. Par conséquent, il est peu stable et souffre de la concurrence avec d'autres luttes qui vont souvent offrir davantage de rétributions militantes, en permettant d'acquérir des compétences militantes sur de nouvelles thématiques, de donner une plus grande visibilité politique ou des responsabilités plus importantes. La question des rétributions est d'autant plus centrale dans ces carrières militantes que le féminisme ne peut pas offrir aux hommes, pour des raisons organisationnelles et de structuration de l'espace féministe autour du sujet femmes, la légitimité et le pouvoir que leur confèrent éventuellement d'autres lieux d'engagement. C'est par exemple le cas d'Éric. Militant anarchiste, il explique comment il se détourne de son activité anti-patriarcale pour s'engager dans un domaine de lutte où il peut rapidement occuper un statut de référent au sein de son univers militant :

23. Broqua Ch. et Fillieule O., *op. cit.*, 2005, p. 227-228.

24. De manière similaire, Philippe Blanchard et Olivier Fillieule ont montré que les carrières militantes des altermondialistes étaient marquées par le passage fréquent d'une association à une autre (Blanchard Ph. et Fillieule O., « Carrières militantes et engagements contre la globalisation », Agrikoliansky É. et Sommier I. (dir.), *Radiographie du mouvement altermondialiste*, Paris, La Dispute, p. 157-183).

> « En fait, je suis très engagé sur la lutte antispéciste[25], ça prend vachement de temps. Et je considère que ça c'est un truc important parce qu'on est peu nombreux dessus et que je pense que les enjeux sont énormes, à la fois par rapport aux victimes qui sont innombrables, et à la fois au niveau politique je pense que les enjeux sont vraiment énormes, de changement de civilisation. Et simplement ça veut pas dire que je considère pas la lutte anti-patriarcale comme une lutte essentielle, c'est que j'y consacre moins de temps quoi[26]. »

L'insécurité, notamment en termes de rétributions militantes, qu'offre le militantisme féministe aux hommes participe donc aux processus de désengagement. C'est notamment le cas des engagements dans des groupes non mixtes, à la fois faiblement reconnus par les militantes féministes, marginalisés par les hommes de leurs univers militants et fragilisés par des conflits internes[27]. Florian résume alors son désinvestissement de l'espace pro-féministe : « je préfère faire des luttes où je me sens plus légitime et stable[28] ».

Enfin, la question du coût de l'engagement n'est mentionnée qu'une seule fois durant les entretiens. Si cette question se rapproche de l'épuisement évoqué précédemment, elle s'en distingue toutefois dans la mesure où elle se traduit par l'expression de réelles souffrances consécutives à l'engagement. Investi dans un groupe d'hommes, l'expérience militante d'Alain a, au contraire d'une reconnaissance identitaire, provoqué un sentiment de perte d'identité[29].

> « J'ai fait une psychanalyse, c'est un autre côté du travail qui est très prenant et qui s'appuie sur d'autres bases, et qui est quand même quelque chose... qui est un travail de se trouver soi. Je crois qu'il y a eu aussi des abus de langages à une époque, où j'ai eu moi des sortes d'extrémismes dans une certaine approche avec une sorte de refus d'être homme... quelque chose qui était "c'est mieux d'être une femme que d'être un homme", c'était politiquement mieux d'être une femme que d'être un homme. La frontière à dire de là, c'est mieux personnellement d'être une femme que d'être un homme pouvait être floue, et selon où on se situe par rapport à ça, on est malheureux ou... et je pense que j'ai passé quelques années à pas très bien savoir où je me situais par rapport à ça... jusqu'à ce que les choses reviennent, jusqu'à ce que je trouve effectivement mon équilibre[30]. »

25. L'antispécisme lutte contre le spécisme, considéré comme le système de domination de l'espèce humaine sur les autres espèces vivantes. Quelques militants anarchistes font un lien entre défense des droits des femmes et défenses des droits des animaux. Voir Rétif S., *op. cit.*, p. 267-269.
26. Entretien avec Éric, militant anti-patriarcal.
27. De manière similaire, Philippe Gottraux montre comment la marginalité du groupe Socialisme ou barbarie à l'intérieur même de l'extrême gauche, mais aussi dans le champ intellectuel, participe de son auto-dissolution (Gottraux Ph., « *Socialisme ou barbarie* ». *Un engagement politique et intellectuel dans la France de l'après-guerre*, Lausanne, Payot Lausanne, 1997, p. 199-314).
28. Entretien avec Florian, militant pro-féministe.
29. Jacquemart A., *op. cit.*, 2006.
30. Entretien avec Alain, militant dans un groupe d'hommes.

Venu dans un groupe d'hommes parce que la parole entre hommes lui est apparue comme une libération, l'expérience aboutit finalement à une perte de repères qu'il ne parvient pas à affronter. Dans ce contexte, le désengagement apparaît comme la seule solution. Il s'agit cependant du seul entretien où a émergé la thématique de la souffrance. Pourtant, lors de l'enquête de terrain, de nombreuses militantes ont mentionné la souffrance des militants des années 1970, évoquant parfois même des suicides. De même, Julie Pagis rapporte de nombreux suicides parmi les militant-e-s de mai et juin 1968[31] et note un recours important à la psychanalyse[32] pour « gérer les tensions identitaires provoquées par les incidences de mai 68 sur la remise en question profonde de leur condition[33] ». Comment expliquer alors ce décalage? D'abord, il est probable que les discours des militantes féministes soient le résultat d'ajustements entre le souvenir de la période militante, où la non-mixité était un principe central et souvent non négociable, et le contexte d'énonciation du discours marqué par une valorisation de l'engagement féministe des hommes. En outre, nous pouvons faire l'hypothèse qu'il s'agissait d'hommes qui gravitaient autour des réseaux féministes et qui ont tenté de s'approprier la critique féministe des identités sexuées individuellement, en dehors de toute forme collective[34]. Il est alors possible que ce travail de critique féministe de leurs manières d'être, d'agir et de penser en tant qu'être sexué ait été plus coûteux que pour les hommes qui pouvaient partager cette expérience au sein de collectifs. De plus, les difficultés à retrouver des participants de ces groupes limitent fortement la représentativité des hommes rencontrés. Les militants peuvent également minimiser cette dimension dans la reconstruction de leur trajectoire personnelle. Le cas d'un militant d'ARDECOM est ainsi révélateur. Dominique entre à l'association pour un intérêt médical et réalise sa thèse de médecine sur les tests de contraception masculine. Après avoir terminé sa thèse, il quitte l'association, mais aussi son poste d'assistant à la faculté et va s'installer à l'étranger, « pour changer d'histoire » dit-il. Il refuse explicitement de revenir sur les raisons de ce changement radical, se contentant, malgré mon insistance, d'évoquer « des raisons très personnelles[35] ». Il est donc impossible d'affirmer qu'il existe un lien entre son engagement militant et le choix opéré, même si la chronologie peut permettre de le penser. De la même manière, un ancien participant d'un groupe d'hommes pendant les années 1970 a refusé de m'accorder un entretien car il s'agissait pour

31. Pagis J., *op. cit.*, p. 355.
32. Si trois autres enquêtés évoquent au cours de l'entretien une psychanalyse ou une thérapie, ces démarches ont été initiées avant l'engagement féministe.
33. Pagis J., *op. cit.*, p. 414. Isabelle Sommier mentionne également le fréquent recours à la psychanalyse chez les ancien-ne-s militant-e-s d'extrême gauche (Sommier I., « Une expérience "incommunicable" ? Les ex-militants d'extrême gauche français et italiens », Fillieule O. (dir.), *op. cit.*, 2005, p. 171-188, p. 177-178).
34. Dans son travail de thèse en cours intitulé « Les militantes de la deuxième vague. Incidences biographiques et transmission familiale d'un engagement féministe » (Paris 8, université de Lausanne), Camille Masclet fait le constat similaire : alors que de nombreuses féministes des années 1970 évoquent les « souffrances » des hommes, ces discours visent en réalité principalement leurs conjoints, très rarement investis dans un groupe militant.
35. Entretien avec Dominique, militant à ARDECOM.

lui d'une « période refoulée », qui n'avait pas été « facile pour [lui] sentimentalement ». Ces exemples soulignent ainsi que si la question du coût de l'engagement peut parfois transparaître, le relatif silence sur ce sujet ne permet pas d'en tirer des conclusions. Enfin, et de manière plus générale, il semble difficile dans la plupart des cas de lier de façon simple engagement féministe et souffrances. En reprenant l'expérience d'Alain, on peut même déplacer l'analyse et considérer que son engagement ne lui a pas apporté la rétribution qu'il escomptait, à savoir la reconnaissance identitaire, plus qu'il n'a créé des souffrances. De même, il semble réducteur de penser qu'un engagement féministe, bien que porteur de nombreuses remises en cause, puisse conduire au suicide. Il est au contraire davantage probable que l'engagement féministe ne permette pas de donner suffisamment de réponses à un mal-être préalable.

...éclairés par la variabilité des rétributions

Si la typologie proposée par Doug McAdam s'est avérée en grande partie opérationnelle, l'étude de l'effet de la fin des groupes, de la disparition des disponibilités biographiques ou de la concurrence militante a également souligné la centralité de la question des rétributions[36]. Plus précisément, il a été souligné à plusieurs reprises que la disparition ou la non-apparition des rétributions intervenaient largement dans le processus de désengagement. Lorsque les bénéfices matériels ou symboliques de l'engagement diminuent ou n'apparaissent pas, la participation au groupe est en effet fragilisée et menacée. Une fois les compétences militantes et féministes acquises, les militants sont d'autant plus susceptibles de saisir les occasions de reconvertir leurs capitaux dans d'autres sphères sociales, prioritairement dans les études ou le monde professionnel. De même, dès lors que le travail de reconnaissance identitaire est opéré, la rétribution militante diminue sensiblement et favorise le désengagement. Ainsi, il semble que l'attachement au militantisme féministe décline une fois que l'identité de genre stigmatisée soit devenue une identité de genre revendiquée ou assumée. La fin des groupes d'hommes dans la première moitié des années 1980 ou l'impossibilité de maintenir actifs des groupes anti-patriarcaux dans les années 2000 peuvent aussi se comprendre de cette façon. Les militants voient leur identité masculine validée par ces groupes et n'expriment alors plus le besoin de continuer. C'est également la conclusion que tire Harry Christian à propos des participants à des groupes d'hommes en Grande-Bretagne : « être dans un groupe d'hommes a tendance à être une étape, importante mais temporaire, dans les vies des hommes anti-sexistes. Ayant obtenu de l'encouragement et une validation pour être un genre d'homme différent, ils ont tendance à aller vers d'autres activités[37] ».

Cependant, la question des rétributions intervient dans le processus de désengagement pas tant pour des raisons quantitatives (il serait en outre illusoire de pouvoir mesurer le niveau de rétributions) que dans la confrontation entre les

36. Gottraux Ph., *op. cit.*, p. 190-193 ; Fillieule O., *op. cit.*, 2005.
37. Christian H., *op. cit.*, p. 196.

rétributions offertes par le militantisme et celles offertes dans d'autres sphères sociales. D'une part, il n'est pas si évident que les rétributions militantes disparaissent ou diminuent inéluctablement avec le temps. Tant objectivement que du point de vue des acteurs, l'engagement peut en effet permettre sur la longue durée d'acquérir des compétences, des savoirs, des sociabilités et/ou des réseaux. D'autre part, si les individus délaissent la sphère militante au profit des mondes professionnels et familiaux par exemple, ce n'est pas le fruit d'une destinée inévitable mais bien le fait qu'ils y trouvent des rétributions plus valorisantes. Ainsi, c'est par exemple parce qu'un cursus universitaire, notamment à partir du troisième cycle, apporte, objectivement mais surtout subjectivement, plus de rétributions que les militants auront tendance à quitter leur groupe militant à ce moment de leur vie. Autrement dit, ce n'est pas tant le niveau des rétributions qui changent, que leur mise en concurrence avec les rétributions d'autres sphères sociales[38].

L'exemple de la construction d'une reconnaissance de l'identité de genre se révèle à ce titre particulièrement significatif. En effet, la reconnaissance identitaire est bien plus à considérer comme un processus sans fin que comme un parcours clairement délimité par un début et une fin. L'identité est un processus constant et relationnel : elle n'est jamais figée et se construit toujours dans les relations avec les autres. Le groupe militant peut donc sur le long terme constituer cet « autrui significatif[39] » qui permet la construction d'une identité positive. Si des militants quittent leur groupe militant, ce n'est donc pas parce que le travail d'« étayage identitaire » est terminé mais en raison de l'apparition d'autres relations sociales qui peuvent remplir cette fonction. Autrement dit, le travail de reconnaissance identitaire opéré par les associations féministes peut être concurrencé par la famille, les pairs ou le monde professionnel. La quasi-simultanéité du désengagement avec l'implication grandissante dans le travail ou le couple témoigne de cette dynamique d'élargissement des sphères productrices de rétributions valorisantes aux yeux des militants.

Il est donc nécessaire d'articuler l'analyse des rétributions aux différentes évolutions que connaissent les acteurs dans d'autres sphères sociales. Plus largement, si la compréhension des logiques de rétributions est centrale pour saisir les processus de désaffiliation militante, il est nécessaire de les croiser non seulement aux autres scènes sociales, mais également aux dispositions sociales des acteurs et aux contextes organisationnels et politiques[40]. Olivier Fillieule rappelle ainsi que les rétributions sont à la fois objectives et subjectives et qu'elles varient en fonction des contextes et des parcours individuels[41]. L'exemple de Bernard, qui a participé à la création d'un groupe d'hommes dans une grande ville de province,

38. Florence Passy souligne ainsi que le militantisme a d'autant plus de chances d'être maintenu que les sphères familiales et professionnelles sont étroitement liées à l'engagement politique (Passy F., *op. cit.*, 2005).
39. Mead G. H., *L'esprit, le soi et la société*, Paris, PUF, 2006 [1934].
40. La reconstitution de la trajectoire collective du désengagement des militants de Socialisme ou barbarie est à ce titre exemplaire (Gottraux Ph., *op. cit.*, p. 171-366).
41. Fillieule O., *op. cit.*, 2005, p. 45.

illustre cet entrecroisement[42]. Engagé dès le lycée dans divers mouvements de contestation sociale, il continue à militer à l'université où il rentre au milieu des années 1970. Très actif (« on se mettait en grève tous les ans »), il rencontre une militante féministe avec qui il vit. Bousculé par les convictions de sa compagne, Bernard fonde avec quelques camarades militants, et souvent compagnons de féministes, un groupe d'hommes. S'il continue ses études, c'est davantage en dilettante, et son investissement militant est prioritaire. Cependant, au début des années 1980, la situation est radicalement différente. Il réussit à obtenir un DEA et réfléchit sérieusement à s'inscrire en Doctorat. Un tel diplôme étant extrêmement valorisé pour Bernard, issu d'une famille très modeste, il entend s'impliquer totalement dans ce projet. De plus, le contexte militant fragilise doublement son engagement : le militantisme politique à l'extrême gauche a largement perdu en prestige social, même à l'université, et les groupes d'hommes font face à une grande instabilité (Bernard est déjà passé par deux groupes distincts et voit peu à peu les militants partir). Enfin, entré dans ce groupe parce que sa compagne était « très très critique » à l'égard de sa façon d'être, le réajustement accompli par la réflexion collective (Bernard précise qu'il y avait « pratiquement une éducation à refaire ») ne rend plus la participation au groupe nécessaire pour répondre aux aspirations égalitaires de sa compagne. Le désengagement de Bernard est donc possible, on pourrait même dire probable, parce qu'il ne vit plus sa participation au groupe d'hommes comme source de rétributions : le contexte politique n'accorde plus de grandes valeurs à l'engagement et le groupe n'est plus nécessaire pour que son comportement soit ajusté aux attentes de sa compagne. À l'inverse, la reconnaissance sociale, objective et subjective, apportée par la perspective d'un Doctorat, puis d'une carrière académique – qui se réalisera finalement malgré un parcours sinueux –, encourage largement Bernard à se désinvestir de son groupe pour s'engager pleinement dans ce projet.

L'analyse des processus de désengagement militant met ainsi en évidence, en miroir, l'importance des rétributions dans la dynamique d'engagement et de maintien du militantisme. Elle souligne également la nécessité de penser les rétributions au regard des positions et trajectoires individuelles et des contextes organisationnels et historiques.

Rester féministe

Les travaux qui ont interrogé le devenir des militant-e-s ont tenté d'identifier les multiples effets de l'engagement, notamment sur les trajectoires professionnelles et familiales. Néanmoins, les difficultés méthodologiques soulignées par ces recherches pour démêler ce que l'on peut imputer ou non au militantisme sont nombreuses et ce travail ne peut prétendre les dépasser, notamment parce que l'enquête n'avait pas initialement pour objectif cette question. Dès lors, nous nous concentrerons sur la question du maintien ou de la transformation de leurs convictions féministes. Nous verrons ainsi que certains considèrent poursuivre

42. Entretien avec Bernard, militant dans un groupe d'hommes.

leurs engagements à travers d'autres activités et que les manières d'être, de faire et de penser acquises au cours de l'expérience militante marquent durablement la plupart des hommes rencontrés. Enfin, cette fidélité à leurs engagements passés est également visible par la présence d'ancien-ne-s camarades de lutte dans leur entourage ou par la participation à différentes manifestations féministes.

« Militer autrement »

Pour certains anciens militants féministes, le départ de leur collectif n'est pas synonyme de la fin du militantisme. Ils considèrent au contraire qu'ils continuent à « militer autrement[43] », sous d'autres formes, que ce soit dans leur activité professionnelle ou dans la sphère familiale.

Les choix professionnels des ancien-ne-s militant-e-s peuvent en effet être l'occasion de maintenir l'identité militante[44]. C'est le cas notamment de certains anciens médecins du GIS et du MLAC qui militent pour l'amélioration des prises en charge d'IVG à l'hôpital ou de Thierry qui devient conseiller conjugal et familial au MFPF après avoir participé à des initiatives anti-patriarcales. Ces situations où l'activité professionnelle peut être entièrement orientée vers le militantisme féministe sont cependant rares. Pour d'autres anciens militants, l'engagement féministe peut prendre des formes plus ponctuelles, à l'image de Marc ou de Gilles. Militant dans les années 1970, Marc s'engage d'abord, à la fin de la décennie, dans un projet collectif de commerce qui devient « un peu le lieu de rendez-vous de diverses réunions, notamment de groupes de femmes ». Devenu ensuite réalisateur de documentaires, il fait également un film sur les luttes pour l'avortement dans les années 2000. Gilles pour sa part a poursuivi une carrière de consultant à partir de la fin des années 1970 après avoir milité à FMA. Si son activité est très éloignée de ses préoccupations féministes, il se saisit de la mise à l'agenda de la question de l'égalité professionnelle dans les années 2000[45], sous l'effet notamment de la diffusion de la « grammaire paritaire[46] », pour participer comme consultant extérieur à un groupe de travail sur l'égalité femmes-hommes au sein d'un grand groupe français. S'ils mettent en évidence les formes de reconversions professionnelles dont les capitaux militants féministes peuvent faire l'objet, ces exemples soulignent également les modalités de poursuite du militantisme à travers l'activité professionnelle. Dans d'autres cas, le militantisme par le travail s'actualise de manière plus diffuse, par des pratiques quotidiennes. Sébastien, qui a milité pour la parité en politique dans les années 1990, évoque ainsi son travail de « sensibilisation » de son entourage

43. Entretien avec Henri, militant MLAC.
44. À l'image des choix professionnels des militant-e-s du *Freedom summer* (McAdam D., *op. cit.*, 1988, p. 191-194) ou des « soixante-huitards ordinaires » (Collovald A., *op. cit.*, Neveu É., *op. cit.*, 2008 et Pagis J., *op. cit.*, p. 445-471 et p. 629-633).
45. Blanchard S., *De la cause des femmes au marché de l'égalité. L'émergence de l'espace de l'accompagnement à l'égalité professionnelle en France (1965-2012)*, Thèse de Doctorat en sociologie, université Toulouse 2, 2013, p. 110-136.
46. Bereni L. et Revillard A., *op. cit.*, 2007.

professionnel sur les questions féministes et milite par exemple pour la féminisation systématique des titres, fonctions et noms de métier[47].

La vie personnelle peut également être investie comme une scène militante, notamment pour les militants d'un mouvement qui proclame depuis les années 1970 que « le privé est politique ». Ainsi Xavier, qui a très nettement ralenti son activité militante et qui fait plutôt figure de compagnon de route de son groupe que de militant actif au moment de l'entretien, explique :

> « Le militantisme dans sa forme classique a baissé en intensité mais comme le privé est politique, il a augmenté avec la naissance de mes enfants. Le féminisme est un combat qui se poursuit dans la cuisine, la chambre des enfants et la chambre à coucher lorsque celui dans la rue cesse[48]. »

La paternité et la conjugalité hétérosexuelle sont alors investies comme des lieux de mise en pratique du féminisme permettant de poursuivre le militantisme. Florian, ancien participant à des initiatives anti-patriarcales, entend ainsi mettre en œuvre ses convictions pro-féministes dans sa vie de couple. Très critique vis-à-vis de la cohabitation, il l'expérimente avec sa compagne, mais sous certaines conditions et temporairement :

> « On vit en cohabitation depuis un an, mais on a deux chambres séparées et je ne l'envisage pas à long terme parce que j'ai peur qu'il y ait des schémas qui s'installent. [...] Et on a une relation non exclusive. En parallèle, je suis sorti avec des garçons, [...] et de son côté, c'est à peu près pareil... Mais je ne veux pas sortir avec d'autres filles pour ne pas faire "séducteur libertaire"[49]. »

À l'image de Florian, plusieurs anciens militants féministes déclarent ainsi « appliquer au quotidien les écrits liés au féminisme[50] », revendiquant la dimension militante de pratiques privées.

Le féminisme comme « ligne directrice »

Au-delà de la poursuite du militantisme dans le travail ou la famille, les anciens militants féministes continuent à défendre les idées de leurs engagements passés : aucun ne s'est montré hostile au féminisme et tous persistent à se dire féministes[51] et déclarent avoir conservé une grille de lecture féministe du monde, quelle que soit la durée qui les sépare de leur engagement, l'intensité passée de leur militantisme ou le type de mouvement auquel ils ont participé[52]. Anthony,

47. Entretien avec Sébastien, militant à Choisir.
48. Entretien avec Xavier, militant à Mix-cité.
49. Entretien avec Florian, militant pro-féministe.
50. Entretien avec Jonathan, militant anti-patriarcal.
51. Ou le terme qui prévalait au moment de leur engagement : pro-féministe, anti-patriarcal, anti-sexiste, etc.
52. Nancy Whittier a montré que les militantes féministes conservaient, au-delà de l'engagement, des « cadres d'interprétation féministes » du monde (*feminist interpretive frameworks*, WHITTIER N., *op. cit.*, p. 766).

qui n'a milité que quelques mois à Mix-cité et qui a quitté l'association depuis plusieurs années, explique par exemple :

> « Je me dis toujours, dans un comité de dirigeants, ce ne sont que des hommes... c'est quelque chose qui me vient à l'idée, alors que si j'avais pas été dans une association féministe... quand je prends le métro tard le soir, je regarde le pourcentage d'hommes seuls, de couples et de femmes seules... et là on se dit, ben oui, c'est vrai, la nuit c'est surtout les hommes... ça c'est des choses qui me reviennent souvent, et je me dis que c'est sans doute... un reste de mon passage dans les associations[53]. »

De manière similaire, plusieurs militants des années 1970 proposent une lecture genrée de toute leur trajectoire, professionnelle, militante ou amoureuse. Le féminisme est alors présenté comme une « ligne directrice[54] », un principe organisateur de leur vie. Le moindre détail de leur vie peut ainsi être mobilisé comme « preuve » du maintien de leur conscience féministe. Gilles, qui a cessé son engagement en 1970 mais que « la préoccupation [n]'a jamais quitté », insiste ainsi à plusieurs reprises sur l'importance qu'il accorde à la présence de femmes dans son entourage :

> « Même aujourd'hui, mes meilleurs amis, ce sont des femmes, ce ne sont pas des garçons. Mon meilleur ami est une femme. J'ai un généraliste qui est une femme, mon dentiste est une femme, je suis content quand je monte dans un taxi quand c'est une femme qui conduit... »

> « À chaque fois que je peux choisir entre un homme et une femme, pour quoi que ce soit, je choisis une femme, je me sens mieux[55] ! »

Ces discours relèvent probablement en partie de reconstructions *a posteriori*, souvent même au cours de l'entretien. Mais l'important n'est pas nécessairement de savoir si ces mises en récits de leurs trajectoires renvoient à la réalité (qui serait bien difficile de définir d'ailleurs). En revanche, ce que ces extraits mettent en lumière, c'est la grande valeur que ces hommes accordent encore au féminisme. Il s'agit donc de souligner la force de leur socialisation militante au-delà de l'engagement[56]. Sébastien, qui a milité plusieurs années à Choisir au moment du combat pour la parité, revient dix ans plus tard sur les effets de son engagement passé en ces termes :

> « Sur ma vie, ça m'alerte sur les tendances qu'on a tous, enfin, que c'est pas que la théorie et les autres, la séparation des rôles dans le couple, enfin ça, dans ma vie personnelle, le fait d'avoir été exposé à toutes ces questions

53. Entretien avec Anthony, militant Mix-cité.
54. Entretien avec Henri, militant MLAC.
55. Entretien avec Gilles, militant à FMA.
56. Camille Masclet constate le même phénomène pour les militantes féministes des années 1970 (Masclet C., *op. cit.*, 2009, p. 66-70).

théoriques, ça m'oblige à... c'est présent et je vois aussi quand je commets des erreurs, et on a tendance à reproduire les schémas très très vite[57]. »

Pour Bernard, qui a fait l'expérience des groupes d'hommes pendant plusieurs années, le militantisme lui a permis de « se débarrasser de cette espèce d'intoxication intellectuelle » que représente l'assignation de genre. En conséquence, « tout le monde devrait passer par là et se débarrasser des croyances essentialistes[58] ». Ainsi, même des hommes qui ont visiblement opéré certains ajustements avec leurs convictions militantes passées déclarent s'inscrire dans la continuité de leur engagement. C'est le cas de trois militants qui, significativement, cumulent un engagement lointain (dans les années 1970), peu intense et peu ancré dans un groupe ou une organisation[59]. Les contradictions de Robert, qui a été épisodiquement proche de plusieurs groupes féministes à la fin des années 1960 et au début de la décennie 1970 sans jamais s'y engager activement, illustrent le mieux ce double mouvement de déplacement idéologique et de fidélité au passé :

> « [Dans les années 1970], je faisais la vaisselle, je rangeais, j'étais... je considérais pas que c'était aux filles de tout se farcir... Alors aujourd'hui, ma femme me reproche quand même d'être un macho, comme quoi on a eu beau faire, le modèle est trop fort, parce que je ne m'occupe pas assez de notre petit garçon, parce que... je m'occupe pas du linge, des trucs comme ça, des tâches ménagères un peu prosaïques, je suis encore quand même... parce que je considère que le travail essentiel que je dois produire, c'est le travail intellectuel, c'est m'occuper de faire rentrer de l'argent dans la maison, c'est des choses comme ça[60]... »

Si son comportement actuel se révèle en rupture avec ses convictions et ses pratiques passées, il n'a pas pour autant transformé ses convictions et affirme avoir « gardé sa sensibilité féministe ». De la même façon, il se dit « choqué » lorsqu'il rencontre récemment un ancien camarade militant qui lui dit « Qu'est-ce qu'elles étaient mignonnes les filles de l'AMR ! » et explique :

> « J'aime bien les belles femmes, je les regarde dans la rue, je suis même obsédé par les femmes mais je ne tiendrais jamais de propos de condescendance vis-à-vis des femmes parce qu'elles sont mignonnes... même si je le pense, mais je m'en gargariserais pas quoi. »

Un phénomène similaire est observable chez Didier, militant au Planning familial durant une année, dans la deuxième moitié des années 1970. Le rapprochement de deux extraits de l'entretien souligne cette tension entre maintien de l'adhésion et propos et/ou attitudes opposés :

> « Les filles qui bossent ici, remarquent, disent, que contrairement à beaucoup d'autres, je ne suis pas sexiste, et je pense que c'est directement

57. Entretien avec Sébastien, militant à Choisir.
58. Entretien avec Bernard, militant dans un groupe d'hommes.
59. L'effet de l'intensité de l'engagement sur l'évolution des convictions passées a également été établi pour les militant-e-s de mai 1968 (Pagis J., *op. cit.*, p. 324-327).
60. Entretien avec Robert, militant à FMA.

lié à cette période de ma vie, j'ai côtoyé des femmes, j'ai milité avec des femmes, j'ai entendu pendant des heures et des heures des témoignages de femmes, y compris de femmes battues, etc. »

« Ma compagne est une féministe, une vraie féministe, mais une féministe comme je les aime, c'est-à-dire qu'elle aime bien faire la cuisine, qu'elle aime bien la vie de famille, et en même temps, elle bosse toujours[61]. »

L'affirmation de leur fidélité au féminisme semble alors mise à mal par ces extraits qui attestent d'indéniables déplacements. Pour autant, une fois encore, ce qui importe n'est pas tant de savoir si leurs propos sont conformes à la réalité que de comprendre les raisons pour lesquelles ils tiennent ces propos durant l'entretien. Il semble, précisément, que le fait d'insister sur l'importance du féminisme dans leur vie, alors qu'ils donnent, dans le même temps, des éléments pour mettre en doute cette affirmation, atteste de la force de leur socialisation militante. En effet, ce n'est qu'en raison de leur passé militant que ces hommes accordent une certaine valeur au féminisme, socialement plutôt dévalorisé, au point de s'en revendiquer alors même que certaines de leurs pratiques s'en éloignent. Dans ce sens, leur identité militante féministe acquise lors de leur engagement passé perdure en partie et le féminisme (ou leur définition du féminisme) continue de constituer une référence positive, indépendamment de leurs modes concrets de penser et d'agir.

Rester proche

Enfin, la fin du militantisme féministe n'entraîne pas nécessairement un éloignement des mouvements féministes. Ainsi, l'attachement au féminisme après le désengagement est également visible pour certains anciens militants par le maintien de relations personnelles avec des militant-e-s et/ou la participation à différentes activités féministes, notamment lors d'événements culturels.

L'activité militante peut procurer des réseaux sociaux mais peut aussi être l'occasion de nouer des relations amicales et/ou amoureuses qui perdurent au-delà de l'engagement. Plusieurs enquêtés rapportent ainsi être restés proches ou en contact avec d'ancien-ne-s militant-e-s, y compris ceux dont l'arrêt du militantisme est éloigné dans le temps. Ces relations personnelles leur permettent alors de rester proches des mouvements féministes, de leurs activités et des débats qui les traversent. Mais l'évocation au cours de l'entretien de ces liens maintenus atteste également de l'importance subjective accordée au féminisme par les anciens militants : en mentionnant ces relations après la fin du militantisme, ils entendent souligner qu'ils restent attachés au féminisme, mais surtout que les féministes continuent de les reconnaître comme légitimes. Robert, qui a milité à la fin des années 1960 et au début des années 1970, garde ainsi quelques relations après la fin de son militantisme mais celles-ci se distendent progressivement. Il finit par reprendre contact avec plusieurs anciennes militantes dans

61. Entretien avec Didier, militant au MFPF.

les années 2000, dont une qu'il sollicite via un réseau social sur internet. Il interprète alors sa réponse à cette sollicitation comme une marque de reconnaissance de son engagement féministe :

> « Elle m'a tout de suite répondu, comme quoi vous voyez, j'ai pas gardé une si mauvaise image que ça vis-à-vis des féministes[62]. »

Au-delà des seules relations interpersonnelles, plusieurs anciens militants continuent à suivre les activités des mouvements féministes, à s'informer sur les débats et revendications des collectifs et/ou à participer à certains événements. Le maintien de cet « intérêt » pour le féminisme, distant à certaines périodes de leur vie, est actualisé à des moments de forte visibilité des mouvements féministes, comme au moment des débats sur la parité en politique, fortement suivis par plusieurs enquêtés. Les références au cours de l'entretien à des chercheur-e-s spécialistes du genre et à l'actualité scientifique rappellent leur haut niveau de diplôme, mais viennent également attester d'un rapport privilégié au féminisme, façonné par leurs expériences militantes passées. Enfin, la multiplication des activités féministes culturelles offre l'opportunité aux ancien-ne-s militant-e-s de conserver des liens avec les mouvements féministes. Suzanne Staggenborg a ainsi souligné que ces activités permettaient aux militantes de maintenir leur identité féministe et constituaient un réseau mobilisable lorsque de nouvelles luttes émergent[63]. Ce rôle de « structure de rémanence[64] » des lieux et manifestations culturels féministes est particulièrement visible dans le parcours de Serge. Après une courte expérience militante au début des années 1970, il cesse tout engagement féministe. Pourtant, il participe à différentes manifestations culturelles féministes, notamment à des projections de films, dont le Festival de films de femmes de Créteil qu'il fréquente depuis les années 1980. De même, il se lance dans une recherche, par « simple intérêt personnel », sur une écrivaine féministe et fréquente la bibliothèque Marguerite Durand à Paris dans les années 2000. La fréquentation de ce lieu dédié au féminisme lui permet de rester « informé » de l'actualité féministe, mais est aussi l'occasion de rencontres : il y revoit d'anciennes compagnes de luttes et fait la connaissance de nouvelles militantes. Il intègre ainsi, près de 40 ans après son engagement féministe, une association féministe culturelle à laquelle il participe régulièrement.

L'analyse des processus de désengagement a permis de souligner le rôle central de la baisse des rétributions, en raison des transformations contextuelles et organisationnelles et à cause des changements que les militants connaissent dans les différentes sphères sociales. Toutefois, la fin de l'engagement n'indique pas une rupture avec le militantisme passé, que les enquêtés considèrent « militer autrement », notamment dans les sphères professionnelles et familiales, qu'ils

62. Entretien avec Robert, militant à FMA.

63. Staggenborg S., « Beyond culture versus politics. A case study of a local women's movement », *Gender and society*, vol. 15, n° 4, 2001, p. 507-530 ; Staggenborg S., « The survival of the women's movement: turnover and continuity in Bloomington, Indiana », *Mobilization*, vol. 1, n° 2, 1996, p. 143-158.

64. Taylor V., *op. cit.*

s'affirment toujours féministes et/ou qu'ils maintiennent des liens avec les mouvements féministes.

Ainsi, l'arrêt du militantisme féministe au sein d'un collectif n'est pas nécessairement définitif et certaines carrières militantes sont marquées par des « pauses », parfois de plusieurs décennies : en plus de Robert qui est aujourd'hui membre d'une association féministe culturelle, c'est le cas de trois enquêtés au moment de l'entretien. Engagés dans les années 1970 ou au début des années 1980, ils ont cessé leur engagement féministe à une période où le militantisme baissait en prestige social et dans des contextes militants instables. Surtout, ils quittent leur groupe féministe à un moment où leur vie personnelle et/ou leur carrière professionnelle proposent davantage de rétributions. Restés néanmoins attachés aux questions d'égalité des sexes, ils s'investissent à nouveau dans un groupe féministe entre 20 et 30 ans après la fin de leur première expérience militante féministe. Ce réengagement se comprend alors par les transformations de l'espace féministe et par leurs situations personnelles, comme l'illustre la trajectoire de Philippe[65]. Lycéen à Paris juste après 1968, il découvre l'effervescence militante de l'époque, fréquente différents mouvements et participe à « toutes les manifs d'extrême gauche ». S'affirmant homosexuel à la même époque, il est particulièrement sensible aux revendications du MLF et du FHAR dans lesquels il s'engage. Peu de temps après, il entre dans un groupe MLAC : touché de près par ce « problème terrible dans notre quotidien » qu'est l'avortement, il participe notamment à l'organisation de voyages aux Pays-Bas pour permettre à des femmes d'avorter. Mais jugeant que « les femmes [du MLF] se sont rendues assez vite insupportables » et considérant qu'avec la loi Veil « on gagne sur l'avortement », il s'éloigne progressivement des groupes féministes, puis de tout militantisme pour se consacrer à son travail, qui lui offre des perspectives satisfaisantes après des années d'instabilité professionnelle, et pour s'engager pleinement dans une relation amoureuse stable. De nouveau militant à partir de la fin des années 1980, moment d'insécurité professionnelle et d'instabilité sentimentale pour lui, il s'engage dans différentes luttes (sans-papiers, combats contre le font national, etc.). De « sensibilité anarchiste » depuis les années 1970, il intègre finalement des collectifs anarchistes à partir de la moitié des années 1990 où il est confronté à des militantes féministes. Il s'engage alors à nouveau dans un groupe féministe à travers le Collectif contre le publisexisme à partir des années 2000. Ce nouvel engagement féministe est possible au regard du contexte militant et de sa trajectoire personnelle. D'abord, le féminisme bénéficie d'une certaine valeur sociale dans son milieu militant et la mixité hommes-femmes des luttes féministes est valorisée. Ensuite, le Collectif constitue une opportunité d'allier « l'action et la théorie » anarchistes en dénonçant le modèle de société par des actions concrètes. Enfin, ce militantisme lui permet de cumuler des capitaux militants, comme d'autres engagements, dans l'espace militant anarchiste.

Ces trajectoires militantes restent rares. Elles illustrent néanmoins le maintien d'un répertoire idéologique féministe, potentiellement réactivable dans l'espace

65. Entretien avec Philippe, militant au MLAC.

féministe. Elles soulignent enfin les apports d'une perspective en termes de carrière militante, attentive tant aux effets du temps qu'aux différentes sphères sociales d'inscription des individus.

Chapitre 8
Carrières militantes

Les différents éléments présentés jusque-là permettent de comprendre les processus à l'œuvre à chaque étape de la trajectoire militante mais n'agissent pas de façon mécanique et séparée. L'engagement militant préalable, la position de « fille manquante » ou la socialisation professionnelle, par exemple, ne permettent pas isolément de mettre au jour les processus d'engagement. C'est au contraire dans l'articulation entre les caractéristiques sociales et biographiques des militants qu'il est possible de saisir les ressorts de l'engagement. Autrement dit, la notion de carrière permet de comprendre l'engagement comme un processus intégré à un parcours biographique à la croisée de plusieurs espaces de la trajectoire sociale.

Ainsi, à toutes les périodes, la quasi-totalité des militants féministes s'est préalablement engagée dans des associations, mouvements, groupes ou partis. Certes, la très grande majorité des républicains de la IIIe République, des gauchistes des années 1970 ou des anarchistes contemporains, pour ne citer que ces exemples, ne militent dans aucune association féministe. Pour autant, c'est bien par le biais de ces lieux d'engagement que ces hommes rencontrent le féminisme. Prédisposés à être sensibilisés aux revendications féministes, c'est la rencontre avec des militant-e-s féministes qui actualisent ces dispositions et permet le passage à l'engagement. La trajectoire de Francis de Pressensé illustre ce processus. Fils d'Élise de Pressensé, écrivaine, pionnière du christianisme social protestant qui participe à l'ouverture d'écoles pour filles, il « a sans doute un lien affectif particulièrement fort » avec sa mère qui le sensibilise au féminisme[1]. Républicain, il devient journaliste en 1879 et prend parti pour Dreyfus. À ce titre, il est membre du premier comité central de la Ligue des droits de l'Homme en 1898. Il se rapprochera ensuite des socialistes et sera élu député de 1902 à 1910, tout en demeurant à la LDH. Au cours de cette carrière républicaine, Francis de Pressensé a rencontré les thèses féministes. Faisant écho à sa socialisation primaire auprès de sa mère, son engagement en faveur des luttes féministes à la fin de sa vie[2] ne peut se comprendre qu'en le replaçant sur le temps long de sa trajectoire personnelle et militante.

1. Fabre R., *Francis de Pressensé et la défense des droits de l'Homme. Un intellectuel au combat*, Rennes, Presses universitaires de Rennes, 2004, p. 36.
2. Il défend les thèses féministes à la LDH en 1909. À partir de 1910, il participe à des meetings des associations réformistes et s'engage dans la Ligue d'électeurs. Lorsqu'il meurt en 1914, l'UFSF envoie une couronne à son enterrement et déplore perdre « un défenseur et un ami » (*La Française*, n° 304, 31 janvier 1914).

De même, tous les médecins qui ont été confrontés aux humiliations faites aux femmes admises après un avortement clandestin n'ont pas milité au sein du MLAC. C'est principalement par l'insertion dans des réseaux politiques que la participation au mouvement en faveur de la libéralisation de l'avortement devient effective. Enfin, la capacité à percevoir comme rétribution ce qu'offrent les mouvements féministes est bien souvent en lien avec des expériences passées actualisées au cours de l'engagement féministe. Le discours des militants sur leur propre trajectoire fait régulièrement, et parfois explicitement, apparaître ces mécanismes d'actualisation de dispositions qui s'opèrent au moment de l'engagement. Ainsi, Gilles rencontre une militante de FMA dans le cadre d'un engagement politique. Il explique alors :

> « Et moi ça a touché une résonance immédiate, parce que c'est vrai que les rapports hommes/femmes m'avaient toujours préoccupé sans comprendre très bien les différences hommes/femmes au niveau de la vie de tous les jours, les rôle sociaux, etc. ça m'avait toujours paru bizarre, anormal, et donc quand elle me parle de ça, vraisemblablement de FMA, ça m'intéresse tout de suite[3]. »

De même, quand Thierry est confronté au féminisme, il explique sa réaction par une lecture réflexive de son passé personnel. En rupture avec son père et avec son frère, cet homme, prenant clairement position pour sa mère – il dit qu'« elle s'est sacrifiée toute sa vie pour ses deux enfants » – est interpellé par le féminisme au regard de ses propres expériences :

> « Cette rencontre [avec des féministes] se croise par rapport à mon vécu... et des questionnements que j'avais... on va dire j'avais loupé quelques étapes dans la Maison des Hommes... [...] Un vécu où j'étais pas forcément finalement tellement à l'aise, on va dire, et des questionnements, et j'ai trouvé des réponses dans des lectures féministes et dans des rencontres[4]. »

Bien qu'un tel regard rétrospectif ne soit pas présent dans le discours de tous les militants rencontrés, ces deux exemples incitent à penser le processus d'engagement comme une opération d'activation de dispositions à l'engagement acquises tout au long d'une trajectoire sociale et dans différentes sphères sociales. Il convient en outre de prendre en compte le contexte organisationnel et politique pour saisir les possibilités de ces opérations d'activation. Enfin, les différents niveaux d'appréhension doivent être également croisés pour comprendre les dynamiques de maintien puis de fin de l'engagement.

Une telle approche en termes de carrière nécessite donc de mettre la focale sur des cas singuliers pour mieux saisir les modalités complexes de ce processus. Cette démarche soulève cependant certaines difficultés méthodologiques qu'il convient de présenter avant de restituer des biographies de militants.

3. Entretien avec Gilles, militant à FMA.
4. Entretien avec Thierry, militant anti-patriarcal.

Faire face à la question de l'anonymat

Travailler à partir de trajectoires singulières concernant tant la sphère militante que les sphères familiale, professionnelle et amoureuse n'est pas sans difficultés. Ainsi, « dès lors qu'on veut restituer un cas individuel dans toute sa logique, on risque de le rendre reconnaissable par des lecteurs extérieurs[5] ». Si le problème ne se pose pas pour les militants de la première vague, dont les informations recueillies relèvent du domaine public[6], il est en revanche particulièrement sensible pour les militants rencontrés. En effet, l'entretien a été accordé par la plupart des enquêtés sous réserve d'anonymat[7], élément qui semblait évident à plusieurs d'entre eux, familiers des sciences sociales. C'est cette garantie de l'anonymisation qui a probablement favorisé l'émergence d'une parole parfois intime. En outre, indépendamment des questions éthiques soulevées par la parole donnée de l'enquêteur, il peut apparaître déontologiquement contestable de livrer une histoire de vie à un lectorat susceptible d'identifier le militant. Enfin, il ne faut pas négliger la violence symbolique que peuvent ressentir les enquêtés face à la reconstruction sociologique de leur trajectoire. La réaction de l'écrivaine Victoria Thérame face au travail de Delphine Naudier témoigne de cette violence[8]. Alors que la sociologue avait montré comment le contexte féministe des années 1970 et l'importance pour Les éditions des femmes de publier des femmes issues de milieu populaire avait permis à Victoria Thérame de publier malgré son manque de capitaux valorisés dans le champ littéraire, l'auteure n'y voit qu'une « entreprise de démolition[9] ».

Il s'agit donc, à partir des outils construits par les sciences sociales, de trouver le dispositif permettant à la fois d'anonymiser les interviewés et de maintenir la cohérence des trajectoires pour ne pas appauvrir l'analyse. Dans ce sens, le faible nombre d'hommes dans chacune des associations rend superficielle toute tentative d'anonymisation par un simple changement de nom : les militant-e-s comme les lecteurs-trices averti-e-s pourraient rapidement identifier les enquêtés[10]. Nous

5. Béliard A. et Eideliman J.-S., « Au-delà de la déontologie. Anonymat et confidentialité dans le travail ethnographique », Bensa A. et Fassin D. (dir.), *Les politiques de l'enquête. Épreuves ethnographiques*, Paris, La Découverte, 2008, p. 123-141, p. 127.

6. Dans le sens où les éléments ne proviennent pas d'un entretien en face à face, avec toute la dimension relationnelle que cela implique, mais d'archives accessibles au public.

7. La question a été centrale et déterminante dès le premier entretien. J'avais succinctement présenté ma démarche lors de la prise de contact et ne le fais pas à nouveau au moment de débuter l'entretien. Mais lorsque je pose la première question, l'enquêté me répond : « attendez, d'abord, ça débouche sur quoi ?... et c'est anonyme ? ».

8. Naudier D., *op. cit.* La revue a reçu plusieurs mois plus tard une lettre de Victoria Thérame et a décidé de la publier, précédée d'un texte de Florence Weber, membre du comité de rédaction de *Genèses* (Weber F., « Publier des cas ethnographiques : analyse sociologique, réputation et image de soi des enquêtés », *Genèses*, n° 70, 2008, p. 140-146).

9. Lettre de Victoria Thérame dans Weber F., *op. cit.*

10. Michel Pinçon et Monique Pinçon-Charlot ont procédé à une anonymisation minimale lors de leur première enquête dans la grande bourgeoisie (Pinçon M. et Pinçon-Charlot M., *Dans les beaux quartiers*, Paris, Le Seuil, 1989). Pourtant les enquêté-e-s reconnurent assez aisément les personnes évoquées dans l'ouvrage de sorte que « la garantie de l'anonymat apparut comme très illusoire » (Pinçon M. et Pinçon-Charlot M., *Voyage en grande bourgeoisie. Journal d'enquête*, Paris, PUF, 1997, p. 124).

pourrions alors, à l'image d'Olivier Schwartz confronté au problème dans son enquête sur la vie privée des ouvriers, procéder à des « substitutions de termes semblables, qui [touchent] à la matérialité des faits sans porter atteinte à l'identité du sens[11] » pour les métiers ou les lieux. Si un tel procédé paraît envisageable pour des données factuelles telles que la ville de naissance, la profession ou le lieu de résidence, il s'avère irréalisable en ce qui concerne par exemple l'association dans laquelle l'enquêté s'est engagé. Il semble en effet impossible de changer le nom de l'association par celui d'une autre « sans porter atteinte à l'identité du sens » puisque le choix de telle ou telle association relève de logiques particulières et que chaque groupe occupe une position spécifique, et très souvent unique, au sein du mouvement féministe. De même, il apparaît peu aisé de procéder à des « substitutions de termes semblables » pour les événements politiques ou culturels qui jalonnent les biographies. Plus généralement, le choix de l'analyse de carrières biographiques oblige à revenir sur un ensemble d'éléments, comme la configuration familiale, le parcours scolaire, les engagements politiques ou la vie sentimentale, peu modifiables sans risquer d'altérer profondément le sens des trajectoires. Le problème est en outre accentué par l'intense interconnaissance à l'intérieur du mouvement féministe et par le fait que le capital culturel détenu par les enquêtés prédispose une grande partie d'entre eux à lire les résultats de l'enquête à laquelle ils ont participé[12].

Plusieurs travaux ont ouvert des pistes pour résoudre ces problèmes déontologiques auxquels le-la chercheur-euse doit faire face. Dans le cadre d'une recherche sur une petite communauté de réfugiés d'Asie du Sud-Est aux États-Unis, l'anthropologue américaine MaryCarol Hopkins décrit une scène qui n'est « pas le résultat d'un simple après-midi, mais une composition de plusieurs scènes, événements et individus[13] ». Autrement dit, la chercheuse relate une scène n'ayant jamais réellement existé mais recompose une scène narrative au moyen d'un « collage » de plusieurs éléments réels de son enquête. Ce procédé d'anonymisation par récits recomposés est également utilisé par Olivier Fillieule et Chrisophe Broqua pour rendre compte des parcours de militants dans la lutte contre le sida[14]. Mais à la différence de MaryCarol Hopkins, qui se refuse à ériger sa méthode en modèle, ces deux auteurs affirment la validité scientifique de leur démarche. En effet, selon eux, « tout compte rendu d'enquête passe par une mise en récit, qu'elle emprunte la forme d'un tableau statistique, d'une analyse émaillée d'extraits d'entretiens sélectionnés au gré des besoins de la démonstration ou d'une présentation détaillée d'un petit nombre de récits de vie. De ce point de vue, le fait ici de rendre compte des trajectoires militantes au moyen de récits fictionnels ne se distingue finalement qu'en ce qu'il avoue explicitement le caractère romanesque de la restitution[15] ». Le choix de la fiction est également

11. Schwartz O., *op. cit.*, 2009 [1990], p. 56.
12. Voir Pinçon M. et Pinçon-Charlot M., *op. cit.*, 1997, p. 123-125.
13. Hopkins M., « Is anonymity possible ? Writing about refugees in the USA », Brettell C. B. (dir.), *When they read what we write. The politics of ethnography*, Westport, Bergin et Garvey, 1993, p. 121-129, p. 129.
14. Broqua Ch. et Fillieule O., *Trajectoires d'engagement. AIDES et Act up*, Paris, Textuel, 2001.
15. *Ibid.*, p. 68.

celui retenu par Aude Béliard et Jean-Sébastien Eideliman, confronté-e-s dans leurs recherches respectives à la nécessité de ne pas dévoiler à une partie de leurs enquêté-e-s des discours tenus par des membres de leurs familles, également enquêtés[16].

Si cette méthode d'anonymisation permet de « reconstruire des cas sociologiquement justes, mais socialement faux[17] », elle offre également l'avantage de produire des idéaux-types. Ainsi, il s'agit à travers une mise en récit « de dégager des parcours militants typiques[18] », en soulignant les principales caractéristiques et en restituant une trajectoire au plus près de celles vécues par un grand nombre de militants. C'est donc cette proposition d'élaboration de récits fictifs paradigmatiques à partir des récits recueillis que nous retiendrons pour restituer les trajectoires biographiques des militants depuis les années 1970. Ainsi, à partir d'éléments vraisemblables, parce que partagés par de nombreux militants, nous rendrons compte de trajectoires irréelles mais probables pour analyser les articulations à l'œuvre entre chaque sphère sociale et tout au long de la vie. Il s'agit donc de proposer sous la forme d'un récit non pas ce qui résume l'ensemble des trajectoires militantes mais ce qui constitue les traits saillants des carrières militantes de ces hommes[19]. En revanche, concernant la première trajectoire, pour un militant de la première vague, nous avons décidé de restituer une biographie d'un homme ayant réellement existé. Pour autant, qu'elles soient réelles ou réalisées par une narration, ces carrières sont emblématiques d'une période qui marque en profondeur des trajectoires.

La construction des récits fictifs

Les travaux précédemment cités, qu'ils encouragent l'utilisation de récits fictifs ou qu'ils en construisent, ne présentent pas dans les détails la démarche méthodologique à suivre. Il est donc important d'expliciter la manière dont j'ai procédé.
La première étape de l'élaboration des carrières fictives a été de choisir les organisations militantes représentatives des périodes. Mon choix s'est arrêté sur le MLAC, un groupe d'hommes de la fin des années 1970 et Mix-cité. Dès lors, les entretiens réalisés avec les militants ont constitué la source principale (5 entretiens avec des militants du MLAC, 7 avec des membres de groupes d'hommes et 6 avec des militants de Mix-cité). Pour chaque structure militante, les trajectoires des enquêtés ont été comparées étape par étape. De ce fait, des caractéristiques récurrentes sont apparues et une ossature générale relativement homogène a pu être dégagée. Par la suite, la mise en récit de cette ossature s'est nourrie d'éléments de détails rapportés par les enquêtés. De légères modifications ont parfois pu être opérées concernant ces éléments, dans le but de conserver la cohérence interne à la carrière ainsi construite ou parce qu'ils incarnaient trop visiblement l'enquêté.
Outre les entretiens, les sources d'archives (principalement les journaux militants) ont également nourri, à la marge, les carrières militantes élaborées. En effet, quelques indications biographiques rencontrées de manière récurrente dans des sources mais qui n'apparaissaient pas dans les entretiens ont ainsi pu compléter les portraits.

16. Béliard A. et Eideliman J.-S., *op. cit.*
17. Weber F., *op. cit.*, p. 142.
18. Broqua Ch. et Fillieule O., *op. cit.*, 2001, p. 67.
19. *Ibid.*, p. 70-71.

Parcours « humanistes »

Les profils des militants humanistes et identitaires se distinguent principalement au regard des types de dispositions à l'engagement féministe mais aussi de rétributions. Dans le cas du registre humaniste, illustré par les portraits qui suivent, il s'agit principalement de militants politiques généralement sensibilisés aux droits des femmes au cours de leur socialisation familiale et/ou professionnelle: c'est alors à travers leur expérience de la confrontation directe aux inégalités que subissent les femmes que le féminisme sera appréhendé. Leur engagement s'effectue généralement par le biais de leur collectif militant et à l'occasion d'une campagne de revendication d'un droit, comme le droit de vote ou le droit à l'avortement. Cependant, leur militantisme féministe demeure une partie seulement de leur engagement et, très majoritairement, les hommes de ce registre continuent à participer à d'autres collectifs politiques, qu'il s'agisse d'un parti politique, d'un syndicat ou d'une association, y compris après l'arrêt de leur participation aux luttes féministes. Dans ce sens, les reconversions du capital militant, acquis durant leur engagement féministe, sur d'autres scènes militantes, dans le champ politique ou dans leur carrière professionnelle constituent les principales rétributions de leur militantisme féministe.

Ferdinand Buisson, le « républicain éclairé »

Ferdinand Buisson naît à Paris le 20 décembre 1841[20]. Sa mère, Adèle Aurélie de Ribeaucourt, est âgée de 30 ans lorsqu'elle lui donne naissance. Fille de tisserand, elle a onze frères et sœurs. Issue d'une famille catholique, elle se serait convertie au protestantisme après avoir entendu le prêche d'un pasteur. Neuf mois avant la naissance de Ferdinand, elle épouse Pierre Buisson, alors âgé de 52 ans. Originaire d'une famille paysanne protestante de Normandie, il est avocat à Paris. En 1846 naîtra leur deuxième et dernier enfant, Benjamin[21].

Protestants calvinistes, les parents de Ferdinand Buisson appartiennent au Réveil, courant protestant qui refuse l'unité dogmatique. Ainsi, l'enfance de Ferdinand Buisson est marquée par « un protestantisme orthodoxe rigoureux sans être rigide, pieux sans tomber dans le dogmatisme[22] ». Son enfance est

20. Les informations sur la vie de Ferdinand Buisson proviennent de différentes biographies plus ou moins approfondies qui lui sont consacrées. La plus riche est sans aucun doute celle de Tomei S., *Ferdinand Buisson (1841-1932). Protestantisme libéral, foi laïque et radical-socialisme*, Thèse de Doctorat en histoire, Institut d'études politiques de Paris, 2004. Pour d'autres éléments, voir Hayat P., *La passion laïque de Ferdinand Buisson*, Paris, Éditions Kimé, 1999; Loeffel L., *Ferdinand Buisson, apôtre de l'école laïque*, Paris, Hachette, 1999; Loeffel L. (dir.), *Ferdinand Buisson. Fondateur de là laïcité, militant de la paix*, Amiens, Centre régional de documentation pédagogique de l'Académie d'Amiens, 2004; Peillon V., *Une religion pour la République. La foi laïque de Ferdinand Buisson*, Paris, Le Seuil, 2010. Des informations sont en outre tirées de plusieurs dictionnaires biographiques: Jolly J. (dir.), *Dictionnaire des parlementaires, 1889-1940*, Paris, PUF, 1962; Poujol G. et Romer M., *op. cit.*; Wattel B. et M., *Qui était qui. Dictionnaire biographique des Français disparus ayant marqué le XXe siècle*, Levallois-Perret, Éditions Jacques Lafitte, 2004 [2001]. Enfin, les archives utilisées seront mentionnées au cours du texte.
21. Celui-ci fera une carrière dans l'instruction publique, particulièrement en Tunisie.
22. Tomei S., *op. cit.*, p. 38.

également rythmée par des déménagements. Son père, qui devient juge en 1848, est muté dans le Loiret, dans l'Orne puis à Saint-Étienne. Ferdinand effectue donc ses années de collège à Argentan (Orne) puis fréquente le Lycée Impérial de Saint-Étienne. Quelques jours après ses 17 ans, son père meurt à la fin du mois de décembre 1858. Sans source de revenu, la mère et les deux enfants reviennent à Paris. Là, le jeune Ferdinand Buisson poursuit ses études en même temps qu'il dispense des cours privés pour assurer son nouveau statut de soutien de famille en tant que fils aîné. Il intègre le prestigieux Lycée Impérial Bonaparte (actuel Lycée Condorcet) et obtient brillamment son Baccalauréat de lettres l'année suivante, en 1859.

Devenu étudiant, deux de ses principales convictions se forgent au début des années 1860 : le protestantisme libéral et le républicanisme. Fidèle d'une chapelle protestante de la rue Taitbout, il voit la communauté se déchirer entre orthodoxes et libéraux. Suivant les débats, il finit par se ranger du côté des libéraux en 1864. L'année suivante, il publie *Le christianisme libéral* et défendra désormais les thèses d'un protestantisme libéral[23]. Il se rapproche ainsi de l'Alliance religieuse universelle[24] et devient membre du comité de rédaction de la revue que l'association publie à partir de 1865, aux côtés de républicains comme Charles Fauvéty ou Léon Richer. Son soutien au christianisme libéral le rapproche ainsi des cercles républicains et son opposition à l'Empire et son attachement à la République s'affermissent au fil des années. Après un premier échec au concours d'entrée à l'École normale supérieure en 1861, il n'est pas habilité à s'y représenter l'année suivante pour des raisons médicales. Il obtient toutefois en cette année 1862 une Licence ès lettres. Passionné par la philosophie, il continue d'enseigner dans des institutions privées. Son identité républicaine progressivement consolidée, il refuse de prêter serment à l'Empire et s'exile en Suisse en 1866, à l'âge de 25 ans. Il devient alors professeur à l'académie de Neuchâtel, titulaire de la chaire de philosophie.

En Suisse, après l'obtention d'un Baccalauréat ès sciences et de l'Agrégation de philosophie en 1868, il fréquente les milieux républicains français et renforce encore ses convictions. Il développe alors sa réflexion sur deux nouvelles thématiques qu'il ne cessera de traiter tout au long de sa vie : l'éducation et le pacifisme. Il articule d'ailleurs éducation et pacifisme en soutenant que l'instruction pourra éradiquer la guerre. Il publie sur ce thème dans la revue pacifiste *Les États-Unis d'Europe*[25] et participe au deuxième congrès de la paix et de la liberté à Lausanne en 1869, sous la présidence de Victor Hugo. Durant le congrès, il prononce un discours reprenant le propos de son article. Il y développe un pacifisme qui « prône une régulation supranationale des conflits internationaux[26] » principalement au moyen du droit.

23. Le protestantisme libéral place au premier rang la libre conscience de l'individu et s'oppose à la hiérarchie ecclésiastique et au dogmatisme. Dans ce sens, ses tenants défendent très tôt la laïcité de l'État.

24. Créée en 1860 notamment par Henri Carle, elle a pour principes fondateurs « libre examen, raison, conscience, autonomie individuelle, religion rationnelle progressive fondée sur les lumières naturelles, accord du sentiment et de la raison, libre union morale » (Tomei S., *op. cit.*, p. 83).

25. « L'abolition de la guerre par l'instruction », 19 et 26 avril 1868.

26. Tomei S., *op. cit.*, p. 123.

Après la défaite de Sedan et la fin de l'Empire, Ferdinand Buisson revient à Paris, alors que sa femme Pauline de Ribeaucourt[27] reste en Suisse, et décide de fonder un orphelinat laïc pour accueillir les enfants de militaires tués pendant la guerre franco-prussienne. C'est à ce moment qu'il rencontre Joseph-Gabriel Prévost, ancien saint-simonien, qui dirige un orphelinat à Cempuis, dans l'Oise. À la fin de la guerre, Jules Simon, également exilé en Suisse dans les années 1860, devient ministre de l'Instruction publique et nomme Ferdinand Buisson inspecteur primaire de la Seine en 1871. S'il perd rapidement son poste en raison de ses écrits politiques lorsqu'il était en Suisse, Ferdinand Buisson reste au ministère de l'Instruction publique avec pour tâche de créer un service statistique de l'enseignement primaire. En 1875, lorsque Joseph-Gabriel Prévost meurt, il devient administrateur de l'orphelinat, légué au département de la Seine[28]. Il nomme Paul Robin[29] à la direction de l'établissement. Ce dernier applique ses théories de l'« éducation intégrale » (de l'esprit comme du corps) et de la « coéducation des sexes » (mixité filles/garçons de toutes les activités) et sera toujours soutenu par Ferdinand Buisson, y compris lorsqu'une campagne médiatique attaque violemment les méthodes de l'orphelinat, en 1894[30].

Au cours de cette période (1870-1879), Ferdinand Buisson nourrit sa réflexion sur l'éducation et la pédagogie et prépare la publication du volumineux *Dictionnaire de pédagogie et d'instruction primaire* entre 1880 et 1887. Il bâtit alors sa carrière autour du thème de de l'éducation. Nommé inspecteur général de l'instruction publique en août 1878, il est appelé par Jules Ferry le 10 février 1879 pour devenir directeur de l'enseignement primaire, à l'âge de 37 ans. À ce poste qu'il occupe pendant dix-sept ans, il s'affirme comme un républicain de premier plan en menant la mise en place de l'école primaire obligatoire, gratuite et laïque, devenant ainsi l'un des principaux artisans de l'école républicaine.

Sa vie prend alors un nouveau tour à partir de la deuxième moitié de la décennie 1890. Son poste clé lui permet, en effet, de convertir ses capitaux acquis dans l'administration républicaine dans le champ universitaire et politique. Alors qu'il a obtenu un Doctorat ès lettres en 1891[31], il quitte son poste au ministère pour occuper la chaire de pédagogie en Sorbonne en 1896. Dans le même temps, il s'investit de plus en plus politiquement. Membre de la Ligue de l'enseignement depuis 1882, il ne s'y engage pleinement qu'à partir de 1894. Vice-président en

27. Ils se sont mariés en 1867. Nous avons peu d'informations sur l'épouse de Ferdinand Buisson. Née de Ribeaucourt, elle serait la fille d'un pasteur (Wattel B. et M., *op. cit.*) et a eu trois enfants avec Ferdinand Buisson. Si la mère et la femme de Ferdinand Buisson portent le même nom de naissance nous n'avons aucune information sur d'éventuels liens de parenté.

28. Voir Demeulenaere-Douyère Ch., « Buisson et l'orphelinat Prévost de Cempuis », Loeffel L. (dir.), *op. cit.*, p. 89-96.

29. Voir Demeulenaere-Douyère Ch., « Un précurseur de la mixité : Paul Robin et la coéducation des sexes », *Clio : Histoire, femmes, sociétés*, n° 18, 2003, p. 125-132.

30. Si la pédagogie développée dans l'orphelinat demeure la même, il ne pourra cependant pas éviter le licenciement de Paul Robin. Celui-ci s'engagera à partir de 1896, et jusqu'à sa mort en 1909, dans le néo-malthusianisme (Demeulenaere-Douyère Ch., *op. cit.*, 2003, p. 132).

31. Buisson F., *Sébastien Castellion, sa vie, son œuvre (1515-1563), Thèse présentée à la faculté des Lettres de Paris*, Paris, Librairie Hachette, 1891. Sébastien Castellion est un théologien protestant français que Ferdinand Buisson considère comme le père du protestantisme libéral.

1897, il en sera président de 1902 à 1906[32], et restera membre de la direction nationale jusqu'en 1932. En outre, après être resté dans l'expectative, « il finit par se convertir au dreyfusisme entre le 12 et le 17 mai 1898[33] ». Il fréquente alors les cercles dreyfusards et fait partie des fondateurs de la Ligue des droits de l'Homme et du citoyen. Enfin, il participe à la fondation du parti radical en 1901. L'année suivante, à 60 ans, il commence une carrière politique.

Élu député radical de la Seine le 11 mai 1902 (date à laquelle il quitte son poste de professeur à la Sorbonne), il sera présent à la Chambre jusqu'en 1914, puis de 1919 à 1924. Dans cette nouvelle fonction, il s'attache principalement à laïciser l'État. Il se fait ainsi élire président de la commission sur la séparation des Églises et de l'État en juin 1903 et présente un rapport de loi sur la suppression de l'enseignement congréganiste. En parallèle, il demeure investi à la Ligue de l'enseignement, à la LDH et devient en 1903 le premier président de l'Association nationale des libres penseurs de France.

À la fin des années 1900, l'activité politique de Ferdinand Buisson, toujours député, ralentit nettement après le vote de la loi sur la séparation des Églises et de l'État. C'est à ce moment précis qu'il se rapproche du mouvement féministe, et particulièrement des suffragistes. Les archives ne permettent pas de connaître les modalités exactes de ce rapprochement. Pour autant, à partir de 1908, Ferdinand Buisson, à plus de 66 ans, entretient une importante correspondance avec les associations féministes réformistes[34]. Les militantes féministes l'invitent ainsi à intervenir lors du congrès national des droits et du suffrage des femmes, du 26 au 28 juin 1908[35]. Il s'engage alors pleinement dans la campagne suffragiste et affirme à Hubertine Auclert que « le droit électoral des femmes ne devrait plus faire question dans un pays de suffrage universel[36] ». En 1909, au nom de la commission du suffrage universel de la Chambre des députés, il rédige un rapport sur la proposition de loi Dussaussoy de 1906 pour accorder le droit de vote aux femmes aux élections des conseils municipaux, d'arrondissement et généraux[37]. Avec ce rapport, il devient un interlocuteur privilégié des féministes[38] en même temps qu'il s'impose comme le principal défenseur du droit de vote des femmes dans l'arène parlementaire. Régulièrement invité dans des réunions ou conférences de la LFDF ou de l'UFSF, il devient le président de la Ligue d'électeurs pour le suffrage des femmes lors de sa création en 1911. Son action suffragiste se poursuit jusqu'à la veille de la guerre, notamment au sein de la Ligue.

32. Voir Martin J.-P., « Ferdinand Buisson et la Ligue de l'enseignement », Loeffel L. (dir.), *op. cit.*, p. 19-35.
33. Tomei S., *op. cit.*, p. 506.
34. BHVP, Fonds Marie-Louis Bouglé, Sous-fonds Ferdinand Buisson, boîte n° 1, Nombreux courriers avec des associations féministes, 1908-1913.
35. *Ibid.*
36. BHVP, Fonds Marie-Louis Bouglé, Sous-fonds Hubertine Auclert, boîte n° 2, Lettre de Ferdinand Buisson à Hubertine Auclert, 30 septembre 1909.
37. Il le publiera sous forme de livre deux ans plus tard. Buisson F., *Le vote des femmes*, Paris, H. Dunod et E. Pinat Éditeurs, 1911.
38. « Ce rapport est le premier grand acte féministe de M. Ferdinand Buisson » pour *La Française* qui le qualifie d'« homme du jour pour les féministes » au moment où il remet son rapport aux députés (*La Française*, n° 155, 5 avril 1910).

À ce moment de sa trajectoire, son activité féministe se comprend à l'aune des différentes expériences passées. Le protestantisme d'abord, en défendant une morale unique pour les deux sexes, apparaît comme un terrain plus favorable que le catholicisme pour défendre l'égalité des sexes et pour promouvoir l'autonomie des femmes[39]. Ainsi, sa socialisation familiale et l'affirmation de son identité protestante participent-elles à l'acquisition d'une disposition à reconnaître comme légitimes les revendications féministes, d'autant plus qu'il a fréquenté des milieux protestants proches des féministes. En effet, au début des années 1860, Ferdinand Buisson côtoie Edmond de Pressensé, pasteur à la chapelle Taitbout et époux de la féministe Élise de Pressensé. En outre, disposé au militantisme par ses capitaux, notamment culturels, son engagement dans l'espace républicain le conduit à rencontrer fréquemment des défenseurs des droits des femmes. Au sein de l'Alliance universelle dans les années 1860, il milite aux côtés de Léon Richer et assiste aux conférences que celui-ci donne au Grand-Orient[40], notamment sur les droits des femmes. De même, son rapprochement avec les milieux pacifistes lors de son exil en Suisse lui fait rencontrer plusieurs féministes. L'égalité des sexes est également au cœur du programme éducatif que Paul Robin défend au sein de l'orphelinat administré par Ferdinand Buisson. Enfin, ses engagements au tournant du siècle multiplient les opportunités d'être confronté au féminisme. L'affaire Dreyfus, la Ligue des droits de l'Homme ou les réseaux libres penseurs sont en effet également investis par de nombreuses féministes. Ainsi, c'est par cette inscription dans ces multiples réseaux républicains qu'il apparaît comme membre de la commission d'organisation du congrès international de la condition et des droits des femmes à Paris en 1900[41] et qu'il prononce un discours sur le féminisme à la Loge maçonnique de la Jérusalem écossaise, le 27 juin 1902. D'ailleurs, familiarisé avec le féminisme alors qu'il n'y a jamais milité, « M. Buisson a soutenu toutes [les] revendications » féministes[42].

Après le vote de la loi de 1905, Ferdinand Buisson se trouve alors dans une période de relative disponibilité. À plus de 60 ans, après une carrière militante scandée par une succession d'engagements thématiques (le protestantisme libéral, la pédagogie, l'école, la laïcité de l'État), il n'a plus de cause

39. Sur les liens entre féminisme et protestantisme, voir Rochefort F., « Féminisme et protestantisme au xixe siècle, premières rencontres, 1830-1900 », *Bulletin de la société d'histoire du protestantisme français*, n° 146, 2000, p. 67-89 et Poujol G., *Un féminisme sous tutelle. Les protestantes françaises, 1810-1960*, Paris, Les éditions de Paris, 2003.

40. S'il a été proche de nombreux maçons et des valeurs de la franc-maçonnerie, Ferdinand Buisson n'a probablement jamais appartenu à aucune loge (Tomei S., *op. cit.*, p. 90-96).

41. En effet, le congrès faisant partie des congrès officiels financés par le gouvernement à l'occasion de l'exposition universelle de 1900, « la commission d'organisation du congrès international de la condition et des droits des femmes se composa de personnes présentées à l'approbation du gouvernement par diverses sociétés féministes ayant pris l'initiative du congrès et de membres désignés par le gouvernement lui-même » (*Congrès international de la condition…*, *op. cit.*). Ainsi, la présence de Ferdinand Buisson dans ce comité, en tant que « professeur à la faculté de lettres, directeur honoraire au Ministère de l'instruction publique », découle possiblement des désignations du gouvernement. En outre, son nom dans la liste du comité d'organisation ne signifie pas qu'il ait réellement participé ni à l'organisation, ni aux séances du congrès, comme peut le laisser penser l'absence de son nom dans les comptes rendus officiels.

42. *Le journal des femmes*, n° 123, juillet 1902.

à défendre. Au même moment, le combat suffragiste prend de l'ampleur dans l'espace féministe comme dans l'espace public (l'UFSF est créée en 1909) et les féministes réformistes continuent de mobiliser leurs réseaux républicains pour obtenir des victoires. Ce contexte offre alors à Ferdinand Buisson les conditions d'actualisation des savoirs et savoir-faire féministes qu'il a acquis au cours de sa trajectoire. En prenant en charge la question du droit de vote des femmes, il peut à nouveau incarner un projet, d'autant plus aisément que celui-ci se rattache, dans le cadre d'un engagement féministe sur le registre humaniste, à sa pensée philosophique et politique. Ainsi, dans son rapport favorable au droit de vote des femmes aux élections locales, Ferdinand Buisson souligne que « la démocratie se reconnaît à ce signe, qu'elle considère le droit au suffrage comme un droit naturel dépendant de la personne humaine et indépendant des circonstances, matérielles et morales, économiques ou sociales, où celle-ci peut se trouver[43] ». Militer avec le mouvement féministe constitue enfin, pour lui, une manière supplémentaire de s'affirmer dans l'espace républicain éclaté et de se faire le défenseur d'une nouvelle thématique.

Ainsi, l'engagement féministe de Ferdinand Buisson se comprend à la fois au regard de sa socialisation, de ses expériences antérieures, de la temporalité de sa trajectoire, du contexte féministe et de ses conceptions politiques. Dans ce sens, les changements qui surviennent à partir de 1914 produisent un net ralentissement de son activité féministe. Son élection à la présidence de la LDH ainsi que la déclaration de guerre modifient largement son agenda politique. Au lendemain de l'Armistice, face à des revendications féministes qui ne parviennent pas à s'imposer dans l'arène politique, il se consacre davantage à la paix et à la réconciliation franco-allemande, même s'il fait voter en 1919 la loi sur l'égalité salariale entre instituteurs et institutrices. S'il continue à manifester son soutien aux associations féministes[44], il s'investit beaucoup plus au sein de la LDH qu'il préside jusqu'en 1926. Son action en faveur du rapprochement entre les peuples et de la diffusion de l'idée pacifiste lui vaudra d'ailleurs l'obtention en 1927 du prix Nobel de la paix, à 85 ans, après avoir été fait Grand officier de la Légion d'honneur en 1924. Âgé, il se retire progressivement de tous ses engagements et meurt à Thieuloy-Saint-Antoine (Oise) le 16 février 1932 à l'âge de 90 ans. Les hommages sont alors unanimes dans tout le camp républicain. Pourtant, son action féministe n'est pas soulignée, contrairement à ses engagements pour l'école, la laïcité ou la paix. Déjà en 1930, lors d'un hommage que la Ligue de l'enseignement rend à Ferdinand Buisson, les féministes notent que « ni le ministre, ni le président de la Ligue de l'enseignement, ni les autres orateurs, ne dirent un mot de son action pourtant si énergique pour le suffrage des femmes[45] ». De même, les biographies qui lui sont consacrées n'abordent

43. *1909, Le droit des femmes. Le rapport Buisson : le premier rapport parlementaire en faveur du suffrage féminin*, Paris, Assemblée Nationale, 2009, p. 42.
44. Par exemple, il entre au comité d'honneur de la LFDF en 1921 (*Le droit des femmes*, janvier 1921) ou prononce un discours à un meeting du CNFF sur le suffrage des femmes en 1922 (*La Française*, n° 558, 18 mars 1922).
45. *La Française*, n° 922, 1er février 1930.

pas ce thème ou se contentent de l'évoquer[46]. Cet effacement de l'engagement féministe de Ferdinand Buisson[47] est certes révélateur de la faible légitimité du féminisme dans l'espace républicain, mais il est également symptomatique d'un militantisme qui ne se comprend qu'à la lumière d'autres engagements, souvent plus investis par les hommes. Ainsi, Ferdinand Buisson était d'abord un protestant libéral, un pédagogue, un républicain laïc et un pacifiste avant d'être un militant féministe[48].

La trajectoire de Ferdinand Buisson est caractéristique de la grande majorité des militants féministes de la première vague et met en évidence la manière dont l'engagement féministe mobilisant un registre humaniste, rendu possible par certaines dispositions et par l'insertion dans des réseaux politiques, s'inscrit dans un parcours politique républicain à une période de forte visibilité des revendications féministes. Le parcours suivant d'un militant du MLAC dans les années 1970 révèle comment les mêmes mécanismes sont à l'œuvre dans un contexte politique pourtant largement différent.

Jacques, le « médecin gauchiste »

Jacques naît le 14 juin 1946 à Paris dans une famille appartenant aux classes supérieures. Son père, médecin libéral, est issu d'une famille bourgeoise parisienne. Sa mère, elle aussi de milieu aisé, met un terme à son métier de professeure pour s'occuper de ses enfants. Mariés en 1944, ils auront également une fille née deux ans après Jacques. Catholiques peu pratiquants, ils élèvent néanmoins leurs deux enfants dans la foi chrétienne. S'ils ne sont pas militants, ils sont cependant politisés et votent pour le général De Gaule. Dans ce contexte, Jacques est élevé selon des règles strictes et des valeurs traditionnelles. Il effectue toute sa scolarité dans des établissements publics du 8e arrondissement de Paris, majoritairement fréquentés par des enfants de milieux favorisés.

Entré dans un lycée public de garçons en 1961, il rencontre peu à peu les milieux politiques de gauche. Dans un contexte d'émergence de la jeunesse sur la scène politique, Jacques découvre les mobilisations en faveur de l'indépendance de l'Algérie, se rapproche de militant-e-s, notamment des jeunesses communistes, et se forge progressivement une conscience politique en rupture avec son milieu familial, tout comme il s'éloigne de la religion. Après un Baccalauréat scientifique obtenu brillamment, il entre en faculté de médecine en 1964 où il milite à l'Union des étudiants communistes (UEC). Il s'en éloigne cependant

46. À l'exception de la thèse de Samuël Tomei qui réserve une sous-partie à son engagement féministe. Elle est cependant, et significativement, relativement sous-documentée par rapport au reste de la thèse (TOMEI S., *op. cit.*, p. 652-665).

47. Ceci n'est pas spécifique à Ferdinand Buisson. Tout au long de la IIIe République, les féministes font régulièrement le même constat de l'« oubli » de l'engagement féministe au moment du décès d'un homme qu'elles considèrent pourtant comme un « apôtre du féminisme » ou un « ardent défenseur ».

48. Ce trait est commun à la plupart des militants féministes de la première vague, à la différence des militantes, beaucoup plus souvent uniquement ou principalement militantes féministes. Voir par exemple FORMAGLIO C., *« Féministe d'abord » : Cécile Brunschvicg (1877-1946)*, Rennes, Presses universitaires de Rennes, 2014.

dès 1965, après les exclusions de militant-e-s trotskistes et maoïstes qui rejetaient le stalinisme. Il fréquente alors les milieux maoïstes et participe à un comité Vietnam de base en 1967.

En mai 1968, étudiant en quatrième année de médecine, il soutient le mouvement et participe aux événements. Il hésite même à faire partie des « établis » dans les usines[49] mais finit par y renoncer. Dans le bouillonnement politique de la fin des années 1960, Jacques se sent à l'aise et a enfin le sentiment de trouver sa place. Sa socialisation militante élargit son cercle d'ami-e-s et son environnement social est de plus en plus marqué par l'activisme politique.

Devenu interne, il milite avec d'autres étudiant-e-s en médecine maoïstes. C'est par ces réseaux militants qu'il s'engage au Groupe information santé (GIS) peu de temps après sa création en 1972. Son engagement politique lui permet alors d'amorcer une réflexion et une lutte à l'intérieur de son (futur) champ professionnel. Dans le même temps, le thème de la libéralisation de l'avortement est déjà une question présente sur la scène politique et médiatique sous l'action des militantes féministes. Ainsi, la lutte en faveur de l'avortement émerge au sein du GIS qui cherche à promouvoir une pratique de la médecine alternative, fondée sur une relation médecin/patient la plus égalitaire possible.

À 26 ans, Jacques fait partie des signataires du manifeste des 331 médecins de février 1973 déclarant avoir pratiqué des avortements. Il participe alors à la création du MLAC au niveau national et fonde avec des amis internes en médecine (uniquement des hommes), également politisés à l'extrême gauche, un groupe MLAC proche de leur hôpital. Avec ce groupe, Jacques participe à l'organisation de voyages en Grande-Bretagne et aux Pays-Bas pour des femmes désirant avorter. Formé à la méthode Karman au mois de mars 1973 au sein du GIS, il est, à partir de mai 1973, un des trois médecins de son groupe MLAC à pratiquer des avortements par aspiration. À cette période, il participe également à des actions avec les militantes du Planning familial et parfois du MLF. Au début de l'année 1974, avec les militant-e-s de son groupe MLAC, il décide cependant de ralentir le rythme d'avortements pratiqués dans les locaux du groupe. Ne voulant pas se substituer à ce qu'elles et ils considèrent être le rôle de l'hôpital public, ils et elles entreprennent de faire pression sur les médecins hospitaliers. Ainsi, Jacques déclenche des avortements et accompagne à l'hôpital les femmes venues avortées pour obliger les services hospitaliers à les prendre en charge. Mais les résistances sont grandes au sein du monde médical et le militantisme devient de plus en plus éprouvant, d'autant que des tensions apparaissent dans le groupe où des militantes féministes venues du MLF reprochent aux jeunes médecins de monopoliser le savoir technique et d'utiliser le corps des femmes à des fins politiques. Jacques, à la fin de son internat où il s'est spécialisé sur les questions de reproduction, cesse alors la pratique des avortements et quitte le MLAC, en octobre 1974. Son départ est facilité par le fait qu'il considère la loi

49. À partir de septembre 1967, certains maoïstes, souvent étudiants, vont travailler dans les usines comme ouvriers pour partager l'expérience de la classe ouvrière mais aussi pour la politiser. Voir notamment Dressen M., *De l'amphi à l'établi. Les étudiants maoïstes à l'usine (1967-1989)*, Paris, Belin, 1999.

en préparation, dont il pense l'issue positive, comme une victoire au regard de ses revendications. Il reste militant au GIS, mais s'en détache progressivement et finit par abandonner tout engagement militant au cours de l'année 1975.

Si le militantisme féministe de Jacques aura donc duré moins de deux ans, il n'est néanmoins pas le fruit du hasard. Âgé de 26 ans lorsqu'il rencontre le mouvement féministe, et plus particulièrement la revendication en faveur de l'avortement, Jacques fait partie d'une génération qui a vécu à la fois la « libération sexuelle » et la peur d'une grossesse non désirée, alors inhérente à la vie sexuelle hétérosexuelle. En outre, il a été marqué en 1969 par les difficultés rencontrées par la compagne d'un ami proche lorsque celle-ci a voulu avorter. De même, à l'instar de nombreux jeunes internes, il a été témoin dans les hôpitaux de l'humiliation dont faisaient l'objet les femmes venues en urgence à la suite de complications dues à un avortement clandestin. Ces événements, combinés à la rupture avec les conceptions catholiques de ses parents et à son engagement politique, participent alors à l'émergence d'une prise de position en faveur de la libéralisation de l'avortement. De plus, durant l'été 1972, il épouse une professeure du secondaire rencontrée deux ans auparavant et proche des milieux féministes. Celle-ci a en effet défilé avec le MLF en 1971 pour réclamer la libéralisation de l'avortement et a participé à plusieurs réunions féministes. Jacques a ainsi eu l'occasion de discuter de cette question avec sa compagne et de se forger une opinion. Lorsque la question de l'avortement émerge au sein du GIS en 1973, il est donc rapidement convaincu de la nécessité du combat. De plus, investi depuis plusieurs années dans les luttes de l'extrême gauche, la revendication de l'avortement libre et gratuit représente une opportunité de s'investir dans un combat politique de premier plan qui est proche de son univers politique. En effet, non seulement la lutte pour la suppression de la loi interdisant l'avortement mobilise largement une grille d'analyse en termes de classe à laquelle il adhère, mais de surcroît, ce combat offre de mettre en pratique la critique de la médecine à laquelle il participe au sein du GIS. Dès lors, le féminisme est investi sur un registre humaniste, étant intégré à sa posture politique plus large. Sa participation au MLAC permet également de resserrer les sociabilités au sein du monde médical nouées dans le GIS et de s'engager dans une lutte de définition de l'éthique professionnelle de la médecine. Enfin, son militantisme au MLAC peut également se comprendre comme une logique d'accumulation de capital militant, dans un contexte où la radicalité politique et la multiplication des engagements dans différentes luttes sociales sont fortement valorisées dans le champ militant.

Ainsi, l'engagement féministe de Jacques est éclairé par la rencontre entre sa trajectoire personnelle, son parcours militant et le contexte politique marqué par la valorisation de la radicalité politique et l'émergence des revendications féministes. Les transformations qui s'amorcent en 1974 le conduisent toutefois au désengagement. Dans le même temps, il termine son internat et est nommé chef de clinique dans une ville de la banlieue parisienne au milieu de l'année 1975. Enfin, le vote de la loi Veil et le début du déclin des luttes sociales participent également au processus de désengagement.

Jacques poursuivra dès lors une prestigieuse carrière à l'hôpital public, terminant professeur et chef de service d'un hôpital d'une grande ville de province. Il va d'ailleurs reconvertir une partie de son capital militant dans le champ professionnel en participant aux débats sur la bioéthique, notamment dans le domaine de la procréation médicalement assistée. La lutte pour l'avortement ayant été inscrite par le GIS dans une lutte de transformation de l'éthique médicale, son passé militant se révèlera ainsi un atout : au moment d'une redéfinition des normes éthiques professionnelles, il est reconnu comme légitime par ses pairs pour participer aux réflexions collectives. Enfin, si ses convictions politiques sont nettement moins radicales, il se positionne toujours à gauche mais ne milite plus au-delà des années 1970. De même, il ne renie rien de son action au MLAC mais reste aujourd'hui distant à l'égard des mouvements féministes, bien qu'il se dise prêt à se mobiliser à nouveau si la loi autorisant l'avortement était menacée.

Cette trajectoire souligne la spécificité de la lutte pour la libéralisation de l'avortement dans les années 1970 où engagements féministes et engagements professionnels sont entremêlés. Mais le parcours de Jacques illustre également la proximité des carrières militantes sur le registre humaniste des années 1970 avec celles du mouvement de la première vague, puisque finalement la différence principale réside dans la nature des réseaux politiques. En effet, pour la plupart des médecins du MLAC, l'engagement se comprend par l'activation de dispositions grâce à un engagement politique à l'extrême gauche au moment où les féministes imposent la question de l'avortement sur la scène publique. Pourtant, à la même époque, la dimension personnelle devient centrale dans la carrière de certains militants et transforme les logiques d'engagement, ouvrant la voie au registre identitaire.

Trajectoires « identitaires »

Les militants qui s'inscrivent dans le registre identitaire présentent des spécificités par rapport aux militants humanistes. Ainsi, à l'image des portraits présentés ci-après, leurs dispositions à l'engagement se caractérisent davantage par une socialisation familiale qui favorise les déplacements des normes de genre comme, par exemple, l'expérience d'une position de la « fille manquante » durant l'enfance. Disposés à questionner la dimension genrée du monde social, leur engagement s'effectue par le biais de réseaux politiques identiques à ceux des militants du registre humaniste. Mais à la différence de ceux-ci, les militants identitaires abandonnent très fréquemment leur premier lieu militant pour se consacrer à leur militantisme féministe. De même, lorsqu'ils maintiennent leur engagement antérieur, ils investissent les espaces militants féministes (commission, groupe de travail…) au sein de ce collectif. Enfin, le sentiment de reconnaissance et de valorisation de leur identité de genre, vécue jusque-là comme stigmatisée, représente la principale rétribution de leur militantisme féministe.

Christian, l'homme « dévirilisé »

Christian naît à Alger le 23 octobre 1952 de parents installés en Algérie depuis 1946. Son père est avocat et sa mère sans profession salariée prend en charge leurs quatre enfants. Christian est le dernier d'une fratrie exclusivement masculine et a plus de cinq ans d'écart avec son frère le plus jeune. Particulièrement proche de sa mère, avec qui il partage des activités traditionnellement féminines comme la cuisine, Christian grandit dans un univers largement féminin, malgré la présence de trois frères. La guerre d'Algérie provoque le départ de la famille qui s'installe à Cannes en 1960. Christian poursuit donc sa scolarité dans une école, puis dans un collège et un lycée, du centre-ville. Bon élève, il obtient un Baccalauréat littéraire avec mention Bien en 1970. Mais il supporte de moins en moins l'autorité de son père, qui entend régir aussi bien la vie de ses enfants que celle de sa femme. Il réussit alors à obtenir la permission d'aller poursuivre ses études à Paris.

Christian arrive à Paris au mois de septembre 1970 pour commencer un cursus universitaire en lettres, à la Sorbonne. Dans le Quartier latin, il découvre la contre-culture de la jeunesse intellectuelle et les multiples agitations politiques. Si ses parents sont à gauche de l'échiquier politique, Christian, lui, n'a jamais vraiment été politisé, même si, deux ans auparavant, il avait ressenti de l'intérêt pour la révolte de mai 1968. À Paris, il ne milite dans aucun groupe mais s'approprie peu à peu les normes et les valeurs de la culture révolutionnaire. Dans le même temps, il rompt de plus en plus avec sa famille, particulièrement avec son père, et retourne moins fréquemment à Cannes. En 1973, à 21 ans, il déménage de sa chambre d'étudiant pour un appartement communautaire où il vit avec six femmes et un homme, tou-te-s étudiant-e-s. Parmi les colocataires, trois femmes sont engagées au MLF. Christian découvre alors au quotidien le féminisme des années 1970, d'autant qu'il est parfois obligé de quitter son lieu de vie pour que des réunions non mixtes s'y tiennent. Il voit également se développer la lutte pour la libéralisation de l'avortement. Cinq des « copines » de l'appartement participent plus ou moins activement à un groupe MLAC de leur quartier. Ayant une relation privilégiée avec sa mère et ayant grandi principalement avec des filles et des femmes, Christian s'approprie aisément le discours des féministes lorsqu'il rencontre ses colocataires. Prédisposé à comprendre les expériences des femmes, il reçoit d'autant plus favorablement le discours féministe qu'il est marqué par le modèle autoritaire incarné par son père qu'il refuse de reproduire. Enfin, l'expérience de la vie en Algérie et celle du départ, empreintes vives dans l'histoire subjective familiale, favorisent un regard décalé et lucide sur les contraintes des normes sociales, et notamment des normes de genre.

Bien que cette période soit l'occasion pour Christian d'avoir de longues discussions sur la sexualité, l'avortement et plus généralement l'expérience des femmes, il ne franchit cependant pas le pas de l'engagement. Soucieux de l'autonomie des femmes, il ne trouve pas de lieux d'engagement où il se sent à l'aise. L'absence d'interrogation des normes de genre dans les lieux militants mixtes l'incite ainsi à se contenter de sociabilités informelles qu'il se construit principalement par le biais de ses colocataires. Il poursuit ses études de lettres, obtient une Maîtrise en 1974 et décide alors de s'inscrire en Doctorat de troisième cycle. Un an plus tard, la colocation se dissout et Christian emménage seul. S'il maintient des liens avec les milieux militants, cette période de sa vie est pleine de doutes. Ses relations avec les filles sont difficiles, d'autant que sa vie au contact de féministes a fait naître chez lui de nombreuses interrogations sur son comportement. Pour autant, il n'a personne avec qui il peut échanger sur ces questions et continue son cursus universitaire. Après l'obtention de son Doctorat de troisième cycle, il entreprend un Doctorat d'État en 1976[50].

Au mois d'octobre 1978, peu de temps avant ses 26 ans, une amie féministe avec qui il a gardé des liens lui fait connaître l'existence de groupes d'hommes. Le mois suivant, il va à une première réunion au Pré Saint-Gervais à laquelle une petite dizaine d'hommes participe. Ils parlent, principalement d'eux, pendant près de deux heures. Comme lui, beaucoup ont été interpellés par les discours féministes. Sur la base du refus de la « virilité obligatoire », ils partagent leurs expériences pour y trouver les expressions de leur domination sur les femmes et tenter de construire une masculinité non oppressive. Pour Christian, ce groupe est une libération. C'est un espace où il peut exprimer ses envies, ses projets, mais aussi ses doutes et ses culpabilités. Il rencontre la qualité d'écoute et d'échange qu'il recherchait et qu'il avoue avoir envié aux féministes. Dès lors, il participe régulièrement au groupe qui fonctionne rapidement de manière fermée et réunit sept hommes. Un an plus tard, ils ne sont plus que quatre à faire vivre le groupe. L'investissement de Christian ne faiblit pourtant pas. Parallèlement à ce groupe, il participe en 1980 à la création de l'Association pour la déconstruction des archétypes masculins (ADAM) et s'implique dans le lancement de la revue *Types, Paroles d'hommes*. Pour autant, Christian supporte mal la place de plus en plus importante faite aux écrits qui n'utilisent pas le féminisme comme grille d'analyse. En outre, le groupe de parole auquel il participe est traversé par une crise, deux des membres ayant le sentiment que le groupe a dérivé vers un groupe thérapeutique. En 1982, Christian abandonne toute activité au sein des groupes d'hommes. Il s'engage alors, comme beaucoup de ses collègues, dans une démarche plus individuelle et commence une psychanalyse.

La rencontre avec les groupes d'hommes réactive ainsi chez Christian les interrogations auxquelles il avait fait face quelques années plus tôt au contact des féministes. Si les groupes d'hommes représentent, sur la forme comme sur le fond, ce que Christian recherchait, son engagement correspond également à un moment où il est plus isolé qu'au début des années 1970. Ainsi, alors que la rencontre avec des féministes lui a permis d'adopter une lecture politique de ses interrogations sur la virilité, le groupe d'hommes lui offre l'opportunité de découvrir que d'autres hommes ressentent le même décalage à l'égard des injonctions

50. Jusqu'en 1984, le cursus universitaire se composait d'un DEUG (2 ans), d'une Licence (1 an), d'une Maîtrise (1 an), d'un Doctorat de troisième cycle (3 ans, dont un an de Diplôme d'études approfondies) et d'un Doctorat d'État (généralement autour de 10 ans pour les filières littéraires et en sciences sociales).

à la virilité et donc de rompre avec l'isolement. Le militantisme féministe peut alors être investi par le biais du registre identitaire puisque son identité de genre est valorisée dans ce nouveau cadre collectif où les « preuves » de masculinité ne sont pas demandées : au contraire, tout ce qui appartient au masculin est examiné et rejeté pour tenter d'instaurer une masculinité non oppressive. Cette exigence conduit parfois Christian à se remettre en cause et à prendre conscience qu'il lui arrive d'exercer la domination masculine par ses façons d'être et de penser. Pour autant, le sentiment, la majeure partie du temps, d'incarner au moins partiellement une masculinité non oppressive rassure Christian sur son identité de genre.

Mais quatre ans plus tard, de nombreux éléments changent la donne. Le contexte politique est largement différent et les mouvements contestataires connaissent un net déclin. En outre, les groupes d'hommes sont traversés par de multiples crises qui les fragilisent. Pour Christian, la reconnaissance identitaire créée par le groupe s'étiole à mesure que les discours sur les souffrances prennent le pas sur l'enthousiasme. Sa vie personnelle a également évolué : en 1981, il a rencontré une femme avec qui il construit une relation qu'il espère durable. Cette relation prend alors progressivement le relai dans le travail d'étayage de son identité de genre. Sur le plan professionnel enfin, Christian obtient en 1981 un poste d'assistant dans une université de la banlieue parisienne lui permettant d'envisager sereinement la soutenance de sa thèse d'État qui aura finalement lieu en 1985.

À cette date, il habite avec sa compagne, enceinte de leur premier enfant. Celui-ci naîtra en 1986, deux ans avant leur deuxième et dernier enfant. En 1986 également, Christian obtient un poste de Maître de conférences à l'université. Réussissant sa carrière académique, il sera finalement élu Professeur des universités en 1999, à l'âge de 46 ans. Au niveau personnel, il se séparera de la mère de ses enfants en 1989 avant de vivre à nouveau en couple trois ans plus tard. De son militantisme féministe, Christian garde un souvenir partagé. S'il se souvient avec enthousiasme de la période de découverte et des premiers temps du groupe d'hommes, le sentiment d'échec demeure dominant. Après avoir déconstruit les « archétypes masculins », il a aujourd'hui le sentiment que ce travail entrepris en collectif ne lui a pas offert d'alternatives d'identification et avait laissé place au vide : s'il n'était pas, ou ne devait pas être, un homme, que pouvait-il être ? Christian a fini par trouver une réponse satisfaisante par le biais d'une démarche strictement individuelle et n'a plus milité depuis le début des années 1980. Aujourd'hui, notamment par le biais du travail en psychanalyse, Christian parvient à unifier son expérience en déclarant refuser d'exercer sa domination tout en valorisant certains aspects de la « virilité obligatoire ». S'il rejette donc la radicalité de sa posture passée, son engagement lui a néanmoins permis d'opérer des déplacements des frontières de genre. D'ailleurs, les deux compagnes avec qui il a vécu, sans être militantes, étaient, selon lui, « féministes dans les faits ».

La trajectoire de Christian met en avant l'effet de la politisation du privé par les militantes féministes et de l'émergence du registre identitaire sur les processus d'engagement des militants féministes à partir des années 1970. Ce n'est plus la disposition à adhérer aux revendications des femmes qui est activée par les réseaux politiques mais bien la disposition à s'approprier une lecture politique de sa propre trajectoire en tant qu'individu genré. La centralité de la question de l'identité de genre à partir des années 1990 renforce ce phénomène comme l'illustre le parcours suivant.

Julien, le militant « dégenré »

Julien est né à Strasbourg le 7 avril 1982 dans une famille de classe moyenne intellectuelle. Ses deux parents sont enseignants : son père est professeur d'histoire en lycée tandis que sa mère enseigne en école élémentaire. Deux ans plus tard, Julien aura un petit frère, deuxième et dernier enfant du couple. Il décrit sa famille comme égalitaire, son père participant aux tâches domestiques et ses parents inculquant à leurs enfants des valeurs d'égalité, notamment entre filles et garçons. Julien, proche de sa mère, marque rapidement un certain désintérêt pour les activités traditionnellement masculines, notamment les sports collectifs. Durant une scolarité moyenne en comparaison de l'excellence scolaire de son frère, il fréquente un groupe de pairs très largement féminin.

En famille, les discussions politiques tiennent une place importante puisque sa mère et son père, ancrés à gauche, sont militants syndicaux à l'Éducation nationale. Dans cet univers familial, Julien se positionne également à gauche, mais va rapidement se radicaliser par rapport aux positions politiques de ses parents. Aussi, en 1999, lorsqu'un mouvement lycéen en opposition au projet de réformes voulu par Claude Allègre émerge au sein de l'établissement où il effectue sa terminale, il y participe. Cette première expérience lui donne le goût des collectifs militants et il s'engage, par le biais d'une camarade de classe, aux Jeunesses communistes révolutionnaires (JCR) dans les mois suivants. Dans le même temps, Julien fréquente de plus en plus uniquement des filles et vit mal ses relations avec les autres garçons. Malgré quelques expériences amoureuses avec des filles, il est renvoyé par ses pairs, et notamment les garçons, à une homosexualité à laquelle il ne s'identifie pourtant pas. Cette situation fait alors naître chez Julien de nombreuses questions sur son identité sexuée et sexuelle. Il ne parvient cependant pas à partager ces sentiments avec son entourage.

Après l'obtention d'un Baccalauréat littéraire en 2000, Julien s'inscrit en faculté d'anthropologie à Strasbourg. À l'université, toujours membre des JCR, il multiplie les engagements militants à la faveur de différentes luttes sociales : pour le droit au logement, pour les sans-papiers ou dans différentes campagnes contre des projets gouvernementaux. De plus, durant son cursus, il découvre en Licence les travaux sur le genre de Nicole-Claude Mathieu[51]. Ces lectures fonctionnent comme une révélation et constituent une grille de lecture du monde qu'il s'approprie rapidement. S'il ne s'investit pas immédiatement dans un collectif féministe, il se rapproche cependant des militantes féministes des

51. Voir le recueil de ses articles : MATHIEU N.-C., *L'anatomie politique. Catégorisations et idéologies du sexe*, Paris, Côté-femmes éditions, 1991.

JCR et suit les débats au sein du secrétariat femmes de la LCR. Il participe également cette année-là, et pour la première fois, à la manifestation du 8 mars. Ce moment constitue alors pour Julien une première étape importante dans sa carrière militante féministe. Habitué par sa politisation précoce dans des réseaux de gauche et d'extrême gauche à interpréter politiquement des réalités individuelles, il trouve en effet dans l'analyse féministe, qu'il s'emploie à enrichir par de nouvelles lectures, un moyen de politiser son expérience. Le malaise, et parfois la souffrance, qui découlent de sa position de « fille manquante » dans sa famille et de son sentiment d'inadéquation aux modèles de virilité peuvent alors être désindividualisés : c'est un système politique et social, le patriarcat, qui en est la source, et non un « problème » personnel.

Il décide de s'installer à Paris pour son année de Maîtrise et il choisit de réaliser son mémoire sur le genre. Dès son arrivée, il milite, par l'intermédiaire de réseaux militants, aux Alternatifs, après avoir pris ses distances avec la LCR. C'est dans le cadre de ce militantisme qu'il découvre l'association Mix-cité. Son insertion dans des réseaux militants rend ainsi possible la rencontre avec des féministes. Au mois de novembre 2003, à 21 ans, Julien participe donc pour la première fois à une réunion d'une association féministe. Bien qu'habitué à être le seul garçon parmi des filles, il est rassuré de voir que quelques autres garçons sont présents. En outre, la coprésence d'un discours sur les inégalités en défaveur des femmes et d'un discours sur les rôles imposés aux femmes comme aux hommes le sensibilise particulièrement. En effet, de tendance matérialiste par ses options politiques, la lutte contre les inégalités s'intègre de manière très cohérente à son habitus militant. Le rejet des rôles imposés le renvoie à ses expériences passées. Le vécu d'une identité de genre stigmatisée l'avait déjà sensibilisé au féminisme l'année précédente. Depuis, Julien a également eu des relations homosexuelles. Cette nouvelle expérience d'écart aux normes de genre et de sexualité, interprétée au prisme de ses engagements politiques et de sa sensibilisation au féminisme, a alors accru ses dispositions à adhérer à la critique féministe sur un registre identitaire.

Son cheminement personnel et politique le rapproche donc de plus en plus nettement de la critique féministe des assignations identitaires qui émerge sur la scène académique et militante au début des années 2000. Ce discours, qui refuse la bi-catégorisation des individus entre hommes et femmes, fait largement écho à son refus d'être un homme, au sens de porteur des attributs socialement dévolus aux hommes. Engagé à partir de 2003 dans l'association féministe, Julien participe régulièrement aux réunions, manifestations et différentes campagnes de Mix-cité. Il y trouve un lieu de reconnaissance important où son identité de genre, jusque-là stigmatisée et caractérisée par le refus d'une identification à l'un ou l'autre des sexes, est valorisée. Rapidement, plusieurs membres du groupe deviennent des ami-e-s. Tandis que son frère réussit à intégrer une classe préparatoire pour une école d'ingénieur, l'investissement militant de Julien prend le pas sur son travail universitaire et il doit se réinscrire en Maîtrise en 2004. Il poursuit d'ailleurs son militantisme à Mix-cité Paris et intervient régulièrement dans des établissements scolaires pour informer les élèves et participer à la lutte contre le sexisme. Il est également mobilisé sur les questions féministes au sein des Alternatifs.

L'engagement féministe offre à Julien de prendre confiance en lui en faisant de son identité de genre un thème de revendication tout en permettant de trouver une sphère sociale de valorisation de son refus de la bi-catégorisation femmes/hommes. Il se sent ainsi plus à l'aise avec les garçons avec qui il ne se sent plus obligé de jouer le jeu de la compétition virile. Julien peut aussi aborder plus sereinement ses relations amoureuses, très majoritairement hétérosexuelles. D'ailleurs, il a rencontré en 2004 une femme avec qui il décide de vivre un an et demi plus tard. Après l'obtention de sa Maîtrise en 2005, il fait le choix d'arrêter ses études universitaires et intègre l'Institut régional du travail social (IRTS) d'Ile-de-France pour suivre une formation d'éducateur spécialisé. Développant alors des sociabilités nouvelles, s'investissant davantage dans sa relation de couple et motivé par son projet professionnel, Julien ralentit peu à peu son activité militante, à Mix-cité comme aux Alternatifs, à partir de 2006. En 2008, toujours sympathisant de Mix-cité mais très irrégulièrement présent aux activités de l'association, il obtient son diplôme et entre dans la vie active. Toujours en couple avec sa compagne, ce nouveau changement de statut l'éloigne encore davantage de son engagement militant. En 2010, toujours en couple et installé dans la vie active, le militantisme de Julien se résume à l'adhésion et à la participation à quelques manifestations, même s'il ne renie aucun de ses engagements.

Le poids du trouble de l'identité de genre dans le processus d'engagement féministe est ainsi mis au jour par une trajectoire comme celle de Julien. Certes, son militantisme se comprend en partie par ses capitaux scolaires et militants. Cependant, son engagement féministe n'est possible qu'à la faveur d'un contexte militant qui accorde une importance grandissante à la lutte contre les assignations de genre. Dans ce sens, le travail d'« étayage identitaire » des groupes féministes éclaire largement à la fois l'engagement et le maintien de l'engagement.

La restitution de trajectoires sociales dans plusieurs sphères et selon différents contextes historiques et organisationnels a permis de souligner les modalités d'articulation des différents éléments favorisant l'engagement[52]. De surcroît, la focale mise sur des parcours singuliers a également permis de saisir les logiques sociales de maintien de l'engagement et du désengagement. Ce dernier se comprend alors au regard des transformations de la valorisation du militantisme féministe, des évolutions des groupes militants et de la baisse des rétributions, concurrencées par les changements que les militants connaissent dans les différentes sphères sociales.

C'est donc un ensemble de traits spécifiques articulés selon des configurations particulières, plus qu'une simple accumulation, qui rendent possible l'engagement féministe de ces hommes. Pour étayer le propos, il est possible

52. Le travail de Catherine Achin et Delphine Naudier sur des parcours de militantes féministes « ordinaires » des années 1970 souligne également l'articulation des trajectoires familiales, scolaires, professionnelles et amoureuses avec les carrières militantes (Achin C. et Naudier D., *op. cit.*, 2010).

de comparer les trajectoires des militants féministes avec celles d'hommes présentant un certain nombre des caractéristiques homologues bien que non engagés pour le féminisme. Le travail de Doug McAdam sur le *Freedom summer* incite en effet à prendre également en compte ceux et celles qui ne se sont pas engagé-e-s pour comprendre ce qui a permis l'engagement des militant-e-s[53]. Si l'enquête ne permet pas une telle comparaison, une partie du terrain réalisé ainsi que plusieurs recherches permettent cependant d'établir des confrontations. D'abord, quatre entretiens, que l'on peut désigner comme « ratés » dans la mesure où ils n'ont pu être intégrés au corpus de ce travail, se révèlent fort utiles pour appuyer cette analyse. Au cours de l'enquête, des militant-e-s m'ont en effet mis en contact avec des hommes qu'ils et elles identifiaient comme féministes. Pourtant, alors qu'ils avaient accepté l'entretien, il s'avérait qu'ils n'avaient jamais milité dans une association féministe, ni même participé à une manifestation ou à toute forme de mobilisation. Parfois, ils se montraient même très distants avec ce qu'ils identifiaient comme le féminisme. Par certains égards, les quatre hommes rencontrés avaient pourtant des caractéristiques proches d'une partie des militants, particulièrement du registre identitaire : de classe moyenne et supérieure intellectuelle[54], ils ont tous exprimé durant l'entretien le sentiment d'avoir une identité masculine éloignée de la norme et rendaient compte d'histoires familiales proches. À ce titre, ils semblaient donc susceptibles de pouvoir valider, voire rechercher, comme rétribution le travail de reconnaissance identitaire opéré par les associations féministes. Cependant, trois d'entre eux ne participaient à aucune association ou aucun parti politique, ce qui limite fortement la possibilité de rencontrer des associations féministes. Cette absence de militantisme, notamment à gauche ou à l'extrême gauche, rend également difficile la capacité à politiser le privé. Ce déficit n'a en outre pu être compensé par un cursus universitaire en sciences sociales, ces trois hommes ayant une formation en sciences « dures » ou en langues. Pour le quatrième enquêté, son travail d'éducateur spécialisé et son homosexualité l'ont amené à s'engager, en tant que salarié, à Act up. Il est alors possible que le travail de reconnaissance identitaire ait pu s'opérer dans ce cadre militant et que les groupes féministes, qu'il a côtoyés à Act up et dont il soutient l'action, n'aient pas été identifiés comme pourvoyeurs de rétributions. Enfin, pour deux d'entre eux, les pics de mobilisations féministes apparaissent à des moments de leurs trajectoires où les disponibilités peuvent faire défaut. Ainsi, ils ont près de 40 ans en 1970 (ils sont les plus âgés des enquêtés) : ils sont alors déjà insérés sur le marché du travail et l'un est en couple avec deux enfants lorsque le MLF émerge sur la scène publique.

De manière similaire, il est intéressant de se demander ce qui distingue nos enquêtés d'autres hommes qui s'engagent dans des associations qui proposent une politisation du privé, et notamment du genre dans la sphère privée, mais dans une perspective non féministe, voire anti-féministe. Les membres de l'association SOS Papa, par exemple, présentent des caractéristiques bien diffé-

53. McAdam D., *op. cit.*, 1988.

54. Ils sont directeur de recherche, enseignant dans le secondaire, enseignant-chercheur et éducateur spécialisé.

rentes qui rendent peu probable l'engagement dans une association féministe[55]. D'abord, s'ils appartiennent massivement aux classes moyennes et supérieures, ces hommes exercent principalement des professions libérales ou sont cadres et ingénieurs dans le secteur privé, cumulant ainsi davantage de capitaux économiques tandis que les militants des associations féministes possèdent principalement des capitaux culturels. En outre, il semble qu'ils ne détiennent pas de dispositions à la politisation du privé avant l'expérience du divorce et de la décision de justice. Ainsi, majoritairement non insérés dans des réseaux politiques ou parfois proches de l'UMP, ils se tournent vers l'association qui leur propose une politisation du privé dans les termes qui leur sont audibles, particulièrement du fait qu'ils sont en cours de divorce, et qui peut de surcroît leur offrir de précieux conseils, notamment juridiques, dans leurs démarches pour la garde de leur-s enfant-s. Ce sont donc des trajectoires bien différenciées qui amènent à politiser de manière opposée le privé et les rapports hommes/femmes. Alors que dans le cas des militants féministes l'engagement s'inscrit dans un processus au cours duquel l'accumulation de dispositions se trouvent actualisées au moment de la « découverte » du féminisme par le biais de collectifs politiques de gauche et d'extrême gauche, les militants de SOS Papa, peu disposés à politiser le privé et inscrits plutôt à droite de l'échiquier politique, s'engagent principalement par le biais d'une rupture biographique, le divorce. Le même constat peut d'ailleurs être dressé pour les participants à des groupes d'hommes à visée thérapeutique et se déclarant « apolitiques » : ayant connu une socialisation familiale, scolaire et professionnelle qui leur offre peu de dispositions à adhérer aux thèses féministes et à politiser le privé, la recherche d'une solution face à un mal-être devenu trop important et défini en termes d'identité masculine les dirige vers ces groupes explicitement créés pour les aider davantage que vers une association féministe[56].

Enfin, un dernier exemple souligne que le sentiment d'une masculinité défaillante ne peut constituer un moteur suffisant à l'engagement. Le cas des participants à des jeux de rôles étudiés par Wenceslas Lizé rend ainsi compte de ce phénomène[57]. Ces jeunes hommes de la « petite bourgeoisie[58] » connaissent une « instabilité de la représentation de l'identité sexuelle » et doivent faire face à une période de « misère sexuelle[59] ». Mais peu dotés en capitaux culturels et non insérés dans des réseaux politiques, les mouvements féministes ne constituent pas un autrui signifiant pour leur donner une forme de reconnaissance identitaire. Ils se tournent alors vers les jeux de rôles qui leur proposent d'incarner une virilité, certes virtuelle, mais conforme aux normes de genre auxquelles ils se réfèrent. Les jeux de rôles rendent ainsi possible la réalisation « d'un idéal du moi masculin plus ou moins contrarié ou inhibé par la situation vécue[60] ».

55. Les données qui suivent sont issues du travail de Master de Fillod-Chabaud A., *Des pères en mal de mères ? (Re)définir, organiser et revendiquer sa paternité suite à une séparation conjugale. Enquête à l'association SOS Papa*, Mémoire de Master 2 recherche en sociologie, ENS/EHESS, 2009.
56. Voir par exemple les trajectoires des membres d'un groupe d'hommes contemporain, où Patrick Guillot, membre du groupe, a fait son enquête (Guillot P., *Quand les hommes parlent…*, Barret-sur-Méouge, Éditions le souffle d'or, 2002).
57. Lizé W., « Imaginaire masculin et identité sexuelle. Le jeu de rôle et ses pratiquants », *Sociétés contemporaines*, n° 55, 2004, p. 43-67.
58. *Ibid.*, p. 46.
59. *Ibid.*, p. 61.
60. *Ibid.*, p. 64.

Conclusion
La réalisation d'un improbable engagement

Les logiques sociales du militantisme féministe des hommes

Par le choix de la perspective socio-historique et par la confrontation des échelles d'analyse (aux niveaux individuel, collectif et contextuel), ce travail a permis d'identifier les logiques sociales qui rendent possible un engagement qui semblait tenir de l'improbable. Le processus d'engagement d'hommes dans un collectif féministe a ainsi été appréhendé, à partir de la notion de carrière militante, comme la résultante d'un encastrement de contextes historiques et militants et de trajectoires sociales. Le schéma suivant revient ainsi de manière synthétique sur les facteurs pesant sur les processus d'engagement, de maintien et de sortie de l'engagement.

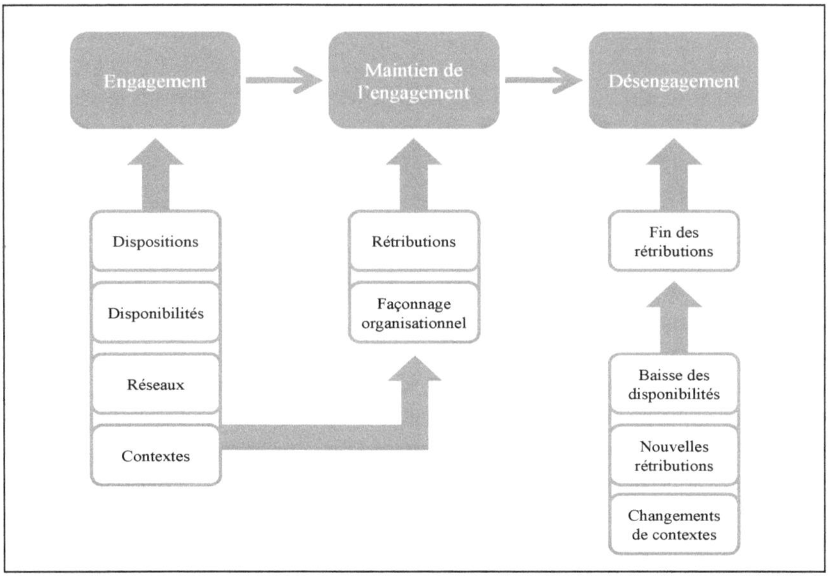

SCHÉMA 3.
Le processus d'engagement dans une association féministe.

La décision de l'engagement dans une association féministe est ainsi le résultat d'une articulation singulière entre quatre variables. D'abord, les « contextes » renvoient aux configurations historiques et militantes qui participent au processus d'engagement. Ainsi, les périodes historiques de visibilité du mouvement féministe et de relative valorisation de l'engagement féministe favorisent le militantisme. Les discours et pratiques des organisations militantes sur les hommes (volonté ou non de faire venir des hommes, attention portée aux rapports sociaux de sexe ou discours sur le poids de la domination masculine pour les hommes) jouent également un rôle d'attraction ou repoussoir pour les hommes. Enfin, la définition du sujet politique du féminisme pèse fortement sur le processus d'engagement : tandis que la mobilisation du sujet femmes décourage les engagements masculins, la mise en avant d'un sujet humaniste ou identitaire les facilite.

L'investissement militant nécessite également la détention de « dispositions » à l'engagement féministe acquises à la fois par les positions sociales et les expériences dans plusieurs sphères sociales. Le fait d'être homme, blanc et de classe moyenne ou supérieure intellectuelles constitue d'abord des atouts pour l'engagement. La socialisation familiale, la position de « fille manquante », le vécu d'une mobilité sociale ou géographique et/ou l'appartenance à des univers professionnels fortement caractérisés par l'inégalité femmes/hommes sont autant d'expériences susceptibles de sensibiliser certains hommes aux revendications féministes et de leur fournir des dispositions à l'engagement féministe.

Néanmoins, l'ensemble de ces dispositions n'est activé qu'à l'occasion de la découverte d'un mouvement féministe structuré par le biais des « réseaux ». Désignant parfois des relations inter-individuelles, comme une relation amoureuse, les réseaux de recrutement des hommes dans les associations féministes sont principalement des structures militantes proches des mouvements féministes : « nébuleuse républicaine » durant la première vague, groupes d'extrême gauche dans les années 1970 et différentes structures militantes de la gauche et de l'extrême gauche depuis les années 1990. Outre le rôle de mise en contact, l'appartenance à ces réseaux peut conduire à l'engagement par un effet de don et contre-don militant.

Enfin, si l'insertion dans des réseaux active des dispositions à l'engagement féministe à un moment où les revendications féministes sont visibles et les groupes féministes favorables à la participation des hommes, la décision de l'engagement est rendue possible par la présence de « disponibilités » dues à de faibles contraintes, objectives ou subjectives, notamment dans les sphères familiale et professionnelle.

L'analyse a ensuite cherché à comprendre les processus permettant le maintien de l'engagement. Elle a d'abord mis au jour l'importance du travail de « façonnage organisationnel » qui permet la prise de rôle de militant féministe. Le maintien du militantisme n'est en effet possible qu'à la condition de réussir à s'approprier l'identité militante féministe. Cette prise de rôle s'opère alors par deux processus : la mise en cohérence de l'adhésion aux revendications féministes et de l'appartenance au groupe social dominant dans le rapport de domination dénoncé par les féminismes ; l'élaboration de discours légitimant la participation des hommes aux collectifs féministes. Néanmoins, le processus de socialisation militante est largement conditionné par les positions et dispositions sociales des hommes engagés et par les contextes militants. La prise de rôle s'opère d'autant plus facilement que ces hommes disposent de capitaux culturels (et en particulier les diplômes scolaires) et militants qui leur permettent de s'approprier les enjeux propres à leur position d'homme militant féministe. De même, les contextes militants agissent variablement sur les opérations d'ajustement au rôle imposées aux hommes.

Les « rétributions » que les hommes retirent de leur militantisme participent également du maintien dans le groupe militant. En effet, parfois espérées ou perçues au moment de l'engagement, l'identification des diverses gratifications obtenues du militantisme apparaît généralement au cours de l'action militante. Ainsi, s'il existe peu de rétributions matérielles, les militants peuvent bénéficier en revanche des gratifications symboliques, de l'accumulation de capitaux militants – en partie convertibles dans d'autres espaces sociaux – ou d'un étayage de l'identité de genre. Pour autant, la capacité à identifier ce qu'offrent les mouvements féministes comme des rétributions est largement dépendante des facteurs qui ont permis l'engagement. Autrement dit, les militants considèrent que l'engagement féministe est porteur de rétributions parce qu'ils peuvent accorder de la valeur aux savoirs et savoir-faire militants féministes. De même, le travail d'étayage identitaire peut être envisagé positivement grâce à un important capital scolaire, notamment en sciences sociales, et politique qui favorise l'adhésion à la politisation du privé. Enfin, les rétributions sont d'autant plus subjectivement perçues comme telles qu'elles viennent compenser l'absence ou la faiblesse de ces gratifications dans d'autres sphères de leurs vies et que le contexte accorde une certaine valeur aux mobilisations féministes.

À terme, le processus d'engagement peut prendre fin suite à la transformation des éléments qui avaient permis le début et le maintien du militantisme. D'abord, les « changements de contextes », politiques ou organisationnels, peuvent s'avérer décourageants : la fin du groupe ou la victoire de la revendication, une période de reflux des mobilisations, la diminution de la valeur sociale du militantisme, le plus grand conditionnement de la participation des hommes et/ou la délégitimation du sujet humaniste ou identitaire participent à l'arrêt de l'engagement. De même, la « baisse des disponibilités » consécutive à des changements dans les sphères familiale et professionnelle ou à un *burn out* militant met en péril l'engagement, d'autant que les nouvelles configurations de leur vie amoureuse, parentale et/ou professionnelle font apparaître de « nouvelles rétributions ». La stabilisation de l'identité de genre, le sentiment de valorisation sociale et/ou l'acquisition de savoirs et savoir-faire s'établissent dès lors de plus en plus à l'extérieur du groupe militant. La « fin des rétributions », qui conduit au désengagement, renvoie ainsi à la perception, réévaluée au prisme de ces changements, d'un militantisme qui n'est plus pourvoyeur de gratifications suffisantes.

Cette approche par les processus et les configurations permet alors d'enrichir la compréhension des trajectoires militantes en confrontant chaque étape des parcours individuels aux différentes échelles d'analyse. Elle ne doit cependant pas rigidifier la compréhension des carrières militantes. Il faut ainsi souligner que l'engagement peut parfois intervenir sans que tous les éléments identifiés précédemment soient réunis. En effet, dans certaines configurations, largement minoritaires, l'intensité d'un de ces éléments compense l'absence d'un ou de plusieurs autres[1]. Ainsi, durant la première vague, le contexte de bienveillance des militantes envers les hommes et de grande proximité entre les associations féministes et les milieux républicains peut conduire certains hommes à participer au mouvement féministe sans qu'ils aient des dispositions à être sensibilisés à la cause des femmes. À l'inverse, le contexte des années 1970, peu favorable aux hommes, n'a pas empêché certains hommes de constituer des groupes d'hommes pour participer à la contestation féministe de l'ordre patriarcal, en raison du fait qu'ils étaient particulièrement disposés à s'approprier la critique féministe concernant les identités de genre. Enfin, l'absence de militantisme préexistant peut par exemple être compensée par un contexte de forte visibilité médiatique: c'est le cas de Christophe qui n'a « jamais participé à une manifestation » mais qui s'engage à Ni putes ni soumises après avoir « vu et entendu parler de l'association, en particulier à travers les passages télévisés de Fadela Amara[2] ».

Comprendre les engagements entre identité et sujet politique

L'étude des hommes engagés dans des mouvements féministes contribue ainsi à souligner les apports d'une approche de l'engagement sociohistorique et en termes de carrière militante. Mais en s'intéressant à des militants minoritaires et statistiquement improbables, elle a aussi permis de faire émerger des dimensions encore peu présentes en sociologie de l'engagement. En effet, « l'insignifiant statistique est sociologiquement significatif[3] », pour reprendre l'expression de Christian Baudelot, et peut éclairer des réalités sociales bien plus larges. Ainsi, ce travail ouvre des perspectives dans deux directions pour une meilleure compréhension des engagements.

En premier lieu, en soulignant l'importance du travail de reconnaissance identitaire pour certains hommes au sein des collectifs, cette recherche invite à explorer cette dimension de façon plus systématique, pour les militantes féministes comme pour l'ensemble des militant-e-s. En effet, peu examinée par les recherches sur l'engagement féministe, la valorisation de l'expérience des femmes, socialement dévalorisée, dans les groupes militants constitue probablement un puissant moteur à l'engagement, mais surtout au maintien de l'engagement. Cette dimension paraît d'autant plus centrale que l'on peut émettre l'hypothèse qu'elle permet la pérennisation du militantisme des femmes sur plusieurs décen-

1. Laurent Willemez montre, par exemple, à propos des Prud'hommes que l'engagement, et son maintien, sont possibles malgré l'instabilité de l'organisation grâce à l'importance des rétributions retirées (Willemez L., « Un engagement fort pour une institution instable. Militants syndicaux dans les conseils de Prud'hommes », Nicourd S. (dir.), *Le travail militant*, Rennes, Presses universitaires de Rennes, 2009, p. 27-36).
2. Entretien avec Christophe, militant à NPNS.
3. Baudelot Ch., « Préface. L'improbable est toujours possible », Ferrand M., Imbert F. et Marry C., *L'excellence scolaire : une affaire de famille ?*, Paris, L'Harmattan, 1999, p. 7-10, p. 8.

nies – inexistant pour les hommes –, notamment parce que leur position socialement dominée limite plus fortement que pour les hommes la possibilité de reconnaissance identitaire dans les autres sphères sociales. Le cas de femmes arrivées au MLF par l'intermédiaire des réunions Tupperware illustre cette importance de la reconnaissance identitaire : l'entre-soi féminin, y compris dans un lieu éloigné de toute démarche politique, favorise le passage à l'engagement par « la prise en charge symbolique, par l'écoute, des histoires de vie individuelles[4] ». Au-delà des seuls engagements féministes, la prise en compte plus systématique des effets des collectifs militants sur les identités sociales minoritaires, dominées ou stigmatisées pourrait permettre d'enrichir l'appréhension des processus d'engagement et surtout de maintien de l'activité militante. Plus largement, il s'agit de souligner, à la suite de Lilian Mathieu, l'importance, souvent sous-estimée, des dimensions identitaires de l'engagement et du rôle de la socialisation militante[5].

Enfin, ce travail a mis en évidence le rôle de la définition du sujet politique sur les carrières militantes. Cette perspective invite ainsi à reconsidérer l'engagement des dominant-e-s en faveur des dominé-e-s, qu'il s'agisse par exemple des hétérosexuel-le-s contre l'homophobie, des blanc-he-s contre le racisme ou des plus doté-e-s en capitaux économiques contre l'injustice sociale, en soulignant que les collectifs militants n'agissent pas nécessairement au nom et pour les dominé-e-s. On peut ainsi avancer que les registres humaniste et identitaire, loin d'être des formulations spécifiques aux enjeux féministes, sont également mobilisables dans le cadre d'autres mouvements sociaux de lutte contre des systèmes de domination. Probablement, en effet, que ces formes d'engagement des dominant-e-s sont rendues possibles, en partie, par des contextes historiques et militants où les luttes sont partiellement déconnectées de l'expérience de la domination, par des processus politiques d'universalisation ou de refus des catégories d'appartenance.

4. Achin C. et Naudier D., *op. cit.*, 2008, p. 394.
5. Mathieu L., *op. cit.*, 2009.

Sources

Archives

Bibliothèque Marguerite Durand (BMD)

Fonds FMA (Féminin masculin avenir, puis Féminisme marxisme avenir)
- Dossier FMA (début)
- Dossier FMA, documentation I
- Dossier FMA, documentation II

Dossier « Hommes féministes », DOS 301.41 HOM
Dossier Choisir, DOS 396.CHO
Dossier LFDF (Ligue Française pour le Droit des Femmes), DOS 396 LIG
Dossier Louis Martin, DOS MAR H
Dossier Richer, DOS RIC H

Centre des archives du féminisme (CAF)

Fonds Cécile Brunschvicg, 1 AF
Fonds CNFF (Conseil national des femmes françaises), 2 AF
Fonds Florence Montreynaud, 4 AF
Fonds Luce Sirkis, 8 AF
Fonds MLAC, 10 AF
Fonds Pierre Simon, 17 AF

Bibliothèque de documentation et d'information contemporaines (BDIC)

Fonds Alain Landau, Archives MLAC (Paris 14e), F Delta Res 576/5/12/1
Fonds de la Ligue des droits de l'Homme (LDH), F Delta RES 798/9
Fonds Liliane Kandel, F Delta Res 704
Dossier France, MLF et MLAC, 1971-1975, F Delta 170
Dossier France, MLAC, 1973-1974, F Delta 532

Bibliothèque historique de la ville de Paris (BHVP)

Fonds Marie-Louise Bouglé
- Sous-fonds Hubertine Aulcert
- Sous-fonds Camille Belilon
- Sous-fonds Marie-Louise Bouglé
- Sous-fonds Marthe Bray
- Sous-fonds Ferdinand Buisson
- Sous-fonds Groupes et associations
- Sous-fonds Caroline Kauffmann
- Sous-fonds Marcelle Legrand-Falco
- Sous-fonds Arria Ly
- Sous-fonds Jeanne Mélin

Bibliothèque nationale de France (BNF)

Recueil Société le droit des femmes, 8-R-673
Recueil Mouvement pour la libéralisation de l'interruption volontaire de grossesse et la contraception, 4-WZ-13300
Recueil Mouvement de libération des femmes non déposé, 4-WZ-13305
Recueil Choisir la cause des femmes, 4-WZ-13296
Recueil Groupes de femmes, 4-WZ-13312
Recueil Journée internationale des femmes, 4-WZ-13314
Recueil Société pour l'amélioration du sort des femmes, 8-WZ-4257
Recueil La revendication des droits de la femme, 8-WZ-5861
Recueil Mouvement pour la liberté de l'avortement et de la contraception, Fol-WZ-989
Louise Weiss à la Bastille en mai 1935, Collections numérisées, IFN-2700074, Manifestations pour le vote des femmes à Paris, 1935-1936

Archives de la Préfecture de police de Paris (APP)

Dossier Vote des femmes, BA 1651
Dossier Mouvements féministes, BA 2272

Archives de la Confédération française démocratique du travail (CFDT)

Secteur Action revendicative
- Dossier MLAC (origine, statut et charte, 1971-1973), 8 H 625
- Dossier Activité MLAC 1973, 8 H 625
- Dossier Activité MLAC 1975, 8 H 625

Secteur Action sociale et cadre de vie
- Dossier CFDT et MLAC (1973-1977), 8 H 1424

Archives du Mouvement français pour le planning familial (MFPF)

Associations, A 01 03
Conseil d'administration (avril 1980-novembre 1983), A 03 02
Congrès, B 01 01 à B 01 11
Colloques et comptes-rendus de bureau, B 02 01 à B 02 06
Bureau confédéral et conseil d'administration, D 04 01 à D 04 04
Conseil d'administration, D 06 03

Archives personnelles

Sciences potiches se rebellent (SPSR)

- Déclaration à la Préfecture de l'association SPSR, 26 février 1996
- Statuts des SPSR
- « La création des SPSR », texte interne signé par deux fondatrices des SPSR, non daté

Rencontres et groupes anti-patriarcaux

- « Appel pour un week-end de réflexion anti-patriarcale non mixte hommes début septembre 2003 », Neuvy (Allier), 2003
- « Appel à la création d'un groupe homme-pro-féministe », Toulouse, 2004
- « Appel à la participation à un groupe de garçons pro-féministes », Toulouse, 2004
- « Appel à la participation à un groupe d'hommes pro-féministe », Toulouse, 2005
- « Appel pour un week-end de réflexions anti-patriarcales entre ICMs (Individus de construction masculine) du 25 au 30 mars 2005 », Dijon, février 2005
- Comptes rendus des discussions des rencontres anti-patriarcales du 25 au 30 mars 2005, Dijon
- Compte rendu de la rencontre « Comment les hommes peuvent-ils lutter eux aussi contre le sexisme ? », Grenoble, 12 mars 2010

Sources imprimées

Presse

Revues, journaux et bulletins féministes

Le journal des femmes (mars 1869 – juin 1869)
Le droit des femmes (avril 1869 – août 1870 ; devient *L'avenir des femmes*, septembre 1871 – décembre 1878 ; redevient *Le droit des femmes*, janvier 1879 – décembre 1891 ; octobre 1906 – juillet 1971)
La citoyenne (février 1881 – novembre 1891)
Le journal des femmes (décembre 1891 – janvier 1911)
Bulletin trimestriel de la Société pour l'amélioration du sort de la femme et la revendication de ses droits (avril 1894 – mars 1905)
La Française (octobre 1906 – juin 1940 ; décembre 1945 – juin 1946)
L'action féministe, organe des groupes féministes universitaires (novembre 1909 – août 1919)
Bulletin trimestriel de la Ligue [d'électeurs pour le suffrage des femmes] (avril 1911 – août 1913)
La suffragiste (octobre 1911 – décembre 1919)
Le combat féministe (janvier 1913 – juillet 1913)
Bulletin trimestriel de l'UFSF (avril 1913 – mars 1914)
Bulletin annuel de l'UFSF (1917 – 1919)
Le droit humain, bulletin officiel de la Fédération féministe du sud-ouest (août 1917 – avril 1922)
La voix des femmes (octobre 1917 – juillet 1924)
Revue féministe du Sud-Ouest (juillet 1923 – octobre 1928)
Bulletin annuel de l'Union temporaire contre la prostitution réglementée (1931 – 1938)
Revue féminine (février 1931 – mai 1931)
Le Nord féministe (octobre 1931 – novembre 1933)
Groupes de Savoie de l'UFSF, bulletin annuel (1932 – 1938)
Groupe angevin de l'UFSF, bulletin trimestriel (janvier 1932 – octobre 1933)
Le martinet (mai 1932 – juin 1932)
Bulletin commun au groupe des jeunes et au groupe féministe du Loiret (juin 1932)
Bulletin mensuel du groupe de Boulogne [groupe UFSF] (janvier 1933)
Bulletin du groupe champenois de l'UFSF (octobre 1933)
Bulletin du CNFF (janvier 1955 – décembre 1990)
La maternité heureuse (1956 – décembre 1959 ; devient *La maternité heureuse. Mouvement français pour le planning familial*, mars 1960 – mars 1961 ; devient *Bulletin trimestriel d'information du Mouvement français pour le planning familial*, juin 1961 – décembre 1972)
Liaison MDF (juin 1964 – mai 1968)

Bulletin d'information des médecins du MFPF (juillet 1964 – juillet 1965)
La femme du XXe siècle (juin 1965 – janvier 1971)
Bulletin intérieur de la Fédération nationale du MFPF (n° 11, février 1966)
Bulletin d'information, MLF (avril 1971 – mai 1971)
Le torchon brûle (mai 1971 – 1973)
Choisir (avril 1973 – janvier 1985)
Les pétroleuses (1974 – octobre 1976)
Bulletin du MLAC Orsay (n° 2, mai 1974)
Le quotidien des femmes (novembre 1974 – juin 1976 ; devient *Des femmes en mouvement*, décembre 1977 – janvier 1978)
Nouvelles féministes (décembre 1974 – juillet 1976)
Les femmes s'entêtent (1975)
L'information des femmes (novembre 1975 – octobre 1977 ; devient *Le temps des femmes*, mars 1978 – novembre 1982)
Sorcières (1976 – 1982)
Femmes travailleuses en lutte (janvier 1976 – novembre 1977)
La revue d'en face (mai 1977 – 1983)
Les Cahiers du féminisme (novembre 1977 – 1998)
Histoires d'elles (novembre 1977 – avril 1980)
Quand les femmes s'aiment... (avril 1978 – juin 1980)
Marie Colère (décembre 1978 – octobre 1979)
Remue-Ménage (mai 1979 – avril 1980)
Elles voient rouge (mai 1979 – 1982)
Différence (avril 1979 – mars 1980)
La lune rousse (1980 – décembre 1982)
La bulletine Bisontine (1980)
Paris féministes (mars 1983 – décembre 1984 ; devient *Paris féministe*, janvier 1985 – mars 1996)
Marie-pas-claire (mars 1992 – 1999)
Bulletin d'informations, de liaisons et d'échanges du réseau femmes Ruptures (n° 89, 1-15 mars 1993 ; n° 103, 15-30 novembre 1993 ; n° 230, janvier 2002)
Bulletin Mix-cité (1999)

Numéros et articles sur les mouvements féministes des années 1970 (Presse militante et journaux)

Le Nouvel observateur (27 avril-4 mai 1970 ; 5 avril 1971 ; 15 mai 1972 ; 22 mai 1972 ; 5 février 1973)
L'idiot international, « Combat pour la libération de la femme », (mai 1970)
L'idiot international, « Contre le terrorisme mâle », (n° 8-9, juillet-août 1970)
Actuel Nova-press (n° 4, janvier 1971 ; n° 21, juin 1972 ; n° 36, octobre-novembre 1973)
L'internationale (n° 8, février 1971 ; n° 11, juin 1971 ; n° 22, 26 mai 1972 ; n° 63, 30 octobre 1974)
Politique hebdo (n° 26, 1er avril 1971)

Rouge (n° 109, 12 avril 1971 ; n° 159, 27 mai 1972 ; n° 191, 10 février 1973)
Survivre et vivre (n° 15, janvier-février 1973)
Nouvelles CFDT (n° 2/75, février 1975 ; n° 11/77, 25 mars 1977)
Libération (2 décembre 1975 ; 2 octobre 1979 ; 8 octobre 1979)
Libération-Rouen (n° 2, supplément à *Libération*, n° 16, sans date)

Bulletins/numéros de revues du Front homosexuel d'action révolutionnaire

Tout ! Ce que nous voulons : tout (n° 12, 23 avril 1971)
Le fléau social (juin 1972 – 1974)
L'antinorm (décembre 1972 – mai 1973)

Revues des groupes d'hommes/Articles sur les groupes d'hommes

La gueule ouverte (n° 205, 5 avril 1978)
Pas rôle d'hommes (n° 4, 1979)
Contraception masculine (février 1980 – novembre 1980)
Marie Claire (mai 1980)
Types, Paroles d'hommes (janvier 1981 – avril 1984)
Espace-Temps (n° 16, février 1982)
Bulletin EuroPRO-Fem (janvier 1998 – mars 1999)

Ouvrages et articles

Dictionnaires biographiques

ARCHIVES BIOGRAPHIQUES FRANÇAISES (BNF).
BALTEAU J., BARROUX M. et PREVOST M. (dir.), *Dictionnaire de biographie française*, Paris, Librairie Letouzey et Ané, 1936.
GAUDART DE SOULAGES M. et LAMANT H., *Dictionnaire des francs-maçons français*, Paris, Éditions Albatros, 1980.
JOLLY J. (dir.), *Dictionnaire des parlementaires, 1889-1940*, Paris, PUF, 1962.
JOSEPHSON H. (dir.), *Biographical dictionary of modern peace leaders*, Westport, Connecticut et Londres, Greenwood press, 1985.
POUJOL G. et ROMER M., *Dictionnaire biographique des militants, XIXe-XXe siècles*, Paris, L'Harmattan, 1996.
WATTEL B. et M., *Qui était qui. Dictionnaire biographique des Français disparus ayant marqué le XXe siècle*, Levallois-Perret, Éditions Jacques Lafitte, 2004 [2001].

Publications militantes

Amara F., *Ni putes, ni soumises*, Paris, La Découverte, 2003.
Auclert H., « L'homme des femmes », *Radical*, 13 novembre 1899.
Association Choisir, *Avortement : une loi en procès. L'affaire de Bobigny*, Paris, Gallimard, 1973.
Autain C. et Lancelot Th., « De la mixité dans les luttes féministes », *Alternative rouge et verte*, 1997.
Bales M.-A. et Lancelot-Viannais Th., « Un héritage sans testament », *Femmes Info*, n° 91/92, automne 2000.
Barbaras E. et Devers M., *L'homme féministe : un mâle à part ?*, Paris, Les points sur les i, 2011.
Brève histoire du MLF. Pour un féminisme autogestionnaire, Rome, Savelli, 1976.
Bulletin du Premier congrès universel de la Paix, Paris, 1889.
Bulletin du Quatrième congrès de la Paix, Berne, 1892.
Collectif de Boston pour la santé des femmes, *Notre corps nous-mêmes*, Paris, Albin Michel, 1977 [1970].
Collectif, *Chronique d'une imposture. Du Mouvement de libération des femmes à une marque commerciale*, Paris, Voix off, 1981.
Comité pour la liberté de l'avortement et de la contraception, *Libérons l'avortement*, Paris, Maspéro, 1973.
Congrès international de la condition et des droits des femmes, tenu les 5, 6, 7 et 8 septembre 1900, Paris, Imprimerie des Arts et Manufactures, 1901.
Du Breuil de Saint-Germain J., *De l'intérêt qu'ont les hommes au suffrage des femmes*, non datée [autour de 1912-1913].
Congrès international des œuvres et institutions féminines, tenu du 18 au 23 juin 1900, Paris, Imprimerie typographique Charles Blot, 1902.
FHAR, *Rapport contre la normalité*, Paris, Éditions champ libre, 1971.
Foucault M. et les membres du GIS, « Médecine et lutte des classes », *La Nef*, n° 49, octobre-décembre 1972, p. 67-73.
GIS, *Oui, nous avortons*, Paris, Gît-le-cœur, 1973.
Hocquenghem G., « Aux pédérastes incompréhensibles », *Partisans*, n° 66-67, juillet-octobre 1972.
La Gaffiche, *Les femmes s'affichent : affiches du mouvement de libération des femmes en France depuis 1970*, Paris, Syros, 1984.
L'alternative. Libérer nos corps ou libérer l'avortement, Paris, Des femmes, 1973.
Lancelot-Viannais Th., « Le sexisme fait mâle », *Femmes Info*, n° 91/92, automne 2000.
Lenoble H., *La nationalité de la femme mariée*, Paris, Librairie de Droit usuel, 1921.
Le féminisme et ses enjeux. 27 femmes parlent, Paris, Edilig, 1988.
« Les hommes contre le sexisme », *Les Temps modernes*, n° 462, janvier 1985, p. 1303-1304.

LES MARIE-PAS-CLAIRE, « Nouvelle génération, nouvelles féministes ? », *Cahiers du CEDREF*, n° 4-5, 1995, p. 149-170.
LES PANTHÈRES ROSES, « Ni hommes, ni femmes. Gouines et pédés, féministes radicales », *Alternative Libertaire*, 15 mai 2005.
LFDF, *1870-1920. Cinquante ans de féminisme*, Éditions LFDF, 1921.
« Libération des femmes. Année 0 », *Partisans*, n° 54-55, juillet-octobre 1970.
LIGUE INTERNATIONALE DE LA PAIX, *Premier bulletin*, 1867.
LIGUE INTERNATIONALE ET PERMANENTE DE LA PAIX, *Première assemblée générale*, 1868.
« Manifeste des 577 pour une démocratie paritaire », *Le Monde*, 10 novembre 1993.
MLAC ROUEN-CENTRE, *Vivre autrement dès maintenant*, Paris, Maspéro, 1975.
MOUVEMENT FRANÇAIS POUR LE PLANNING FAMILIAL, *D'une révolte à une lutte, 25 ans d'histoire du Planning Familial*, Paris, Éditions Tierce, 1982.
RICHER L., *Lettres d'un libre-penseur à un curé de village*, Paris, Armand Le Chevalier, 1868.
RICHER L., *Le livre des femmes*, Paris, Bibliothèque démocratique, 1872.
RICHER L., *La femme libre*, Paris, Librairie de la société des gens de lettres, 1877.
ROCHEFORT CH., « Définition de l'opprimé », présentation de SOLANAS V., *SCUM. Le premier manifeste de la libération des femmes*, Paris, La nouvelle société, 1971 [1967], p. 7-8.
SOLANAS V., *SCUM. Le premier manifeste de la libération des femmes*, Paris, La nouvelle société, 1971 [1967].
THIAM A., *La parole aux négresses*, Paris, Denoël/Gonthier, 1978.

Témoignages

ANTOINE M., « Une histoire du MLAC », *Le féminisme et ses enjeux, 27 femmes parlent*, Paris, Edilig, 1987, p. 243-250.
BAEZA C., « L'expérience inédite et dérangeante du Collectif des féministes pour l'égalité », *Nouvelles questions féministes*, vol. 25, n° 3, 2006, p. 150-154.
BERNHEIM C., *Perturbation, ma soeur. Naissance d'un mouvement de femmes*, Paris, Le Seuil, 1983, p. 78.
BOONS M.-CL. *et alii*, *C'est terrible quand on y pense*, Paris, Éditions Galilée, 1983.
Brève histoire du MLF. Pour un féminisme autogestionnaire, Rome, Savelli, 1976.
BRUNET J., CASSEN B., CHÂTELET F., MERLIN P. et RÉBÉRIOUX M. (dir.), *Vincennes ou le désir d'apprendre*, Paris, Éditions Alain Moreau, 1979.
CENTRE LYONNAIS D'ÉTUDES FÉMINISTES, *Chronique d'une passion. Le Mouvement de libération des femmes à Lyon*, Paris, L'Harmattan, 1989.
CETTE G. et ROGNAN J.-Y., « Les groupes d'hommes, réflexions et pratiques », *Les temps modernes*, n° 462, janvier 1985, p. 1305-1321.

De Lesseps M. et Hennequin Cl., « 3 ans de MLF », *Actuel Nova-press*, n° 21, juin 1972, p. 6-7.
Eaubonne F. (d'), « Le FHAR, origines et illustrations », *La revue h*, n° 2, automne 1996, p. 18-30 ; puis n° 3, hiver 1996-1997, p. 25-26.
Feldman J., « Au risque de les perdre… dénouer les fils qui ont entrecroisé l'aventure personnelle et la trame sociale mouvante », Le Coadic M., De Vilaine A.-M. et Gavarini L. (dir.), *Maternité en mouvement*, Grenoble, Presses universitaires de Grenoble, 1986, p. 32-36.
Feldman J., « De FMA au MLF. Un témoignage sur les débuts du mouvement de libération des femmes », *Clio : Histoire, femmes et sociétés*, n° 29, 2009, p. 193-203.
Flamant F., *À tire d'elles. Itinéraires de féministes radicales des années 1970*, Rennes, Presses universitaires de Rennes, 2007.
Génération MLF, Paris, Les éditions des femmes, 2008.
Halimi G., *La cause des femmes*, Paris, Éditions Grasset et Fasquelle, 1973.
Pisan A. (de) et Tristan A., *Histoires du MLF*, Paris, Calman-Lévy, 1977.
Robveille Y., « La non-mixité, une révélation », *Génération MLF*, Paris, Les éditions des femmes, 2008, p. 59-60.
Storti M., « Ces dix années qui ébranlèrent le patriarcat », *Le féminisme et ses enjeux. 27 femmes parlent*, Paris, Edilig, 1988.
Sullerot É., « Hommage à Marie-Andrée Lagroua Weill-Hallé », *Contraception, fertilité, sexualité*, vol. 24, n° 4, 1996, p. 281-286.
Vinteuil F., « Dix ans de luttes des femmes », *Les cahiers du GRIF*, n° 23-24, décembre 1978, p. 24-28.
Zelensky-Tristan A., *Histoire de vivre. Mémoires d'une féministe*, Paris, Calman-Lévy, 2005.

Documents, Rapports, Essais

1909, Le droit des femmes. Le rapport Buisson : le premier rapport parlementaire en faveur du suffrage féminin, Paris, Assemblée Nationale, 2009.
Buisson F., *Sébastien Castellion, sa vie, son œuvre (1515-1563), Thèse présentée à la faculté des Lettres de Paris*, Paris, Librairie Hachette, 1891.
Buisson F., *Le vote des femmes*, Paris, H. Dunod et E. Pinat Éditeurs, 1911.
Club de l'Obs, *Le livre blanc de l'avortement*, Paris, Le Nouvel observateur, 1971.
Darolle R., *L'avortement, oui mais…*, Paris, Presses de la cité, 1972.
Fouque A., *Il y a deux sexes*, Paris, Gallimard, 1995.
Guillot P., *Quand les hommes parlent…*, Barret-sur-Méouge, Éditions le souffle d'or, 2002.
De Ridder G., *Du côté des hommes*, Paris, L'Harmattan, 1982.

Sources Internet

Sites de collectifs féministes

Collectif et réseau féministe Ruptures
http://www.reseau-feministe-ruptures.ras.eu.org/(consulté le 12 mai 2008), Site du réseau féministe Ruptures.
http://maisondesfemmes.free.fr/assoces/coll.rupture.htm (consulté le 12 mai 2008), Espace du collectif féministe Ruptures sur le site de la Maison des femmes.

Initiatives anti-patriarcales
http://grenoble.indymedia.org/2010-03-03-Comment-les-hommes-peuvent-ils (consulté le 20 septembre 2010), Tract « Comment les hommes peuvent-ils lutter eux aussi contre le sexisme? », Grenoble, mars 2010.

Les indigènes de la République
http://www.indigenes-republique.org/spip.php?article667 (consulté le 5 septembre 2010), Appel des féministes indigènes pour une réunion publique le 17 février 2007.

Les panthères roses
http://www.pantheresroses.org/Les-pantheres-roses-sont-des.html (consulté le 10 avril 2006), Tract « Les panthères roses sont des pédégouines », 1er décembre 2002.
http://www.pantheresroses.org/Nous-sommes-feministes.html (consulté le 16 juin 2009), Les panthères roses, « Nous sommes féministes », 2005.

Mix-cité
http://www.mix-cite.org/presentation/index.php3 (consulté le 6 avril 2006), « Féministes aujourd'hui », Texte de présentation de l'association, 2001.
http://www.mix-cite.org/archive/index.php3 (consulté le 20 janvier 2011), Bilans annuels et comptes rendus des assemblées générales de l'association de 1998 à 2010.

Ni putes ni soumises
http://www.niputesnisoumises.com/la-campagne-laicite-egalite-mixite (consulté le 12 octobre 2007), Texte de la campagne « Laïcité-égalité-mixité », 2004.

Osez le féminisme!
http://www.osezlefeminisme.fr (consulté le 29 septembre 2010), Site d'OLF.

http://www.osezlefeminisme.fr/article/compte-rendu-de-lassemblee-generale-dosez-le-feminisme (consulté le 25 février 2011), Bilan de l'assemblée générale d'OLF, 23 octobre 2010.
http://viedemeuf.blogspot.com/(consulté le 27 novembre 2010), Blog « Vie de meuf ».

Documents d'archives en ligne

http://www.ina.fr/video/CAF95053716/assises-mlf.fr.html (consulté le 12 juin 2007), Journal télévisé de la nuit, ORTF, 15 mai 1972, « Assises du MLF ».
http://mapage.noos.fr/anne.zelensky/mecs.htm#4 (consulté le 16 novembre 2008), Site personnel d'Anne Zelensky-Tristan, Tract, sans titre, non daté (autour de novembre 1974).
http://www.europrofem.org/contri/2_07_fr/revuetyp/6/01_type6.htm (consulté le 6 mars 2005), Site d'EuroPro-Fem, *Types, Paroles d'hommes*, n° 6, avril 1984.

Bibliographie

Achin C. et Naudier D., « Les féminismes en pratique », Damamme D., Gobille B., Matonti F. et Pudal B. (dir.), *Mai juin 1968*, Paris, Les éditions de l'atelier, 2008, p. 383-399.

Achin C. et Naudier D., « Trajectoires de femmes "ordinaires" dans les années 1970. La fabrique de la puissance d'agir féministe », *Sociologie*, 2010, vol. 1, n° 1, p. 77-93.

Achin C. *et alii*, *Sexes, genre et politique*, Paris, Economica, 2007.

Achin C. et Bereni L. (dir.), *Dictionnaire genre et science politique*, Paris, Presses de Sciences po, 2013.

Adams E. et Briscoe M. L., « Man's role in women's liberation », Adams E. et Briscoe M. L. (dir.), *Up against the wall, mother... On women's liberation*, Beverly Hills, Glencoe press, 1974 [1971], p. 375-383.

Agrikoliansky É., « Carrières militantes et vocation à la morale : les militants de la Ligue des droits de l'Homme dans les années 1980 », *Revue française de science politique*, vol. 51, n° 1-2, 2001, p. 27-46.

Agrikoliansky É., *La Ligue française des droits de l'Homme et du citoyen depuis 1945. Sociologie d'un engagement civique*, Paris, L'Harmattan, 2002.

Andriocci M., « Entre colère et distance : les "études féministes" à l'université », *L'Homme et la société*, n° 158, 2005, p. 73-91.

Artières Ph., « Les cent visages du gauchisme », Artières Ph. et Zancarini-Fournel M. (dir.), *68, une histoire collective (1962-1981)*, Paris, La Découverte, 2008, p. 350-357.

Avanza M., « Qui représentent les élus de la "diversité" ? », *Revue française de science politique*, vol. 60, n° 4, 2010, p. 745-767.

Avanza M. et Laferté G., « Dépasser la "construction des identités" ? Identification, image sociale, appartenance », *Genèses*, n° 61, 2005, p. 134-152.

Bard Ch., *Les filles de Marianne. Histoire des féminismes : 1914-1940*, Paris, Fayard, 1995 (a).

Bard Ch., « La crise du féminisme en France dans les années trente : l'impossible transmission », *Cahiers du CEDREF*, n° 4-5, 1995 (b), p. 13-27.

Bard Ch., « Jalons pour une histoire des études féministes en France (1970-2002) », *Nouvelles questions féministes*, vol. 22, n° 1, 2003, p. 14-30.

Bard Ch., « Le lesbianisme comme construction politique », Gubin É., Jacques C., Rochefort F., Studer B., Thébaud F. et Zancarini-Fournel M. (dir.),

Le siècle des féminismes, Paris, Les éditions de l'atelier/Éditions ouvrières, 2004, p. 111-126.

Bard Ch., « Recherche et militantisme (France, 1995-2002) », Bard Ch., Baudelot Ch. et Mossuz-Lavau J. (dir.), *Quand les femmes s'en mêlent. Genre et pouvoir*, Paris, Éditions de La Martinière, 2004, p. 261-276.

Bard Ch. (dir.), *Un siècle d'antiféminisme*, Paris, Fayard, 1999.

Bard Ch. et Mossuz-Lavau J. (dir.), *Le Planning Familial, histoire et mémoire (1956-2006)*, Rennes, Presses universitaires de Rennes, 2006.

Bard Ch., Metz A. et Neveu V. (dir.), *Guide des sources de l'histoire du féminisme*, Rennes, Presses universitaires de Rennes, 2006.

Bargel L., *Jeunes socialistes. Jeunes UMP. Lieux et processus de socialisation politique*, Paris, Dalloz, 2009.

Bargel L. et Dunezat X., « Genre et militantisme », Fillieule O., Mathieu L. et Péchu C. (dir.), *Dictionnaire des mouvements sociaux*, Paris, Presses de Sciences po, 2009, p. 248-255.

Battagliola F., « Rencontres entre philanthropie et féminisme à la fin du xixe siècle en France », *Chronique féministe*, n° 77-79, 2002, p. 22-25.

Battagliola F., « Les réseaux de parenté et la constitution de l'univers féminin de la réforme sociale, fin xixe-début xxe », *Annales de démographie historique*, n° 2, 2006, p. 77-104.

Battagliola F., *Histoire du travail des femmes*, Paris, La Découverte, 2008.

Baudelot Ch., « Préface. L'improbable est toujours possible », Ferrand M., Imbert F. et Marry C., *L'excellence scolaire : une affaire de famille ?*, Paris, L'Harmattan, 1999, p. 7-10.

Baudelot Ch., Benoliel R., Cukrowiz H. et Establet R., *Les étudiants, l'emploi, la crise*, Paris, Maspero, 1981.

Beauvoir S. de, *Le deuxième sexe*, Paris, Gallimard, 1949.

Beauvoir S. de, *La force des choses*, Paris, Gallimard, 1963.

Béchard M.-J., « La relation entre les hommes et le féminisme : une question de rapports de pouvoir », Mensah M. N. (dir.), *Dialogues sur la troisième vague féministe*, Montréal, Les éditions du remue-ménage, 2005, p. 174-189.

Becker H., *Outsiders*, Paris, Métailié, 1985 [1963].

Beckwith K., « Beyond compare? Women's movements in comparative perspective », *European journal of political research*, vol. 37, n° 4, 2000, p. 431-468.

Béliard A. et Eideliman J.-S., « Au-delà de la déontologie. Anonymat et confidentialité dans le travail ethnographique », Bensa A. et Fassin D. (dir.), *Les politiques de l'enquête. Épreuves ethnographiques*, Paris, La Découverte, 2008, p. 123-141.

Benelli N., Delphy Ch., Falquet J., Hamel Ch., Hertz E. et Roux P. (dir.), « Sexisme et racisme : le cas français », *Nouvelles questions féministes*, vol. 25, n° 1, 2006.

Benelli N. Delphy Ch., Falquet J., Hamel Ch., Hertz E. et Roux P. (dir.), « Sexisme, racisme, et post-colonialisme », *Nouvelles questions féministes*, vol. 25, n° 3, 2006.

Bereni L., « La parité, nouveau paradoxe des luttes féministes ? », *L'Homme et la société*, n° 158, 2005, p. 219-226.

Bereni L., « Les féministes françaises et la "parité". Permanences et renégociations des partitions héritées de la décennie 1970 », Cohen A., Lacroix B. et Riutort Ph. (dir.), *Les formes de l'activité politique. Éléments d'analyse sociologique (XVIIIe-XXe siècles)*, Paris, PUF, 2006, p. 123-141.

Bereni L., *De la cause à la loi. Les mobilisations pour la parité politique en France (1992-2000)*, Thèse de Doctorat en sociologie, université Paris 1, 2007.

Bereni L., « Penser la transversalité des mobilisations féministes : l'espace de la cause des femmes », Bard Ch. (dir.), *Les féministes de la deuxième vague*, Rennes, Presses universitaires de Rennes, 2012, p. 27-42.

Bereni L. et Lépinard É., « La parité, contre-sens de l'égalité ? Cadrage discursif et pratiques d'une réforme », *Nouvelles questions féministes*, vol. 22, n° 3, 2003, p. 12-31.

Bereni L. et Lépinard É., « "Les femmes ne sont pas une catégorie". Les stratégies de légitimation de la parité en France », *Revue française de science politique*, vol. 54, n° 1, 2004, p. 71-98.

Bereni L. et Revillard A., « Des quotas à la parité : "féminisme d'État" et représentation politique (1974-2007) », *Genèses*, n° 67, 2007, p. 5-23.

Bereni L. et Revillard A., « Un mouvement social paradigmatique ? Ce que le mouvement des femmes fait à la sociologie des mouvements sociaux », *Sociétés contemporaines*, n° 85, 2012, p. 17-41.

Bereni L., Chauvin S., Jaunait A. et Revillard A., *Introduction aux études sur le genre*, Bruxelles, De Boeck, 2012.

Berstein S., « La culture républicaine dans la première moitié du XXe siècle », Berstein S. et Rudelle O. (dir.), *Le modèle républicain*, Paris, PUF, 1992, p. 159-171.

Bessin M. et Dorlin E., « Les renouvellements générationnels du féminisme : mais pour quel sujet politique ? », *L'Homme et la société*, n° 158, 2005, p. 11-25.

Blais M. et Dupuis-Déri F., « Qu'est-ce que le masculinisme ? », Blais M. et Dupuis-Déri F. (dir.), *Le mouvement masculiniste au Québec. L'antiféminisme démasqué*, Montréal, Les éditions du remue-ménage, 2008, p. 11-31.

Blanchard Ph. et Fillieule O., « Carrières militantes et engagements contre la globalisation », Agrikoliansky É. et Sommier I. (dir.), *Radiographie du mouvement altermondialiste*, Paris, La Dispute, p. 157-183.

Blanchard S., *De la cause des femmes au marché de l'égalité. L'émergence de l'espace de l'accompagnement à l'égalité professionnelle en France (1965-2012)*, Thèse de Doctorat en sociologie, université Toulouse 2, 2013.

Bouglé-Moalic A.-S., *Le vote des Françaises. Cent ans de débats, 1848-1944*, Rennes, Presses universitaires de Rennes, 2012.

Bourdieu P., *La domination masculine*, Paris, Le Seuil, 1998.

Bourdieu P. et Passeron J.-C., *Les héritiers. Les étudiants et la culture*, Paris, Les éditions de minuit, 2002 [1964].

Bourseiller Ch., *Les maoïstes. La folle histoire des gardes rouges français*, Paris, Plon, 1996.

Brault É., « Maria Deraismes, numéro spécial », *Cahiers Laïques*, n° 70, 1962.

Brault É., *La franc-maçonnerie et l'émancipation des femmes*, Paris, Dervy, 1967 [1953].

Broqua Ch. et Fillieule O., *Trajectoires d'engagement. AIDES et Act up*, Paris, Textuel, 2001.

Broqua Ch. et Fillieule O., « La défection dans deux associations de luttes contre le Sida: Act up et AIDES », Fillieule O. (dir.), *Le désengagement militant*, Paris, Belin, 2005, p. 189-228.

Brubaker R., « Au-delà de l'"identité" », *Actes de la recherche en sciences sociales*, n° 139, 2001, p. 66-85.

Buscatto M., « Syndicaliste en entreprise. Une activité si "masculine"… », Fillieule O. et Roux P. (dir.), *Le sexe du militantisme*, Paris, Presses de Sciences po, 2009, p. 75-91.

Butler J., *Trouble dans le genre: le féminisme et la subversion de l'identité*, Paris, La Découverte, 2005 [1990].

Caillé A. (dir.), *La quête de reconnaissance. Nouveau phénomène social total*, Paris, La Découverte, 2007.

Cefaï D., *Pourquoi se mobilise-t-on? Théories de l'action collective*, Paris, La Découverte, 2007.

Celis K., Childs S., Kantola J. et Krook M. L., « Rethinking women's substantive representantion », *Representation*, vol. 44, n° 2, 2008, p. 99-110.

Chabanet D. et Giugni M., « Les conséquences des mouvements sociaux », Fillieule O., Agrikoliansky É. et Sommier I. (dir.), *Penser les mouvements sociaux*, Paris, La Découverte, 2010, p. 145-161.

Champy F. et Israël L. (dir.), « Professions et engagement public », *Sociétés contemporaines*, n° 73, 2009.

Chaperon S., *Les années Beauvoir (1945-1970)*, Paris, Fayard, 2000.

Chaperon S., « Le MFPF face au féminisme (1956-1970) », Bard Ch. et Mossuz-Lavau J. (dir.), *Le Planning Familial, histoire et mémoire (1956-2006)*, Rennes, Presses universitaires de Rennes, 2006, p. 21-25.

Charlot J. et Charlot M., « Un rassemblement d'intellectuels: la Ligue des droits de l'Homme », *Revue française de science politique*, vol. 9, n° 4, 1959, p. 995-1028.

Charpenel M., *« Le privé est politique! ». Sociologie des mémoires féministes en France*, Thèse de Doctorat en science politique, Sciences po Paris, 2014.

Charpenel M. et Pavard B., « Féminisme », Achin C. et Bereni L. (dir.), *Dictionnaire genre et science politique*, Paris, Presses de Sciences po, 2013, p. 263-273.

Chauvaud F., Dubasque F., Rossignol P. et Vibrac L. (dir.), *Les vies d'André Léo,* Rennes, Presses universitaires de Rennes, 2015 (à paraître).

Chauvin S., « Les aventures d'une "alliance objective" », *L'Homme et la société*, n° 158, 2005, p. 111-130.

Chauvin S. et Jaunait A., « Intersectionnalité », Achin C. et Bereni L. (dir.), *Dictionnaire genre et science politique*, Paris, Presses de Sciences po, 2013, p. 286-297.

Christian H., *The making of anti-sexist men*, Londres et New York, Routledge, 1994.

Clair I., *Sociologie du genre*, Paris, Armand Colin, 2012.

Collovald A., « Reconversion et gestion des fidélités : le cas des polars français », Tissot S., Gaubert Ch. et Lechien M.-H. (dir.), *Reconversions militantes*, Limoges, Presses universitaires de Limoges, 2005, p. 193-199.

Combes H., Hmed Ch., Mathieu L., Siméant J. et Sommier I., « Observer les mobilisations. Retour sur les ficelles du métier de sociologue des mouvements sociaux », *Politix*, n° 93, 2011, p. 9-27.

Connell R. W., « A whole new world : remaking masculinity in the context of the environmental movement », *Gender and society*, vol. 4, n° 4, 1990, p. 452-478.

Connell R. W., « Men and women's movement », *Social policy*, vol. 23, n° 4, 1993, p. 72-78.

Connell R., *Masculinités. Enjeux sociaux de l'hégémonie*, Paris, Éditions Amsterdam, 2014 [1995].

Cova A., *Maternité et droits des femmes en France (XIXe-XXe siècles)*, Paris, Economica, 1997.

Cova A., *Au service de l'Église, de la patrie et de la famille. Femmes catholiques et maternité sous la Troisième République*, Paris, L'Harmattan, 2000.

Cova A., *Féminismes et néo-malthusianismes sous la IIIe République : « La liberté de la maternité »*, Paris, L'Harmattan, 2011.

Daune-Richard A.-M. et Marry C., « Autres histoires de transfuges ? Le cas de jeunes filles inscrites dans des formations "masculines" de BTS et DUT industriels », *Formation emploi*, n° 29, 1990, p. 35-50.

Dauphin S., *L'État et les droits des femmes. Des institutions au service de l'égalité ?*, Rennes, Presses universitaires de Rennes, 2010, p. 41-58.

Dauvin P. et Siméant J., *Le travail humanitaire. Les acteurs des ONG, du siège au terrain*, Paris, Presses de Science po, 2002.

Delage P., *Violence conjugale/Domestic Violence. Sociologie comparée d'une cause féministe. France / États-Unis, 1970-2013*, Thèse de Doctorat en sociologie, EHESS, 2014.

Delphy Ch., « Les femmes et l'État », *Nouvelles questions féministes*, n° 6-7, 1984, p. 5-19.

Delphy Ch., « Les origines du Mouvement de Libération des Femmes », *Nouvelles questions féministes*, n° 16-17-18, 1991, p. 137-148.

Delphy Ch., « L'ennemi principal », Delphy Ch., *L'ennemi principal, 1. Économie politique du patriarcat*, Paris, Syllepse, 1998 [1970], p. 31-56.

Delphy Ch., « Nos amis et nous. Fondements cachés de quelques discours pseudo-féministes », Delphy Ch., *L'ennemi principal, 1. Économie politique du patriarcat*, Paris, Syllepse, 1998 [1977], p. 167-215.

Delphy Ch., *L'ennemi principal, 1. Économie politique du patriarcat*, Paris, Syllepse, 1998.

Delphy Ch., *L'ennemi principal, 2. Penser le genre*, Paris, Syllepse, 2001.

Demeulenaere-Douyère Ch., « Un précurseur de la mixité : Paul Robin et la coéducation des sexes », *Clio : Histoire, femmes, sociétés*, n° 18, 2003, p. 125-132.

Demeulenaere-Douyère Ch., « Buisson et l'orphelinat Prévost de Cempuis », Loeffel L. (dir.), *Ferdinand Buisson. Fondateur de la laïcité, militant de la paix*, Amiens, Centre régional de documentation pédagogique de l'Académie d'Amiens, 2004, p. 89-96.

Desjeux C., *Pratiques, représentations et attentes masculines de contraception*, Thèse de Doctorat en sociologie, EHESS, 2009.

« Devenirs militants », *Revue française de science politique*, vol. 51, n° 1-2, 2001.

De Wolf Ph., « L'engagement des hommes pour l'émancipation des femmes et les représentations féministes de la masculinité en France (1967-1988) », Mémoire de Master 2 d'histoire, université Paris 8, 2011.

Digby T., « Introduction », Digby T. (dir.), *Men doing feminism*, Londres et New York, Routledge, 1998, p. 1-14.

Digby T. (dir.), *Men doing feminism*, Londres et New York, Routledge, 1998.

Divert N., *De la couturière au grand couturier. Du lycée professionnel aux écoles de stylisme*, Thèse de Doctorat en sociologie, université Paris-Ouest Nanterre, 2010.

Dorlin E., « De l'usage épistémologique des catégories de "sexe" et de "race"dans les études sur le genre », *Cahiers du genre*, n° 39, 2005, p. 83-105.

Dorlin E. (dir.), *Black feminism. Anthologie du féminisme africain-américain, 1975-2000*, Paris, L'Harmattan, 2008.

Dosse F., « Vincennes (1969-1974) : entre sciences et utopies », Artières Ph. et Zancarini-Fournel M. (dir.), *68, une histoire collective (1962-1981)*, Paris, La Découverte, 2008, p. 505-513.

Dot Pouillard N., « Les recompositions politiques du mouvement féministe français au regard du *hijab* », *SociologieS* [En ligne]. Mis en ligne le 31 octobre 2007, consulté le 01 juillet 2014. URL : http://sociologies.revues.org/246

Dressen M., *De l'amphi à l'établi. Les étudiants maoïstes à l'usine (1967-1989)*, Paris, Belin, 1999.

Dubar C., *La crise des identités. L'interprétation d'une mutation*, Paris, PUF, 2000.

Duby G. et Perrot M. (dir.), *Histoire des femmes en Occident* (5 tomes), Paris, Plon, 1991/1992.

Duchen C., *Feminism in France from may '68 to Mitterrand*, Londres, Routledge et Kegan Paul, 1986.

Duchesne S., « Don et recherche de soi, l'altruisme en question aux Restaurants du cœur et à Amnesty international », *Les cahiers du CEVIPOF*, n° 33, 2003.

Dupuis-Déri F., « Le féminisme au masculin », *Conjonctures*, n° 29, 1999, p. 59-65.

DUPUIS-DÉRI F., « Les hommes proféministes : compagnons de route ou faux amis ? », *Recherches féministes*, vol. 21, n° 1, 2008, p. 149-169.

DURIEZ B. et SAWICKI F., « Réseaux de sociabilité et adhésion syndicale. Le cas de la CFDT », *Politix*, n° 63, 2003, p. 17-51.

DUSSUET A., FLAHAUT É. et LOISEAU D. (dir.), « Associations féministes. Reproduction ou subversion du genre ? », *Cahiers du genre*, n° 55, 2013.

EGEBERG HOLMGREN L. et HEARN J., « Framing men in feminism : theoretical locations, local contexts and practical passings in men's gender-conscious positionings on gender equality and feminism », *Journal of gender studies*, vol. 18, n° 4, 2009, p. 403-418.

ELIAS N., *Qu'est-ce que la sociologie ?*, Paris, Pocket, 2003 [1970].

ERGAS Y., « Le sujet femme. Le féminisme des années 1960-1980 », THÉBAUD F., DUBY G. et PERROT M. (dir.), *Histoire des femmes en Occident. Tome 5, Le XXe siècle*, Paris, Plon, 1992, p. 499-519.

ETHUIN N., « De l'idéologisation de l'engagement communiste. Fragments d'une enquête sur les écoles du PCF (1970-1990) », *Politix*, n° 63, 2003, p. 145-168.

EWING D. et SCHACHT S. P., *Feminism with men. Bridging the gender gap*, Lanham, Rowman and Littlefield, 2004.

EWING D. W. et SCHACHT S. P. (dir.), « Feminism and men : towards a relational understanding of patriarchy and cooperative social change », *International journal of sociology and social policy*, vol. 17, n° 1-2, 1997.

EWING D. et SCHACHT S. P. (dir.), *Feminism and men : reconstructing gender relations*, New York, New York university press, 1998.

FABRE A.-M., « La LDH et les femmes au début du XXe siècle », *Matériaux pour l'histoire de notre temps*, n° 72, 2003, p. 31-35.

FABRE R., « Une grande dame du protestantisme : Élise de Pressensé », *Bulletin de la société de l'histoire du protestantisme français*, n° 132, 1986, p. 35-61.

FABRE R., *Francis de Pressensé et la défense des droits de l'Homme. Un intellectuel au combat*, Rennes, Presses universitaires de Rennes, 2004.

FASSIN É., *Le sexe politique. Genre et sexualité au miroir transatlantique*, Paris, Éditions de l'EHESS, 2009.

FAYOLLE S., *L'Union des femmes françaises : une organisation de masse du Parti communiste français (1945-1965)*, Thèse de Doctorat en science politique, université Paris 1, 2005.

FERRAND M., *Féminin masculin*, Paris, La Découverte, 2004.

FERRAND M., IMBERT F. et MARRY C., « Normaliennes scientifiques et polytechniciennes : des destins improbables ? », *Regards sociologiques*, n° 9/10, 1995, p. 101-108.

FERREE M. M. et MUELLER C. M., « Feminism and the women's movement : a global perspective », SNOW D. A., SOULE S. A. et KRIESI H. (dir.), *The Blackwell companion to social movements*, Malden, Oxford et Victoria, Blackwell publishing, 2004, p. 576-607.

FILLIEULE O., « Temps biographique, temps social et variabilité des rétributions », FILLIEULE O. (dir.), *Le désengagement militant*, Paris, Belin, 2005, p. 17-47.

Fillieule O., « Proposition pour une analyse processuelle de l'engagement individuel », *Revue française de science politique*, vol. 51, n° 1-2, 2001, p. 199-217.

Fillieule O., « Carrière militante », Fillieule O., Mathieu L. et Péchu C. (dir.), *Dictionnaire des mouvements sociaux*, Paris, Presses de Sciences po, 2009, p. 85-94.

Fillieule O., « De l'objet de la définition à la définition de l'objet. De quoi traite finalement la sociologie des mouvements sociaux ? », *Politique et sociétés*, vol. 28, n° 1, 2009 (a), p. 15-36.

Fillieule O., « Travail militant, action collective et rapports de genre », Fillieule O. et Roux P. (dir.), *Le sexe du militantisme*, Paris, Presses de Sciences po, 2009 (b) p. 23-72.

Fillieule O., « Some elements of an interactionist approach of political disengagement », *Social movement studies*, vol. 9, n° 1, 2010, p. 1-15.

Fillieule O., « Le désengagement d'organisations radicales. Approche par les processus et les configurations », *Lien social et Politiques*, n° 68, 2012, p. 37-59.

Fillieule O. et Pudal B., « Sociologie du militantisme. Problématisations et déplacement des méthodes d'enquête », Fillieule O., Agrikoliansky É. et Sommier I. (dir.), *Penser les mouvements sociaux*, Paris, La Découverte, 2010, p. 163-184.

Fillieule O. et Masclet C., « Mouvements sociaux », Achin C. et Bereni L. (dir.), *Dictionnaire genre et science politique*, Paris, Presses de Sciences po, 2013, p. 344-356.

Fillieule O. (dir.), *Le désengagement militant*, Paris, Belin, 2005.

Fillieule O., Mathieu L. et Péchu C. (dir.), *Dictionnaire des mouvements sociaux*, Paris, Presses de Sciences po, 2009.

Fillod-Chabaud A., *Des pères en mal de mères ? (Re)définir, organiser et revendiquer sa paternité suite à une séparation conjugale. Enquête à l'association SOS Papa*, Mémoire de Master 2 recherche en sociologie, ENS/EHESS, 2009.

Flood M., « Men's collective struggles for gender justice. The case of antiviolence activism », Kimmel M. S., Hearn J. et Connell R. W. (dir.), *Handbook of studies on men and masculinities*, Thousand Oaks, Londres et New Delhi, Sage, 2004, p. 458-466.

Formaglio C., *« Féministe d'abord » : Cécile Brunschvicg (1877-1946)*, Rennes, Presses universitaires de Rennes, 2014.

Fougeyrollas-Schwebel D., Lépinard É. et Varikas E. (dir.), « Féminisme(s) : penser la pluralité », *Cahiers du genre*, n° 39, 2005.

Fraisse G., « Les femmes libres de 1848 », Fraisse G. (dir.), *Les femmes et leur histoire*, Paris, Gallimard, 1998, p. 333-380.

Fraser N., *Qu'est-ce que la justice sociale ? Reconnaissance et redistribution*, Paris, La Découverte, 2005.

« Fréquentations militantes », *Politix*, n° 63, 2003.

Garcia Guadilla N., *Libération des femmes. Le MLF*, Paris, PUF, 1981.

Garcia S., *Le féminisme, une révolution symbolique ? Étude des luttes symboliques autour de la condition féminine*, Thèse de Doctorat en sociologie, EHESS, 1993.

Garcia S., « Expertise scientifique et capital militant. Le rôle des médecins dans la lutte pour la légalisation de l'avortement », *Actes de la recherche en sciences sociales*, n° 158, 2005, p. 96-115.

Garcia S., « La création du collège des médecins : un coup de force symbolique », Bard Ch. et Mossuz-Lavau J. (dir.), *Le Planning Familial, histoire et mémoire (1956-2006)*, Rennes, Presses universitaires de Rennes, 2006, p. 109-117.

Garcia S., *Mères sous influence. De la cause des femmes à la cause des enfants*, Paris, La Découverte, 2011.

Gaxie D., « Économie des partis et rétribution du militantisme », *Revue française de science politique*, vol. 27, n° 1, 1977, p. 123-154.

Gaxie D., « Rétributions du militantisme et paradoxes de l'action collective », *Revue suisse de science politique*, vol. 11, n° 1, 2005, p. 157-188.

Ginzberg L. D., « Men and woman's rights », *Revue française d'études américaines*, n° 114, 2007, p. 109-119.

Girard J., *Le mouvement homosexuel en France 1945-1980*, Paris, Syros, 1981.

Goldrick-Jones A., *Men who believe in feminism*, Westport, Praeger, 2002 (a).

Goldrick-Jones A., « Men and feminism : relationships and differences », Dhruvarajan V. et Vickers J. (dir.), *Gender, race and nation. A global perspective*, Toronto, University of Toronto press, 2002 (b), p. 184-204, p. 186-187.

Gottraux Ph., *« Socialisme ou barbarie ». Un engagement politique et intellectuel dans la France de l'après-guerre*, Lausanne, Payot Lausanne, 1997.

Gubin É., Jacques C., Rochefort F., Studer B., Thébaud F. et Zancarini-Fournel M. (dir.), *Le siècle des féminismes*, Paris, Les éditions de l'atelier/Éditions ouvrières, 2004.

Guéguen H. et Malochet G., *Les théories de la reconnaissance*, Paris, La Découverte, 2014 [2012].

Guénif-Souilamas N. et Macé É., *Les féministes et le garçon arabe*, Paris, Éditions de l'aube, 2004.

Guillaume C., « Le syndicalisme à l'épreuve de la féminisation. La permanence "paradoxale" du plafond de verre à la CFDT », *Politix*, n° 78, 2007, p. 39-63.

Hamidi C., *La société civile dans les cités. Engagement associatif et politisation dans des associations de quartier*, Paris, Economica, 2010.

Havard-Duclos B. et Nicourd S., *Pourquoi s'engager ? Bénévoles et militants dans les associations de solidarité*, Paris, Payot, 2005.

Hayat P., *La passion laïque de Ferdinand Buisson*, Paris, Éditions Kimé, 1999.

Henneron L., *Les recompositions du mouvement féministe, 1981-2002*, Mémoire de DEA en sociologie, EHESS, 2002.

Henneron L., « Être jeune féministe aujourd'hui : les rapports de génération dans le mouvement féministe contemporain », *L'Homme et la société*, n° 158, 2005, p. 93-109.

HERMAN É., « Militer en travaillant contre les violences faites aux femmes », *Cahiers du genre*, n° 55, 2013, p. 65-87.

HONNETH A., *La lutte pour la reconnaissance*, Paris, Les éditions du Cerf, 2007 [1992].

HOOKS B., *Feminist theory: from margin to center*, Cambridge MA, South end press, 2000 [1984].

HOPKINS M., « Is anonymity possible? Writing about refugees in the USA », BRETTELL C. B. (dir.), *When they read what we write. The politics of ethnography*, Westport, Bergin et Garvey, 1993, p. 121-129.

HUGHES E. C., « Carrières », HUGHES E. C., *Le regard sociologique* (Textes rassemblés et présentés par Jean-Michel Chapoulie), Paris, Éditions de l'EHESS, 1996 [1967], p. 175-185.

JACQUEMART A., « Quand le militantisme trouble l'identité de genre. L'expérience des "groupes d'hommes" dans les années 70 », *Terrains et travaux*, n° 10, 2006, p. 77-90.

JACQUEMART A., « Du registre humaniste au registre identitaire. La recomposition du militantisme féministe masculin dans les années 1970 », *Sociétés contemporaines*, n° 85, 2012, p. 65-84.

JACQUEMART A., « Comment éviter la domination masculine sans éviter les hommes? Les mouvements féministes français face à leurs militants hommes (1870-2010) », SINIGAGLIA-AMADIO S. *et alii.* (dir.), *Enquêter sur le genre. Terrains et pratiques*, Nancy, Presses universitaires de Nancy – Éditions universitaires de Lorraine, 2012, p. 77-90.

JACQUEMART A., « Au-delà du paradoxe: l'engagement masculin dans les mouvements féministes (France, 1870-2010) », ROCHEFORT F. et VIENNOT É. (dir.), *L'engagement des hommes pour l'égalité des sexes*, St-Étienne, Publications de l'université de St-Étienne, 2013, p. 237-249.

JACQUEMART A., « Engagement militant », ACHIN C. et BERENI L. (dir.), *Dictionnaire genre et science politique*, Paris, Presses de Sciences po, 2013, p. 215-226.

JACQUEMART A., « L'engagement féministe des hommes, entre contestation et reproduction du genre », *Cahiers du genre*, n° 55, 2013, p. 49-63.

JACQUEMART A., « Engagements féministes masculins dans le dernier XIXe siècle (1869-1900) : de la centralité à la marginalité », CHAUVAUD F., DUBASQUE F., ROSSIGNOL P. et VIBRAC L. (dir.), *Les vies d'André Léo*, Rennes, Presses universitaires de Rennes, 2015 (a) (à paraître).

JACQUEMART A., « Georges Lhermitte, un militant singulier dans le mouvement féministe réformiste du début du XXe siècle », BARD CH. (dir.), *Les féministes de la première vague (France, fin XIXe-début XXe siècles)*, Rennes, Presses universitaires de Rennes, 2015 (b) (à paraître).

JARDINE A., « Men in feminism: odor di uomo or compagnons de route? », JARDINE A. et SMITH P. (dir.), *Men in feminism*, Londres et New York, Routledge, 1987, p. 54-61.

JARDINE A. et SMITH P. (dir.), *Men in feminism*, Londres et New York, Routledge, 1987.

JENSON J. et SINEAU M., *Mitterrand et les Françaises. Un rendez-vous manqué*, Paris, Presses de Sciences po, 1995.

JOHN A. V. et EUSTANCE C. (dir.), *The men's share? Masculinities, male support and women's suffrage in Britain, 1890-1920*, Londres et New York, Routledge, 1997.

JOSSIN A., « Traversées altermondialistes. Trajectoires de jeunes militants français et allemands », SOMMIER I., FILLIEULE O. et AGRIKOLIANSKY É. (dir.), *Généalogie des mouvements altermondialistes en Europe. Une perspective comparée*, Paris, Karthala, 2008, p. 207-227.

KAHANE D. J., « Male feminism as oxymoron », DIGBY T. (dir.), *Men doing feminism*, Londres et New York, Routledge, 1998, p. 213-235.

KIMMEL M. S., « Men's response to feminism at the turn of the century », *Gender and society*, vol. 1, n° 3, 1987, p. 261-283.

KIMMEL M. S., « Introduction », KIMMEL M. S. et MOSMILLER T. E. (dir.), *Against the tide: pro-feminist men in the United-States, 1776-1990*, Boston, Beacon press, 1992, p. 1-51.

KIMMEL M. S., « From conscience and common sense to "feminism for men". Pro-feminist men's rhetorics of support for women's equality », *International journal of sociology and social policy*, vol. 17, n° 1-2, 1997, p. 8-34.

KIMMEL M. S., « Masculinities », ARONSON A. et KIMMEL M. S. (dir.), *Men and masculinities. A social, cultural and historical encylcopedia*, Santa Barbara, ABC-Clio, 2004, p. 503-507.

KIMMEL M. S. et MOSMILLER T. E. (dir.), *Against the tide: pro-feminist men in the United-States, 1776-1990*, Boston, Beacon press, 1992.

KLEJMAN L. et ROCHEFORT F., *L'égalité en marche. Histoire du mouvement féministe en France 1868-1914*, Thèse de Doctorat en histoire, université Paris 7, 1987.

KLEJMAN L. et ROCHEFORT F., *L'égalité en marche: le féminisme sous la Troisième République*, Paris, Presses de la FNSP, 1989.

KLEJMAN L. et ROCHEFORT F., « Au nom du droit et de la spécificité féminine. Diversité des tactiques et ambiguïté du mouvement suffragiste avant la Première guerre mondiale », VIENNOT É. (dir.), *La démocratie « à la française » ou les femmes indésirables*, Paris, Publication de l'université Paris 7, 1996, p. 223-231.

LAGRAVE R.-M., « Introduction », LAGRAVE R.-M. (dir.), *Celles de la terre. Agricultrice, l'invention politique d'un métier*, Paris, Éditions de l'EHESS, 1987, p. 11-29.

LAGRAVE R.-M., « Recherche féministe ou recherche sur les femmes? », *Actes de la recherche en sciences sociales*, n° 83, 1990, p. 27-39.

LAGRAVE R.-M., « Une émancipation sous tutelle. Éducation et travail des femmes au XXe siècle », THÉBAUD F., DUBY G. et PERROT M. (dir.), *Histoire des femmes en Occident. Tome 5, Le XXe siècle*, Paris, Plon, 1992, p. 431-463.

LAGRAVE R.-M., « Se ressaisir », *Genre, sexualité & société* [En ligne], n° 4, 2010. Mis en ligne le 5 décembre 2010, consulté le 22 janvier 2011. URL: http://gss.revues.org/index1534.html

Lagroye J., « Être du métier », *Politix*, n° 28, 1994, p. 5-15.

Lahire B., « Les raisons de l'improbable : les formes populaires de la "réussite" à l'école élémentaire », Vincent G. (dir.), *L'éducation prisonnière de la forme scolaire*, Lyon, Presses universitaires de Lyon, 1994, p. 73-106.

Lalouette J., « Les mouvements de libre pensée », Andrieu C., Le Béguec G. et Tartakowsky D. (dir.), *Associations et champ politique. La loi de 1901 à l'épreuve du siècle*, Paris, Publications de la Sorbonne, 2001, p. 441-458.

Larrouy M., « Féminisme/Lesbianisme : refus d'une visibilité politique », Chetcuti N. et Michard Cl. (dir.), *Lesbianisme et féminisme. Histoires politiques*, Paris, L'Harmattan, 2003, p. 67-81.

Lasvergnas I., « Contexte de socialisation primaire et choix d'une carrière scientifique chez les femmes », *Recherches féministes*, vol. 1, n° 1, 1988, p. 31-45.

Le Brouster P., « Contribution à l'histoire du Planning familial : le partenariat CFDT-MFPF au cours des années soixante-dix », *Genre & Histoire* [En ligne], n° 2, 2008. Mis en ligne le 13 juillet 2008, consulté le 22 octobre 2008. URL : http://genrehistoire.revues.org/index297.html

Le Doeuff M., *Le sexe du savoir*, Paris, Aubier, 1998.

Le Naour J.-Y. et Valenti C., *Histoire de l'avortement. XIXe-XXe siècles*, Paris, Le Seuil, 2003.

Lechien M.-H., « Aider les autres : trajectoires professionnelles, reconversions militantes et valorisation de la "personne" », Collovald A. (dir.), *L'humanitaire ou le management des dévouements*, Rennes, Presses universitaires de Rennes, 2002, p. 79-131.

Lecler R., « Le succès d'Histoires d'A, "film sur l'avortement". Une mobilisation croisée des ressources cinématographiques et militantes », *Terrains et travaux*, n° 13, 2007, p. 51-72.

Leclercq C., « "Raisons de sortir". Les militants du Parti communiste français », Fillieule O. (dir.), *Le désengagement militant*, Paris, Belin, 2005, p. 131-154.

Leclercq C. et Pagis J. (dir.), « Les incidences biographiques de l'engagement », *Sociétés contemporaines*, n° 84, 2011.

« Le féminisme américain à l'épreuve des hommes », *Revue française d'études américaines*, n° 114, 2007.

Lemarchant C., *Être minoritaire au lycée et en CFA : garçons et filles atypiques dans les filières professionnelles courtes en Haute-Normandie*, Rapport de recherche, 2009.

Lemercier É., « L'association "Ni putes, ni soumises" : une inflation politico-médiatique démystifiée par le terrain », *L'année du Maghreb*, 2005-2006, p. 499-508.

Lépinard É., « Malaise dans le concept. Différence, identité et théorie féministe », *Cahiers du genre*, n° 39, 2005, p. 107-135.

Lescoffit C., « Quel féminisme pour la Ligue des droits de l'Homme entre 1914 et 1940 ? », *Bulletin Archives du féminisme*, n° 9, 2005, p. 55-62.

LESCOFFIT C., *Les femmes, les féminismes et la Ligue des droits de l'Homme entre 1914 et 1940*, Mémoire de maîtrise en histoire, université d'Evry Val-d'Essonne, 2005.

LESSELIER C., « Les regroupements de lesbiennes dans le mouvement féministe parisien : position et problèmes, 1970-1982 », GROUPE D'ÉTUDES FÉMINISTES, *Crises de la société. Féminisme et changement*, Paris, Éditions Tierce, 1991, p. 87-103.

LESSELIER C., « Pour une histoire des mouvements de femmes de l'immigration en France », COLLECTIF (dir.), *Femmes, genre, féminisme*, Paris, Syllepse, 2007, p. 85-104.

LEVY P. B., *Civil war on race street. The civil rights movement in Cambridge, Maryland*, Gainesville, University press of Florida, 2003.

LIZÉ W., « Imaginaire masculin et identité sexuelle. Le jeu de rôle et ses pratiquants », *Sociétés contemporaines*, n° 55, 2004, p. 43-67.

LOEFFEL L., *Ferdinand Buisson, apôtre de l'école laïque*, Paris, Hachette, 1999.

LOEFFEL L. (dir.), *Ferdinand Buisson. Fondateur de la laïcité, militant de la paix*, Amiens, Centre régional de documentation pédagogique de l'Académie d'Amiens, 2004.

LOUVET-RUEFF C., *Le mouvement Choisir (1971-1983). L'impossible compromis entre la culture de la contestation et la participation au pouvoir*, Mémoire de DEA en science politique, Institut d'études politiques de Grenoble, 2002.

LUCK S., *Sociologie de l'engagement libertaire dans la France contemporaine. Socialisations individuelles, expériences collectives, et cultures politiques alternatives*, Thèse de doctorat en science politique, université Paris 1, 2008.

MARREL É.-C., *Mémoires et histoire des féminismes (Angers, 1965-1985)*, Paris, Les cahiers du centre fédéral, 1999.

MARRY C., *Les femmes ingénieures. Une révolution respectueuse*, Paris, Belin, 2004.

MARTEL F., *Le rose et le noir. Les homosexuels en France depuis 1968*, Paris, Le Seuil, Paris, 1996.

MARTIN J.-P., « La Ligue de l'enseignement, la loi de 1901 et le champ politique républicain », in ANDRIEU C., LE BÉGUEC G. et TARTAKOWSKY D. (dir.), *Associations et champ politique. La loi de 1901 à l'épreuve du siècle*, Paris, Publications de la Sorbonne, 2001, p. 459-475.

MARTIN J.-P., « Ferdinand Buisson et la Ligue de l'enseignement », LOEFFEL L. (dir.), *Ferdinand Buisson. Fondateur de la laïcité, militant de la paix*, Amiens, Centre régional de documentation pédagogique de l'Académie d'Amiens, 2004, p. 19-35.

MASCLET C., *Mémoire(s) du Mouvement de libération des femmes : quelle transmission, quel héritage chez les militantes et leurs enfants ?*, Mémoire pour le diplôme de l'Institut d'études politiques de Lyon, 2007.

MASCLET C., *Les trajectoires personnelles des militantes du Mouvement de libération des femmes sont-elles politiques ? Analyse des effets biographiques d'un engagement féministe*, Mémoire de Master 2 recherche en sociologie, université Paris 8, 2009.

Mathieu L., « Quand la sociologie de l'action collective rencontre les identités. État des lieux et perspectives », Arnaud L., Ollitrault S., Rétif S. et Sala Pala V. (dir.), *L'action collective face à l'imbrication des rapports sociaux. Classe, ethnicité, genre*, Paris, L'Harmattan, 2009, p. 23-47.

Mathieu L., *L'espace des mouvements sociaux*, Broissieux, Éditions du Croquant, 2012.

Mathieu L., *La fin du tapin. Sociologie de la croisade pour l'abolition de la prostitution*, Paris, Éditions François Bourin, 2014.

Mathieu N.-C., *L'anatomie politique. Catégorisations et idéologies du sexe*, Paris, Côté-femmes éditions, 1991.

Matonti F., « Les intellectuels et le Parti : le cas français », Dreyfus M., Groppo B., Ingerflom Cl., Lew R., Pennetier Cl., Pudal B. et Wolikow S. (dir.), *Le siècle des communismes*, Paris, Les éditions de l'atelier/Éditions ouvrières, 2000, p. 405-424.

Matonti F. et Poupeau F., « Le capital militant. Essai de définition », *Actes de la recherche en sciences sociales*, n° 155, 2004, p. 5-11.

Mazur A. G., « Strong State and symbolic reform. The ministère des Droits de la femme in France », McBride Stetson D. et Mazur A. G. (dir.), *Comparative State feminism*, Londres et New Dehli, Sage, Thousand Oaks, 1995, p. 76-94.

McAdam D., « Recruitment to high-risk activism : the case of Freedom summer », *American journal of sociology*, vol. 92, n° 1, 1986, p. 64-90.

McAdam D., *Freedom summer*, New York, Oxford university press, 1988.

McAdam D., « The biographical consequences of activism », *American sociological review*, vol. 54, n° 5, 1989, p. 744-760.

McAdam D., « Gender as a mediator of the activist experience : the case of Freedom summer », *American journal of sociology*, vol. 97, n° 5, 1992, p. 1211-1240.

McAdam D., « The biographical impact of activism », Giugni M., McAdam D. et Tilly Ch. (dir.), *How social movements matter*, Minneapolis, University of Minnesota press, 1999, p. 117-146.

McAdam D. et Paulsen R., « Specifying the relationship between social ties and activism », *American journal of sociology*, vol. 99, n° 3, 1993, p. 640-667.

McBride D. E. et Mazur A. G. (dir.), *The politics of State feminism : innovation in comparative research*, Philadelphie, Temple university press, 2010.

McCarthy J. D. et Zald M. N., « Ressource mobilization and social movements : a partial theory », *American journal of sociology*, vol. 82, n° 6, 1977, p. 1212-1241.

McMillan J. F., « In search of citizenship. Feminists and women's suffrage », McMillan J. F. (dir.), *France and women 1789-1914*, Londres et New York, Routledge, 2000, p. 188-216.

Mead G. H., *L'esprit, le soi et la société*, Paris, PUF, 2006 [1934].

Mélis C., « Nanas-Beurs, Voix d'Elles-Rebelles et Voix de Femmes. Des associations au carrefour des droits des femmes et d'une redéfinition de la citoyenneté », *Revue européenne des migrations internationales*, vol. 19, n° 1, 2003, p. 81-100.

Mélis C., « "Des syndicalistes comme les autres?" L'expérience syndicale de migrantes et de filles d'immigrés d'Afrique du Nord et sub-saharienne », *L'Homme et la société*, n° 176-177, 2010, p. 131-149.

Mennesson Ch., *Être une femme dans le monde des hommes. Socialisation sportive et construction du genre*, Paris, L'Harmattan, 2005.

Mennesson Ch., « Sports "inversés". Modes de socialisation sexuée des jeunes », Eckert H. et Faure S. (dir.), *Les jeunes et l'agencement des sexes*, Paris, La Dispute, 2007, p. 63-76.

Messner M. A., *Politics of masculinities. Men in movements*, Oxford, Altamira press, 2000.

Monacelli M., « Introduction. Des hommes féministes? », Monacelli M. et Prum M. (dir.), *Ces hommes qui épousèrent la cause des femmes. Dix pionniers britanniques*, Paris, Les éditions de l'atelier, 2010, p. 25-50.

Monacelli M. et Prum M. (dir.), *Ces hommes qui épousèrent la cause des femmes. Dix pionniers britanniques*, Paris, Les éditions de l'atelier, 2010.

Naquet E., « La Ligue des droits de l'Homme dans le premier xxe siècle. Une association en politique », Andrieu C., Le Béguec G. et Tartakowsky D. (dir.), *Associations et champ politique. La loi de 1901 à l'épreuve du siècle*, Paris, Publications de la Sorbonne, 2001, p. 477-491.

Naudier D., « Sociologie d'un miracle éditorial dans un contexte féministe », *Genèses*, n° 64, 2006, p. 67-87.

Neveu É., *Sociologie des mouvements sociaux*, Paris, La Découverte, 2005 [1996].

Neveu É., « Trajectoires de "soixante-huitards ordinaires" », Damamme D., Gobille B., Matonti F. et Pudal B. (dir.), *Mai juin 1968*, Paris, Les éditions de l'atelier, 2008, p. 306-318.

Offen K., « Sur l'origine des mots "féminisme" et "féministe" », *Revue d'histoire moderne et contemporaine*, vol. 34, n° 3, 1987, p. 492-496.

Ollitrault S., « Les écologistes français, des experts en action », *Revue française de science politique*, vol. 51, n° 1-2, 2001, p. 105-130.

Pagis J., *Les incidences biographiques du militantisme en mai 68*, Thèse de Doctorat en sociologie, EHESS, 2009.

Passy F., *L'action altruiste. Contraintes et opportunités de l'engagement dans les mouvements sociaux*, Genève, Librairie Droz S.A., 1998.

Passy F., « Interactions sociales et imbrication des sphères de vie », Fillieule O. (dir.), *Le désengagement militant*, Paris, Belin, 2005, p. 111-130.

Pavard B., *Les éditions des femmes, histoire des premières années, 1972-1979*, Paris, L'Harmattan, 2005.

Pavard B., « Une "guerre de 20 ans" : les luttes du Planning Familial dans *L'Express* et *Le Nouvel observateur* (1955-1975) », Bard Ch. et Mossuz-Lavau J. (dir.), *Le Planning Familial, histoire et mémoire (1956-2006)*, Rennes, Presses universitaires de Rennes, 2006, p. 119-126.

Pavard B., « Genre et militantisme dans la Mouvement pour la liberté de l'avortement et de la contraception. Pratique des avortements (1973-1979) », *Clio : Histoire, femmes et sociétés*, n° 29, 2009, p. 79-96.

Pavard B., *Si je veux, quand je veux. Contraception et avortement dans la société française (1956-1979)*, Rennes, Presses universitaires de Rennes, 2012 (a).

Pavard B., « Quand la pratique fait mouvement. La méthode Karman dans les mobilisations pour l'avortement libre et gratuit (1972-1975) », *Sociétés contemporaines*, n° 85, 2012 (b), p. 43-63.

Pavard B., « De la salle à manger aux salons de la République. La place des réseaux féminins et masculins dans l'itinéraire de la cause contraceptive (1956-1967) », *Genre & Histoire* [en ligne], n° 12-13, mis en ligne le 11 janvier 2013, consulté le 30 juin 2014. URL : http://genrehistoire.revues.org/1830

Peillon V., *Une religion pour la République. La foi laïque de Ferdinand Buisson*, Paris, Le Seuil, 2010.

Perrot M., « Genre et histoire du féminisme en France », Bard Ch., Baudelot Ch. et Mossuz-Lavau J. (dir.), *Quand les femmes s'en mêlent. Genre et pouvoir*, Paris, Éditions de La Martinière, 2004, p. 215-229.

Picart M.-F., *La grande loge féminine de France*, Paris, PUF, 2008.

Picq F., *Le mouvement de libération des femmes et ses effets sociaux*, ATP « Recherches féministes et recherches sur les femmes », 1987.

Picq F., « Stratégie de sexe ou destin de classe », Groupe d'études féministes, *Crises de la société. Féminisme et changement*, Paris, Éditions Tierce, 1991, p. 173-183.

Picq F., *Libération des femmes, les années-mouvement*, Paris, Le Seuil, 1993.

Picq F., « Le contrôle des naissances : du néo-malthusianisme au féminisme », Bard Ch. et Mossuz-Lavau J. (dir.), *Le Planning Familial, histoire et mémoire (1956-2006)*, Rennes, Presses universitaires de Rennes, 2006, p. 27-32.

Picq F., « Vous avez dit *queer* ? La question de l'identité et le féminisme », *Réfractions*, n° 24, 2010, p. 5-13.

Pinçon M. et Pinçon-Charlot M., *Dans les beaux quartiers*, Paris, Le Seuil, 1989.

Pinçon M. et Pinçon-Charlot M., *Voyage en grande bourgeoisie. Journal d'enquête*, Paris, PUF, 1 997.

Pipon C., *Et on tuera tous les affreux. Le féminisme au risque de la misandrie (1970-1980)*, Rennes, Presses universitaires de Rennes, 2014.

Planté Ch., « Les féministes saint-simoniennes. Possibilités et limites d'un mouvement féministe en France au lendemain de 1830 », Derré J.-R. (dir.), *Regards sur le saint-simonisme et les saint-simoniens*, Lyon, Presses universitaires de Lyon, 1986, p. 73-102.

Porter D. (dir.), *Between men and feminism*, Londres et New York, Routledge, 1992.

Poujol G., *Un féminisme sous tutelle. Les protestantes françaises, 1810-1960*, Paris, Les éditions de Paris, 2003.

PRIMI A., *« Être fille de son siècle ». L'engagement politique des femmes dans l'espace public en France et en Allemagne de 1848 à 1870*, Thèse de Doctorat en histoire, université Paris 8, 2006.
PRIMI A., *Femmes de progrès. Françaises et Allemandes engagées dans leur siècle 1848-1870*, Rennes, Presses universitaires de Rennes, 2010.
PROUTEAU L. et WOLFF F.-CH., « La participation associative au regard des temps sociaux », *Économie et statistiques*, n° 352-353, 2002, p. 57-80.
PRUM M., « Présentation de l'ouvrage. Dix hommes en colère », MONACELLI M. et PRUM M. (dir.), *Ces hommes qui épousèrent la cause des femmes. Dix pionniers britanniques*, Paris, Les éditions de l'atelier, 2010, p. 13-24.
PRUVOST G., *Profession : policier. Sexe : féminin*, Paris, Éditions de la MSH, 2007.
PUDAL B., *Prendre parti. Pour une sociologie historique du PCF*, Paris, Presses de la FNSP, 1989, p. 136.
RAMEAU P., *S'engager pour les droits des femmes. Approches genrées du féminisme de la deuxième vague. Dijon – Saint-Étienne*, Mémoire de Master 2 recherche en histoire, université de Bourgogne, 2010.
RENAULT E., *L'expérience de l'injustice. Reconnaissance et clinique de l'injustice*, Paris, La Découverte, 2004.
RENNES J., *Le mérite et la nature. Une controverse républicaine : l'accès des femmes aux professions de prestige, 1880-1940*, Paris, Fayard, 2007.
RÉTIF S., *Logiques de genre dans l'engagement associatif. Carrières et pratiques militantes dans des associations revendicatives*, Paris, Dalloz, 2013.
REVILLARD A., *La cause des femmes dans l'État : une comparaison France-Québec (1965-2007)*, Thèse de Doctorat en sociologie, ENS Cachan, 2007.
REYNAUD E., *D'autres problèmes sociaux, d'autres formes d'organisation politique, le cas de la santé*, Rapport pour le CNRS, Centre de sociologie des organisations, février 1978.
REYNAUD E., « Le militantisme moral », MENDRAS H. (dir.), *La sagesse et le désordre*, Paris, Gallimard, 1980, p. 271-286.
RILEY D., *« Am I that name? » Feminism and the category of « women » in history*, Basingstoke, Macmillan, 1988.
RINGART N., « Quand ce n'était qu'un début… Itinéraires de femmes à Paris », GROUPE D'ÉTUDES FÉMINISTES, *Crises de la société. Féminisme et changement*, Paris, Éditions Tierce, 1991, p. 157-171.
RIOT-SARCEY M., *Histoire du féminisme*, Paris, La Découverte, 2002.
ROCHEFORT F., « Démocratie féministe contre démocratie exclusive ou les enjeux de la mixité », RIOT-SARCEY M. (dir.), *Démocratie et représentation*, Paris, Éditions Kimé, 1995 (a), p. 181-202.
ROCHEFORT F., « La problématique féministe de la différence des sexes au tournant du siècle », EPHESIA, *La place des femmes. Les enjeux de l'identité et de l'égalité au regard des sciences sociales*, Paris, La Découverte, 1995 (b), p. 337-341.
ROCHEFORT F., « Féminisme et protestantisme au XIXe siècle, premières rencontres, 1830-1900 », *Bulletin de la société d'histoire du protestantisme français*, n° 146, 2000, p. 67-89.

ROCHEFORT F. et VIENNOT É. (dir.), *L'engagement des hommes pour l'égalité des sexes*, St-Étienne, Publications de l'université de St-Étienne, 2013.
RONSIN F., *La grève des ventres. Propagande néo-malthusienne et baisse de la natalité en France. XIXe-XXe siècles*, Paris, Éditions Aubier Montaigne, 1980.
RUDE F., « Eugénie Niboyet », MICHAUD S. (dir.), *Un fabuleux destin : Flora Tristan*, Dijon, Éditions universitaires de Dijon, 1985, p. 120-143.
SALLE G., « Mai 68 a-t-il changé la prison française? », *Critique internationale*, n° 16, 2002, p. 183-195.
SAWICKI F., « Les temps de l'engagement. À propos de l'institutionnalisation d'une association de défense de l'environnement », LAGROYE J. (dir.), *La politisation*, Paris, Belin, 2003, p. 123-146.
SAWICKI F. et SIMÉANT J., « Décloisonner la sociologie de l'engagement militant. Note critique sur quelques tendances récentes des travaux français », *Sociologie du travail*, n° 51, 2009, p. 97-125.
SCHIEWECK N., *L'articulation de la catégorie race et du racisme dans le mouvement féministe des années 1970 en France*, Mémoire de Master 2 recherche en science politique, université Paris 8, 2011.
SCHÜTZ G., *La mixité dans les associations féministes*, Mémoire de Maîtrise en sociologie, université Paris 10 Nanterre, 2004.
SCHWARTZ O., « Sur le rapport des ouvriers du Nord à la politique », *Politix*, n° 13, 1991, p. 79-86.
SCHWARTZ O., *Le monde privé des ouvriers*, Paris, PUF, 2009 [1990].
SCHWEITZER S., *Les femmes ont toujours travaillé. Une histoire du travail des femmes aux XIXe et XXe siècles*, Paris, Odile Jacob, 2002.
SCHWEITZER S., *Femmes et pouvoir. Une histoire de l'égalité professionnelle en Europe (XIXe-XXIe siècles)*, Paris, Payot, 2010.
SCOTT J. W., *La citoyenne paradoxale. Les féministes françaises et les droits de l'homme*, Paris, Albin Michel, 1998 [1996].
SIMÉANT J., *La cause des sans-papiers*, Paris, Presses de Sciences po, 1998.
SIRINELLI J.-F., *Les baby-boomers. Une génération 1945-1969*, Paris, Fayard, 2003.
SNOW D. A., ZURCHER L. A. et EKLAND-OLSON S., « Social networks and social movements: a microstructural approach to differential recruitment », *American sociological review*, vol. 45, n° 5, 1980, p. 787-801.
SNOW D. A., SOULE S. A. et KRIESI H. (dir.), *The Blackwell companion to social movements*, Malden, Oxford et Victoria, Blackwell publishing, 2004.
SOHN A.-M., *Féminisme et syndicalisme. Les institutrices de la Fédération unitaire de l'enseignement de 1919 à 1935*, Thèse de Doctorat en histoire, Paris 10 Nanterre, 1973.
SOMMIER I., « Une expérience "incommunicable" ? Les ex-militants d'extrême gauche français et italiens », FILLIEULE O. (dir.), *Le désengagement militant*, Paris, Belin, 2005, p. 171-188.
SOMMIER I., « Les gauchismes », DAMAMME D., GOBILLE B., MATONTI F. et PUDAL B. (dir.), *Mai juin 1968*, Paris, Les éditions de l'atelier, 2008, p. 295-305.

SORIN K., *Femmes en armes, une place introuvable? Le cas de la féminisation des armées françaises*, Paris, L'Harmattan, 2003.

STAGGENBORG S., « The survival of the women's movement: turnover and continuity in Bloomington, Indiana », *Mobilization*, vol. 1, n° 2, 1996, p. 143-158.

STAGGENBORG S., « Beyond culture versus politics. A case study of a local women's movement », *Gender and society*, vol. 15, n° 4, 2001, p. 507-530.

STERBA J. P., « Is feminism good for men and are men good for feminism? », DIGBY T. (dir.), *Men doing feminism*, Londres et New York, Routledge, 1998, p. 291-304.

STOLTENBERG J., *Refusing to be a man. Essays on sex and justice*, New York, Meridian, 1990 [1989].

STOLTENBERG J., « "I'm not a rapist!" : why college guys are confronting sexual violence », *International journal of sociology and social policy*, vol. 17, n° 1-2, 1997, p. 78-90.

STRAUSS S., *« Traitors to the masculine cause ». The men's campaigns for women's rights*, Westport, Greenwood press, 1982.

TARAUD CH., *Les féminismes en question. Éléments pour une cartographie*, Paris, Éditions Amsterdam, 2005.

TARRANT S., *Men and feminism*, Berkeley, Seal press, 2009.

TAYLOR CH., *Mutliculturalisme. Différence et démocratie*, Paris, Aubier, 1994 [1992].

TAYLOR J., « Les tactiques féministes confrontées aux "tirs amis" dans le mouvement des femmes en Irlande », *Politix*, n° 78, 2007 [1998], p. 65-86.

TAYLOR V., « La continuité des mouvements sociaux. La mise en veille du mouvement des femmes », FILLIEULE O. (dir.), *Le désengagement militant*, Paris, Belin, 2005 [1989], p. 229-250.

TERRAIL J.-P., « De quelques histoires de transfuges », *Cahiers du LASA*, n° 2, 1984, p. 35-76.

THÉBAUD F., « La Grande Guerre. Le triomphe de la division sexuelle », THÉBAUD F., DUBY G. et PERROT M. (dir.), *Histoire des femmes en Occident. Tome 5, Le XXe siècle*, Paris, Plon, 1992, p. 31-74.

THÉBAUD F., *Écrire l'histoire des femmes*, Lyon, ENS éditions, 1998.

THÉBAUD F., « Promouvoir les droits des femmes: ambitions, difficultés et résultats », BERSTEIN S., MILZA P. et BIANCO J.-L. (dir.), *Les années Mitterrand. Les années du changement (1981-1984)*, Paris, Perrin, 2001, p. 567-600.

THÉBAUD F., *Écrire l'histoire des femmes et du genre,* Lyon, ENS éditions, 2007.

THIERS-VIDAL L., « De la masculinité à l'anti-masculinisme: penser les rapports sociaux de sexe à partir d'une position sociale oppressive », *Nouvelles questions féministes*, vol. 21, n° 3, 2002, p. 71-83.

THIERS-VIDAL L., *De « L'ennemi principal » aux principaux ennemis. Position vécue, subjectivité et conscience masculines de domination*, Paris, L'Harmattan, 2010.

TISSOT S., GAUBERT CH. et LECHIEN M.-H. (dir.), *Reconversions militantes*, Limoges, Presses universitaires de Limoges, 2005.

TOMEI S., *Ferdinand Buisson (1841-1932). Protestantisme libéral, foi laïque et radical-socialisme*, Thèse de Doctorat en histoire, Institut d'études politiques de Paris, 2004.

TOPALOV CH., *Laboratoires du nouveau siècle. La nébuleuse réformatrice et ses réseaux en France, 1880-1914*, Paris, Éditions de l'EHESS, 1999.

TRAT J., « L'histoire oubliée du courant "féministe lutte des classes" », Collectif (dir.), *Femmes, genre, féminisme*, Paris, Syllepse, 2007, p. 9-32.

VAHÉ I., *Jeanne Mélin (1877-1964), un parcours singulier dans la mouvance féministe et pacifiste en France au XXe siècle*, Thèse de Doctorat en histoire, université Paris 8, 2004.

VAHÉ I., « Entre ombres et lumières, le parcours singulier d'une féministe pacifiste, Jeanne Mélin (1877-1964) », *Clio: Histoire, femmes et sociétés*, n° 24, 2006, p. 231-250.

VERDIER Y., *Façons de dire, façons de faire. La laveuse, la couturière, la cuisinière*, Paris, Gallimard, 1979.

VERMEERSCH S., « Entre individualisation et participation: l'engagement associatif bénévole », *Revue française de sociologie*, vol. 45, n° 4, 2004, p. 681-710.

VOEGTLI M., « "Quattre pattes oui, deux pattes, non!" L'identité collective comme mode d'analyse des entreprises de mouvement social », FILLIEULE O., AGRIKOLIANSKY É. et SOMMIER I. (dir.), *Penser les mouvements sociaux*, Paris, La Découverte, 2010, p. 203-223.

WEBER F., « Publier des cas ethnographiques: analyse sociologique, réputation et image de soi des enquêtés », *Genèses*, n° 70, 2008, p. 140-146.

WEISBROT R., *Freedom bound. A history of America's civil rights movement*, Londres et New York, W. W. Norton & Company, 1990.

WELZER-LANG D., « Les études ou écrits sur les hommes et le masculin en France », FILIOD J.-P. et WELZER-LANG D. (dir.), *Des hommes et du masculin*, Lyon, Presses universitaires de Lyon, 1992, p. 13-23.

WEST C. et FENSTERMAKER S., « "Faire" la différence », *Terrains et travaux*, 10, 2006 [1995], p. 103-136.

WHITTIER N., « Political generations, micro-cohorts, and the transformation of social movements », *American sociological review*, vol. 62, n° 5, 1997, p. 760-778.

WILLEMEZ L., « Un engagement fort pour une institution instable. Militants syndicaux dans les conseils de Prud'hommes », NICOURD S. (dir.), *Le travail militant*, Rennes, Presses universitaires de Rennes, 2009, p. 27-36.

WITTIG M., « La pensée straight », *Questions féministes*, n° 7, 1980, p. 45-53.

YON K., « Modes de sociabilité et entretien de l'*habitus* militant. Militer en bandes à l'AJS-OCI dans les années 1970 », *Politix*, n° 70, 2005, p. 137-167.

ZAIDMAN CL., « Institutionnalisation des études féministes », *Cahiers du CEDREF*, n° 4-5, 1995, p. 131-137.

ZANCARINI-FOURNEL M., « Genre et politique: les années 68 », *Vingtième siècle*, n° 75, 2002, p. 133-143.

ZANCARINI-FOURNEL M., « Histoire(s) du MLAC », *Clio: Histoire, femmes et sociétés*, n° 18, 2003, p. 241-252.

Annexes

Annexe 1. Nombre de militants interviewés selon le lieu militant

Groupes d'hommes	7
Mix-Cité	6
Initiatives anti-patriarcales	6
MLAC	5
MFPF	5
ARDECOM	4
Chiennes de garde	4
NPNS	4
CNDF	2
SPSR	2
Mouvement pour la parité	2
FMA	2
Panthères roses	1
Ruptures	1
Collectif contre le publisexisme	1
MLA	1
Choisir	1
Insoumis-es	1

Annexe 2. Militants de la première vague

Les lieux d'engagement mentionnés indiquent les groupes féministes dans lesquels les militants étaient le plus impliqués et/ou dont ils étaient le plus proches. La période d'engagement correspond à la période pour laquelle une activité militante régulière a été relevée. Les militants ont cependant pu participer, sporadiquement, à des activités militantes d'autres groupes et/ou avant ou après la période indiquée.

Noms et Prénoms	Lieux d'engagement	Période
Allix Jules (8 septembre 1818 – 1er septembre 1903)	Société de revendication des droits de la femme SASFRD	1870-1903
Andrieux Louis (24 juillet 1840 – 27 août 1931)	Ligue nationale pour le vote des femmes Le suffrage des femmes (président d'honneur) LFDF	1914-1931
Arlès-Dufour François-Barthélémy (3 juin 1797 – 21 janvier 1872)	ADF	1869-1872
Arnaud Émile (1864 –1922)	LFDF (membre du comité)	1914-1922
Barthélémy Joseph (9 juillet 1874 – 14 mai 1945)	CNNF LFDF (comité d'honneur)	1922-1929
Basch Victor (18 août 1863 – 10 janvier 1944)	LESF (comité) UFSF	1911-1924
Beauquier Charles (19 décembre 1833 – 12 août 1916)	SASFRD (vice-président) UFF (membre d'honneur) LFDF	1882-1914
Bon Jean (18 octobre 1872 – 26 décembre 1944)	LESF (comité) LFDF (comité d'honneur)	1911-1921
Bracke Alexandre (29 septembre 1861 – 25 décembre 1955)	Comité de propagande féministe LFDF	1921-1929
Breuil de St-Germain Jean (du) (30 janvier 1873 – 22 février 1915)	UFSF (comité central) LESF (secrétaire général) Ligue internationale des hommes pour le suffrage des femmes (vice-président)	1911-1915
Buisson Ferdinand (20 décembre 1841 – 16 février 1932)	LFDF UFSF LESF (président)	1908-1914

Noms et Prénoms	Lieux d'engagement	Période
Busquet Jacques (n.c.)	UFSF (comité central)	1911-1919
Buzelin (n.c. – septembre 1955)	LFDF (comité groupe d'Orléans ; comité central)	1932-1955
Carrère (n.c.)	Fédération féministe du Sud-Ouest (vice-président) Groupe UFSF de Toulouse (président)	**1923-1925**
Chenevier Albert (n.c.)	LESF (vice-président) UFSF (groupe de Paris et comité consultatif)	1911-1913
Colfavru Jean-Claude (1er décembre 1820 – 18 mai 1891)	LFDF	1888-1891
Darnaud Émile (15 mars 1826 – septembre 1914)	Comité ariégeois de progrès féminin (secrétaire-fondateur)	1908-1914
Davenne A. (n.c.)	ADF (président groupe girondin)	1885
Descaves Lucien (18 mars 1861 – 6 septembre 1949)	LFDF (vice-président)	1919-1949
Estournelles de Constant Paul (d') (22 novembre 1852 – 15 mai 1924)	CNFF UFSF (comité consultatif ; membre d'honneur) LESF (comité) LFDF (comité d'honneur)	1908-1924
Fauvéty Charles (1813 – 11 février 1894)	ADF (bureau)	1869-1875
Finet Émile (n.c. – 1928)	LFDF (commission de contrôle)	1921-1928
Fonsèque Georges (n.c.)	SASFRD (conseil d'administration, puis trésorier et membre d'honneur)	1894-1934
Fournière Eugène (31 mai 1857 – 4 janvier 1914)	Campagne suffragiste	1910-1914
Gagneur Wladimir (9 août 1807 – 10 août 1889)	ADF (bureau)	1870-1889
Gasté Joseph (de) (30 août 1811 – 2 septembre 1893)	SASF Le suffrage des femmes Ligue de l'affranchissement des femmes	1881-1893

Noms et Prénoms	Lieux d'engagement	Période
Gimonnet (n.c.)	LFDF (comité)	1929-1934
Giraud Léon (20 janvier 1852 – 23 mars 1893)	Le suffrage des femmes SASFRD	1878-1889
Godart Justin (26 novembre 1871 – 13 décembre 1956)	LESF (comité) Comité de propagande féministe CNFF LFDF (membre d'honneur)	1908-1947
Goron Pierre-Louis (1814 – 1893)	ADF LFDF (président groupe nantais)	1871-1892
Gourju Antonin (11 septembre 1847 – 10 mars 1926)	CNFF	1922-1925
Griess-Traut J. (n.c.)	SASF (archiviste)	1878-1882
Guéroult Adolphe (29 janvier 1810 – 21 juillet 1872)	ADF	1869-1872
Guillemonat André (6 novembre 1909 - 18 décembre 1999)	LFDF (comité)	1937-1971
Guyot Yves (6 septembre 1843 – 22 février 1928)	LFDF Le suffrage des femmes	1883-1908
Hérédia Severiano (de) (8 novembre 1836 – 9 février 1901)	SASF LFDF	1878-1893
Jacques (n.c. – 1946)	LFDF (président du groupe de Nîmes ; comité)	1934-1946
Jourdan Louis (1810 – 2 juin 1881)	ADF (bureau)	1870-1875
Laboulaye Édouard (18 janvier 1811 – 25 mai 1883)	ADF	1869-1872
Laisant Charles-Ange (1er novembre 1841 – 5 mai 1920)	ADF (fondateur et conseil d'administration du groupe nantais) SASF LFDF (vice-président ; président d'honneur du groupe nantais)	1869-1893
Lallement Édouard (n.c.)	Comité d'action suffragiste Union cantonale de Signy-le-Petit pour le suffrage des femmes (fondateur et président d'honneur)	1917-1931

Noms et Prénoms	Lieux d'engagement	Période
Le Foyer Lucien (29 juin 1872 – 5 octobre 1952)	SASF (vice-président)	1900-1923
Legouvé Ernest (13 février 1807 – 1905)	ADF	1869-1889
Lemonnier Charles (1806 – 1891)	ADF SASF (bureau)	1869-1881
Lenoble Henri (n.c.)	LFDF (vice-président puis secrétaire général)	1919-1938
Lévrier Antonin (n.c.)	*La citoyenne* Le suffrage des femmes	1877-1883
Lhermitte Georges (n.c. – 14 décembre 1943)	LFDF (vice-président puis président)	1906-1943
Longuet (n.c.)	LFDF (comité)	1912-1913
Marin Louis (7 février 1871 – 22 mai 1960)	LFDF (membre d'honneur) UFSF (comité consultatif) LESF (vice-président)	1908-1924
Martin Antide (1811 – 1882)	ADF (bureau) SASF (comité d'administration)	1870-1881
Martin Georges (9 mai 1844 – 1er octobre 1916)	LFDF (bureau) SASFRD (conseil d'administration)	1878-1898
Martin Henri (20 février 1810 – 13 décembre 1883)	ADF	1869
Martin Louis (15 janvier 1859 – 4 mars 1944)	LFDF Comité de propagande féministe	1908-1938
Maurel Henri (2 mai 1867 – 3 avril 1935)	LFDF (comité)	1921-1924
Merlin Fernand (12 février 1868 – 10 décembre 1937)	Comité de propagande suffragiste CNFF	1922
Meurgé Albert (11 janvier 1849 – 5 août 1924)	LFDF (comité)	1919-1924
Moufflet André (n.c.)	LFDF (comité)	1905-1913
Naquet Alfred (6 octobre 1834 – 10 novembre 1916)	ADF LFDF	1872-1911

Noms et Prénoms	Lieux d'engagement	Période
Nattan-Larrier Pierre (1872 – 1929)	LFDF (vice-président)	1905-1920
Passy Frédéric (20 mai 1822 – 10 juin 1912)	LFDF	1883-1902
Périères (n.c.)	UFSF (groupe des Landes) Fédération féministe du Sud-Ouest (secrétaire général)	1914-1922
Persigout G. (n.c.)	Fédération féministe du Sud-Ouest (secrétaire archiviste)	1917-1922
Potonie-Pierre Edmond (21 août 1829 – 22 août 1922)	SASF LFDF Fédération française des sociétés féministes (comité central)	1879-1892
Poupin Victor (1838 – 28 juin 1906)	ADF LFDF (bureau)	1872-1893
Pressensé Francis (de) (30 septembre 1853 – 19 janvier 1914)	LESF (bureau)	1910-1914
Rama (n.c. – 1902)	ADF (bureau) SASF (conseil d'administration) LFDF	1873-1884
Rebour Raoul (23 novembre 1879 – 17 mars 1952)	Société féministe du Havre (co-fondateur) UFSF (comité) LESF (bureau)	1908-1928
Recoquillon Walter (n.c.)	UFSF Fédération féministe du Sud-Ouest (conseil fédéral)	1917
Rémond Marcel (7 août 1901 – 1967)	LFDF (comité puis vice-président)	1920-1967
Richer Léon (19 mars 1824 – 15 juin 1911)	ADF (président-fondateur) LFDF (président-fondateur)	1869-1891
Roux Rémi (n.c.)	LFDF (comité)	1924-1928
Scheer Charles (24 avril 1871 – 5 février 1936)	LFDF (comité)	1919-1933
Schoelcher Victor (21 juillet 1804 – 25 décembre 1893)	ADF SASF LFDF (président d'honneur)	1872-1893

Noms et Prénoms	Lieux d'engagement	Période
Sembat Marcel (19 octobre 1862 – 5 septembre 1922)	UFSF (comité consultatif, président d'honneur) LESF (comité)	1907-1912
Sicard de Plauzoles Justin (12 janvier 1872 – 15 décembre 1968)	LFDF (comité d'honneur)	1906-1949
Siegfried Jules (12 février 1837 – 26 septembre 1922)	CNFF UFSF LFDF (comité d'honneur)	1908-1922
Tarbouriech Ernest (18 avril 1865 – 8 janvier 1911)	LFDF (vice-président)	1900-1911
Tixerant Jules (n.c. - 1924)	LFDF (comité)	1919-1924
Viviani René (8 novembre 1863 – 6 septembre 1925)	LFDF (vice-président, président d'honneur) LESF (comité)	1888-1920
Vaïsse Jean-Louis (16 août 1816 – n.c.)	Association pour l'affranchissement de la femme à Toulouse (président fondateur)	1873
Vollaeys Maurice (n.c.)	LFDF UFSF	1926-1932
Westphal Alfred (n.c.)	UFSF (comité consultatif, commission de contrôle, membre d'honneur)	1911-1917

Annexe 3. Profil social des militants féministes

Militants de la première vague (1870-1940)

Profession	
Avocats	22
Universitaires	13
Journalistes	9
Instituteurs	5
Hommes de lettres	3
Commerçants	2
Médecins	2
Militaires	2
Propriétaires terriens	2
Archiviste	1
Clerc de notaire	1
Diplomate	1
Expéditionnaire caisse municipale	1
Industriel	1
Ingénieur	1
Inspecteur de l'enseignement	1
Notaire	1
Pasteur	1
Total	69

Niveau de diplôme	
Aucun diplôme	1
École normale primaire	3
Licence	14
Agrégation	1
Grandes écoles	3
Doctorat	20
Total	42

Militants de la deuxième vague (depuis les années 1970)

PCS	
Agriculteurs	0
Artisans, commerçants et chefs d'entreprise	1
Cadres et professions intellectuelles supérieures	22
Professions intermédiaires	6
Employés	1
Ouvriers	1
Inactifs	5
Dont Étudiants	*3*
Dont RMI	*2*
Total	36

Niveau de diplôme	
BEP-CAP	1
Bac	1
Bac+2 à Bac+4	13
Bac+5 et plus	21
Total	36

Annexe 4. Répartition sexuée des militant-e-s dans les associations féministes

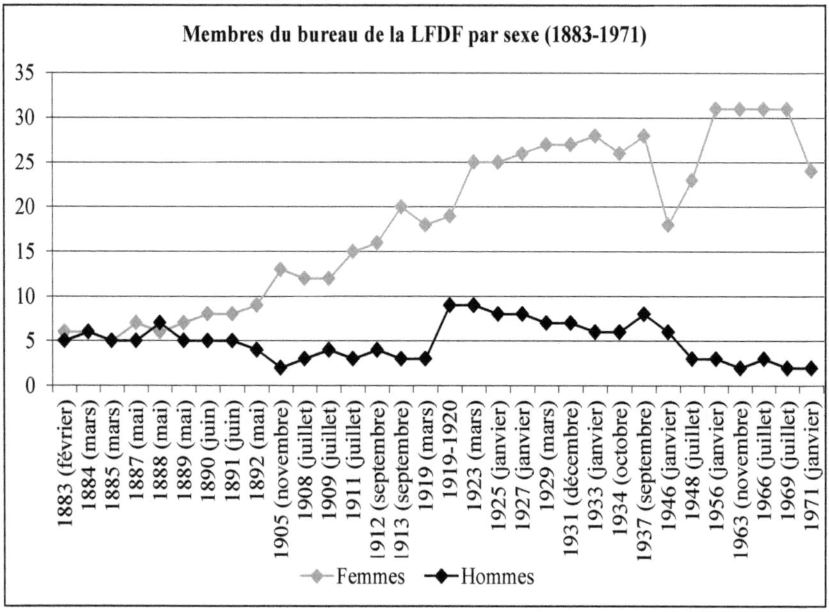

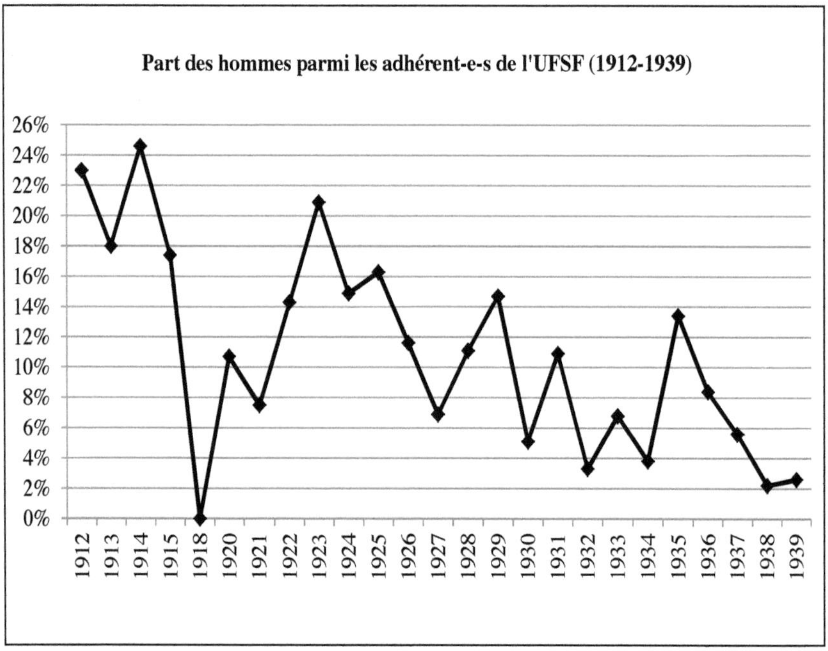

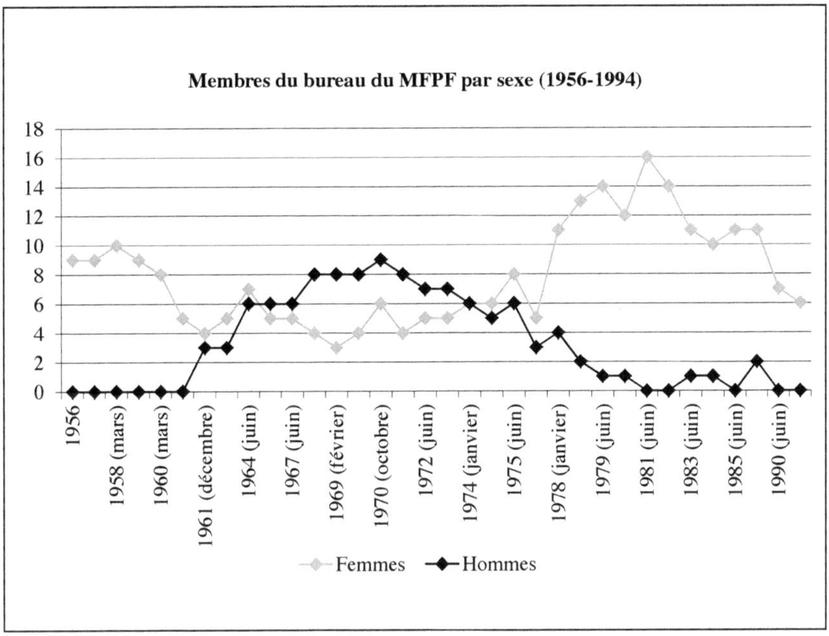
Membres du bureau du MFPF par sexe (1956-1994)
18
16
14
12
10
8
6
4
2
0
1956
1958 (mars)
1960 (mars)
1961 (décembre)
1964 (juin)
1967 (juin)
1969 (février)
1970 (octobre)
1972 (juin)
1974 (janvier)
1975 (juin)
1978 (janvier)
1979 (juin)
1981 (juin)
1983 (juin)
1985 (juin)
1990 (juin)
Femmes
Hommes

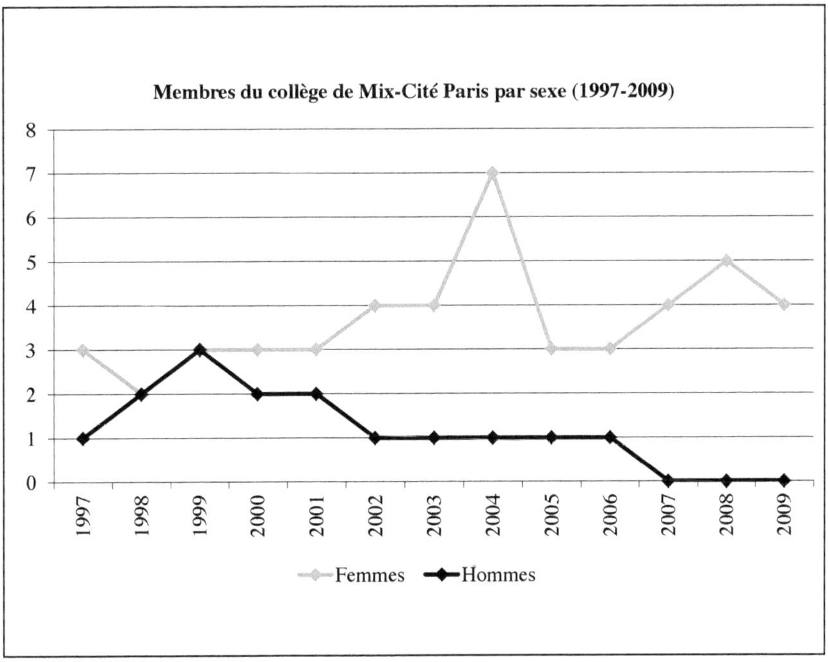
Membres du collège de Mix-Cité Paris par sexe (1997-2009)
8
7
6
5
4
3
2
1
0
1997
1998
1999
2000
2001
2002
2003
2004
2005
2006
2007
2008
2009
Femmes
Hommes

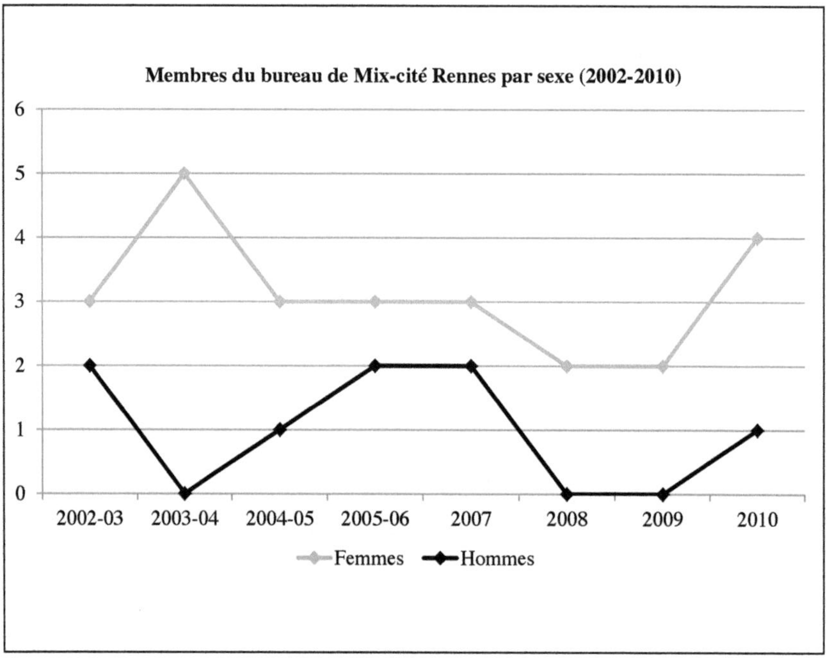
Membres du bureau de Mix-cité Rennes par sexe (2002-2010)
6
5
4
3
2
1
0
2002-03
2003-04
2004-05
2005-06
2007
2008
2009
2010
Femmes
Hommes

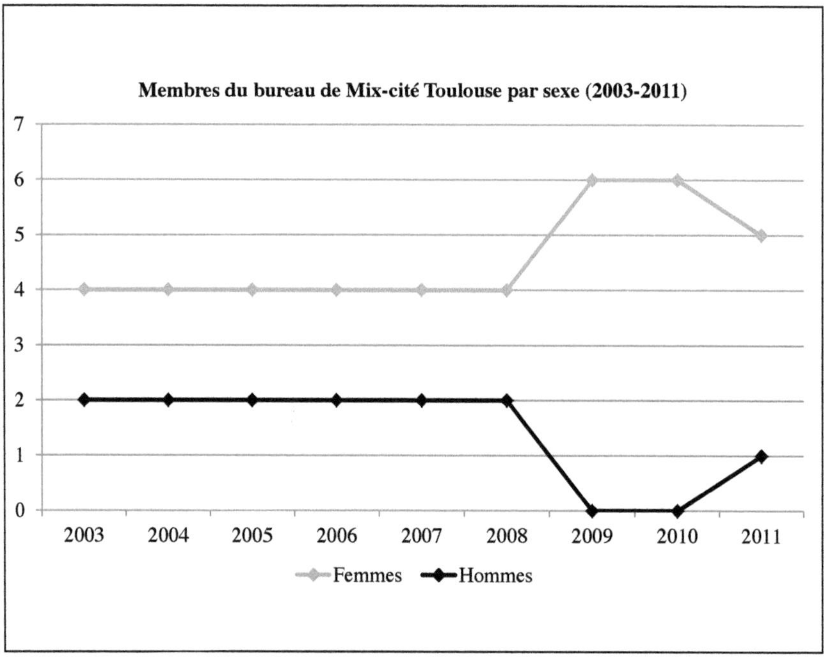
Membres du bureau de Mix-cité Toulouse par sexe (2003-2011)
7
6
5
4
3
2
1
0
2003
2004
2005
2006
2007
2008
2009
2010
2011
Femmes
Hommes

Index

V

W

Z

Table des matières